技术能手传经送宝丛书

# FANUC 0$i$ 数控铣床/加工中心编程技巧与实例

何贵显　编

**精彩内容：**

① 细致地讲解了立式、卧式加工中心 $X$、$Y$、$Z$ 轴的多种对刀方法。

② 详细介绍了各钻孔循环指令和注意事项。

③ 以列表的形式将宏程序中数据更新的位置对自变量定义域的影响进行了详细的说明。

④ 扫描曲面铣削、可变式深孔钻削、平行四边形周边外斜面铣削等内容选材新颖，转移和循环语句组合方式多样。

机 械 工 业 出 版 社

本书从一个一线实际数控机床操作者的角度，对数控编程及操作初学者容易困惑的内容进行讲解。本书选择在工厂里应用最广泛、编程最具代表性的 FANUC Series 0*i*－MC/MD 加工中心系统为例进行讲解，侧重于手工编程。本书主要内容包括：数控机床安全操作规程，数控刀具和切削工艺的选择，数控铣床/加工中心编程，数控铣床/加工中心面板与操作，用户宏程序。本书附录还介绍了三角函数关系、数控操作面板常用术语英汉对照和非完全平方数二次根式的计算方法。

本书可供刚入门的数控编程、操作人员使用，也可作为职业院校数控专业师生的参考书。

**图书在版编目（CIP）数据**

FANUC 0*i* 数控铣床/加工中心编程技巧与实例/何贵显编. —北京：机械工业出版社，2015.11（2024.2 重印）
（技术能手传经送宝丛书）
ISBN 978-7-111-52218-8

Ⅰ. ①F… Ⅱ. ①何… Ⅲ. ①数控机床—铣床—程序设计 ②数控机床—铣床—加工 Ⅳ. ①TG547

中国版本图书馆 CIP 数据核字（2015）第 280549 号

机械工业出版社（北京市百万庄大街 22 号 邮政编码 100037）
策划编辑：王晓洁 责任编辑：王晓洁
责任校对：樊钟英 封面设计：马精明
责任印制：张 博
北京建宏印刷有限公司印刷
2024 年 2 月第 1 版第 9 次印刷
184mm×260mm · 15.5 印张 · 422 千字
标准书号：ISBN 978-7-111-52218-8
定价：45.00 元

凡购本书，如有缺页、倒页、脱页，由本社发行部调换

| 电话服务 | 网络服务 |
|---|---|
| 服务咨询热线：010－88361066 | 机 工 官 网：www.cmpbook.com |
| 读者购书热线：010－68326294 | 机 工 官 博：weibo.com/cmp1952 |
| 010－88379203 | 教育服务网：www.cmpedu.com |
| **封面无防伪标均为盗版** | 金 书 网：www.golden-book.com |

# 前言

数控技术的发展早已形成规模，目前在我国的机械加工企业中，数控机床的普及率已经达到了60%，且其比例仍在不断增加，迫切需要大量的数控技术人员。对于一名数控技术人员来说，如果能够掌握合适的程序编制方法，往往可以成倍提高加工效率，降低加工成本。但数控加工岗位初入职的人员，由于理论上的不扎实、培训的缺乏及经验的不足，在实际数控程序编制和加工过程中会遇到很多问题，这时往往不知所措，想学无门。目前虽然有关数控编程的书很多，但是大多是学校老师编写的理论性教材，而真正针对数控加工实际问题的、容易读懂的书却很少。

本书来源于实践，服务于实践，从一个一线实际数控机床操作者的角度，对数控编程及操作初学者容易困惑的内容进行了讲解。作者先后操作过国内外10个品牌共20多个系列的数控面板，其编程操作大同小异，各有特点。本书选择在工厂里应用最广泛、编程最具代表性的FANUC Series 0*i* – MC/MD加工中心系统为例进行讲解，侧重于手工编程。本书主要特色如下：

**1. 内容来自实践。**本书避免了“写书的人不会操作，操作的人不会写书”的缺点。本书作者是来自一线的数控机床操作人员，作者从数控编程操作和数控工艺人员的实际工作角度出发，精心编排手工编程和宏程序编程最基本的知识和技能，并在其中融入许多加工注意事项及自己的经验（许多方法是同类书中第一次提到）。书中对各个程序和指令的介绍不同于一般的教材，偏重于实际应用。书中每个程序都经过实际验证，大部分经过多个机床验证，以最大程度地保证图书内容的正确性、通用性和实用性，这是很多数控编程书不能达到的。

**2. 内容全面，实例丰富。**本书涵盖数控铣床、加工中心常用指令和宏程序编程的全部内容，每个内容介绍时融入实际的应用案例，每个指令均结合作者亲身经历的多个加工实例进行介绍，非常易于理解、应用。除了正面的实例，还有许多反面的实例对照介绍，避免读者走同样的弯路。

**3. 深入浅出，图文并茂，循序渐进。**本书针对大部分数控操作工人和数控工艺人员的实际基础和水平，采用图文并茂的编写形式，将复杂和难理解的理论用图清楚地表现出来。

**4. 技术精巧，注重细节。**本书介绍了一般数控编程书中没有写到的重要细节（一般技术高手不愿意传授的内容），这些细节往往是影响加工质量和个人技能提高的关键技术，为广大数控编程初学者捅开了“数控编程及宏程序”的窗户纸。书中每个指令均配有操作提示和注意事项，除了一般数控书中结论性的内容，还介绍了相应参数的计算和工艺方案选择过程等内容。

编者积多年经验编写出本书，希望能给初学者以参考，给从业者以借鉴。饮水思源，感念不忘，感谢政府的“阳光工程”以及山东省枣庄市台儿庄区人力资源和社会保障局黄礼辉老师、青岛科技大学穆孝亮老师的支持与帮助。书中错误及疏漏之处，敬请广大读者和同行不吝指正。

**编　　者**

# 目录

# 第1章 数控机床安全操作规程

在数控机床的操作、调试、维修过程中，要始终把安全放在第一位，严格按照操作规程及有关规章制度操作，以保障人身和设备的安全。在操作、调试、维修过程中，要做到不伤害他人，不伤害自己，不被他人伤害。要理解“危险”“警告”“小心”“注意”等有关警告符号的含义。

“危险”表示紧急危害状态，如不避免，将导致严重伤亡。在“危险”框中显示的信息必须严格遵守。

“警告”表示潜在的危害状态，是在对操作人员十分危险或对机床损害特别严重时使用，采取所有必要措施来注意所发生的警告，在未清楚警告指示内容时，如果不避免，将导致严重伤亡。

“小心”表示潜在的危害状态，是在对操作人员及机床可能有轻微伤害、机械损坏时的提示。

“注意”是对操作人员在从事特殊加工步骤时的附加额外的提示，为确保在此情况下不出问题，操作人员应当对此提示给予充分考虑和重视。

数控机床是一种自动化程度很高的机加工设备，操作数控机床时必须小心仔细，正确操作和维修保养是正确使用数控机床的关键因素之一。正确操作使用能防止机床超负荷所致的非正常磨损，保持各项机械精度和参数指标，避免突发故障，避免因操作不慎造成安全事故和经济损失；做好日常维护保养，可以使机床保持良好的技术状态，延长使用寿命，延缓劣化进程。

## 1.1 安全操作注意事项

1）单人独自操作，不得两人或两人以上同时操作。不能在操作机床时嬉戏打闹。

2）工作时请按规定穿戴好劳动保护用品，穿好工作服、安全鞋，操作车、铣、钻床等主轴旋转的机床时，要注意不能戴手套、围巾、戒指、项链等，不能穿宽松的衣服，也不允许打领带，不能穿拖鞋、凉鞋、高跟鞋，留长发的女性要将头发盘起来，以免缠绕发生意外伤害。

3）操作前必须熟知每个按钮、旋钮、开关、按键和软键的含义。进口机床的操作面板多是英文，不明白含义的按钮、旋钮、开关、按键和软键不可随意操作，以免造成人身伤害或设备损坏。

4）请按照机床说明书或者铭牌提示加装润滑油、液压油、切削液。

5）禁止靠近旋转中的机床主轴，否则将导致严重伤害或死亡。

6）靠近停止的主轴前，请务必先确认机床所处的状态，机床可能随时起动！

7）机床运转时必须关闭防护门，以防发生伤害。

8）机床运转时不要站在防护门的正面。

9）对于有联锁功能的数控机床，运转中不要把防护门联锁功能设为断开，或把“联锁解除”设为有效，以确保安全。更不能觉得门联锁功能妨碍操作，而故意拆除或损坏，从而毁坏了安全的屏障。

10）请勿靠近运转中的夹臂式刀库、圆盘式刀库、斗笠式刀库或链式刀库，刀库将随时运行，否则将导致伤害。

11）小心刀具。刀具通常都比较锋利，小心划伤手指和身体的其他部位。

12）刀具很硬，但很脆。硬质合金、陶瓷、聚晶金刚石等材质的刀具都很脆，避免碰撞和跌落。

13）小心切屑。钢材、铝、铝合金等塑性金属的切屑都比较锋利，请勿用手直接去拿，或戴着手套去拿，切屑有可能会割破手套而伤到手指。如果遇到切屑缠绕，应该用钩子钩。

14）小心压缩空气。压缩空气压力一般为5～8atm（1atm=101325Pa），应避免吹向眼睛和耳朵，否则会对人身造成伤害。

15）请务必夹紧、夹好刀具和工件，避免主轴高速旋转时产生的离心力甩出刀具或工件。

16）不要移动、拆除或损坏安装在机床上的警示牌和铭牌。

17）不要在机床的周围放置障碍物，工作空间应保持足够大。

18）不允许使用压缩空气清洁机床电气柜及数控单元。

19）请戴上耳塞。多台机床在同时切削时将产生高分贝噪声，长时间处于高噪声环境，将会使人听力下降乃至永久丧失听力。

20）机床运行期间，要随时观察机床的运行状态，遇到碰撞或刀具损坏，应迅速按下“急停开关”，并向管理人员报告。

21）刀具、工件安装完成后，要注意检查安全空间位置，并做模拟运行，以免正式操作时发生碰撞事故。

22）新编辑好的程序在自动运行之前一定要进行模拟检查，检查走刀轨迹是否正确，首次执行程序要细心调试，检查各项参数是否正确合理，是否有小数点遗漏，如果有问题及时改正。

23）数控机床的自动化程度很高，但并不属于无人加工，在切削过程中，操作者应经常观察，根据声音、噪声、振动、振纹等来及时判断和处理加工过程中出现的问题，不要随意离开工作岗位。

24）高压危险！未经专业知识培训，请勿擅自打开机床配电柜，高压电流将对人体产生严重伤害甚至死亡！不要用潮湿的手去接触开关，否则将会导致触电！

25）在暴风雨天气里，请不要使用机床。

26）请保持车间地面干燥、洁净。在车间加工环境中，地面上可能会留有水或油，避免发生滑倒等意外事件。

27）不要用赤裸的双手直接接触或搬运切削液，这样容易导致皮肤过敏，操作者有过敏情形者，更应该特别注意。

28）不要为了增加各运动轴正负向行程，而将限位块、行程开关等安全装置移走或加以干涉。

29）假如因为切削可燃性材料或是由于切削液具有可燃性，而有可能导致爆炸或者火灾的潜在危险时，应确保有相应材料对应型号的灭火器在旁边可以随时取用。此外，请要求提供潜在爆炸危险材料的供应商说明加工此类危险材料时的安全作业须知。

30）使用天车、吊索、吊钩或其他设备搬运工件时，应格外注意安全。

31）酒后或服用了某些神经抑制性药物后或身体虚弱不舒服的情况下，不要操作机床。

32）加工完一个工件之后、中途测量尺寸或反面装夹时，最好稍等片刻再打开防护门，以防止吸入来自加工过程中因切削产生的高温而生成的切削液雾气。

33）数控机床要避免阳光的直接照射和其他热辐射，要避免放置在潮湿或粉尘过多的场所，特别要避免有腐蚀气体的场所。

34）为了避免电源不稳定给电子元件造成损坏，数控机床应采取专线供电或增设稳压装置。

## 1.2 文明生产要求

文明生产是企业生产管理中一项十分重要的内容，它直接影响产品质量，影响设备和工、夹、量具的使用寿命，影响技能的发挥。因此，操作者必须养成文明生产的良好工作习惯和严谨的工作作风，具有良好的职业素质、责任心，严格遵守数控机床的文明生产要求。

1）数控系统的编程、操作和维修人员必须经过专门的技术培训。使用操作数控机床前，应了解其功率、各种压力、加工范围等基本参数，避免因切削力过大而产生过载。许多数控机床都有过载保护，当刀具用钝了或者选择了不合理的切削三要素或碰撞致使机床过载时，过载保护装置将自动断开以保护机床，主轴会停止旋转。此时，应把机床断电，等1～2min之后重新通电，重新通电之后应检查刀具补偿是否正确。

2）对加工中心和数控铣床，主轴无刀时禁止旋转，以免破坏主轴动平衡。

3）当主轴无刀时，请勿用气枪吹切屑，避免将切屑和切削液吹到主轴锥孔里。

4）装卸大盘刀或大镗刀等大而重的刀具时，最好用膝盖顶住肘部，以免因拿不稳刀具造成人身伤害和刀具、刀片、工件损坏。

5）操作数控机床时，操作各个按钮、旋钮、开关、按键和软键时不得用力过猛，更不允许用扳手或其他尖锐的工具进行操作。

6）严禁在主轴处于M19（主轴定向停止）状态时，用钩头扳手在主轴上装卸刀具，否则会破坏主轴动平衡。

7）严禁在未经许可的情况下擅自修改数控系统厂家和机床厂家设定的机床参数、系统变量等，否则将导致机床产生意料之外的动作或报警，或碰撞。

8）对于数控机床的某些英文报警信息，要理解其含义，绝不可随意关机再开机以解除报警，有一些报警信息是关机再开机后也无法解除的。

9）手轮的转速不能超过5r/s，尤其是当手轮以0.1mm/刻度的倍率快速转动时，当手轮停止转动后，机床的运动轴不会立刻停止，还会移动一段距离，也就是说运动轴的移动速度跟不上手轮脉冲指令运动轴的移动速度，此时有可能会发生碰撞。

10）严禁接近圆盘式刀库机械手的旋转范围，严禁接近斗笠式刀库的移动范围，否则将导致严重伤害。

11）对于卧式四轴回转工作台加工中心，在装卸工件时一定要注意，工作台上可活动的压板和扳手等工具，一定要拿稳，等装夹之后，扳手等工具一定要拿出工作台，以免工具掉落被冲刷到排屑器刮板，引起排屑器设备故障或损坏。如果不慎把工具掉落到排屑器刮板上，应先停止排屑器转动，等待加工停止之后，打开防护门，进入机床内用手捞，必要时可以把排屑器反转一段距离。进入机床内部时，注意避免滑倒摔伤。

12）依机床负载（LOAD）指针指示修改切削三要素等加工参数，也可以依LOAD指针指示作为判断刀具磨损量的一个依据，及时查看是否需要更换刀具。

13）数控机床在使用过程中，工、夹、量具要合理使用和码放，不要把游标卡尺等量具倾斜着垫在工件上，要保持工作场地整洁有序，各类不同状态的零件分类码放整齐。

14）下班时，按照规定保养机床，认真做好交接班工作，对机床参数修改、刀具参数修改、程序执行情况、尺寸变化情况等，做好文字记录，以利于接班人员的继续工作。

15）机床发生事故，操作者要注意保护现场，并向维修人员如实说明事故发生前后的情况，以利于分析问题，查找事故原因，及时排除故障。

16）数控机床一定要有专人负责，严禁其他人员随意动用数控设备。

17）要认真填写数控机床的工作日志，交接班和更换产品后要做到首件必检，下班时做好交接工作，消除事故隐患。

18）交接班前，可以把工件计数器清零。

## 1.3 刀库注意事项

1）要了解斗笠式刀库、夹臂式刀库、圆盘式刀库和链式刀库的工作原理和基本动作，在刀具交换的过程中不要触碰面板上的按键，以免发生意外和报警。

2）加工中心的故障中有50%以上和刀库有关，应谨慎操作！如遇旧机器的机械手在抓刀的过程中掉刀，多数因机械手活动销的弹簧进入切屑所致，拆开清理切屑之后，或者清理切屑并更换弹簧之后故障大多会排除。

3）立式加工中心正在换刀的过程中，不可随意按复位键或按下急停开关，以免正在执行的动作被终止，产生机械手或刀套上、下传感器报警，导致不必要的麻烦。

在操作卧式加工中心时，除非遇到紧急情况，不能在换刀的过程中随意按复位键或按下急停开关，也不能在换刀结束后的短时间内按复位键或按下急停开关，因为在主轴动作的同时，刀库内仍可能在动作，卧式加工中心链式刀库的换刀动作比立式加工中心圆盘式刀库和斗笠式刀库的换刀更复杂，处理故障的时间也相对更长。如果手动打开了刀库防护门，在执行备刀时就会出现报警信息“刀库未处于自动状态”。

4）在操作斗笠式刀库时要注意，刀库里和主轴对应的刀套如果是空的，机床会默认刀具在主轴上，即使主轴上没有刀。如果刀库里和主轴对应的刀套有刀，则机床会默认主轴上是无刀的。此时，**如果在[手动]或[手轮]的方式下在主轴上安装了刀具，在MDI或[自动]方式下换刀时，将会发生碰撞，**造成设备损坏！

5）不管是什么类型的刀库，在试加工和正式加工时，只要程序中有换刀动作，都不要按“MACHINE LOCK”或“Z AXIS LOCK”，否则将会锁住$Z$轴，使$Z$轴无法到达换刀位置，如果主轴的位置在换刀点偏向$Z$轴负向的位置上，当程序中有换刀的指令时，圆盘式刀库和链式刀库的机械手，斗笠式刀库的刀库会与主轴发生碰撞，将导致设备损坏！

6）不要往加工中心的刀库里放过重和过大的刀具，以免在换刀时引起报警和故障。

7）在加工中心正在换刀时，如果突然断电，要找机床维修工，不得擅自处理，以免故障扩大影响生产。

8）加工中心和数控铣床，在[手动]或[手轮]方式下拆卸刀具时要注意，不要用力向下拉刀具，当松刀的按钮被按下时，碟形弹簧会松开拉爪，压缩空气会有一个向下的力推动刀具下降，如果刀具很重，工作台或工件离刀具很近，由于重力作用，刀具很有可能与工作台或工件发生碰撞，造成刀具损坏和人身伤害！所以当一只手按下松刀按钮，另一只手抓刀的时候不要用力向下拉，应保持力的平衡或向上。

手动装刀时要把刀具的轴线和主轴锥孔的轴线重合，然后向上顶一下，再按下手动松刀按钮，装刀到位后再松开按钮，不要在刀具的轴线和主轴锥孔的轴线倾斜时去装刀。

9）加工中心在[手动]或[手轮]方式下安装刀具时要注意，要从主轴上往刀库里装刀。首先选择[MDI]方式，输入“T＿ M06;”或者输入“T＿; M06;”，然后单击“INSERT”键，再单击“循环起动”键即可。请不要输入“M06 T＿;”或者“M06; T＿;”，因为“T＿ M06;”不等于“M06 T＿;”，在许多机床上，这两者不是一个概念，前者表示把指定的刀具换到主轴上，后者表示把刀库里的备刀换到主轴上，然后准备指定的刀具。

10）在卧式和立式加工中心换刀的时候，不要置于单段方式，或在处于换刀的时候单击“暂停”键，由于参数设置的不同，不同的机床会呈现出不同的表现，某些卧式加工中心换刀时单段运行，会中止换刀动作，产生报警信息。

11）某些加工中心在换刀前 *Z* 轴必须返回第二参考点，其第二参考点就是换刀点，如果 *Z* 轴没有返回第二参考点，就指令了换刀，有的机床报警，有的即使不报警但也不换刀。

## 1.4　机床操作和经验

（1）开关机顺序　一般是先开总闸/配电柜，然后开机床开关，再开面板开关，最后开急停开关。接通面板开关的同时，请不要按面板上的键。在LCD屏显示坐标位置以前，不要按CRT/MDI面板的键。因为此时面板键还用于维修和特殊操作，有可能会引起意外。关机顺序与开机顺序相反。

正确的开关机顺序有利于减少开关机时电流对设备的电冲击。当遇到某些报警信息需要关机时，请在关机后2min之后再开机，不要频繁地开关机。

（2）开机和操作中的注意事项　对于装有日本FANUC、MITSUBISHI等数控系统的面板，有绝对零点位置记忆的机床，开机后要先回零点，就是第一参考点。如果不回第一参考点，有的机床报警，有的不报警。不管报警与否，虽然在[手动]和[手轮]方式下都可以移动各运动轴，但在[MDI]、[自动]方式下各运动轴都不动作。机床参考点的位置在每个轴上都是通过减速行程开关粗定位，然后由编码器零位电脉冲（或称栅格零点）精定位的。

要先向各轴的负方向移动一段距离或角度之后再回零，至少脱离零点50mm或10°。多数机床都设有零点指示灯，当机床到达零点时，指示灯会亮。但是，如果机床在关机前到达了零点，再次开机时，机床的零点指示灯不会点亮，所以不能以零点指示灯的点亮与否来判断机床是否在零点上。如果机床已经在零点上，再次回零时，工作台会移动到硬件限位开关上，产生超程报警。

对于立式加工中心加装的第四旋转轴，务必先向负向旋转一定角度之后再回零，否则第四旋转轴会旋转至+360°，就会带动第四旋转轴上的工件或夹具发生转动而与机床工作台发生碰撞！

**请注意**：如果在EXT坐标系中，用指示表打在第四轴工作台面上，依工作台面与XY平面的平行度，为第四旋转轴设置了一个很小的正角度，关机前让第四轴移动到了绝对坐标0°，由于EXT坐标系的叠加，该位置在机械坐标系的第四轴坐标值并不为0，如果再次开机后对第四轴未向负方向旋转一定的角度，而执行了返回参考点的指令或操作，则第四旋转轴会旋转至+360°，第四轴上的夹具或工件可能会与机床工作台发生碰撞！

在执行了急停、机床锁（MACHINE LOCK）、*Z* 轴锁（Z AXIS LOCK）之后，必须回零，否则在自动方式下产生报警，或不运行程序，而不报警的机床则极有可能发生碰撞！

对于立式和卧式加工中心，一般先回 *Z* 轴零点，再回第四轴零点，最后回 *X*、*Y* 轴零点，以利于安全。

（3）换刀点的选择　加工中心换刀时，如果刀具过长、工件过高或刀具较长且工件过高，则在换刀时应考虑刀具被机械手抓住下降时，是否能与工件发生碰撞，如果有碰撞的可能，可以在换刀前指令 G91 G30 Z0；G91 G30 X0 Y0；当然了，要事先在参数中设定各轴第二参考点的机械坐标值。

（4）切削三要素　根据经验，一般情况下，切削三要素对尺寸有以下影响：

1）当切削速度 $v_c$ 提高，每转进给量 $f_r$ 不变，切削深度不变时，可以切除掉更多的金属材料。

2）当切削速度 $v_c$ 不变，每转进给量 $f_r$ 减小，切削深度不变时，可以切除掉更多的金属材料。

3）当切削速度 $v_c$ 不变，每转进给量 $f_r$ 不变，切削深度减小时，可以切除掉更多的金属材料。

在加工中心上，比如用镗刀镗孔时，材料为铝合金，孔尺寸为 $\phi80H7\ (^{+0.03}_{\ \ 0})$，上极限偏差为 +0.03mm，下极限偏差为 0，在编程时的主轴速度为 S1500，进给值为 F200 时，刚开始时孔的尺寸很好，用内径量表测量为 $\phi80.01\sim\phi80.015$mm，用 $\phi80H7$ 的光滑极限塞规检测，通端能够较轻松地塞入，止端不能塞入。加工了若干时间后，再检测，发现通端较难塞入，很紧，或只能塞入一部分。此时请检查刀片的磨损情况，如果磨损严重，请更换刀片；如果磨损不严重，可以微调一下刀尖，使直径略微变大；或者修改程序，改为 S1600 或 F180，再次检测时则通端较容易通过。

（5）调试有效的状态　有些时候因为调试或者特殊编程的需要，加工某单个或者多个工件时，会使机床处于跳段、选择停止有效的状态，如果突然断电，则原本机床执行以上两种状态中的一种或两种，**在复电之后，全部为关闭状态**，如果没有注意，而进行了加工，则有可能产生废品。

（6）切削液、刀具等影响因素　注意切削液的种类、浓度、是否充分加注，切削时刀具、工件的温度，工件材质的切削加工属性，软硬程度（或是否有硬点），工件表面是否有黑皮，刀具材料，刀具的各项几何参数，加工方法，机床刚性，机床功率等许多因素都会或多或少地影响操作者对切削三要素的判断，进而影响工件的几何精度和表面粗糙度。

（7）数控机床常见的操作故障

1）防护门未关，机床不能运转。

2）机床未回零。

3）主轴转速超过最高转速限定值。

4）程序内未设置 F 或 S 值。

5）进给倍率修调开关设为 0。

6）回零时离零点太近且回零速度太快，引起超程。

7）程序中，机床计算出的运行速度超过限定值。

8）刀具补偿参数设置错误。

9）刀具换刀位置不正确（离工件太近）。

10）G40 取消不当，使刀具切入已加工表面。

11）程序中使用了非法代码。

12）刀具半径补偿方向弄错。

13）切入、切出方式不当。

14）切削用量太大。

15）刀具钝化。

16）工件材质不均匀，引起振动。

17）机床被锁定（工作台不动）。

18）工件未夹紧。

19）对刀位置不正确，工件坐标系设置错误。

20）使用了不合理的G功能指令。

21）机床处于报警状态。

22）断电后或报过警的机床，没有重新回零。

## 1.5　数控机床的日常维护和保养

### 1.5.1　数控机床的日常维护

1）每天做好各导轨面的清洁。

2）每天检查主轴自动系统是不是工作正常。

3）注意检查电气柜的冷却风扇是不是工作正常、风道网有无堵塞。

4）注意检查冷却系统，检查液面高度，及时添加油或水，油、水脏时要更换清洗。

5）注意检查主轴传动带，调整松紧程度。

6）注意检查导轨镶条松紧程度，调节间隙。

7）注意检查机床液压系统油箱、液压泵有无异常噪声，工作油面高度是否合适，压力表指示是否正常，管路及各接头有无泄漏。

8）注意检查导轨、机床防护罩是否齐全有效。

9）注意检查各运动部件的机械精度，减少形状和位置误差。

10）每天下班前做好机床清扫卫生。

11）机床起动后，在机床自动连续运转前，必须监视其运转状态。

12）确认切削液输出通畅，流量充足。

13）机床运转时，不得调整刀具和测量工件尺寸，手不得靠近旋转的刀具和工件。

14）必须在停机后除去工件或刀具上的切屑。

15）加工完毕后关闭电源、清扫机床并涂防锈油。

16）导轨润滑油一般用耐磨液压油，自动泵油装置一般设置为每间隔15～20min泵油10～15s。

### 1.5.2　数控机床的日常保养

数控机床的日常保养见表1-1。

**表1-1　数控机床的日常保养**

| 序号 | 检查周期 | 检查部位 | 检查要求 |
|---|---|---|---|
| 1 | 每天 | 导轨润滑油箱 | 检查油标、油量，及时添加润滑油，润滑泵能定时起动泵油及停止 |
| 2 | 每天 | $X$、$Y$、$Z$轴导轨面 | 清除切屑及污物，检查润滑油是否充分、导轨面有无划伤损坏 |
| 3 | 每天 | 压缩空气源压力 | 确认气动控制系统压力应在正常范围 |
| 4 | 每天 | 气源自动分水滤气器 | 及时清理分水器中滤出的水分，保证自动工作正常 |
| 5 | 每天 | 气液转换器和增压器油面 | 发现油量不够时及时补足油 |

（续）

| 序号 | 检查周期 | 检查部位 | 检查要求 |
| --- | --- | --- | --- |
| 6 | 每天 | 主轴润滑恒温油箱 | 确保主轴润滑恒温油箱工作正常，油量充足并调节温度范围 |
| 7 | 每天 | 机床液压系统 | 确保油箱、液压泵无异常噪声，压力指示正常，管路及各接头无泄漏，工作油面高度正常 |
| 8 | 每天 | 液压平衡系统 | 确保平衡压力指示正常，快速移动时平衡阀工作正常 |
| 9 | 每天 | 数控程序的输入/输出单元 | 确保其运行良好 |
| 10 | 每天 | 各电气柜散热通风装置 | 确保各电气柜冷却风扇工作正常，风道过滤网无堵塞 |
| 11 | 每天 | 各种防护装置 | 确保导轨、机床防护罩等应无松动、无漏水 |
| 12 | 每半年 | 滚珠丝杠 | 清洗丝杠上旧的润滑脂，涂上新润滑脂 |
| 13 | 每半年 | 液压油路 | 清洗溢流阀、减压阀、过滤器、油箱底，更换或过滤液压油 |
| 14 | 每半年 | 主轴润滑恒温油箱 | 清洗过滤器，更换润滑脂 |
| 15 | 每年 | 直流伺服电动机电刷 | 检查换向器表面，吹净炭粉，去除毛刺，更换长度过短的电刷，并应磨合后才能使用 |
| 16 | 每年 | 润滑油、过滤器 | 清理润滑油池底，更换过滤器 |
| 17 | 不定期 | 各轴导轨上镶条、压滚轮 | 检查各轴导轨上镶条、压滚轮松紧状态，并按机床说明书调整 |
| 18 | 不定期 | 冷却水箱 | 检查液面高度，切削液太脏时需要更换并清理水箱底部，经常清洗过滤器 |
| 19 | 不定期 | 排屑器 | 经常清理切屑，检查有无卡住等 |
| 20 | 不定期 | 清理废油池 | 及时取走滤油池中废油，以免外溢 |
| 21 | 不定期 | 主轴传动带 | 检查主轴传动带松紧，并按机床说明书调整 |

## 1.6 数控系统的日常维护

数控系统使用一定时间之后，某些元器件或机械部件总要损坏。为了延长元器件的寿命和零部件的磨损周期，防止各种故障，特别是恶性事故的发生，延长整台数控系统的使用寿命，就需要对数控系统进行日常维护。具体的日常维护要求，在数控系统的使用、维修说明书中一般都有明确的规定。总的来说，要注意以下几点：

1）制订数控系统日常维护的规章制度。

2）应尽量少开数控柜和强电柜的门。

3）定时清理数控装置的散热通风系统。

4）定期检查和更换直流电动机电刷。

5）经常监视数控装置用的电网电压。

6）存储器用的电池需要定期更换。

7）数控系统长期不用时的维护。

8）备用印制电路板的维护。

# 第2章 数控刀具和切削工艺的选择

## 2.1 金属切削刀具材料

刀具的发展在人类进步的历史上占有重要的地位。中国早在公元前28世纪—公元前20世纪，就已出现黄铜锥和纯铜的锥、钻、刀等铜质刀具。战国后期（公元前3世纪），由于掌握了渗碳技术，制成了铜质刀具，当时的钻头和锯与现代的扁钻和锯已有些相似之处。

然而，刀具的快速发展是在18世纪后期第一次工业革命时，伴随蒸汽机等机器的发展而来的。1783年，法国的勒内首先制出铣刀。1792年，英国的莫兹利制出丝锥和板牙。有关麻花钻的发明最早的文献记载是在1822年，但直到1864年才作为商品生产，那时的刀具是用整体高碳工具钢制造的，允许用的切削速度约为5m/min。1868年，英国的穆舍特制成含钨的合金工具钢。1898年，美国的泰勒和怀特发明了高速工具钢。1923年，德国的施勒特尔往碳化钨粉末中加进10%～20%的钴做黏结剂，发明了碳化钨和钴的新合金，硬度仅次于金刚石，这是世界上人工制成的第一种硬质合金。用这种合金制成的刀具切削钢材时，切削刃会很快磨损，甚至刃口崩裂。1929年，美国的施瓦茨科夫在原有成分中加进了一定量的碳化钨和碳化钛的复式碳化物，改善了刀具切削钢材的性能。这是硬质合金发展史上的又一成就。

在采用合金工具钢时，刀具的切削速度提高到约8m/min，采用高速钢时，又提高两倍以上，到采用硬质合金时，又比用高速钢提高两倍以上，切削加工出的工件表面质量和尺寸精度也大大提高。

由于高速钢和硬质合金比较昂贵，刀具出现焊接和机械夹固式结构。1949—1950年间，美国开始在车刀上采用可转位刀片，不久即应用在铣刀和其他刀具上。1938年，德国德古萨公司取得关于陶瓷刀具的专利。1972年，美国通用电气公司生产了聚晶人造金刚石和聚晶立方氮化硼刀片。这些非金属刀具材料可使刀具以更高的速度切削。

1969年，瑞典山特维克钢厂取得用化学气相沉积法生产碳化钛涂层硬质合金刀片的专利。1972年，美国的邦沙和拉古兰发明了物理气相沉积法，在硬质合金或高速钢刀具表面涂覆碳化钛或氮化钛硬质层。刀具的基体是钨钛钴硬质合金或钨钴硬质合金，表面碳化钛涂层的厚度不过几微米，但是与同牌号的合金刀具相比，使用寿命延长了3倍，切削速度提高了25%～50%。

### 2.1.1 常用刀具材料

刀具材料是指刀具切削部分的材料。金属切削时，刀具切削部分直接和工件及切屑相接触，承受着很大的切削压力和冲击力，并受到工件及切屑的剧烈摩擦，产生很高的切削温度。刀具切削部分是在高温、高压及剧烈摩擦的恶劣条件下工作的。因此，刀具材料应具备高硬度、足够的强度和韧性、高耐磨性和耐热性、良好的导热性、良好的工艺性和经济性，以及化学稳定性等基本性能。

**1. 高速工具钢**（High Speed Steel，HSS）

高速工具钢（简称高速钢）是一种含钨（W）、钼（Mo）、铬（Cr）、钒（V）等合金元素较多的工具钢。高速钢刀具制造简单，刃磨方便，容易通过刃磨得到锋利的刃口，它具有较好的力学性能和良好的工艺性，可以承受较大的切削力和冲击。高速钢的品种繁多，按切削性能可以分为普通高速钢和高性能高速钢；按化学成分可以分为钨系、钨钼系和钼系高速钢；按制造工艺不同，可以分为熔炼高速钢和粉末冶金高速钢。

（1）普通高速钢　国内外使用最多的高速钢是W6Mo5Cr4V2、W9Mo3Cr4V（钨钼系）及W18Cr4V（W18钨系）钢，含碳量为0.7%～0.9%（质量分数），硬度为63～66HRC，不适应于高速和硬材料切削。但由于金属钨的价格较高，国内外已较少采用钨系高速钢，较多采用钨钼系高速钢。

（2）高性能高速钢　高性能高速钢指在普通高速钢中加入一些合金，如钴（Co）、铝（Al）等，使其耐热性、耐磨性又有进一步提高，热稳定性高。但其综合性能不如普通高速钢，不同牌号只有在各自规定的切削条件下，才能达到良好的加工效果。

（3）粉末冶金高速钢　粉末冶金高速钢是20世纪60年代出现的新型高速钢，可以避免熔炼钢产生的碳化物偏析。其强度、韧性比熔炼钢有很大提高，可用于加工超高强度钢、不锈钢、钛合金等难加工材料，可用于制造大型拉刀和齿轮刀具，特别是切削时受冲击载荷的刀具效果更好。

**2. 硬质合金**（Cemented Carbide）

硬质合金是用高硬度、难熔的金属化合物（碳化钨WC、碳化钛TiC等）微米数量级的粉末与钴、钼、镍（Ni）等金属黏结剂，高压压制成形后再经高温烧结而成的粉末冶金制品。其高温碳化物的含量超过高速钢，具有硬度高（大于89HRC）、熔点高、化学稳定性好、热稳定性好等特点，但其韧性差，脆性大，承受冲击和振动的能力差。其切削效率是高速钢刀具的5～10倍，切削线速度可达220m/min，硬质合金是现在应用范围最广的刀具材料。

（1）普通硬质合金　常用的有WC+Co类和TiC+WC+Co类。

1）WC+Co类（YG）：常用的牌号有YG3⊖、YG3X（K01）、YG6（K20）、YG6X（K10）、YG8（K30）等。数字表示钴（Co）的质量百分比含量，此类硬质合金强度好，硬度和耐磨性较差，主要用于加工铸铁及有色金属。钴的含量越高，韧性越好，适合粗加工；钴含量少的用于精加工。

2）TiC+WC+Co类（YT）：常用的牌号有YT5（P30）、YT14、YT15（P10）、YT30（P01）等。此类硬质合金的硬度、耐磨性、耐热性都明显提高，但韧性、抗冲击振动性差，主要用于加工钢材。TiC含量多，钴含量少，耐磨性好，适合精加工；TiC含量少，钴含量多，承受冲击能力好，适合粗加工。

（2）新型硬质合金　在上述两类硬质合金的基础上，添加某些金属的碳化物可以使其性能提高。如在YG(K)类中添加碳化钽（TaC）或碳化铌（NbC），即TiC+WC+TaC(NbC)+Co，可以细化颗粒，提高硬度和耐磨性，而韧性不变，还可以提高合金的高温硬度、高温强度和抗氧化能力，如YG6A、YG8N、YG8P3等。在YT（P）类中添加合金，可以提高抗弯强度、冲击韧性、耐热性、耐磨性及高温强度、抗氧化能力等。既可以用于加工钢材，又可以加工铸铁和有色金属，被称为通用合金[代号TW(M)]。此外，还有TiC(或TiN)基硬质合金（又称金属陶瓷）、

⊖ 牌号YG3标准YS/T 400—1994已被GB/T 18376.1—2008代替，但其牌号在国内仍有使用，故保留并将其对应新标准的牌号在括号中注明。

超细晶粒硬质合金（如YS2、YM051、YG610、YG643）等。硬质合金的分类、用途、性能、代号以及与旧牌号的对照见表2-1。

表2-1　硬质合金的分类、用途、性能、代号以及与旧牌号的对照

| 类别 | 成分 | 用途 | 被加工材料 | 常用代号 | 性能 | | 适用的加工阶段 | 相当于旧牌号 |
|---|---|---|---|---|---|---|---|---|
| | | | | | 耐磨性 | 韧性 | | |
| K类（钨钴类） | WC + Co | 适用于加工铸铁、有色金属等脆性材料或冲击性较大（如断续切削塑性金属）的特殊情况时也较合适 | 适用于加工短切屑的黑色金属、有色金属及非金属材料 | K01 | ↑ | ↓ | 精加工 | YG3 |
| | | | | K10 | | | 半精加工 | YG6 |
| | | | | K20 | | | 粗加工 | YG8 |
| P类（钨钛钴类） | WC + TiC + Co | 适用于加工钢材或其他韧性较大的塑性金属，不宜用于加工脆性金属 | 适用于加工长切屑的黑色金属 | P01 | ↑ | ↓ | 精加工 | YT30 |
| | | | | P10 | | | 半精加工 | YT15 |
| | | | | P30 | | | 粗加工 | YT5 |
| M类［钨钛钽（铌）钴类］ | TiC + WC + TaC（NbC）+ Co | 既可加工铸铁、有色金属，又可加工碳素钢、合金钢，故又称通用合金。主要用于加工高温合金、高锰钢、不锈钢以及可锻铸铁、球墨铸铁、合金铸铁等难加工材料 | 适用于加工长切屑或短切屑的黑色金属和有色金属 | M10 | ↑ | ↓ | 精加工、半精加工 | YW1 |
| | | | | M20 | | | 粗加工、半精加工 | YW2 |

## 2.1.2　新型刀具材料

（1）涂层刀具材料　涂层刀具材料是指采用化学气相沉积（CVD）或物理气相沉积（PVD）法，在硬质合金或其他材料刀具基体上涂覆一薄层耐磨性高的难熔金属（或非金属）化合物而得到的刀具材料，较好地解决了材料硬度及耐磨性与强度及韧性的矛盾。

常用的涂层材料有TiN、TiC、$Al_2O_3$和超硬材料涂层。涂层材料的基体一般为粉末冶金高速钢或新牌号硬质合金。

（2）陶瓷（Ceramics）刀具材料　常用的陶瓷刀具材料是以$Al_2O_3$或$Si_3N_4$为基体成分在高温下烧结而成的。其硬度可达91～95HRA，耐磨性比硬质合金高十几倍，适于加工冷硬铸铁和淬硬钢。陶瓷刀具的最大缺点是脆性大、强度低、导热性差。

1）$Al_2O_3$基陶瓷刀具：在$Al_2O_3$中加入一定质量分数（15%～30%）的TiC和一定量金属（如Ni、Mo等）形成。它可提高抗弯强度及断裂韧性，抗机械冲击和耐热冲击能力也得以提高，适用于各种铸铁及钢材的精加工、粗加工。此类牌号有M16、SG3、AG2等。

2）$Si_3N_4$基陶瓷刀具：比$Al_2O_3$基陶瓷刀具具有更高的强度、韧性和抗疲劳强度，有更高的切削稳定性。其热稳定性更高，在1300～1400°C时能正常切削，允许更高的切削速度。其热导率为$Al_2O_3$基陶瓷刀具的2～3倍，因此耐热冲击能力更强。此类刀具适于端铣和切削有氧化皮的毛坯工件等。此外，$Si_3N_4$基陶瓷刀具可对铸铁、淬硬钢等高硬度材料进行精加工和半精加工。此类牌号有SM、7L、105、F85等。

（3）超硬刀具材料　超硬刀具材料是金刚石和立方氮化硼的统称，用于超精加工及硬脆材料加工，聚晶金刚石和立方氮化硼越来越成为“普通的”刀具材料。

金刚石有天然及人造两类，除少数超精密及特殊用途外，工业上多使用人造聚晶金刚石（Poly Crystalline Diamond，PCD）作为刀具及磨具材料。金刚石具有极高的硬度、很好的导热性，可以刃磨得非常锋利，表面粗糙度值小，能在纳米级稳定切削。金刚石刀具具有较小的摩擦因数，能保证较好的工件质量，切削线速度可高达1200m/min，主要用于加工各种有色金属、非

金属材料及激光扫描器和高速摄影机的扫描棱镜，特型光学零件，电视、录像机、照相机零件，计算机磁盘等，但不适合加工钢铁类工件。一些小轿车铝合金轮毂的镜面就是金刚石刀具加工出来的。

立方氮化硼（Cubic Boron Nitride，CBN）有很高的硬度和良好的耐磨性，仅次于金刚石；热稳定性比金刚石高1倍，可以高速切削高温合金，切削速度比硬质合金高3～5倍；有优良的化学稳定性，适于加工钢铁材料；导热性比金刚石差但比其他材料好很多，抗弯强度和断裂韧性介于硬质合金和陶瓷之间。使用立方氮化硼刀具，可加工以前只能用磨削方法加工的特种钢，它还非常适合用于数控机床。

## 2.1.3 涂层刀具材料

**1. 涂层的特性**

（1）硬度　涂层带来的高表面硬度是提高刀具寿命的最佳方式之一。一般而言，刀具材料或表面的硬度越高，刀具的寿命越长。氮碳化钛（TiCN）涂层比氮化钛（TiN）涂层具有更高的硬度。由于增加了含碳量，使TiCN涂层的硬度提高了33%，其硬度变化范围为3000～4000HV（取决于制造商）。表面硬度高达9000HV的CVD金刚石涂层在刀具上的应用已较为成熟，与PVD涂层刀具相比，CVD金刚石涂层刀具的寿命提高了10～20倍。金刚石涂层的高硬度和切削速度可比未涂层刀具提高2～3倍的能力，使其成为非铁族材料切削加工的首选。

（2）耐磨性　耐磨性是指涂层抵抗磨损的能力。虽然某些工件材料本身硬度可能并不太高，但在生产过程中添加的元素和采用的工艺可能会引起刀具切削刃崩裂或磨钝。

（3）表面润滑性　高摩擦因数会增加切削热，导致涂层寿命缩短甚至失效。而降低摩擦因数可以大大延长刀具寿命。细腻光滑或纹理规则的涂层表面有助于降低切削热，因为光滑的表面可使切屑迅速滑离前面而减少热量的产生。与未涂层刀具相比，表面润滑性更好的涂层刀具还能以更高的切削速度进行加工，从而进一步避免与工件材料发生高温熔焊。

（4）氧化温度　氧化温度是指涂层开始分解时的温度。氧化温度越高，对在高温条件下的切削加工越有利。虽然TiAlN涂层的常温硬度也许低于TiCN涂层，但事实证明它在高温加工中要比TiCN有效得多。TiAlN涂层在高温下仍能保持其硬度的原因在于可在刀具与切屑之间形成一层氧化铝，氧化铝层可将热量从刀具传入工件或切屑。与高速钢刀具相比，硬质合金刀具的切削速度通常更高，这就使TiAlN成为硬质合金刀具的首选涂层，硬质合金钻头和立铣刀通常采用这种TiAlN涂层。

（5）抗黏结性　涂层的抗黏结性可防止或减轻刀具与被加工材料发生化学反应，避免工件材料沉积在刀具上。在加工有色金属（如铝、黄铜等）时，刀具上经常会产生积屑瘤，从而造成刀具崩刃或工件尺寸超差。一旦被加工材料开始黏附在刀具上，黏附就会不断扩大。例如，用成形丝锥加工铝质工件时，加工完每个孔后丝锥上黏附的铝都会增加，以至最后使得丝锥直径变得过大，造成工件尺寸超差报废。具有良好抗黏结性的涂层甚至在切削液性能不良或浓度不足的加工场合也能起到很好的作用。

**2. 常用的涂层**

（1）氮化钛（TiN）涂层　TiN是一种通用型PVD涂层，可以提高刀具硬度并具有较高的氧化温度。该涂层用于高速钢切削刀具或成形工具可获得很不错的加工效果。

（2）氮碳化钛（TiCN）涂层　TiCN涂层中添加的碳元素可提高刀具硬度并获得更好的表面润滑性，是高速钢刀具的理想涂层。

（3）氮铝钛或氮钛铝（TiAlN/AlTiN）涂层　TiAlN/AlTiN涂层中形成的氧化铝层可以有效

提高刀具的高温加工寿命。该涂层主要用于干式或半干式切削加工的硬质合金刀具。根据涂层中所含铝和钛的比例不同，AlTiN 涂层可提供比 TiAlN 涂层更高的表面硬度，因此它是高速加工领域又一个可行的涂层选择。

（4）氮化铬（CrN）涂层　CrN 涂层良好的抗黏结性使其在容易产生积屑瘤的加工中成为首选涂层。涂覆了这种几乎无形的涂层后，高速钢刀具或硬质合金刀具和成形工具的加工性能将会大大改善。

（5）金刚石（Diamond）涂层　CVD 金刚石涂层可为有色金属材料加工刀具提供最佳性能，是加工石墨、金属基复合材料（MMC）、高硅铝合金及许多其他高磨蚀材料的理想涂层**（注意：纯金刚石涂层刀具不能用于加工钢件，因为加工钢件时会产生大量切削热，并导致发生化学反应，使涂层与刀具之间的黏附层遭到破坏）**。

适用于硬铣、攻螺纹和钻削加工的涂层各不相同，分别有其特定的使用场合。此外，还可以采用多层涂层，此类涂层在表层与刀具基体之间还嵌入了其他涂层，可以进一步提高刀具的使用寿命。

**3. 涂层的应用**

实现涂层的高性价比应用可能取决于许多因素，但对于每种特定的加工应用而言，通常只有一种或几种可行的涂层选择。涂层及其特性的选择是否正确可能就意味着加工性能明显提高与几乎没有改善之间的区别。切削深度、切削速度和切削液都可能对刀具涂层的应用效果产生影响。

由于在一种工件材料的加工中存在着许多变量，因此确定选用何种涂层的最好方法之一就是通过试切。涂层供应商们正在不断开发更多的新涂层，以进一步提高涂层的耐高温、耐摩擦和耐磨损性能。

## 2.2　数控刀具的选择

### 2.2.1　影响数控刀具选择的因素

在选择刀具的类型和规格时，主要考虑以下因素：

（1）生产性质　在这里的生产性质指的是零件的批量大小，主要从加工成本上考虑对刀具选择的影响。例如：在大量生产时采用特殊刀具，可能是合算的，而在单件或小批量生产时，选择标准刀具更适合一些。

（2）机床类型　完成该工序所用的数控机床对选择的刀具类型（钻头、车刀或铣刀）的影响。在能够保证工件系统和刀具系统刚性好的条件下，允许采用高生产率的刀具，例如高速切削车刀和大进给量车刀。

（3）数控加工方案　不同的数控加工方案可以采用不同类型的刀具。例如：孔的加工可以用钻头及扩孔钻，也可用钻头和镗刀来进行加工。

（4）工件的尺寸及外形　工件的尺寸及外形也影响刀具类型和规格的选择。例如：特型表面要采用特殊的刀具来加工。

（5）加工表面粗糙度　加工表面粗糙度影响刀具的结构形状和切削用量，例如：毛坯粗铣加工时，可采用粗齿铣刀，精铣时最好用细齿铣刀。

（6）加工精度　加工精度影响精加工刀具的类型和结构形状。例如：孔的最后加工依据孔的精度可用钻、扩孔钻、铰刀或镗刀。

（7）工件材料　工件材料将决定刀具材料和切削部分几何参数的选择，刀具材料与工件的加工精度、材料硬度等有关。

### 2.2.2 数控刀具的性能要求

由于数控机床具有加工精度高、加工效率高、加工工序集中和零件装夹次数少的特点，对所使用的数控刀具提出了更高的要求。从刀具性能上讲，数控刀具应高于普通机床所使用的刀具。

选择数控刀具时，首先要应优先选用标准刀具，必要时才可选用各种高效率的复合刀具及特殊的专用刀具。在选择标准数控刀具时，应结合实际情况，尽可能选用各种先进刀具，如可转位刀具、整体硬质合金刀具、陶瓷刀具等。在选择数控机床加工刀具时，还应考虑以下几方面的问题：

（1）类型、规格和精度等级　数控刀具的类型、规格和精度等级应能够满足加工要求，刀具材料应与工件材料相适应。

（2）切削性能好　为适应刀具在粗加工或对难加工材料的工件加工时能采用大的背吃刀量和大进给量，刀具应具有能够承受高速切削和强力切削的性能。同时，同一批刀具在切削性能和刀具寿命方面一定要稳定，以便实现按刀具使用寿命换刀或由数控系统对刀具寿命进行管理。

（3）精度高　为适应数控加工的高精度和自动换刀等要求，刀具必须具有较高的精度，如有的整体式硬质合金立铣刀的径向尺寸精度高达0.005mm，比如有一把立铣刀上标注$8^{+0.005}_{0}$。

（4）可靠性高　要保证数控加工中不会发生刀具意外损伤及潜在缺陷而影响到加工的顺利进行，要求刀具及与之组合的附件必须具有很好的可靠性及较强的适应性。

（5）寿命长　数控加工的刀具，不论在粗加工或精加工中，都应具有比普通机床加工所用刀具更长的寿命，以尽量减少更换或修磨刀具及对刀的次数，从而提高数控机床的加工效率和保证加工质量。

（6）断屑及排屑性能好　数控加工中，断屑和排屑不像普通机床加工那样能及时由人工处理，切屑易缠绕在刀具和工件上，会损坏刀具和划伤工件已加工表面，甚至会发生伤人和设备事故，影响加工质量和机床的安全运行，所以要求刀具具有较好的断屑和排屑性能。

### 2.2.3 数控刀具的选择方法

**铣削刀具的选用原则如下：**

数控机床，特别是加工中心，其主轴转速较普通机床的主轴高1～3倍，某些特殊用途的加工中心主轴转速高达数万转，对数控加工刀具提出了更高的要求，包括精度高、强度大、刚性好、寿命长，而且要求尺寸稳定，安装调整方便。目前硬质合金涂层刀具已经广泛应用到加工中心上了，陶瓷刀具与立方氮化硼刀具也开始在加工中心上应用。一般说来，数控机床所用刀具应具有较长的寿命和较好的刚性，刀具材料抗脆性好，有良好的断屑性和可调性、易于更换等特点。

刀具的选择是数控加工工艺中的重要内容之一，其选用取决于被加工零件的几何形状、材料状态、夹具和机床选用刀具的刚性。刀具选择时应考虑以下方面：

（1）根据零件材料的切削性能选择刀具　如车削或铣削高强度钢、钛合金、不锈钢零件，建议选择耐磨性较好的可转位硬质合金刀具。

（2）根据零件的加工阶段选择刀具　粗加工阶段以去除余量为主，应选择刚性较好、精度较低的刀具，半精加工、精加工阶段以保证零件的加工精度和产品质量为主，应选择寿命长、精度较高的刀具，粗加工阶段所用刀具的精度最低，而精加工阶段所用刀具的精度最高。如果粗、精加工选择相同的刀具，建议粗加工时选用精加工淘汰下来的刀具，因为精加工淘汰的刀具磨损情况大多为刃部轻微磨损，涂层磨损修光，继续使用会影响精加工的加工质量，但对粗加工的影响较小。

（3）根据加工区域的特点选择刀具和几何参数　在零件结构允许的情况下应选用大直径、长径比值小的刀具；切削薄壁、超薄壁零件的过中心铣刀端刃应有足够的向心角，以减少刀具和切削部位的切削力。加工铝、铜等较软材料零件时应选择前角稍大一些的立铣刀，齿数也不要超过 4 齿。

选取刀具时，要使刀具的尺寸与被加工工件的表面尺寸相适应：

1）平面铣削应选用不重磨硬质合金面铣刀、面铣刀和立铣刀。一般采用两次走刀，第一次走刀最好用面铣刀粗铣，沿工件表面连续走刀。

**注意：**选好每次走刀宽度和铣刀直径，使接刀痕不影响精铣走刀精度。因此加工余量大又不均匀时，铣刀直径要选得小些。精加工时铣刀直径要选大些，最好能包容整个加工面的宽度。一般立铣刀切削行距为刀具直径的 50% ~75%，最好是 75%。面铣刀直径主要根据工件宽度选取，一般选择比切宽大 20% ~50%，或根据主轴直径选取，一般为主轴直径的 1.5 倍以内。

平底立铣刀有关参数的经验数据为：①铣刀半径 $R_D$ 应小于零件内轮廓面的最小曲率半径 $R_{min}$，一般取 $R_D=(0.8\sim0.9)R_{min}$；②零件的加工高度 $H=(1/6\sim1/4)R_D$，以保证刀具有足够的刚度。

2）加工凸台、凹槽和箱体面一般用立铣刀和镶硬质合金刀片的玉米铣刀。为了提高槽宽的加工精度，减少铣刀的种类，加工时可以采用直径比槽宽小的铣刀，先铣削槽的中间部分，然后再铣削槽的两边。

3）铣削平面零件的周边轮廓一般用立铣刀。

4）对一些立体型面和变斜角轮廓外形的加工，常采用球头铣刀、环形铣刀、锥形铣刀和盘形铣刀。

在进行自由曲面加工时，由于球头刀具的端部切削速度为零，因此，为保证加工精度，切削行距一般很小，故球头铣刀适用于曲面的精加工。而面铣刀无论是在表面加工质量上还是在加工效率上都远远优于球头铣刀。因此，在确保零件加工不过切的前提下，粗加工和半精加工曲面时，尽量选择面铣刀。另外，刀具的寿命和精度与刀具价格关系极大，多数情况下，选用好的刀具虽然增加了刀具成本，但带来的加工质量和加工效率的提高，则可以使整个加工成本大幅降低。

（4）根据刀具寿命选择刀具　刀具寿命与切削用量有密切关系。在制订切削用量时，应首先选择合理的刀具寿命，而合理的刀具寿命则应根据优化的目标而定。一般分最高生产率刀具寿命和最低成本刀具寿命两种，前者根据单件工时最少的目标确定，后者根据工序成本最低的目标确定。

选择刀具寿命时可根据刀具复杂程度、制造和磨刀成本来选择。复杂和精度高的刀具寿命应选得比单刃刀具高些。对于机夹可转位刀具，由于换刀时间短，为了充分发挥其切削性能，提高生产效率，刀具寿命可选得低些，一般取 15 ~30min。对于装刀、换刀和调刀比较复杂的多刀机床、组合机床与自动化加工刀具，刀具寿命应选得高些，尤其应保证刀具可靠性。当车间内某一工序的生产率限制了整个车间的生产率提高时，该工序的刀具寿命要选得低些，当某工序单位时间内所分担到的全厂开支较大时，刀具寿命也应选得低些。大件精加工时，为保证至少完成一次走刀，避免切削时中途换刀，刀具寿命应按零件精度和表面粗糙度来确定。

## 2.3　数控铣削刀具系统

在加工中心上，所有刀具全都预先装在刀库里，通过数控程序的选刀和换刀指令进行相应的换刀动作。对于加工中心及有自动换刀装置的机床，刀具的刀柄都已有系列化和标准化的规定，如锥柄刀具系统的标准代号为 TSG – JT，直柄刀具系统的标准代号为 DSG – JZ。对所选择的刀具，在使用前都需对刀具尺寸进行测量以获得准确数据，并由操作者将这些数据输入数据系统，经程序调用而完成加工过程，从而加工出合格的工件。编程人员应能够了解机床所用刀柄的结构尺寸、调整方法以及调整范围等方面的内容，以保证在编程时确定刀具的径向和轴向尺寸，合理安排刀具的排列顺序。

数控刀具的正确选择和使用在数控加工中有着重要的意义，正确选择和使用加工中心相配套的刀具系统是充分发挥加工中心功能和优势、保证加工精度以及控制加工成本的关键，这也是在编制程序时要考虑的重要内容之一。

加工中心使用的刀具由刃具和刀柄两部分组成。刃具部分和通用刃具一样，如钻头、铣刀、铰刀、丝锥和镗刀等。加工中心有自动换刀功能，刀柄要满足机床主轴的自动松开和拉紧定位，并能准确地安装各种切削刃具，适应机械手的夹持和搬运，适应在刀库中储存和识别等要求。

## 2.3.1 加工中心的刀柄和拉钉

### 1. BT 刀柄

加工中心上常用的是 7∶24 锥柄刀柄系统，包括 BT、SK、CAT、DIN 等各种标准；BT 标准较为常见。BT 表示采用日本标准 MAS403 号加工中心机床用锥柄柄部，其后数字为相应的 ISO 锥度号，如 40 和 50 分别代表大端直径 44.45mm 和 69.85mm 的 7∶24 锥度。BT 刀柄的结构如图 2-1 所示。

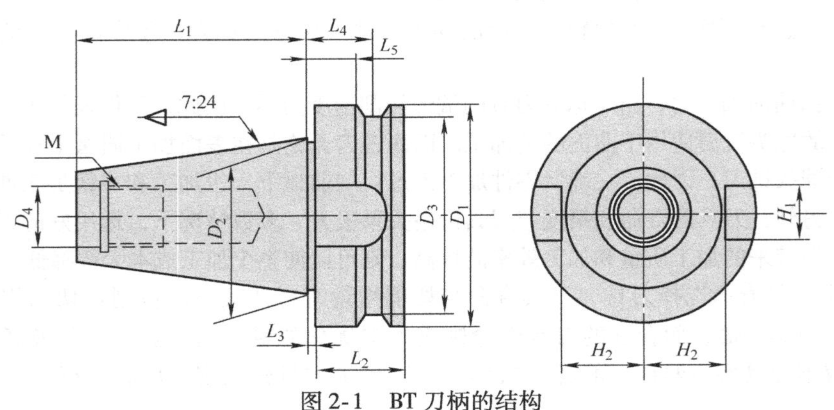


图 2-1 BT 刀柄的结构

（1）BT 刀柄的优点

1）不自锁，可以实现快速装卸刀具。

2）刀柄的锥体在拉杆轴向拉力的作用下，紧紧地与主轴的内锥面接触。

3）7∶24 锥度的刀柄在制造时只要将锥角加工到高精度即可保证连接的精度，所以成本相应比较低，而且使用可靠。

（2）BT 刀柄的缺点　在高速旋转时，由于离心力的作用，主轴前端锥孔会发生膨胀，膨胀量的大小随着旋转半径与转速的增大而增大，但是与之配合的 7∶24 锥度刀柄由于是实心的所以膨胀量较小，因此总的锥度连接刚度会降低，在拉杆拉力的作用下，刀柄的轴向位移也会发生改变。每次换刀后刀柄的径向尺寸都会发生改变，存在着重复定位精度不稳定的问题。主轴锥孔的“喇叭口”状扩张，还会引起刀柄及夹紧机构质心的偏高，从而影响主轴动平衡。

### 2. 刀柄型号的表示方法

常见的刀柄类型有：面铣刀刀柄、侧压式立铣刀刀柄、整体钻夹头刀柄、镗刀刀柄、莫氏锥度刀柄、钻夹头刀柄、快换式丝锥刀柄、ER 弹簧夹头刀柄等，如图 2-2 所示。

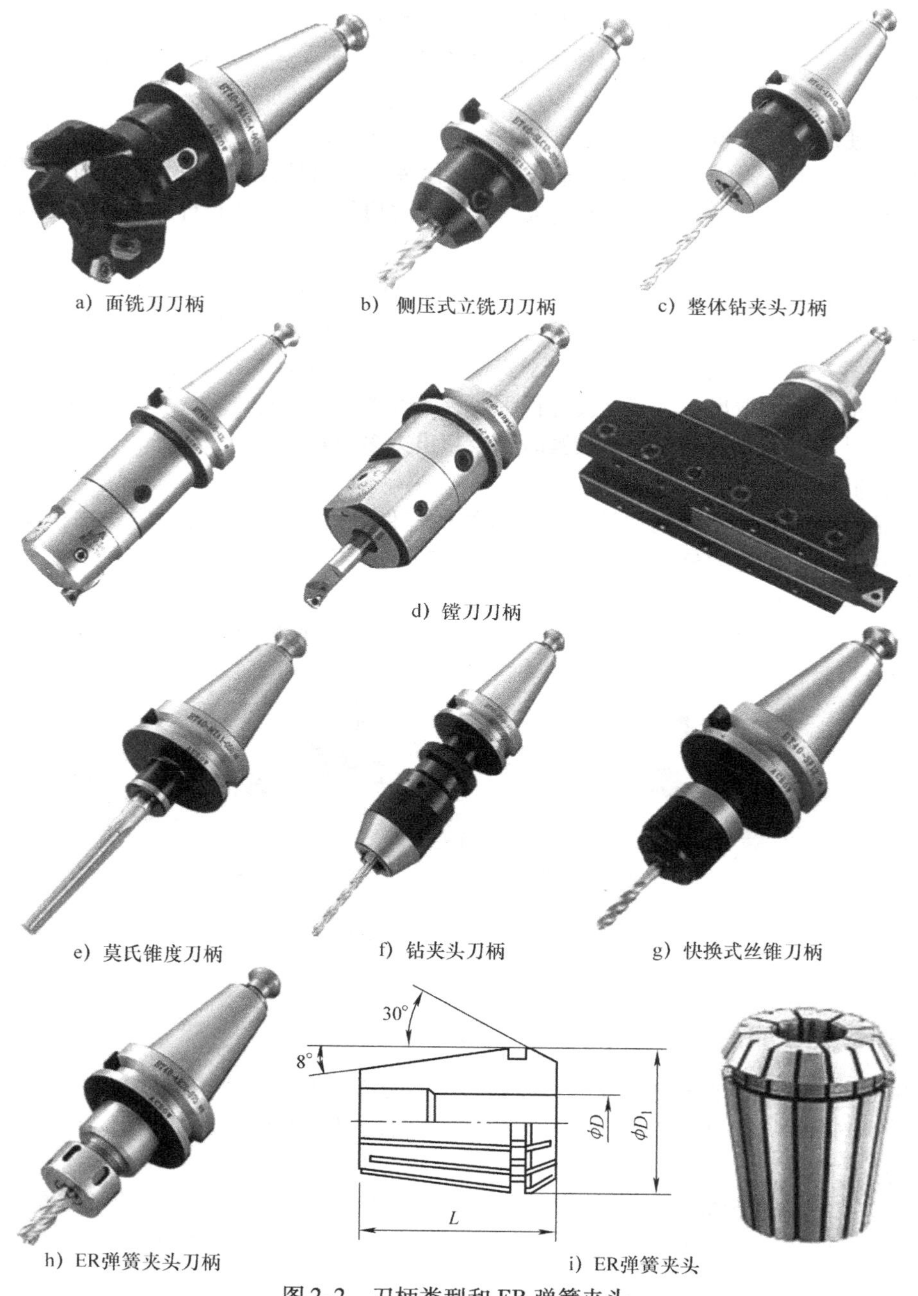


a）面铣刀刀柄　b）侧压式立铣刀刀柄　c）整体钻夹头刀柄

d）镗刀刀柄

e）莫氏锥度刀柄　f）钻夹头刀柄　g）快换式丝锥刀柄

h）ER弹簧夹头刀柄　i）ER弹簧夹头

图 2-2　刀柄类型和 ER 弹簧夹头

为了保证弹簧夹头刀柄的安装精度，安装刀具之前要清洁刀柄、锁紧螺母内锥面、螺纹面和弹簧夹头表面和缝隙等。锁紧螺母内锥面有一个小的偏心量，弹簧夹头在安装时要注意向偏心小的一侧倾斜，然后掰正尾部即可。把锁紧螺母拧几圈之后再把刀具装进弹簧夹头里，最后用钩头扳手锁紧。拆卸的方法与安装方法相反。注意不要先把刀具装进弹簧夹头里，否则撑紧的弹簧夹头就装不上了。

刀具装夹的注意事项：根据图样尺寸、实际需要、排屑、切削液能否注入等因素选择切削刃长度适宜的刀具，刀具柄部的夹持长度不要太短，也不能夹持切削刃部位，因为弹簧夹头的硬度为45～50HRC，而常用高速钢刀具的硬度能达到63HRC。所以，一旦错误地装夹，弹簧夹头用几次就报废了。

弹簧夹头使用的注意事项：锁紧螺母、夹头均为消耗品，必须适时更换。损坏的刀具螺母和夹头不更换的话，不仅影响定位精度，造成产品精度差异，而且会降低刀具的寿命！严禁在锁紧各类弹簧夹头时使用加长杆，非常容易造成刀具元件的损伤。使用加长杆后，有可能因锁紧力过大，而使夹头、锁紧螺母受损。

刀片安装的注意事项：在安装螺钉之前，建议在每个螺钉的螺纹上涂抹一点二硫化钼润滑脂，可以防止螺钉锈蚀到刀体上，也很容易取出螺钉。拧螺钉时先清理孔内的金属屑，用T形扳手顶紧用力拧紧就行了，扳手不要歪斜。不要使用加长杆，否则很容易造成螺钉滑丝无法取出，或需要把刀片敲碎才能取出。厂家在设计扳手时，已经考虑了螺钉材料、直径、锁紧时用力的大小，确保在设计的力臂长度的情况下锁紧时不会超出太多扭矩。

**3. 拉钉的种类及选择**

拉钉是固定在各种类型刀柄尾端的、带螺纹的零件。机床主轴内的拉紧机构借助它把刀柄拉紧在主轴中。加工中心刀柄有不同的标准，机床刀柄拉紧机构也不统一，所以拉钉也有多种型号和规格，如图2-3所示。

应根据机床说明书选择拉钉，或对机床自带的拉钉观察或测量后来确定。如果拉钉选用不当、拉钉没有拧紧，装在刀柄上使用可能会造成事故！

a）DIN69871标准的A型拉钉　　b）DIN69871标准的B型拉钉　　c）MAS BT的拉钉

图2-3　拉钉的种类

## 2.3.2　加工中心的换刀机构和故障排除

加工中心刀库一般有夹臂式刀库、斗笠式刀库、圆盘式刀库、链式刀库等形式。立式加工中心上最常见的形式是斗笠式刀库和圆盘式刀库，卧式加工中心最常见的是链式刀库。

**1. 斗笠式刀库**

斗笠式刀库也称之为固定地址换刀刀库，即每个刀位上都有编号，一般从1编到12、18、20、24等，即为刀号地址。操作者把一把刀具安装进某一刀位后，不管该刀具更换多少次，总是在该刀位内。

1）斗笠式刀库的制造成本低。其主要部件是刀库体及分度盘，只要这两样零件加工精度得到保证即可，运动部件中刀库分度使用的是非常经典的“马氏机构”，前后、上下运动主要选用气缸。装配调整比较方便，维护简单。一般机床制造厂家都能自制。

2）斗笠式刀库的刀号计数原理。一般在换刀位安装一个无触点开关，1号刀位上安装挡板。每次机床开机后刀库必须“回零”，刀库在旋转时，只要挡板靠近（距离为0.3mm左右）无触点开关，数控系统就默认为1号刀。并以此为计数基准，“马氏机构”转过几次，当前就是几号刀。只要机床不关机，当前刀号就被记忆。刀具更换时，一般按最近距离旋转原则，刀号编号按逆时针方向，如果刀库数量是 20，当前刀号位 8，要换 6 号刀，按最近距离换刀原则，刀库是逆时针旋转；如要换 10 号刀，刀库是顺时针旋转。机床关机后刀具记忆清零。

3）斗笠式刀库是利用刀库与机床主轴的相对运动实现刀具交换的，换刀时间比较长，如果所选取的刀具和主轴上的刀具位置相差 180°，换刀时间常在 8s 以上（从一次切削到另一次切削）。由于无法备选下一把刀具，影响生产效率。

4）斗笠式刀库的总刀具数量受限制，不宜过多，一般 BT40 刀柄的不超过 24 把，BT50 刀柄的不超过 20 把，大型龙门机床也有把斗笠式转变为链式结构的，此时刀具数量多达 60 把。

**2. 机械手刀库**

带有机械手的刀库包括圆盘式刀库和链式刀库，机械手也称换刀臂、刀臂。机械手刀库换刀是随机地址换刀。每个刀套上无编号，它最大的优点是换刀迅速、可靠。

1）机械手刀库的制造成本高。该刀库由一个个刀套链式组合起来，机械手换刀的动作由凸轮机构控制，零件的加工比较复杂。装配调试也比较复杂，一般由专业厂家生产，机床制造商一般不自制。

2）机械手刀库的刀号计数原理。与固定地址选刀一样，它也有基准刀号——1 号刀。但只能理解为 1 号刀套，而不是零件程序中的 1 号刀——T1。系统中有一张刀具表。它有两栏：一栏是刀套号，一栏是对应刀套号的当前程序刀号。假如编制一个三把刀具的加工程序，刀具的放置起始是 1 号刀套装 T1（1 号刀），2 号刀套装 T2，3 号刀套装 T3，当主轴上 T1 在加工时，T2 刀即准备好，换刀后，T1 换进 2 号刀套；同理，在 T3 加工时，T2 就装在 3 号刀套里。一个循环后，前一把刀具就安装到后一把刀具的刀套里。数控系统对刀套号及刀具号的记忆是永久的，关机后再开机刀库不用“回零”即可恢复关机前的状态。如果“回零”，则必须在刀具表中修改刀套号中相对应的刀具号。

3）机械手刀库换刀时间一般为 4s（从一次切削到另一次切削）。

4）刀具数量一般比斗笠式刀库多，常规刀具数量有 20、24、30、40、60 等。

5）刀库的凸轮箱要定期更换起润滑、冷却作用的齿轮油。

**3. 刀库的选择**

两种刀库形式各有优缺点。一般单件小批量生产用斗笠式刀库为好，大批量生产用机械手刀库，但圆盘式刀库价格高。

另外，机械手刀库的可靠性比斗笠式刀库高，但斗笠式刀库维护保养简单方便。

选择刀库时还有以下几点需要注意：

1）斗笠式刀库的刀柄在刀库内放置时，7∶24 的锥面是敞开的，无保护，时间久了或车间环境恶劣，锥面易沾染油雾灰尘，影响刀具的重复安装精度。而机械手刀库的刀套包容全部锥面，不易脏，特别对精镗刀的镗孔精度的稳定性有好处。

2）机械手刀库对刀具自重要求严格，一旦超重，刀具会从机械手中甩出去，易发生危险。刀具长度也必须在要求范围内，机械手旋转时所占的空间比较大，编程者需计算换刀时是否会与夹具发生碰撞等。

3）斗笠式刀库从使用上讲，刀具应在圆盘周围均匀放置，尽可能使质心在圆盘中心，以延长刀库使用寿命。

4）从承重的角度讲，斗笠式刀库的刀柄以 BT30 和 BT40 比较好，BT40 和 BT50 的刀柄选机械手刀库。

5）一般装有 24 把 BT40 刀柄的圆盘式刀库的加工中心允许装刀直径：无相邻刀具为

$\phi$150mm，有相邻刀具为 $\phi$80mm。

机械手刀库在使用大直径刀具（大于相邻刀位的最大直径）时处理比较麻烦。要么每一把刀具间隔位置或角度都一样，要么通过 PLC 专门辟出几个刀套位作为“特区”，比如森精机（MORI SEIKI）和哈斯（HAAS）上都可以设置某一把或多把刀具为大直径刀具，即重刀，在重刀交换时，机械手旋转的速度会自动变慢。如果不设置大直径刀具或没有此功能，可以按照以下方法处理：

大刀能放进刀库里，说明相邻刀套上没有刀具。在上一把刀具加工时备选大直径刀具，把大直径刀具换到主轴上之后，不备选下一把刀具，也不手动旋转刀库，待加工完成后直接换刀，然后再选择下一把刀具，换刀……这样，这把大直径刀具就被固定地放入某一个刀套里了。

**4. 刀库的故障排除**

斗笠式刀库的故障概率比机械手刀库的高，易损件主要是“马式机构”中拨叉上的滚针轴承损坏，如果刀库长时间满载或者偏重运行，那么导轨副会磨损，圆盘中心的轴承也会磨损，但更换比较方便。机械手刀库主要是靠凸轮机构完成换刀动作的，简单、可靠，平时只要按时更换凸轮箱里的机油即可，使用寿命长。如果凸轮槽磨损到一定程度后不更换，刀库就不能用了。

换刀的注意事项：

1）换刀动作必须在主轴停转时进行，且必须实现主轴定向停止（M19 指令）。

2）换刀点的位置应根据所用机床的要求安排，有的机床要求必须将换刀位置安排在各轴参考点处或至少应让 $Z$ 轴方向返回参考点，这时就要使用 G28 指令。有的机床则允许用参数设定第二参考点作为换刀位置，这时就可在换刀程序前编写 G30 指令。无论如何，换刀点的位置应远离工件及夹具，应保证有足够的换刀空间。

3）为了节省自动换刀时间，提高加工效率，应将选刀动作与机床加工动作在时间上重合起来。比如，可将选刀动作指令安排在换刀前的耗时较长的加工程序段中。

4）换刀完毕后，不要忘记安排重新起动主轴的指令。

**5. 刀具装入刀库的方法及操作**

当加工所需的刀具比较多时，要将全部刀具在加工之前放置到刀库中，并给每一把刀具设定刀具号码，然后由程序调用。具体步骤如下：

1）将需用的刀具在刀柄上装夹好，并调整到准确尺寸。

2）根据工艺和程序的设计将刀具和刀具号一一对应。

3）主轴回 $Z$ 轴零点。

4）手动输入并执行“T01　M06”。

5）手动将 1 号刀具装入主轴，此时主轴上刀具即为 1 号刀具。

6）手动输入并执行“T02　M06”。

7）手动将 2 号刀具装入主轴，此时主轴上刀具即为 2 号刀具。

8）其他刀具按照以上步骤依次放入刀库。

**6. M06 换刀指令的解读**

M06 换刀指令只是看到的表面，事实上这么复杂有序的动作不可能只用一个指令就能完成，通过参数 No. 6071 ~ 6079 的设置来调用程序号为 O9001 ~ O9009 的子程序的 M 代码。通常，参数 No. 6071 被设置为 6，即用 M06 指令来调用 O9001 换刀子程序；在卧式加工中心上，参数 No. 6072 被设置为 60，即用 M60 指令来调用 O9002 交换工作台子程序。而这些程序被参数 No. 3202#4 保护起来了，将其设置为 1 时，就不能进行程序的删除、输出、登录、核对、显示、程序号检索、登录程序的编辑等操作。

参数 No. 3202#6 =0，能够看到 O9001 程序内容；No. 3202#6 =1，只能看到显示屏右上角的 O9001 程序号，或者什么也看不到。

在不同刀库类型的加工中心上，在立式和卧式加工中心上，O9001 换刀宏程序的编写是不一样的：

1）在斗笠式刀库上，换刀动作一般包括：①信号判断，如果所需刀具号就是主轴上的刀具号，则跳转到程序末尾的 M99 所对应的程序段号上；②存储原来的 G90 或 G91、G20 或 G21 代码；③返回 *Z* 轴第二参考点、M19、刀库靠近主轴、主轴松刀、返回 *Z* 轴第一参考点、刀库刀号判断、刀库就近旋转、返回 *Z* 轴第二参考点、主轴紧刀、刀库远离主轴、刀库旋转结束、刀库数据更新；④释放原模态 G 代码、M99。

2）在圆盘式刀库上，换刀动作一般包括：①信号判断，如果所需刀具号就是主轴上的刀具号，则跳转到程序末尾的 M99 所对应的程序段上；如果不是，就近旋转刀库，找到需要交换的刀具；②存储原来的 G90 或 G91、G20 或 G21 代码；③返回 *Z* 轴第二参考点、M19、刀套向下（pot down）、换刀臂 60°旋转（arm 60 degree）、主轴松刀（tool unclamp）、换刀臂 180°旋转（arm 180 degree）、主轴紧刀（tool clamp）、换刀臂回原位（arm back to original position）、刀套向上（pot up）、刀库数据更新；④释放原来存储的模态 G 代码、M99。

换刀时刀套的待命位置为刀套在上或刀套在下，由机床厂商通过 PLC 位选择参数设定，例如某机床厂设置为 K3.3 =0，刀套在上；K3.3 =1，刀套在下。

为了使信号到达、动作可靠到位，伴随有多处 G04 指令。换刀时最好不要选择 单段 方式或按下 进给保持 键。

**7. 换刀故障的排除**

刀库和换刀机械手结构较复杂，且在工作中频繁运动，所以故障率较高，机床上有 50% 的故障都与之有关。如刀库运动故障，定位误差过大，机械手夹持刀柄不稳定，机械手动作误差过大，刀库分度未到位突然断电，刀套上、下传感器报警等。这些故障造成换刀动作中止，报警产生，机床停止工作。因此，刀库和机械手的维护十分重要。换刀臂、手爪的结构如图 2-4 所示。

造成卡刀的故障有很多，常见的有，突然断电或误操作，比如按下 急停 或 复位，或者气压不足，致使换刀臂 60°旋转后刀具无法正常拔下。

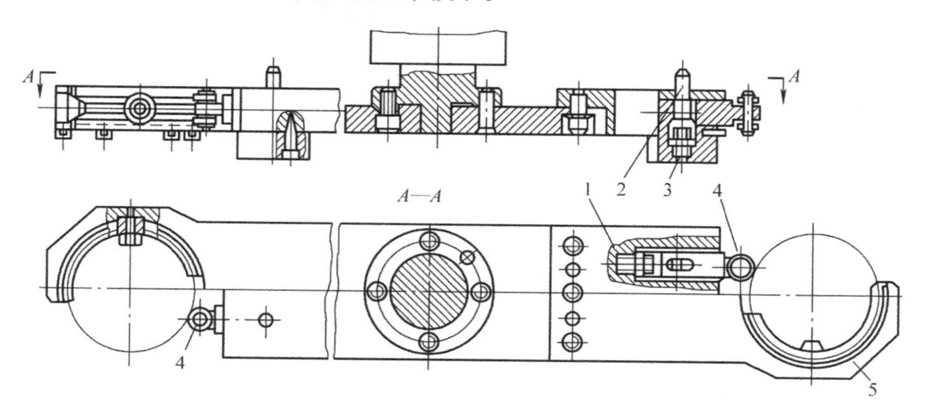


图 2-4 换刀臂、手爪的结构

1、3—弹簧 2—锁紧销 4—活动销 5—手爪

在换刀臂旋转轴上有两个销子，用来防止换刀时刀具甩落，按下 急停 按钮后，借助工具把

一个销子按下去，另外一个人帮忙把这个销子所对应一侧夹持的刀具拆卸下来，另一侧的刀具也拆卸下来。如果刀具没有卸下来就旋转换刀臂电动机轴，主轴此时处于紧刀状态，刀柄尾端的拉钉会把主轴内部的碟形弹簧挤坏。

一个人爬到机床刀库旁，下面一个人观察换刀臂情况，在换刀臂的上方有一个换刀臂电动机。从上向下看，先沿逆时针方向拨动电动机上的制动装置，松开制动装置，用活动扳手拧电动机上端的外六角，先沿顺时针方向拧，如果拧不动，就是方向错了，不要用蛮力拧，马上再换个方向拧，换刀臂沿逆时针方向转动，使换刀臂脱离主轴上的刀具。上面的人旋转换刀臂的同时，下面的人一定要注意换刀臂旋转的方向，及时提醒上面操作的人。在没松开制动装置时是拧不动换刀臂的。

在换刀臂脱离主轴时，如果主轴上有刀具，听见了漏气声（主轴处于松刀状态），就要注意，在工装上垫上木板，注意刀具可能会掉下来，不要用手去抓。请一直旋转刀臂，直到刀臂做完一个完整的换刀动作，回到其原点位置。有的设备操作面板上有“刀具就位”等标志，当这个灯亮起代表换刀臂已经到了原点位置，如果没有这个标志，就要目测刀库内的原点灯了，这是每台设备都有的，在刀库防护罩内，里面有 3 个红色灯，一般中间那个亮了就是刀臂处于原点位置。

排除完卡刀故障后，将换刀臂电动机制动装置拨回原来的位置，然后再在 MDI 状态下进行一次换刀动作，看是否正常，如果正常，请一定记住要将加工用到的所有刀具核对一遍，意外的卡刀动作，会影响数据传输，刀具番号信息中断等，导致俗称的“乱刀”。

发生乱刀后，最简单的方法就是把刀库刀具全部拿下来，再按照程序里编写的顺序一把把装上去，就可以了。

更省力便捷的方法是在参数界面里进行刀具重整，就是查刀具番号，按操作面板按钮“SYSTEM”→［PMC］软键→［PMC　PRM］软键→［DATA］软键，然后在刀具列表里检查刀具表的刀号是否有重复的刀号，在刀库手动的方式下一边转动刀库，一边查看刀套内刀号与程序中的刀号是否相符。若有错误，可以自行在数据表中修改更换，不需要手动将刀具重整，如图 2-5 所示。

PMC PRM (DATA) 005/001 BCD PMC RUN

| NO. | ADDRESS | DATA |
|---|---|---|
| 0000 | D0500 | 6 |
| 0001 | D0501 | 1 |
| 0002 | D0502 | 3 |
| 0003 | D0503 | 0 |
| 0004 | D0504 | 4 |
| 0005 | D0505 | 5 |
| 0006 | D0506 | 2 |
| 0007 | D0507 | 8 |
| 0008 | D0508 | 7 |
| 0009 | D0509 | 9 |

图 2-5　主轴和刀套中的刀号参数

左侧一列番号栏就是刀库里的刀套号，0 号是主轴刀具的意思。中间一列地址栏，不同的设备，号码也不相同，有的是 D500 开始是刀具地址，有的是 D100 开始是刀具地址。右侧一列数据栏就是在程序加工时用到的刀具号码，即 T06 现在在主轴上，T07 现在在 8 号刀套内，T02 现在在 6 号刀套内……

**8. 掉刀的处理**

换刀臂接刀后，没有把新刀放回主轴上出现掉刀情况，多数是因为刀具太重或弹簧失效造成的。先检查换刀臂旋转轴两侧的两个销子是否弹起，如果未弹起，就会导致掉刀。把未弹起销子一端的盖板拆开，清理出切屑，取出刀臂卡爪锁紧弹簧和推块，用煤油清洗后放回，如果弹簧弹力不足，更换弹簧，加入些许润滑脂，放回盖板时涂抹适量密封胶，一般都能解决这个问题。

## 2.4　数控切削工艺的选择

铣削加工是由主轴带动旋转的刀具与工件移动进给所完成的金属切除过程。铣削可以对工件进行平面加工、沟槽加工、攻螺纹、钻孔、铰孔、镗孔、倒角及齿轮加工等。

### 2.4.1　铣削方式

**1. 顺铣和逆铣**

用圆柱铣刀铣削时，其铣削方式可以分为顺铣和逆铣。当工件进给方向与圆柱铣刀切削速度方向相同时称为顺铣，当工件进给方向与圆柱铣刀切削速度方向相反时称为逆铣，如图 2-6 所示。

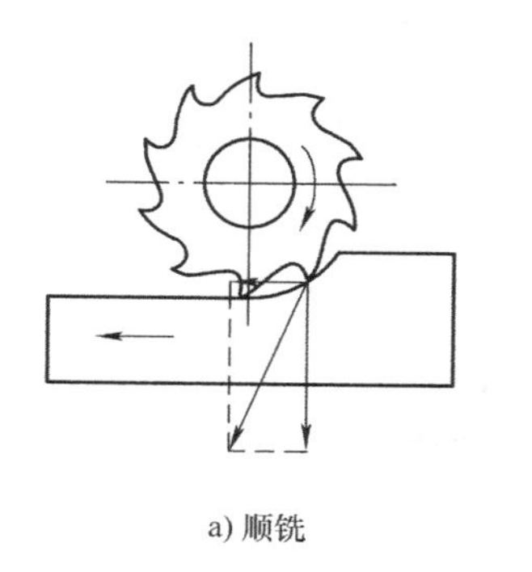

a) 顺铣　　b) 逆铣

图 2-6　顺铣和逆铣

顺铣有利于提高刀具的寿命和工件装夹的稳定性，但容易引起工作台的窜动，甚至造成事故。因此，顺铣时机床应具有消除丝杠与螺母之间间隙的装置，并且顺铣的加工范围适合无硬皮的工件。精加工时，铣削力小，不易引起工作台的窜动，多采用顺铣。顺铣时，铣刀始终有一个向下的分力压紧工件，使铣削平稳；每个刀齿的切削厚度是从最大减小到零，易于切入工件，而且切出时对已加工表面的挤压摩擦也小，切削刃磨损较慢，加工表面质量较高，消耗在进给运动方向上的功率较小。

顺铣时，切削刃从工件外表面切入，当工件是有硬皮和杂质的毛坯件时，切削刃易磨损和损坏；铣刀对工件的水平分力与进给方向相同，所以会拉动工作台，当丝杠与螺母、轴承的轴向间隙较大时，工作台被拉动将使铣刀每齿进给量突然增大，造成刀齿折断，刀轴弯曲，工件和夹具移位，甚至损坏机床。

逆铣多用于粗加工，加工有硬皮的铸件、锻件毛坯时采用逆铣。使用无丝杠螺母调整机构的铣床加工时，也应采取逆铣。逆铣时，由于切削刃不是从工件的外表面切入的，故铣削表面有硬皮的工件，对切削刃的损坏最小，但此时每个刀齿的切削厚度是从零增大到最大值，由于刃口有圆弧，所以刀齿接触工件后要滑动一段距离才能切入工件，切削刃容易磨损，并使已加工表面受到挤压和摩擦，影响加工表面的质量。

逆铣时，水平分力与工件进给方向相反，不会拉动工作台，丝杠与螺母、轴承之间总是保持紧密接触而不会松动，但逆铣时会产生向上的垂直分力，使工件有上抬的趋势，因此，必须使工件装夹牢固，而且垂直分力在切削过程中是变化的，容易产生振动，影响工件表面粗糙度。逆铣时消耗在进给方向上的功率较大。

数控铣床和加工中心各进给轴广泛采用滚珠丝杠，间隙小，反向间隙自动补偿，顺逆铣的选择不像普通铣床要求那么严。

**2. 周铣与端铣**

用圆柱铣刀的圆周刀齿进行铣削称为周铣，用面铣刀的端面刀齿进行铣削称为端铣，如图2-7所示。

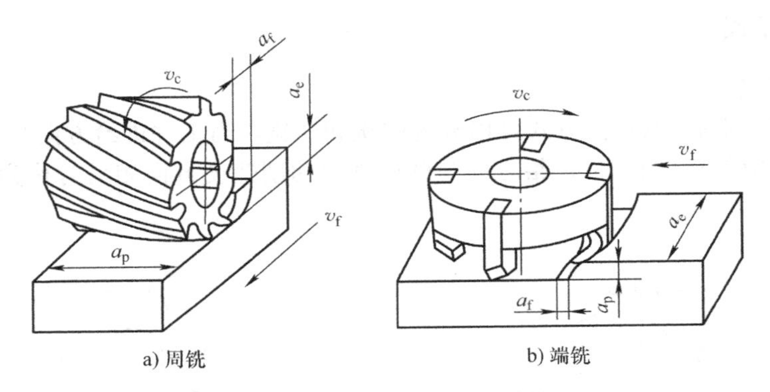


a) 周铣　　b) 端铣

图2-7　周铣和端铣

周铣时，同时工作的刀齿数与加工余量有关，一般仅为1个或2个；而端铣时，同时工作的刀齿数与被加工表面的宽度有关，而与加工余量无关，即使在精铣时，也有较多的刀齿同时工作。因此，端铣的切削过程比周铣时平稳，有利于提高加工质量，而圆柱铣刀的应用范围较面铣刀广泛。

端铣时可利用修光刀齿修光已加工表面，因此端铣可以获得较小的表面粗糙度值。面铣刀直接安装在铣床的主轴端部，悬伸长度短，刀具系统的刚性较好，而圆柱铣刀安装在细长的刀轴上，刀具系统的刚性远不如面铣刀。同时，面铣刀可方便地镶嵌硬质合金刀片，而圆柱铣刀多采用高速钢制造。所以，端铣时可以采用高速铣削，不仅大大提高了生产效率，也提高了已加工表面的质量。

**3. 铣削的特点**

1）铣削过程是一个断续切削的过程，刀齿受到的机械冲击和温度变化都很大。机械冲击使切削力不平稳，容易引起振动，因而对铣床和刀杆的刚性及刀齿强度的要求都比较高；而刀齿的温度变化会使切削刃产生热疲劳裂纹，有时会出现剥落或崩碎的现象。

2）由于刀齿是间断切削的，刀齿工作时间短，在空气中冷却时间长，故散热条件较好，有利于提高铣刀寿命。

3）铣削时，有几个刀齿同时参与切削，有效切削刃长度和切削深度随时都在变化，使切削力也在不断变化；另外，由于铣刀在制造、安装等方面存在的误差，很难保证铣刀各刀齿在同一个圆周面或端面上，因此，铣削总是处于振动和不平稳的工作状态。

4）铣削过程中，切削深度是变化的，圆盘铣刀在逆铣时，铣刀刚切入工件时的深度为零，而铣刀切削刃口有圆弧半径，所以开始时切削刃将在加工表面滑走一段距离，直到切削深度大于或等于刃口圆弧半径时，刀齿才真正切入金属。在切削刃切入金属前的这一段滑动过程中，由于刃口呈圆弧形，前角为很大的负值，挤压和摩擦都很严重，在加工表面上造成硬化层，加速了铣刀刀齿的磨损。顺铣时，刀齿由待加工表面切入，切入时的深度最大，然后逐渐减小到零，避免了滑动，减少了磨损。顺铣时铣刀的寿命比逆铣时提高 2 倍左右，加工表面的表面粗糙度值也有所减小。但顺铣只能在待加工表面没有硬皮和机床进给机构有消除间隙的装置时才能应用。

5）端铣时，切削宽度也在不断变化，对称逆铣时，刀齿在切入和切出处切削宽度相等，但小于铣削宽度中心线处的切削宽度。因此切削宽度是由小到大，再由大到小，前阶段相当于逆铣，后阶段相当于顺铣。不对称逆铣时，切入处的切削宽度小于切出处的切削宽度，逆铣部分所占的比例较顺铣部分大。不对称顺铣时，情况正好相反。

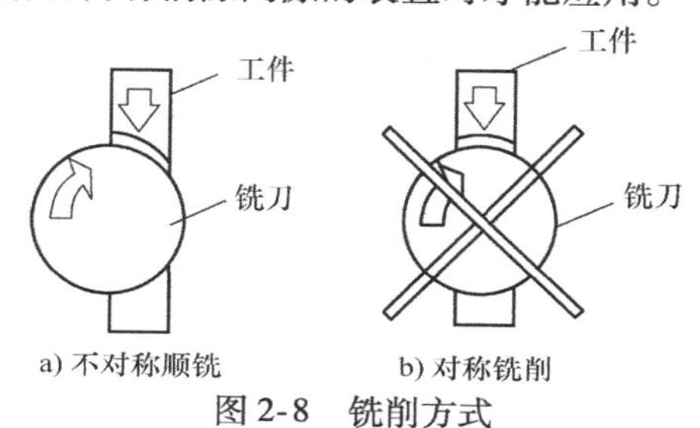

图 2-8　铣削方式

当工件宽度小于面铣刀直径，切入的位置在工件中间时，形成对称铣削，顺、逆铣各占一半，同时参与切削的刀齿数较少，容易引起振动。采用不对称铣削时，铣刀的寿命及进给量均可提高，如图 2-8 所示。

## 2.4.2　铣削要素

### 1. 吃刀量

$a_p$：背吃刀量，在通过切削刃基点并垂直于工作平面的方向上测量的吃刀量，单位为 mm。

$a_e$：侧吃刀量，在平行于工作平面并垂直于切削刃基点的进给运动方向上测量的吃刀量，单位为 mm。

### 2. 进给量

$f_r$：每转进给量，单位为 mm/r。

$f_z$：每齿进给量，单位为 mm/z。

$v_f$：进给速度，单位为 mm/min。

它们之间的关系是

$$v_f = nf_r = nzf_z$$

式中　$n$——铣刀转速（r/min）；

$z$——铣刀齿数。

### 3. 切削速度

$$v_c = \pi dn/1000$$

式中　$v_c$——切削线速度（m/min）；

$d$——铣刀直径（mm）。

## 2.4.3　铣削用量的选择

铣削采取的切削用量，应在保证工件加工精度和刀具寿命不超过加工中心允许的功率和转矩的前提下，获得最高的生产率和最低的成本。在铣削过程中，如果能在一定的时间内切除掉较多的金属，就会有较高的生产率。从刀具的寿命出发，切削用量的选择顺序是：根据侧吃刀量 $a_e$ 先选取较大的背吃刀量 $a_p$，再选取较大的进给量 $f$，最后选取较大的切削线速度 $v_c$（转换成主轴转速 $n$）。在具体选择铣削用量时所涉及的因素很多，但总的来说，粗铣时加工余量大，加工要求低，主要考虑铣刀的寿命和铣削力的影响；而精铣时加工余量小，精度和表面粗糙度等加工要求高，主要考虑加工质量的提高。

**1. 吃刀量的选择**

对于圆柱铣刀是确定侧吃刀量 $a_e$，背吃刀量 $a_p$ 等于工件宽度。当加工余量小于 5mm 时，一般使 $a_e$ 等于加工余量；当加工余量大于 5mm 或者需要精加工时，可以分多次铣削，最后一次进给的 $a_e$ 可以取 0.3～2mm。

对于面铣刀是确定背吃刀量 $a_p$，而侧吃刀量 $a_e$ 等于工件宽度。当加工余量小于 6mm 时，可以取 $a_p$ 等于加工余量；当加工余量大于 6mm 时，可以分多次铣削，最后一次进给的 $a_p$ 可以取 0.5～1mm。

以上选取和机床功率、材料硬度等等因素有关，应根据实际情况选取。

吃刀量的大致参考范围如下：

当侧吃刀量 $a_e < d_0/2$（$d_0$ 为铣刀直径）时，取 $a_p = (1/3 \sim 1/2)d_0$；当侧吃刀量 $d_0/2 \leqslant a_e < d_0$ 时，取 $a_p = (1/4 \sim 1/3)d_0$；当侧吃刀量 $a_e = d_0$ 时，取 $a_p = (1/5 \sim 1/4)d_0$。

当机床刚性较好，且刀具的直径较大时，$a_p$ 可以取得更大些。

**2. 进给量的确定**

一般粗铣时，应首先选择每齿进给量 $f_z$，可以按表 2-2～表 2-6 选取。然后按照公式 $f = nzf_z$ 计算出进给速度。对于半精铣和精铣，应根据工件表面粗糙度要求，按表 2-2 选取每转进给量，然后按照公式 $f_{分} = nf_{转}$ 来计算进给量。

**表 2-2 高速钢面铣刀、圆柱铣刀和圆盘铣刀加工时的进给量**

| 铣床主轴功率/kW | 工艺系统刚性 | 粗齿和镶齿铣刀 | | | | 细齿铣刀 | | | |
|---|---|---|---|---|---|---|---|---|---|
| | | 面铣刀和圆盘铣刀 | | 圆柱铣刀 | | 面铣刀和圆盘铣刀 | | 圆柱铣刀 | |
| | | 每齿进给量 $f_z$/(mm/z) | | | | | | | |
| | | 钢 | 铸铁及铜合金 | 钢 | 铸铁及铜合金 | 钢 | 铸铁及铜合金 | 钢 | 铸铁及铜合金 |
| >10 | 上等 | 0.20～0.30 | 0.40～0.60 | 0.30～0.50 | 0.45～0.70 | — | | | |
| | 中等 | 0.15～0.25 | 0.30～0.50 | 0.25～0.40 | 0.40～0.60 | | | | |
| | 下等 | 0.10～0.15 | 0.20～0.30 | 0.15～0.30 | 0.25～0.40 | | | | |
| 5～10 | 上等 | 0.12～0.20 | 0.30～0.50 | 0.20～0.30 | 0.25～0.40 | 0.08～0.12 | 0.20～0.35 | 0.10～0.15 | 0.12～0.20 |
| | 中等 | 0.08～0.15 | 0.20～0.40 | 0.12～0.20 | 0.20～0.30 | 0.06～0.10 | 0.15～0.30 | 0.06～0.10 | 0.10～0.15 |
| | 下等 | 0.06～0.10 | 0.15～0.25 | 0.10～0.15 | 0.12～0.20 | 0.04～0.08 | 0.10～0.20 | 0.06～0.08 | 0.08～0.12 |
| <5 | 中等 | 0.04～0.06 | 0.15～0.30 | 0.10～0.15 | 0.12～0.20 | 0.04～0.06 | 0.12～0.20 | 0.05～0.08 | 0.06～0.12 |
| | 下等 | 0.03～0.05 | 0.10～0.20 | 0.06～0.10 | 0.10～0.15 | 0.03～0.05 | 0.08～0.15 | 0.03～0.06 | 0.05～0.10 |

注：1. 表中大进给量用于小的背吃刀量和侧吃刀量，小进给量用于大的背吃刀量和侧吃刀量。
2. 铣削耐热钢时，进给量与铣削钢时相同，但不大于 0.03mm/z。
3. 上述进给量适用于粗铣，半精铣、精铣按表 2-3 选取。

表 2-3　半精铣、精铣时每转进给量

| 要求达到的表面粗糙度 $Ra$/μm | 半精铣、精铣时每转进给量 $f$/(mm/r) | | | | | | |
|---|---|---|---|---|---|---|---|
| | 镶齿面铣刀和圆盘铣刀 | 圆柱铣刀直径 $d_0$/mm | | | | | |
| | | 40～80 | 100～125 | 160～250 | 40～80 | 100～125 | 160～250 |
| | | 钢及铸钢 | | | 铸铁、铜及铝合金 | | |
| 6.3 | 1.2～2.7 | — | | | | | |
| 3.2 | 0.5～1.2 | 1.0～2.7 | 1.7～3.8 | 2.3～5.0 | 1.0～2.3 | 1.4～3.0 | 1.9～3.7 |
| 1.6 | 0.2～0.5 | 0.6～1.5 | 1.0～2.1 | 1.3～2.8 | 0.6～1.3 | 0.8～1.7 | 1.1～2.7 |

表 2-4　硬质合金面铣刀、圆柱铣刀和圆盘铣刀加工平面和台阶时的进给量

| 机床功率/kW | 钢 | | 铸铁、铜合金 | |
|---|---|---|---|---|
| | 不同牌号硬质合金的每齿进给量 $f_z$/(mm/z) | | | |
| | YT15(P10) | YT5(P30) | YG6(K10) | YG8(K20) |
| 5～10 | 0.09～0.18 | 0.12～0.18 | 0.14～0.24 | 0.20～0.29 |
| >10 | 0.12～0.18 | 0.16～0.24 | 0.18～0.28 | 0.25～0.38 |

注：1. 表中数值用于圆柱铣刀的背吃刀量 $a_p \leq 30$mm；当 $a_p > 30$mm 时，进给量应减少 30%。
2. 用圆盘铣刀铣沟槽时，表中进给量应减小一半。
3. 用面铣刀加工平面时，采用对称铣削时进给量取小值；采用不对称铣削时进给量取大值。主偏角≥75°时取小值；主偏角<75°时取大值。
4. 加工材料的硬度或强度大时，进给量取小值；反之，取大值。
5. 上述进给量用于粗铣。精铣时铣刀的每转进给量按照下表选择：

| 要求达到的表面粗糙度 $Ra$/μm | 3.2 | 1.6 | 0.8 | 0.4 |
|---|---|---|---|---|
| 进给量 $f$/(mm/r) | 0.5～1.0 | 0.4～0.6 | 0.2～0.3 | 0.15 |

表 2-5　硬质合金立铣刀加工平面和台阶时的进给量

| 立铣刀类型 | 铣刀直径 $d_0$/mm | 背吃刀量 $a_p$/mm | | | |
|---|---|---|---|---|---|
| | | 1～3 | 5 | 8 | 12 |
| | | 每齿进给量 $f_z$/(mm/z) | | | |
| 带整体硬质合金刀头的立铣刀 | 10～12 | 0.03～0.02 | — | — | — |
| | 14～16 | 0.06～0.04 | 0.04～0.03 | — | — |
| | 18～22 | 0.08～0.05 | 0.06～0.04 | 0.04～0.03 | — |
| 镶螺旋形硬质合金刀片的立铣刀 | 20～25 | 0.12～0.07 | 0.10～0.05 | 0.10～0.05 | 0.08～0.05 |
| | 30～40 | 0.18～0.10 | 0.12～0.08 | 0.10～0.06 | 0.10～0.05 |
| | 50～60 | 0.20～0.10 | 0.16～0.10 | 0.12～0.08 | 0.12～0.06 |

注：表中大进给量用于大功率机床上装夹刚性较好的情况下，背吃刀量较小时的粗铣；小进给量用于中等功率的机床上背吃刀量较大的铣削。表列的进给量可以得到 $Ra$6.3～3.2μm 的表面粗糙度。

表 2-6　高速钢立铣刀的进给量

| 加工类型 | 工件材料 | 铣刀 | | 背吃刀量 $a_p$/mm | | | | |
|---|---|---|---|---|---|---|---|---|
| | | 直径 $d_0$/mm | 齿数 $z$ | 5 | 10 | 15 | 20 | 30 |
| | | | | 每齿进给量 $f_z$/（mm/z） | | | | |
| 精铣 | 钢 | 8 | 5 | 0.01~0.02 | 0.008~0.015 | — | — | — |
| | | 10 | 5 | 0.015~0.025 | 0.012~0.02 | 0.01~0.015 | — | — |
| | | 16 | 3 | 0.035~0.05 | 0.03~0.04 | 0.02~0.03 | — | — |
| | | | 5 | 0.02~0.04 | 0.015~0.025 | 0.012~0.02 | — | — |
| | | 20 | 3 | — | 0.05~0.08 | 0.04~0.06 | 0.025~0.05 | — |
| | | | 5 | — | 0.04~0.06 | 0.03~0.05 | 0.02~0.04 | — |
| | | 25 | 3 | — | 0.06~0.12 | 0.06~0.1 | 0.04~0.06 | 0.025~0.05 |
| | | | 5 | — | 0.06~0.1 | 0.05~0.08 | 0.04~0.06 | 0.02~0.04 |
| | | 32 | 4 | — | 0.07~0.12 | 0.06~0.1 | 0.05~0.08 | 0.04~0.06 |
| | | | 6 | — | 0.07~0.1 | 0.06~0.09 | 0.04~0.06 | 0.03~0.05 |
| | 铁、铜合金 | 8 | 5 | 0.015~0.025 | 0.012~0.02 | — | — | — |
| | | 10 | 5 | 0.03~0.05 | 0.015~0.03 | 0.012~0.2 | — | — |
| | | 16 | 3 | 0.07~0.10 | 0.05~0.08 | 0.04~0.07 | — | — |
| | | | 5 | 0.03~0.08 | 0.04~0.07 | 0.025~0.05 | — | — |
| | | 20 | 3 | 0.08~0.12 | 0.07~0.12 | 0.06~0.1 | 0.04~0.07 | — |
| | | | 5 | 0.06~0.12 | 0.06~0.1 | 0.05~0.08 | 0.035~0.05 | — |
| | | 25 | 3 | — | 0.1~0.15 | 0.08~0.12 | 0.07~0.1 | 0.06~0.07 |
| | | | 5 | — | 0.08~0.14 | 0.07~0.1 | 0.04~0.07 | 0.03~0.06 |
| | | 32 | 4 | — | 0.12~0.18 | 0.08~0.14 | 0.04~0.12 | 0.06~0.08 |
| | | | 6 | — | 0.1~0.15 | 0.08~0.12 | 0.07~0.1 | 0.05~0.07 |

**3. 切削速度的选择**

在背吃刀量和每齿进给量选好之后，应在保证合理的刀具寿命、机床功率和刚性等因素的前提下，尽可能取较大的铣削速度 $v_c$。选取 $v_c$时，首先考虑的是刀具材料和工件材料的性质。刀具材料的耐热性越好，$v_c$可取得越高；而工件材料的强度、硬度越高，则 $v_c$应适当减小，但在加工不锈钢之类难加工材料时，其硬度和强度可能比一般钢材还要低些，可是其冷硬、黏刀倾向大，导热性差，铣刀磨损严重，因此 $v_c$值应比铣削一般钢材时低些，参见表 2-7。主轴转速 $n$ 可以根据下面的公式求得，然后选取接近的转速即可。即

$$n = 1000v_c/\pi d \approx 318v_c/d$$

## 2.4.4　铣削加工顺序的选择

（1）先粗后精　铣削要按照粗铣→半精铣→精铣的加工顺序进行，最终达到图样的要求。粗加工应以最高的效率切除掉工件表面的大部分余量，为半精加工提高定位基准和均匀适当的加工余量。半精加工要为表面精加工做好准备，即达到一定的精度、表面粗糙度值和合理的加工余量。加工一些次要表面要达到规定的技术要求。精加工后使各个表面达到规定的技术要求。

**表 2-7　各种常用工件材料的铣削速度推荐范围**

| 工件材料 | 硬度 HBW | 铣削速度 $v_c$/(m/min) | | 工件材料 | 硬度 HBW | 铣削速度 $v_c$/(m/min) | |
|---|---|---|---|---|---|---|---|
| | | 硬质合金铣刀 | 高速钢铣刀 | | | 硬质合金铣刀 | 高速钢铣刀 |
| 低、中碳钢 | <220 | 80 ~ 150 | 21 ~ 40 | 工具钢 | 200 ~ 250 | 45 ~ 83 | 12 ~ 23 |
| | 225 ~ 290 | 60 ~ 115 | 15 ~ 36 | 灰铸铁 | 100 ~ 140 | 110 ~ 115 | 24 ~ 36 |
| | 300 ~ 425 | 40 ~ 75 | 9 ~ 20 | | 150 ~ 225 | 60 ~ 110 | 15 ~ 21 |
| 高碳钢 | <220 | 60 ~ 130 | 18 ~ 36 | | 230 ~ 290 | 45 ~ 90 | 9 ~ 18 |
| | 225 ~ 325 | 53 ~ 105 | 14 ~ 24 | | 300 ~ 320 | 21 ~ 30 | 5 ~ 10 |
| | 325 ~ 375 | 36 ~ 48 | 9 ~ 12 | 可锻铸铁 | 110 ~ 160 | 100 ~ 200 | 42 ~ 50 |
| | 375 ~ 425 | 35 ~ 45 | 6 ~ 10 | | 160 ~ 200 | 83 ~ 120 | 24 ~ 36 |
| 合金钢 | <220 | 55 ~ 120 | 15 ~ 36 | | 200 ~ 240 | 72 ~ 110 | 15 ~ 24 |
| | 225 ~ 325 | 40 ~ 80 | 10 ~ 24 | | 240 ~ 280 | 40 ~ 60 | 9 ~ 21 |
| | 325 ~ 425 | 30 ~ 60 | 5 ~ 9 | 铝镁合金 | 95 ~ 100 | 360 ~ 600 | 180 ~ 300 |

注：1. 粗铣时，切削载荷大，$v_c$应取小值；精铣时，为减小表面粗糙度值，$v_c$应取大值。
2. 采用可转位硬质合金铣刀时，$v_c$可取较大值。
3. 铣刀结构及几何角度等参数改进后，$v_c$可适当超过表列数值。
4. 实际铣削后，如发现铣刀寿命太低，应适当降低$v_c$。

（2）先面后孔　平面加工简单方便，根据工件定位的基本原理，平面轮廓大而平整，以平面定位比较稳定可靠。以加工好的平面为精基准加工孔，不仅可以保证孔的加工余量较为均匀，而且为孔的加工提供了稳定可靠的精基准和测量基准；再者，先加工平面，切除了工件表面的凸凹不平和夹砂、缺肉等缺陷，可减少因毛坯凸凹不平而使钻头引偏，并可防止扩孔、铰孔时刀具崩刃；同时，加工中也容易对刀和调整。

（3）先主后次　主要表面先安排加工，一些次要表面因加工面积小，和主要表面有相对位置关系要求，可以穿插在主要表面加工工序之间进行，但要安排在主要表面最后精加工之前，以免影响主要表面的加工质量。

## 2.4.5　加工路线的确定

加工路线就是刀具在整个加工工序中的运动轨迹，它不但包括工序的内容，也包括工序的顺序。加工路线是编写程序的依据之一。确定加工路线时的注意事项：

1）求最短进给路线。

2）最终轮廓一次走刀完成，中途不要停刀。

3）选择合理的切入、切出方向。

4）选择使工件在加工后变形小的加工路线。

下面举例说明几种加工零件时常用的加工路线。

**1. 铣削外轮廓的加工路线分析**

对于连续铣削外轮廓，特别是加工含圆弧的工件时，要注意安排好刀具的切入、切出，要尽量避免在交接处重复加工，否则会出现明显的凹痕。如图 2-9a 所示，用圆弧插补方式铣削外整圆时，要让刀具从切线方向切入，当加工完整圆之后，不要在切点处直接抬刀或向其他方向退刀，而是让刀具多运动一段距离，最好沿与原来进刀方向相反的切线方向退出，退出一段距离后，再取消刀具半径补偿，以免刀具与工件表面相碰撞，造成工件报废。同理，如图 2-9b 所示，如果刀具沿工件曲面的法向切入，则刀具必须在切入点转向，进给运动有短暂停留，由于机床和刀具刚性的影响，必然在工件加工表面的切入点处留下明显的刀痕，所以要从与圆弧相切的直线上切入，从圆弧相切的直线上反方向切出，这样在交接处就不会产生凹痕了。

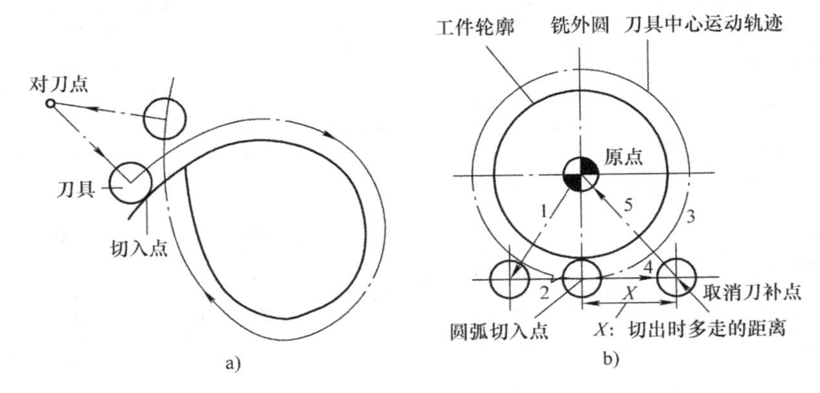


图 2-9　铣削外轮廓的进给路线

**2. 铣削内轮廓的加工路线分析**

如图 2-10 所示，如果按照图 2-10a 所示的走刀方式加工，会在内轮廓的角落处留有明显的接刀痕迹。如果按照图 2-10b 所示的走刀方式加工，选择在点 2 以圆弧插补方式经过点 3 切入工件，沿逆时针方向顺铣一周，再经过点 3 以圆弧插补方式切出至点 9，最后抬刀就行了。**注意：为了减少计算量，最好以 1/4 圆弧切入、切出。**

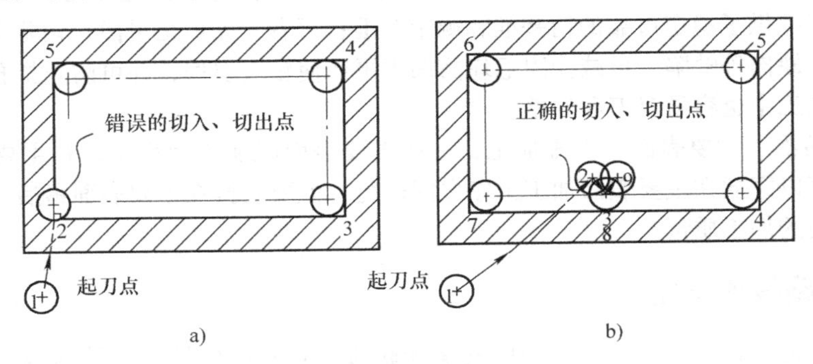


图 2-10　铣削内轮廓的进给路线

对于内表面轮廓的铣削，也应遵循从切向切入的方法；若此时切入无法向外延伸，最好安排从圆弧过渡到圆弧的加工路线，切出时也应该多安排一段过渡圆弧再退刀。如图 2-11 所示，若刀具从工件坐标原点出发，其加工路线为 1→2→3→4→5，这样走刀可以提高内孔表面的加工精度和质量。当实在无法沿零件曲线的切向切入、切出时，铣刀只有沿法线方向切入和切出，在这种情况下，切入、切出点应选择在零件轮廓两几何要素的交点上，而且进给过程中要避免停顿。

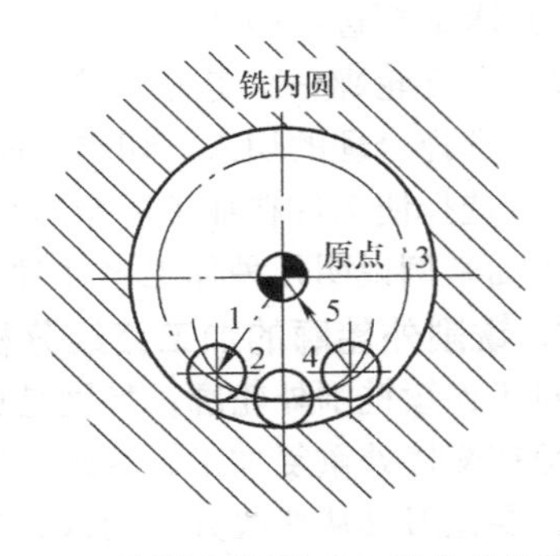


图 2-11　铣削内轮廓或内槽的进给路线

**3. 铣削内腔的加工路线分析**

为了保证工件轮廓表面加工后的表面粗糙度要求，最终轮廓应安排在最后一次加工中连续加工出来。

在保证加工精度和表面粗糙度的条件下，应尽量缩短加工路线，减少空行程，提高生产率。如图 2-12 所示，图 2-12a 所示路线为行切方式加工内腔的加工路线，这种加工路线较短，能切除内腔中的全部余量，不留死角，不伤轮廓。但行切法加工表面切削不连续，接刀太多，将在两次加工的起点和终点间留下残留高度，而达不到要求的表面粗糙度。图 2-12b 所示路线为环切法，能满足加工表面连续切削，可获得较小的表面粗糙度值，但加工路线长，生产率低。如果采用图 2-12c 所示路线，先用行切法切除大部分余量，最后沿周向环切一刀，光整轮廓表面，能获得较好的效果。图 2-12c 所示路线兼顾图 2-12a、b 所示路线的优点，是最好的方案。

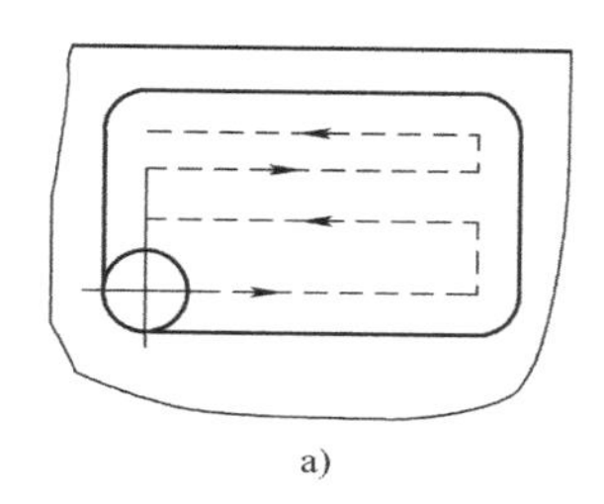

a)

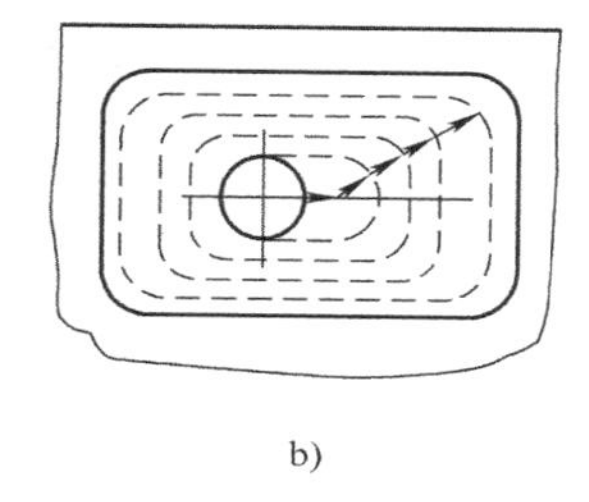

b)

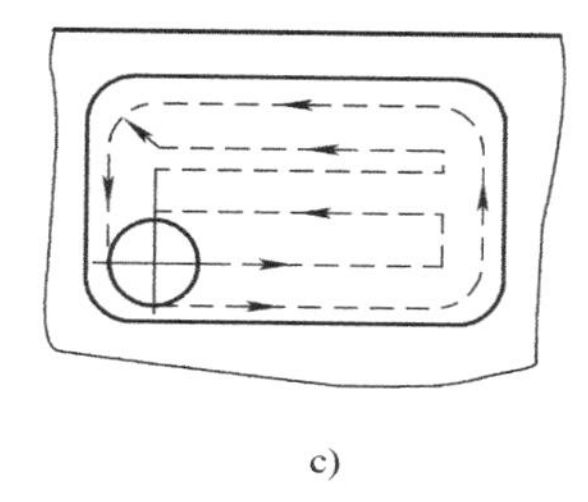

c)

图 2-12　铣削内腔的加工路线比较

**4. 铣削曲面的加工路线分析**

铣削曲面时，常用球头铣刀采用环切法进行加工。对于边界敞开的曲面可以采用两种加工路线。图 2-13 所示为铣削发动机叶片形状曲面的进给路线。当采用图 2-13a 所示路线加工时，每次沿直线加工，刀位点计算简单，程序较少，加工过程符合直纹面的形成，可以准确保证母线的直线度。当采用图 2-13b 所示路线加工时，符合这类零件数据的给出情况，便于加工后检验，叶片形状的准确度高，但程序较多。由于曲面零件的边界是敞开的，没有其他表面限制，所以曲面边界可以延伸，球头铣刀应从边界外开始加工。

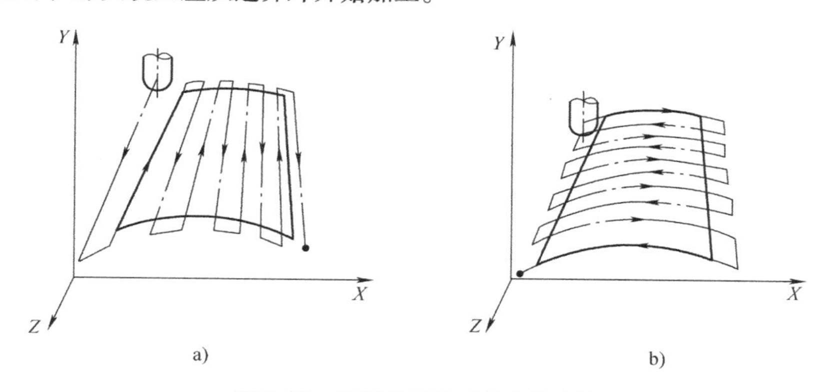


图 2-13　铣削曲面的两种进给路线

**5. 孔加工时加工路线的确定**

孔加工时要选择最短的加工路线。如图 2-14 所示，在钻削图 2-14a 所示的零件时，图 2-14b 所示加工路线的空行程比图 2-14c 所示的常规加工路线的空行程要短。

通过以上五例，分析了数控加工中常用的加工路线，在实际生产应用中加工路线的确定要根据零件的具体结构特点，综合考虑，灵活运用。而确定加工路线的总原则是：在保证零件加工精度和表面质量的情况下，尽量缩短加工路线，以提高生产效率。

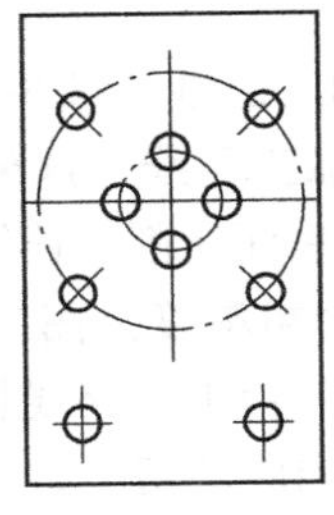

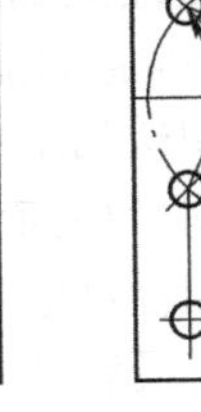

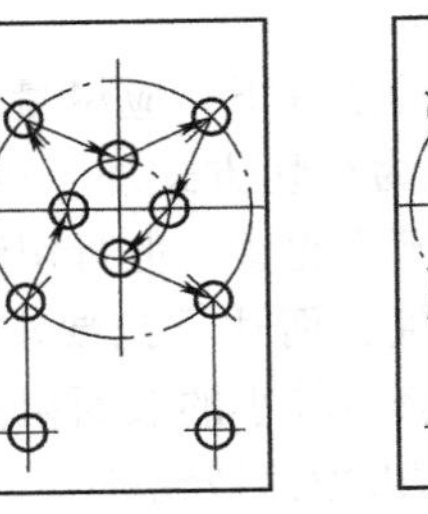

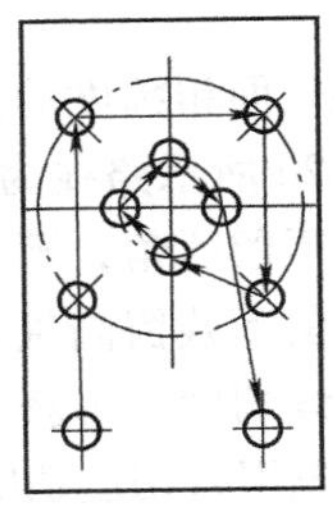

a) 钻削示例件　　b) 最短加工路线　　c) 常规加工路线

图 2-14　巧排空行程加工路线

# 第3章 数控铣床/加工中心编程

为了便于编程时描述机床的运动，简化程序的编写及保证程序的通用性，ISO 国际标准化组织对数控机床的坐标及方向指定了统一的标准 ISO 441：1974，并于2001年进行了修定，即 ISO 441：2001。我国国家质量监督检验总局和国家标准化管理委员会2005年在 JB/T 3051—1999 的基础上发布了 GB/T 19660—2005《工业自动化系统与集成　机床数值控制坐标系和运动命名》。这些标准规定直线运动的坐标轴分别用 *X*、*Y*、*Z* 表示，围绕 *X*、*Y*、*Z* 轴旋转的圆周进给坐标轴分别用 *A*、*B*、*C* 表示。

## 3.1　标准坐标系

### 3.1.1　标准坐标系的定义

在数控机床上，机床的动作是由数控装置控制的，为了确定机床的成形运动和辅助运动，必须先确定数控机床上运动的方向和距离，需要一个坐标系才能实现，这个坐标系被称为机床坐标系。

机床坐标系中，*X*、*Y*、*Z* 轴采用右手直角坐标系，如图 3-1 所示。用右手拇指、食指和中指分别代表 *X*、*Y*、*Z* 轴，三个手指之间相互垂直，所指方向分别为 *X*、*Y*、*Z* 轴正方向。围绕 *X*、*Y*、*Z* 轴做运动的轴分别用 *A*、*B*、*C* 表示，其正方向用右手螺旋定则确定。刀具移动时，其移动的正方向和轴的正方向相同，正方向移动用 +*X*、+*Y*、+*Z*、+*A*、+*B*、+*C* 来指定。

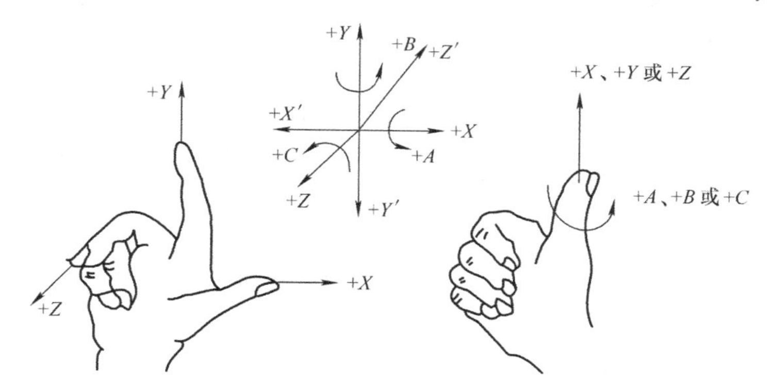


图 3-1　右手直角坐标系

### 3.1.2　刀具相对于静止工件的运动原则

运用这一原则，使编程人员在编写程序时不必考虑是刀具移向工件，还是工件移向刀具，永远假定工件是静止的，而刀具是相对于静止的工件在运动。

### 3.1.3 坐标轴和运动方向的快速判定方法

确定机床坐标轴时，一般是先确定 *Z* 轴，再确定 *X* 轴，最后确定 *Y* 轴。机床某一运动部件的正方向规定为增大工件和刀具之间距离的方向。即刀具远离工件的方向为轴的正方向，反之为负方向。

**1. *Z* 轴坐标的判断**

一般取产生切削力的轴线，即主轴轴线为 *Z* 轴。主轴带动工件旋转的机床有车床等，主轴带动刀具旋转的机床有铣床、加工中心、镗床、钻床等。当机床有多个主轴时，选择一个垂直于工件装夹面的主轴为 *Z* 轴，如龙门轮廓铣床。当机床无主轴时，选择与装夹工件的工作台面相垂直的轴为 *Z* 轴，如数控悬臂刨床。

**2. *X* 轴坐标的判断**

*X* 轴一般位于平行于工件装夹面的水平面内，是刀具或工件定位平面内运动的主要坐标。

对于加工过程中不产生刀具旋转或者工件旋转的机床，*X* 轴平行于主切削方向，坐标轴正方向与切削方向一致，如数控悬臂刨床。

对于加工过程中主轴带动工件旋转的机床，坐标轴沿工件的径向，平行于横向滑座或其导轨，刀架上刀具或砂轮离开工件旋转中心的方向为坐标轴的正方向，如数控车床、数控磨床等。

对于刀具旋转的机床，要看 *Z* 轴方向而定。如果 *Z* 轴是水平的，例如数控卧式镗铣加工中心，则从主轴向工件看，*X* 轴正方向指向右方。如果 Z 轴是垂直的，对单立柱机床，例如立式数控镗铣加工中心、数控水平转塔头式立式钻床，则从刀具主轴向立柱看时，*X* 轴的正方向指向右方。对于龙门式机床，例如数控龙门铣床，则从主轴向左侧立柱看时，*X* 轴的正方向指向右方。

**3. *Y* 轴坐标的判断**

*Y* 轴垂直于 *X*、*Z* 轴。*Y* 轴运动的正方向根据 *X*、*Z* 轴坐标的正方向，按照右手直角坐标系来判断。

**4. 旋转运动的判断**

用 *A*、*B*、*C* 表示回转轴线与 *X*、*Y*、*Z* 轴重合或平行的回转运动，并用右手螺旋定则判断。

**5. 附加轴运动的判断**

如果数控机床的运动轴多于 *X*、*Y*、*Z* 三个坐标轴，则用附加轴 *U*、*V*、*W* 分别表示平行于 *X*、*Y*、*Z* 三个坐标轴的第二组直线运动；如果还有平行于 *X*、*Y*、*Z* 三个坐标轴的第三组直线运动，则附加轴可以分别用 *P*、*Q*、*R* 来指定。如果在 *X*、*Y*、*Z* 三个坐标轴主要直线运动之外存在不平行或可以不平行 *X*、*Y*、*Z* 三个坐标轴的直线运动，也可相应地指定附加坐标轴 *U*、*V*、*W* 或 *P*、*Q*、*R*。如果在第一组回转运动轴 *A*、*B*、*C* 轴之外还有或者可以不平行 *A*、*B*、*C* 轴的第二组回转运动，可以分别指定为 *D*、*E*、*F* 轴。然而，就大部分数控机床加工而言，只需 3 个直线轴和 2 个旋转轴就可以完成大部分零件复杂曲面的加工。

**6. 工件运动时的相反方向**

对于工件运动而不是刀具运动的机床，必须将前述为刀具运动所做的规定，做相反的安排。用带“′”的字母 $+X'$、$+Y'$、$+Z'$、$+A'$、$+B'$、$+C'$ 表示工件相对于刀具正向运动指令，不带“′”的字母 $+X$、$+Y$、$+Z$、$+A$、$+B$、$+C$ 则表示刀具相对于工件正向运动指令，按照相对运动的关系，工件运动和刀具运动表示的运动的正负方向均相反，即 $+X=-X'$，$+Y=-Y'$，$+Z=-Z'$，$+A=-A'$，$+B=-B'$，$+C=-C'$。对于编程人员只考虑不带“′”的运动方向，对于机床制造商，需要考虑带“′”的运动方向。运动方向的判断如图 3-2 所示。

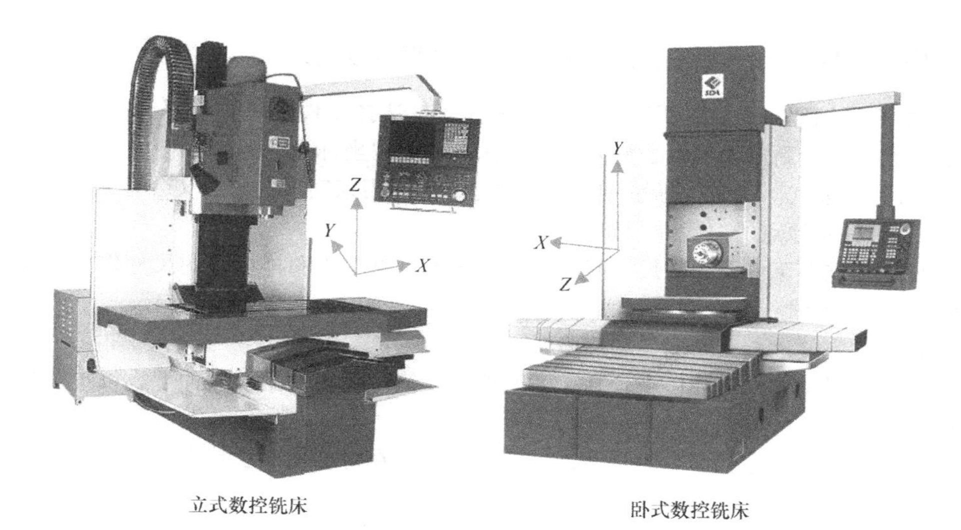


图 3-2　运动方向的判断

# 3.2　机床坐标系

## 3.2.1　机床坐标系与机床原点

机床坐标系又称机械坐标系，它是以机床原点（也称机械零点）为坐标原点建立起来的直角坐标系。机床坐标系是机床固有的，对于某具体机床来说，在经过设计、制造、调整后，这个原点便被确定下来，它是机床上的固定点。

## 3.2.2　机床参考点的确定技巧

为了正确地建立机床坐标系，通常在每个坐标轴的移动范围内设置一个机床参考点作为测量起点，它是机床坐标系中一个固定不变的点。该点是刀具退离到一个固定不变的极限点，其位置由机械挡块或行程开关来确定。机床参考点可以与机床原点重合，也可以不重合。当参考点和机床原点重合时，回参考点的操作也称为回零，通过参数指定机床参考点到机床原点的距离。当机床开机后，应首先返回到参考点位置，也就知道了该坐标轴的零点位置，找到所有坐标轴的参考点，CNC 就建立起了机床坐标系。当电源关闭后便失去对参考点的记忆，因此每次开机后必须重新返回参考点。如果没有执行返回参考点的操作，机床会产生意料之外的运动而发生危险或者产生报警。参考点通常作为换刀点的位置，如图 3-3 所示。

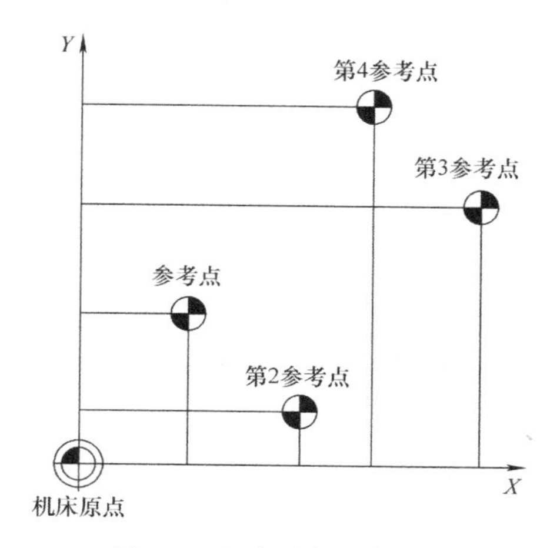


图 3-3　机床原点和参考点

### 3.2.3 工件坐标系与工件原点、编程零点的相互关系

工件坐标系是编程人员在编程时使用的。编程人员选择工件上的某一已知点为原点（也称编程零点），建立一个新的坐标系，称为工件坐标系。工件坐标系一旦建立便一直有效，直到被新的工件坐标系所取代。工件坐标系原点的确定是通过对刀来实现的，后文会有详细讲述。

设置工件坐标系原点的一般原则如下：

1）工件原点选在工件图样的尺寸基准上，这样可以直接用图样标注的尺寸作为编程点的坐标值，减少计算工作量，减少错误。

2）能使工件方便地装夹、测量和检验。

3）工件原点尽量选在尺寸精度较高、表面粗糙度值比较小的工件表面上，以提高加工精度和同一批零件的一致性。

4）对称零件或以同心圆为主的零件，工件原点应选在对称中心线或圆心上。一般工件的原点，通常设置在工件内/外轮廓的某一个角上。

5）*Z* 轴的编程零点通常选在工件的上表面。

6）对于形状复杂的零件，需要编制几个程序或子程序，为了编程方便和减少许多坐标值的计算，编程零点就不一定设在工件原点上，而设在便于程序编制的位置。

图 3-4 所示为工件坐标系和机床坐标系的关系。

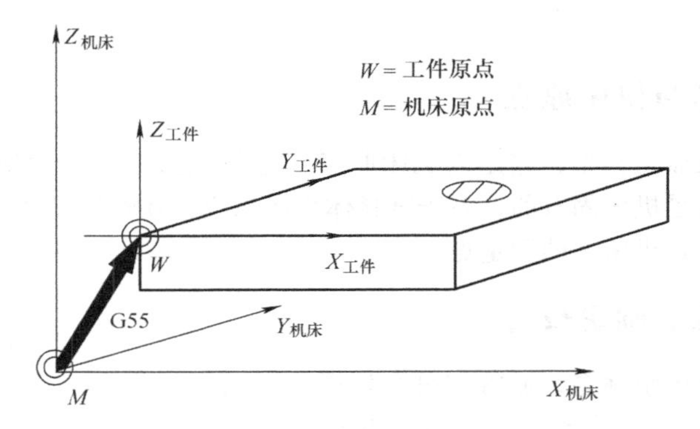


图 3-4　工件坐标系和机床坐标系的关系

## 3.3 程序的结构格式

程序是为使机床能按照要求运动而编写的数控指令的集合。程序由三部分构成：程序名、程序内容和程序结束。程序内容由若干程序段组成，程序段由段号和程序字组成，程序字由地址符和数字组成。

### 3.3.1 程序名

系统内存可以存储多个程序，为了相互区分，在程序的开头就必须冠以程序名，如例 3-1 中的 O0045。FANUC 系统的程序名是由大写英文字母 O 以及后面的 4 位数字组成，可以编写的范围是 O0001 ~ O7999。其中，O0000 为系统占用，作为 MDI 方式下输入程序用；O8000 ~ O9999 由机床制造商使用，用户不能使用这些号码。

【例3-1】

```
O0045;
N10 G40 G49 G69 G15 G21;
N20 G91 G30 Z0;
N30 G30 X0 Y0;
N40 T05;
N50 M06;
N60 G90 G55;
N70 M03 S1200;
N80 G00 G43 H05 Z140. M08;
N90 X50. Y80.;
……
N560 G91 G30 Z0 M05;
N570 G28 Y0;
N580 M30;
```

## 3.3.2　程序段

程序段由段号和程序字组成，FANUC系统要求用结束符“;”结束。段号用N表示，范围从N0001～N9999，N0不能用作程序段号。程序段号可以通过系统参数设置为自动生成。程序段号可以不写，并不影响程序的执行和功能。为了方便修改，自动生成的程序段号之间的间隔为5或10，可以通过修改系统参数设置。如例3-1所示，N20 G91 G30 Z0中；N20为程序段号；G91、G30、Z0都是程序字，“;”为结束符。

**注意**：系统在执行程序的时候，是按照程序段的先后编写顺序执行的，而不是按照段号的大小顺序执行的。

## 3.3.3　程序字

程序字是由地址符（英文字母）和数字组成。地址决定功能，例如G43 H05 Z140.中G、H、Z为地址；数字“43、05、140.”与前面的地址相结合称为一个字，代表着不同的功能。

为了便于编写和检查，程序段中的程序字排列最好一致。一般的顺序是：

N__G__X__Y__Z__I__J__K__P__Q__R__A__B__C__F__S__T__M__;

**注意**：上述程序段中包括的各种指令并非在加工程序的每个程序段中都必须有，而是根据各程序段的具体功能来编入相应的指令。

顺序号N__是用来表示程序从启动开始操作的顺序，即程序段执行的顺序号，因此也称为程序段号字。它的作用是：

① 便于编程人员对程序做校对和修改。无论是何种校对，如果有顺序号，可准确、迅速地进行搜索。

② 便于在图样上标注。在加工轨迹图的几何交点处标上相应程序段的序号，就可以直观地检查程序。

③ 在加工过程中，数控装置读取某一程序段时，该程序段顺序号就可以在屏幕上显示出来，

以便操作者了解或检查程序执行情况。

④ 用于程序段复归操作。这是指回到程序的中断处或加工程序的中途开始的操作。这种操作必须有顺序号才能进行。

⑤ 主程序或子程序中用于无条件转移的目标。

⑥ 用户宏程序中用于条件转移或无条件转移的目标。

顺序号的使用规则：

① 建议不使用 N0 作为顺序号。

② 地址符 N 后面的数字应为正整数，所以最小顺序号是 N1。

③ 地址符 N 与数字间、数字与数字间一般不允许有空格。

④ 顺序号的数字可以不连续使用，如第一行用 N10，第二行用 N20，第三行用 N40，这样是允许的。不连续使用还有一个好处是，可以在修改程序时方便地插入中间数字的程序段号。

⑤ 顺序号的数字不一定要从小到大，或从大到小使用，如第一行用 N10，第二行用 N40，第三行用 N30，也是允许的。

⑥ 顺序号不是程序段的必用字，可以使用顺序号，也可以不使用顺序号。

⑦ 对于整个程序，可以每个程序段都设顺序号，也可以只在部分程序段中设顺序号，也可以在整个程序中全不设顺序号。

### 3.3.4 程序结束

程序的最后必须用“M02”或“M30”等指令结束，否则系统报警。

## 3.4 数控系统主要功能简介

数控机床的主要功能指令包括准备功能（G 功能）、辅助功能（M 功能）、刀具功能（T 功能）、主轴功能（S 功能）和进给功能（F 功能）。

为了让数控机床按照要求进行切削加工，并加工出满足尺寸要求的产品，就必须用符合机床“语法”的指令加以规定，比如刀具走刀路线、主轴正反转、主轴转速、切削液开关、换刀等，这种指令的规则和格式必须严格符合机床系统的要求和规范，否则机床就无法工作。目前国际上广泛使用 ISO 1056：1975（E）标准，我国制定的 JB/T 3208—1999 标准与国际标准等效。

### 3.4.1 准备功能（G 功能）

准备功能又称为 G 代码，是由地址符 G 和其后的 2 位或 3 位数字组成，从 G00 ~ G99，这类指令的作用是指定数控机床的加工方式，为数控装置的插补运算或某种加工方式做好准备，如刀具沿哪个坐标平面移动，轨迹以直线还是圆弧插补，坐标系的选择等。FANUC 0i – M 系列准备功能 G 代码见表 3-1。

**表 3-1 FANUC 0i – M 系列准备功能 G 代码**

| 代码 | 组别 | 含义 | 代码 | 组别 | 含义 |
|---|---|---|---|---|---|
| * G00 | 01 | 快速定位 | G05.1 | 00 | AI 先行控制/轮廓控制 |
| G01 | | 直线插补（切削进给） | G05.4 | | HRV3 接通/断开 |
| G02 | | 顺时针圆弧/螺旋插补 | G07.1(G107) | | 圆柱插补 |
| G03 | | 逆时针圆弧/螺旋插补 | G09 | | 准确停止 |
| G04 | 00 | 暂停 | G10 | | 可编程数据输入 |

（续）

| 代码 | 组别 | 含义 | 代码 | 组别 | 含义 |
|---|---|---|---|---|---|
| G11 | 00 | 可编程数据输入方式取消 | G55 | 14 | 选择工件坐标系 2 |
| * G15 | 17 | 极坐标指令取消 | G56 | | 选择工件坐标系 3 |
| G16 | | 极坐标指令 | G57 | | 选择工件坐标系 4 |
| * G17 | 02 | *XY* 平面选择 | G58 | | 选择工件坐标系 5 |
| G18 | | *ZX* 平面选择 | G59 | | 选择工件坐标系 6 |
| G19 | | *YZ* 平面选择 | G60 | 00 | 单向定位 |
| G20 | 06 | 英制尺寸输入 | G61 | 15 | 准确停止方式 |
| G21 | | 米制尺寸输入 | G62 | | 自动拐角倍率 |
| * G22 | 04 | 存储行程检测功能 ON | G63 | | 攻螺纹方式 |
| G23 | | 存储行程检测功能 OFF | * G64 | | 切削方式 |
| G27 | 00 | 返回参考点检测 | G65 | 00 | 宏指令调用 |
| G28 | | 自动返回至参考点 | G66 | 12 | 宏指令模态调用 |
| G29 | | 从参考点返回 | * G67 | | 宏指令模态调用取消 |
| G30 | | 返回第 2、3、4 参考点 | G68 | 16 | 坐标系旋转有效 |
| G31 | | 跳过功能 | * G69 | | 坐标系旋转取消 |
| G33 | 01 | 螺纹切削 | G73 | 09 | 高速排屑钻孔循环 |
| G37 | 00 | 刀具长度自动测定 | G74 | | 左旋攻螺纹循环 |
| G39 | | 刀具半径补偿拐角圆弧插补 | G76 | | 精镗循环 |
| * G40 | 07 | 刀具半径补偿取消 | * G80 | | 固定循环取消 |
| G41 | | 刀具半径左补偿 | G81 | | 定心钻孔循环 |
| G42 | | 刀具半径右补偿 | G82 | | 阶梯钻孔循环 |
| G43 | 08 | 刀具长度正向补偿 | G83 | | 小孔排屑钻孔循环 |
| G44 | | 刀具长度负向补偿 | G84 | | 右旋攻螺纹循环 |
| G45 | 00 | 刀具偏置值增加 | G84. 2 | | 刚性攻螺纹循环（FS10/11 格式） |
| G46 | | 刀具偏置值减小 | G84. 3 | | 反向刚性攻螺纹循环（FS10/11 格式） |
| G47 | | 2 倍刀具偏置值 | G85 | | 镗孔循环 |
| G48 | | 0. 5 倍刀具偏置值 | G86 | | 镗孔循环 |
| * G49 | 08 | 刀具长度补偿取消 | G87 | | 背镗循环 |
| * G50 | 11 | 比例缩放取消 | G88 | | 镗孔循环 |
| G51 | | 比例缩放有效 | G89 | | 镗孔循环 |
| * G50. 1 | 22 | 可编程镜像取消 | * G90 | 03 | 绝对指令 |
| G51. 1 | | 可编程镜像有效 | G91 | | 相对指令 |
| G52 | 00 | 局部坐标系设定 | G92 | 00 | 设定工件坐标系 |
| G53 | | 机械坐标系选择 | G93 | 05 | 反比时间进给 |
| * G54 | 14 | 选择工件坐标系 1 | * G94 | | 每分钟进给 |
| G54. 1 | | 选择追加工件坐标系 | G95 | | 每转进给 |

（续）

| 代码 | 组别 | 含义 | 代码 | 组别 | 含义 |
|---|---|---|---|---|---|
| G96 | 13 | 恒线速度控制 | * G98 | 10 | 固定循环返回初始平面 |
| * G97 | | 恒转速控制 | G99 | | 固定循环返回 *R* 平面 |

注：1. 00 组 G 代码中，除了 G10、G11 之外，其余都是非模态代码。其他组 G 代码都是模态代码。

2. 带“＊”标记的是初态代码。

3. 不同组的 G 代码可以在同一程序段中指定。如果在同一程序段中指定了同组 G 代码，则在最后指定的 G 代码有效。

4. 当电源接通而使系统为清除状态时，原来的 G20 或 G21 状态保持。

由于国际上使用 G 代码的标准化程度低，只有若干个指令在各类数控系统中基本相同。即使相同的系统，不同的机床生产厂家之间的定义也不完全相同，因此必须参考具体机床的编程说明书进行编程。

G 代码有两种类型，即模态代码和非模态代码。

模态代码：只要指定一次之后一直有效的指令，直到被同一组的 G 代码取代，又称续效指令，如 G00、G91、G54 等。模态代码中有一些是开机默认有效的状态，被称为初态代码。

非模态代码：只在编写的程序段中有效的 G 代码，如 G04 等。

### 3.4.2 辅助功能（M 功能）

辅助功能也称为 M 功能，用来指定机床的辅助装置的开关或状态，由机床配电柜里继电器的分合来控制，如主轴正反转、切削液开关、换刀等。辅助功能指令由地址 M 和后面的 2 位或 3 位数字组成，从 M00 ~ M99。由于数控机床使用的符合 ISO 标准的这种地址符的标准化程度相比 G 代码来说更低，指定代码少，不指定和永不指定代码多，因此 M 功能常因数控系统生产厂家和机床的结构和规格的不同而有所差别。所以，在编程之前，请阅读所使用机床的编程说明书。一般情况下，一个程序段中只能有一个 M 指令（参数 No. 3404#7 = 0），如果指定了多个，后写的有效。FANUC 0*i* – M 系列辅助功能 M 代码见表 3-2。

**表 3-2　FANUC 0*i* – M 系列辅助功能 M 代码**

| M 代码 | 功能 | M 代码 | 功能 |
|---|---|---|---|
| M00 | 程序准确停止 | M07 | 切削液 2 开（通过主轴/刀具冷却） |
| M01 | 程序选择停止 | M08 | 切削液 1 开（喷射冷却） |
| M02 | 程序结束 | M09 | 切削液关 |
| M03 | 主轴正转 | M19 | 主轴定向停止 |
| M04 | 主轴反转 | M30 | 程序结束并复位 |
| M05 | 主轴停止 | M98 | 子程序调用 |
| M06 | 换刀 | M99 | 子程序调用结束 |

辅助功能说明如下：

**1. M00——程序准确停止**

这里的准确是“一定”的意思，就是说，当程序执行到 M00 时一定会停止。程序停止不是程序结束，按一次（有的机床是2次）循环启动键之后，程序就会紧接着顺序执行，之前的模态信息被保留。M00是说程序停止了，但主轴和切削液是不停的，所以在必要时需要在之前加上M05和/或M09指令。这个指令一般用在中途测量尺寸、手动换刀或粗加工不通孔后、精加工之前需要清理切屑时。M00单独程序段编写，可以省略写成M0。

**2. M01——程序选择停止**

程序选择停止，又称程序任选停止、程序计划停止。就是说，程序可以停止，也可以不停止。这个指令需要配合机床操作面板上的“选择停止”（Optional Stop）键一起使用，当此按键灯亮或开关打开时，M01和M00功能相同；当此按键灯灭或开关关闭时，M01被跳过，相当于没有M01，程序不会停止，继续往下执行。M01和M00用法接近，前者还可以在首件加工调试程序时使用。M01单独程序段编写，可以省略写成M1。

**注：**

① 执行M00/M01时，主轴是否会停止取决于机床厂家对该指令的PLC参数设置，例如某厂家设置K6#7：值为0，停止；值为1，不停止，一般默认为0。

② 执行M00/M01时，各类切削液是否会关闭取决于机床厂家对该指令的PLC参数设置，例如某厂家设置K0#4：值为0，关闭；值为1，不关闭，一般默认为0。

**3. M02——程序结束，给工件计数器计数**

M02一般编在程序最后，表示程序执行到此结束（即使M02之后有程序也不会再执行），并给工件计数器计数（参数No. 6700#0 = 0），在MDI方式下执行M02时也给工件计数器计数。M02指令也包含了主轴停止M05和切削液停止M09功能，程序执行M02之后光标不会返回到程序开头（参数No. 3404#5 = 1）。M02可以省略写成M2。

**4. M03——主轴正转**

程序执行到M03时，主轴正方向旋转（从主轴尾端向刀具看，顺时针方向旋转）。M03可以省略写成M3。当程序执行M03指令时，首先使主轴正转继电器吸合，接着主轴按照程序中编写的S功能输出模拟量顺时针方向旋转。

**5. M04——主轴反转**

程序执行到M04时，主轴反方向旋转（从主轴尾端向刀具看，逆时针方向旋转）。M04可以省略写成M4。当程序执行M04指令时，首先使主轴反转继电器吸合，接着主轴按照程序中编写的S功能输出模拟量逆时针方向旋转。

**6. M05——主轴停止**

程序执行到M05时，系统即输出主轴停止的指令，但到完全停止需要一定的时间。M05可以省略写成M5。

1）该指令用于下列情况：

① 程序结束前，但一般情况也是可以省略的，因为M02和M30指令都包含了M05。

② 主轴正反转之间的转换常需要加入此指令，待主轴停止后，再变换旋转方向，以免伺服电动机受损。

2）使用M05指令时需要注意：

① 在刀具与工件接触时不要用M05指令停止主轴。如果刀具与工件接触时主轴停止，则刀具会崩刃或损坏工件。

② 在切削刀具接触工件以前（除高速深孔刚性攻螺纹循环、深孔刚性攻螺纹循环、刚性攻螺纹循环、高速深孔反向刚性攻螺纹循环、深孔反向刚性攻螺纹循环、反向刚性攻螺纹循环），

通过执行 M03 或 M04 起动主轴。当刀具不转动时接触工件，刀具将被撞碎。

**7. M07——切削液 2 开**（通过主轴冷却）

通常为有主轴冷却功能的加工中心使用，受机床厂家对该指令的 PLC 参数设置，例如某厂家设置 K7#5 设为 1。

**8. M08——切削液 1 开**（喷射冷却）

程序执行到 M08，即起动切削液泵，但从给出指令、继电器吸合到喷出切削液，需要一定的时间，尤其是切削液液位低或管道有堵塞时，所以应提前编写 M08，不能等到刀具接近工件时才编写。通常，刀具相对工件是移动的，当刀具移动时，单个管道的切削液通常不能保证在所有时候都喷到刀片上以降低刀片温度。在加工内孔时更要注意，如果刀具在工件外时，切削液可喷到刀片上，当刀具进入工件内部时，切削液往往不能够喷到刀片上，造成刀片温度过高，刀具寿命降低甚至崩刃。应该把切削液倾斜着喷到刀杆上，切削液会随着惯性顺着刀杆流到刀片上，那么在刀具进入工件内加工的时候，切削液也可以冷却到刀片，可延长其寿命，切削液流量大小可以通过调节阀调节。

有些机床的切削液有两种工作方式：自动和手动。受机床厂家对该指令的 PLC 参数设置，例如某厂家设置 K8#3，值为 0，如果在自动运行的方式下，切削液是手动状态，那么会产生报警信息“Coolant Is Not In Auto Model”（切削液不在自动方式），这时把切削液调到自动方式，按循环启动键就行了。如果遇到切削液喷头喷出的液柱时远时近，多数因切削液液位低或回流不畅引起，请加切削液或/并清理滤网。切削液一次不要加得过多，当机床内部有切屑时，切屑会容留部分切削液，当机床有一段时间不工作时，切屑中容留的切削液会随着重力作用流到切削液池中，切削液可能会溢出，请及时清理。溢出的切削液会造成地面湿滑，经过时应小心，以免滑倒摔伤。

现在的机床多数都有油水分离设施，以免润滑油和切削液长时间发生化学作用导致切削液变质发臭。卧式加工中心多数有 4 种切削液喷出方式：喷射冷却、主轴中心出液、喷淋、冲刷。M08 可以省略写成 M8。

**9. M09——切削液 1、2 关闭**

M09 可以省略写成 M9。

**10. M30——程序结束并复位，给工件计数器计数**

M30 一般编在程序最后，表示程序执行到此结束（即使 M30 之后有程序也不会再执行），并给工件计数器计数（参数 No. 6700#0 = 0），在MDI方式下执行 M30 时也给工件计数器计数。M30 指令也包含了主轴停止 M05 和切削液停止 M09 功能，和 M02 有所不同的是，程序执行 M30 之后光标会返回到程序开头（参数 No. 3404#4 = 0），所以 M30 较 M02 常用。

## 3.4.3 刀具功能（T 功能）

用地址符 T 及后面的数字表示，把代码信号和读取的脉冲信号传递给机床，用来选择刀库中的刀具。T 代码后面的数字代表刀具号码，一般为 2 位数字，最多使用的刀具数量由机床厂家依据刀库容量确定。

在换刀时使用 T 指令和 M06 指令，可以把需要的刀具换到主轴上，例如：

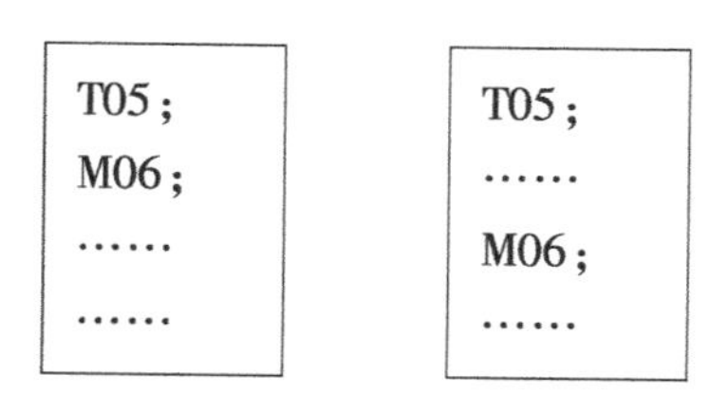


在圆盘式刀库和链式刀库上执行到M06指令时，刀库旋转使T05刀具转动到换刀的位置上，然后机械手同时抓取T05和主轴上的刀具，然后把T05刀具交换到主轴上。

但如果是在斗笠式刀库上，就要这么编程："T05　M06;"，因为不需要备刀。

在圆盘式刀库和链式刀库的加工中心上编程时请**注意："T05　M06;" ≠ "M06　T05;"**，前者表示把T05换到主轴上，后者表示把备刀换到主轴上，再准备T05。

在数控车床上的T0507和在加工中心上的T05所表示的含义是不同的。前者的"T0507"表示换上05号刀具，读取07号番号里刀具*X*、*Z*向的形状和磨损/磨耗中的数据、刀尖圆弧半径值的形状和磨损/磨耗中的数据和刀尖方位号。而圆盘式刀库和链式刀库的加工中心上的"T05"只表示备刀，不读取任何数据，也不表示换刀。T05可以省略写成T5。

如果是数控铣床，可以通过手动换刀。换刀前用M00指令使程序运行停止。

### 3.4.4　主轴功能（S功能）

主轴功能以地址符S和其后面的数字指定主轴的转速，又称S功能，属模态指令。如S1500 M03表示主轴正转，转速为1500r/min。但如果仅指定S1500，主轴是不转的，需要和M03、M04一起配合使用。

### 3.4.5　进给功能（F功能）

进给功能又称F功能，在工件加工时用来指定切削进给速度，其进给方式有每分钟进给和每转进给两种。

在加工中心上用G94指令表示每分钟进给，用G95指令表示每转进给，常以G94指令为初态信息。

## 3.5　加工中心的坐标值和坐标系指令的使用方法详解

### 3.5.1　单位设置指令G20、G21

指令格式：

G20;　英制尺寸，单位为in
G21;　米制尺寸，单位为mm

说明：该G代码必须在设定坐标系之前，在程序的开头以单独程序段指定。在程序执行期间，绝对不能切换G20和G21。

G20和G21为模态指令，两者可相互注销，默认状态为米制G21。米制和英制的换算关系为：1in=25.40mm。

在英制/米制转换之后，将改变下列值的单位：

① 由F代码指令的进给速度。

② 位置指令。

③ 工件原点偏移值。

④ 刀具补偿值。

⑤ 手摇脉冲发生器的分度单位。

⑥ 在增量进给中的移动距离。

⑦ 某些参数。

也可以在“SETTING”（设置）界面内切换英制和米制输入。

## 3.5.2 坐标平面选择指令 G17、G18、G19

坐标平面选择指令是用来选择进行圆弧插补平面、刀具半径补偿平面和坐标系旋转平面的，如图 3-5 所示。

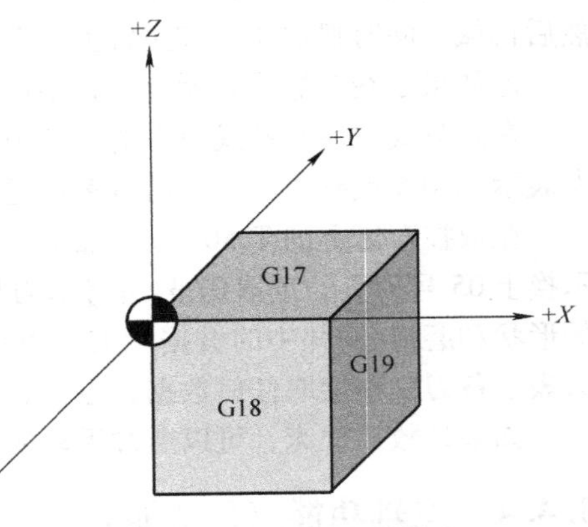


图 3-5 坐标平面选择

一般地，G17 调用的平面被选用来执行需要的功能。然而，有些功能必须在 ZX 或 YZ 平面上执行。要选择 ZX 或 YZ 平面，请定义 G18 或 G19。

指令格式：

G17；　选择 XY 平面
G18；　选择 ZX 平面
G19；　选择 YZ 平面

**注意：**

① 选择平面不影响轴运动命令。例如：

G17 G02 X __ Y __ R __ F __；

G01 Z __ F __；Z 轴运动独立于被选平面

② 当定义一个圆弧插补指令（G02/G03），如果被选择平面与所定义的轴的命令不相符合，则出现 PS37 报警：非补偿平面切换，如：

G17 G02 X __ Z __ R __ F __；

请将程序修改为：

G18 G02 X __ Z __ R __ F __；

## 3.5.3 绝对值指令 G90 和增量值指令 G91

编程时表示刀具或机床运动位置的坐标值通常有两种方式：绝对坐标值 G90 和增量坐标值 G91（又称相对坐标值）。G90、G91 为模态功能，两者可相互注销，G90 为默认值。

下面通过实例来看一下 G90 和 G91 的区别。

**【例 3-2】** 图 3-6 中给出了刀具由原点 O→1→2→3→O 快速移动时两种不同指令的区别，不考虑 Z 轴的移动。

显而易见，G90 绝对值指令是指刀具或机床的位置坐标值都是以工件坐标系原点为基准计算的，此坐标系称为绝对坐标系。

而 G91 相对值指令是指刀具或机床的位置坐标值都是相对于前一位置而言的，该值等于沿各轴移动的距离。

上述轨迹也可以如下编程：

G00 G90 X40. Y30.；

G91 X40. Y60.；

X40. Y－40.；

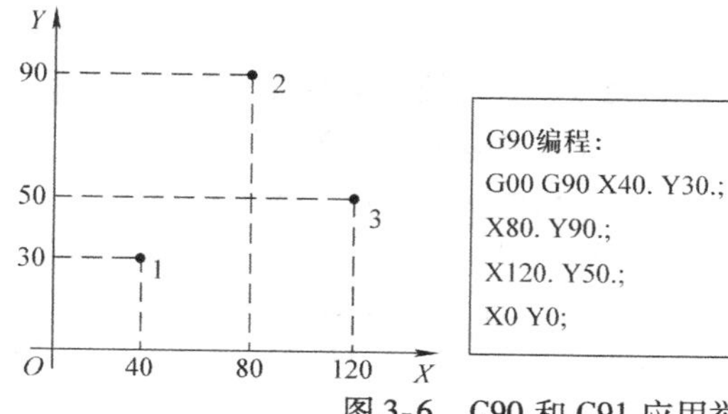

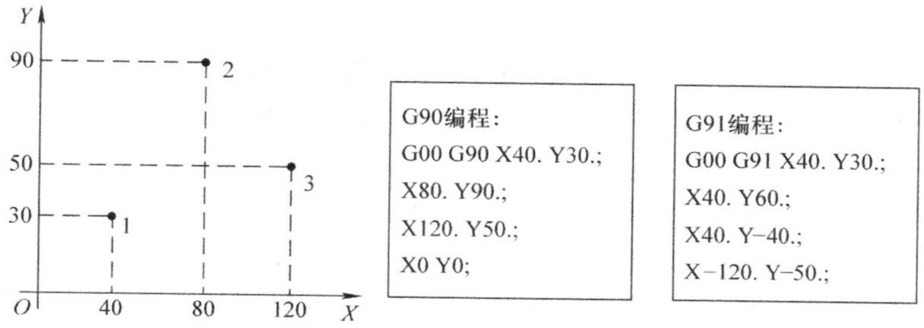

G90编程:
G00 G90 X40. Y30.;
X80. Y90.;
X120. Y50.;
X0 Y0;

G91编程:
G00 G91 X40. Y30.;
X40. Y60.;
X40. Y-40.;
X-120. Y-50.;

图 3-6　G90 和 G91 应用举例

G90 X0 Y0;

**注意**：就像在数控车床上可以混合编程一样，在加工中心上也可以在同一程序段中混用 G90、G91，但要注意其顺序先后所造成的差异！

## 3.5.4　参考点指令

参考点是机床上的一个固定点。对于参考点和机床原点重合的机床，当执行手动返回参考点操作后，机床位于机床坐标系原点。此时，机床主轴上刀具的基准点和机床原点重合，在机床坐标系中显示为零。利用返回参考点功能可以很容易地把刀具移动到该处。例如，可以把参考点用作自动换刀的位置。机床坐标系和参考点如图 3-7 所示。

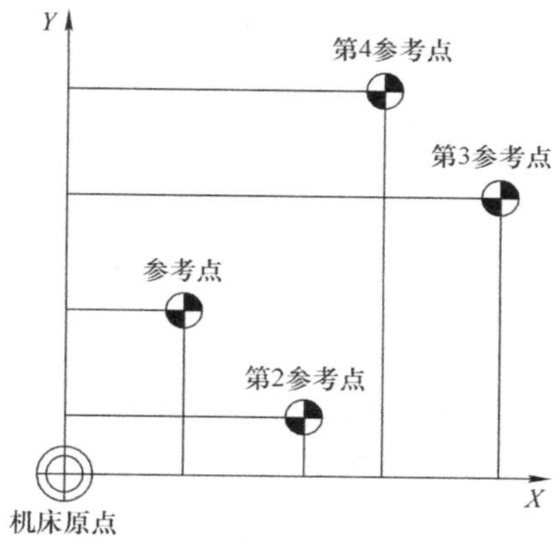

图 3-7　机床坐标系和参考点

通过在参数（No. 1240 ~ 1243）中设定的坐标值，最多可以指定机床坐标系的 4 个参考点。

**1. 返回参考点检查指令 G27**

指令格式：

G90/G91　G27　X__　Y__　Z__　A__；

其中：X、Y、Z、A 为机床参考点在工件坐标系中的绝对或相对坐标值。

说明：在机床长时间连续运转后，用来检查工件原点的正确性，以提高加工的可靠性及保证工件尺寸的正确性。在使用上经常将 X、Y 和 Z 分开来用。先用“G27 Z__”提刀并返回 *Z* 轴参考点检查，然后用“G27 X__ Y__”回到 *X*、*Y* 方向的参考点检查。

G27 返回参考点检查是用来检查为返回参考点而编写的程序是否正确返回参考点的功能。通过指定 G27，刀具以快速移动速度定位到指定的位置。如果轴已经正确地返回参考点，该轴的返回参考点完成指示灯就会点亮。如果只有一个轴返回参考点，则只有该轴对应的返回参考点的指示灯点亮。

在定位结束后，如果指定的轴尚未到达参考点时，会有 PS0092 报警“回零检查（G27）错误”发出。没有轴移动时，请检查当前位置是否是参考点。

**2. 自动返回参考点指令 G28**

指令格式：

G90/G91　G28　X__　Y__　Z__　A__；

其中 X、Y、Z、A 为经过的中间点的坐标值。该坐标值在 G90 时为中间点在工件坐标系中的坐标值；在 G91 时为中间点相对于刀具当前点的位移量。

说明：使所有指定的轴经过中间点后，以快速移动的速度返回参考点，该参考点也称为第一参考点。当返回参考点完成时，表示完成返回参考点的指示灯点亮。但刚通电时，即使刀具在参考点位置上，表示返回参考点的指示灯也不会点亮。在使用上经常将X、Y和Z分开来用。先用“G28 Z __”提刀并返回*Z*轴参考点位置，然后用“G28 X __ Y __”回到*X*、*Y*方向的参考点。

通常，G28指令用于刀具自动交换或者消除机械误差，在G28的程序段中，不仅产生坐标轴移动指令，而且记忆了中间点的坐标值，供G29使用。

只有在G28的程序段中指定的移动指令中的坐标值被作为中间点的坐标值而被存储在CNC中。也就是说，未在G28的程序段中指定的轴，之前所指定的G28的中间点的坐标值成为该轴的中间点的坐标值。

例如：

G90 G28 X40.；(*X*轴移动到参考点，中间点X40.0被存储起来)

G28 Y60.；(*Y*轴移动到参考点，中间点Y60.0被存储起来)

G29 X10. Y20.；(*X*轴、*Y*轴从参考点经过以前所指定的G28的中间点X40. Y60. 之后，返回到由G29指定的位置)

**【例3-3】** 编写图3-8中从现在位置经过中间点返回参考点的程序。

G91 G28 X100. Y150.；或

G90 G28 X300. Y250.；

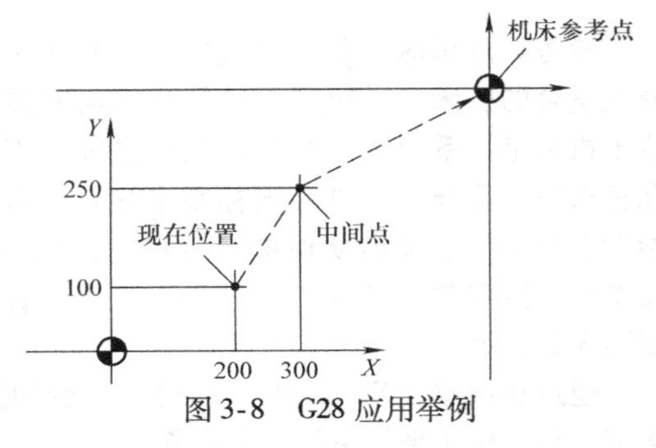

图3-8 G28应用举例

**3. 从参考点自动返回指令G29**

指令格式：

G90/G91 G29 X __ Y __ Z __ A __；

其中：X、Y、Z、A为返回的定位终点的坐标值。在G90时为定位终点在工件坐标系中的绝对坐标值；在G91时为定位终点相对于G28或G30中间点的位移量。

说明：该指令可使刀具从参考点经过一个中间点后定位在指定点，通常紧跟在一个G28或G30指令之后，在使用上经常将X、Y和Z分开来用。用G29的程序段的动作，可使所有被指令的轴以快速进给经由以前用G28或G30指令定义的中间点，然后再到达指定的目的点。

若利用G28或G30在经过中间点返回参考点后改变工件坐标系时，中间点也随之移动到了新的坐标系。之后在指定G29时，那么移动到的位置通过新的坐标系的中间点来计算。此时，**请注意刀具的路径！**

通电后，如果在没有执行一次G28（返回第1参考点）、G30（返回第2～4参考点）的状态下执行了G29（从参考点自动返回），会产生PS0305报警。

**【例3-4】** 如图3-9所示，编写*A*→*B*→*R*，*R*→*B*→*C*的程序。

G28 G90 X1000. Y500.；(编写从*A*点到*B*点的程序。经过中间点*B*，移动到参考点*R*)

T19；

M06；(在参考点换刀)

G90 G29 X1300. Y200.；或G91 G29 X300. Y－300.；(编写从点*B*到点*C*的程序。从参考点*R*经过中间点*B*，移动到由G29指定的*C*点)

由此可见，编程人员不需要计算从中间点到参考点的实际距离。

**4. 返回第2～4参考点指令G30**

指令格式：

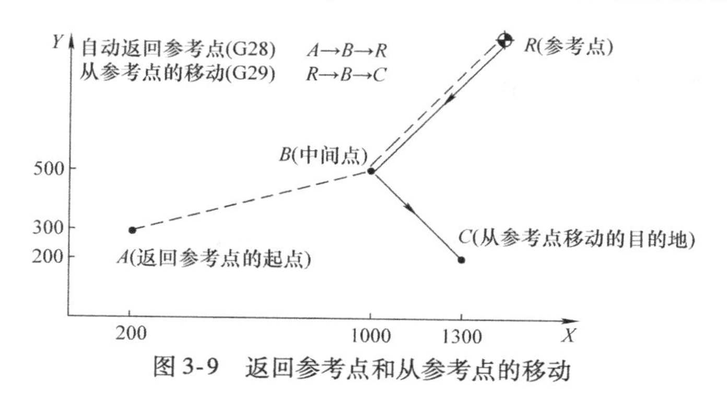

图3-9 返回参考点和从参考点的移动

G90/G91 G30 P2~4 X __ Y __ Z __ A __;

其中：P2~4，即指定的第2、3、4参考点，P2可以省略。X、Y、Z、A为经过的中间点的坐标值。该坐标值在G90时为中间点在工件坐标系中的坐标值；在G91时为中间点相对于刀具当前点的位移量。

说明：该指令使所有指定的轴经过中间点后，以快速移动的速度返回第2~4参考点。在有G30返回指示灯的机床上，当返回第2~4参考点完成时，表示完成返回第2~4参考点的指示灯点亮。在使用上经常将X、Y和Z分开来用。先用"G30 Z __"提刀并返回Z轴参考点位置，然后用"G30 X __ Y __"回到X、Y方向的参考点。

返回第2~4参考点G30指令，通常在自动换刀位置和第一参考点G28位置不同时才使用。

**5. 有关参考点指令的限制**

(1) 机械锁住接通状态　当机械锁住接通时，即使刀具已经完成向参考点的自动返回，表示已经完成返回参考点的指示灯也不会点亮。另外，即使指定了返回参考点检查，系统也不检查刀具是否已经到达参考点。

(2) 在补偿方式下的返回参考点检查　原则上，在执行G27~G30指令时，应取消刀具半径补偿、刀具长度补偿、刀具位置偏置等补偿功能。在补偿方式下，通过返回参考点到达的位置，是加上偏置值之后的位置。因此，如果加上偏置值的位置没有到达参考点，表示已经完成返回参考点的指示灯就不会点亮。因此，一般在指定G27~G30指令前，先取消补偿。

实际上，在加工中心刀具交换前，根据不同的机床，编写的程序往往是"G91 G28 Z0;"或"G91 G30 Z0;"，而不是"G90 G28 Z0;"或"G90 G30 Z0;"。

从上面的介绍中能够看到，G28和G30都表示经过中间点返回参考点（换刀点）。如果经过了中间点，Z轴需要经过两次加减速才能到达参考点，单段方式下需要两个动作完成。如果在刀具脱离了工件后，编写的程序是"G91 G28 Z0;"或"G91 G30 Z0;"，则刀具会以当前点为中间点直接返回参考点，也就是直接返回参考点。然而，如果编写的程序是"G90 G28 Z0;"或"G90 G30 Z0;"，则刀具会先快速定位到工件坐标系的绝对坐标Z0，然后再返回到参考点，会有把刀具碰坏的可能！所以，从安全和效率的角度考虑，一般也不编写如"G90 G28 Z10.;"或"G90 G30 Z10.;"这样的程序。换刀前往往编写为：

G91 G28/G30 Z0;

G91 G28/G30 X0;（或G91 G28/G30 X0 Y0；或G91 G28/G30 Y0;）

在许多带有圆盘式刀库的立式加工中心上，G28和G30所指定的Z轴的零点一般相差20mm以内。换刀前常编写为"G91 G30 Z0;"。在一些卧式加工中心上，刀具脱离工件后，直接编写"T __; M06;"或"T __ M06;"，因为在其O9001换刀宏程序中，已经有"G91 G30 Z0; G30 X0

Y0;”这样的指令。

G28、G30 较 G27、G29 应用普遍。

### 3.5.5 坐标系指令

数控机床控制刀具的位置，是靠电动机驱动各轴移动到坐标系中的坐标值来实现的。编程时，可以用机床坐标系、工件坐标系、附加坐标系和局部坐标系。

**1. 机床坐标系选择指令 G53**

指令格式：

(G90) G53 X __ Y __ Z __ A __;

其中：G53 指令使刀具快速定位到机床坐标系中的指定位置上，指令格式中 X、Y、Z、A 后的值为机床坐标系中的坐标值，其尺寸常为负值。例：“G53 G90 X－100. Y－150. Z－20. ;”，则执行后，刀具在机床坐标系中的位置如图 3-10 所示。

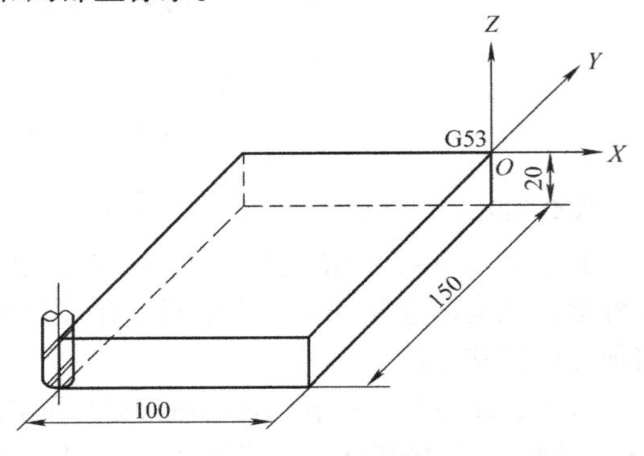


图 3-10 G53 应用举例

该指令指定的各轴的位置，就是按下 POS 键，“综合坐标”中各轴的“机械坐标”值。

**注意：**

① 刀具半径偏置、刀具长度偏置和刀具位置偏置应当在 G53 命令指定之前提前取消，否则，机床将依照指定的偏置值移动。

② 在执行 G53 指令之前，必须手动或者用 G28 命令让机床返回原点。这是因为机床坐标系必须在 G53 命令发出之前设定。但用绝对位置编码器时，就不需要该操作。

③ 该指令为非模态指令。它在绝对指令 G90 里有效，在增量指令 G91 里无效。

④ G53 指令的应用较为少见，一般常用在 M06 调用的 O9001 换刀子程序或 M60 调用的 O9002 交换工作台子程序中。

**2. 坐标系的设定**

通常编程人员在开始编程时并不知道被加工零件在机床上的位置，所编制的零件程序通常是以工件上的某个点作为零件程序的坐标系原点来编写加工程序的。当被加工零件装夹在加工中心工作台上之后，再将机床坐标系原点偏移到与编程使用的原点重合的位置上进行加工。

(1) 可编程工件坐标系指令 G92

指令格式：

(G90) G92 X __ Y __ Z __ A __;

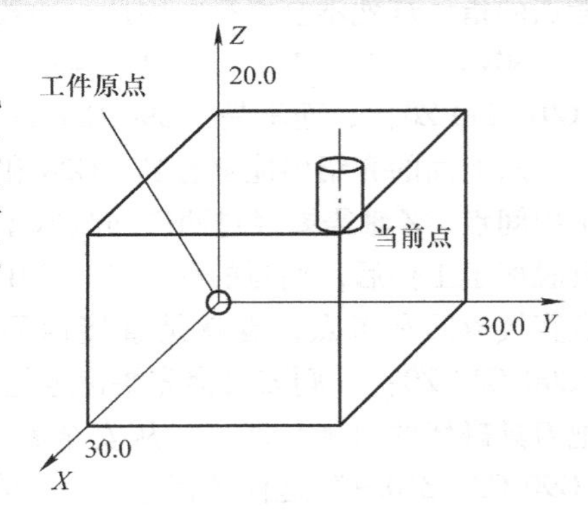


图 3-11 G92 应用举例

其中：X、Y、Z、A 为坐标原点（编程零点）到刀具起点（对刀点）的有向距离。G92 指令通过设定刀具起点相对于工件坐标系原点的位置建立坐标系。此坐标系一旦建立起来，后续的绝对值指令坐标位置都是在此工件坐标系中的坐标值。

加工中心上的 G92 可编程工件坐标系指令，和数控车床上的 G50 建立工件坐标系指令，所达到的效果是一样的。都是利用刀具的当前位置在程序中建立一个新的工件坐标系，使在这个工件坐标系中，当前刀具所在点的坐标值为 G92 指令后指定的坐标值。此指令只是建立坐标系，机床没有动作。

如图 3-11 所示，若当前位置为机床坐标系下 X－430.028，Y－223.450，Z－248.653，当执行了“G90 G92 X30. Y30. Z20.；”指令后，可以算出工件坐标系被建立在了机床坐标系 X－460.028，Y－253.450，Z－268.653 的位置上。

**注意：**

① 执行此程序段前必须保证刀位点与程序起点（对刀点）符合。

② G92 指令需要后续坐标值指定刀具当前点（对刀点）在工件坐标系中的位置，因此必须单独一个程序段指定。G92 一般放在一个工件程序的首段。

③ G92 必须对机床所有运动轴作定义，不得与运动指令共段。

④ 该指令在 G90 方式下有效，在 G91 方式下无效。

⑤ G92 中工件坐标系的设定值和刀具当前的位置有关，在编程时，程序员难以确定，必须在工件装夹后，经操作者实测后才能填入。若再次使用，也必须在工件装夹后，操作者再次修改设定值。断电后重新上电时，也必须重新设定。因此，G92 设定工件坐标系的方法较为麻烦，适合单件生产。在工厂里，广泛采用的是 G54～G59 指令设定工件坐标系。

⑥ G92 不与刀具长度补偿矢量发生变化的程序段同时编写，否则发出 PS5391 报警。

（2）设定工件坐标系指令 G54～G59

指令格式：

$$\begin{cases}G54\\G55\\G56\\G57\\G58\\G59\end{cases}$$

其中：G54～G59 又称为原点偏置指令，将工件坐标系原点移动到机床坐标系中坐标值为预置值的点，也即机床原点到工件坐标系原点的距离。

开机回参考点后，通过 MDI 面板设定机床原点到各坐标系原点的距离，然后用 G54～G59 指令调用工件坐标系，系统自动记忆，掉电保持，如图 3-12 所示。FANUC 系统开机默认 G54 工件坐标系。

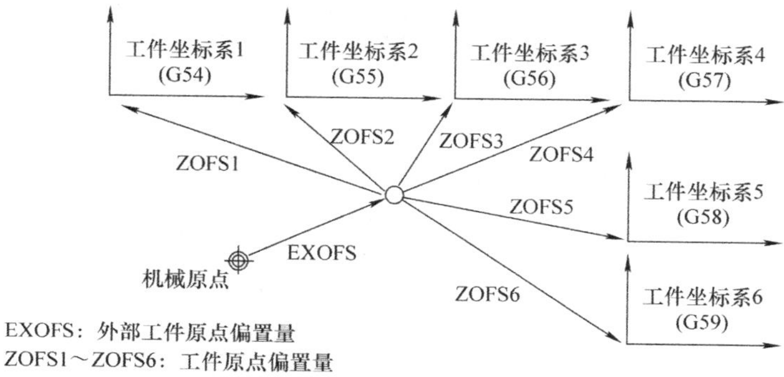


图 3-12 工件坐标系选择 G54～G59

编程为 G90 G54；或 G90 G54 G00 X __ Y __ Z __ A __；

在使用 G54 ~ G59 工件坐标系时，就不再使用 G92，若再用 G92，原来的坐标系和工件坐标系就会发生平移，产生一个新的坐标系。G54 ~ G59 和 G92 的关系如图 3-13 所示。

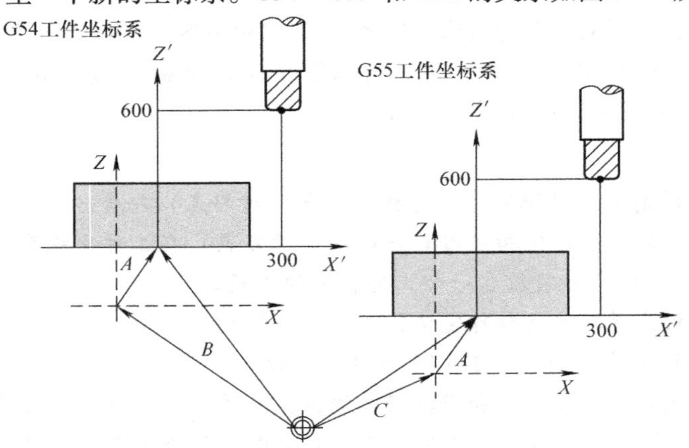


图 3-13　G54 ~ G59 和 G92 的关系

图 3-13 中，*X* – *Z* 为原 G54/G55 工件坐标系，*X′* – *Z′*为新建工件坐标系，*A* 为由 G92 引起的新旧坐标系间的偏移量，*B* 为 G54 的工件原点偏移量，*C* 为 G55 的工件原点偏移量。假如 G54 和 G55 工件坐标系之间的位置关系已经正确设定，则可以用下列指令设定工件坐标系 G55［图 3-13 中，刀具上的黑点是处于（300.0，600.0）］：

G92 X300. Z600.；

因此，假设两个托盘位于两个不同的位置上，如果按照 G54 和 G55 两个坐标系之间的位置关系正确地设定两个托盘之间的相对关系，那么，一个托盘中以 G92 设定的坐标系的移动，也会引起另一个托盘对应坐标系等矢量的移动。这样，两个托盘上的工件能够用同样的程序加工，仅是指定 G54 或者 G55 不同。

G92 指令是非模态指令，但由其建立的工件坐标系却是模态的。实际上，该指令也是给出了一个偏移量，这个偏移量是间接给出的，它是新的工件坐标系原点在原来的工件坐标系中的坐标值。如果多次使用 G92 指令，则每次使用时其给出的偏移量将会叠加。对于每一个工件坐标系 G54 ~ G59，这个叠加的偏移量都是有效的。举例如下（表 3-3）：

设 G55 工件坐标系偏移量为（–135.000，–201.000，–23.000），G59 工件坐标系偏移量为（–397.000，–312.000，–108.000）。

**表 3-3　G54 ~ G59 和 G92 的关系**

| 程序段内容 | 终点的机械坐标值 | 注释 |
|---|---|---|
| G55 G90 G00 X0 Y0 Z0; | （–135.000，–201.000，–23.000） | 选择 G55 坐标系，快速定位到坐标系原点 |
| G92 X52. Y64. Z76.； | （–135.000，–201.000，–23.000） | 刀具不运动，建立新的坐标系，新坐标系中当前点的绝对坐标值为（52.000，64.000，76.000） |
| G00 X13. Y24. Z8.； | （–174.000，–241.000，–91.000） | 快速定位到新的坐标系的（13.0，24.0，8.0） |
| G59 X87. Y49. Z17.； | （–362.000，–327.000，–167.000） | 快速定位到已被偏移的 G59 坐标系的（87.0，49.0，17.0） |
| X40. Y107. Z63.； | （–409.000，–269.000，–121.000） | 快速定位到 G59 坐标系的（40.0，107.0，63.0） |

可以看出，机械坐标值 = G54 ~ G59 中的偏移值 + 程序中指定的坐标值 − G92 中的设定值。

（3）G54 ~ G59 指令和 G92 指令设定工件坐标系的区别

① 设定依据不同。

a. G54 ~ G59 设定坐标系是以机床原点（或参考点）为基准偏移一定距离，建立新的工件坐标系。

b. G92 设定工件坐标系是以刀具当前位置点为基准偏移指定的距离，建立新的坐标系。

② 偏移量含义不同。

a. G54 ~ G59 指令依据机床原点做偏移，该偏移量为机床零点到工件坐标系零点的距离，该偏移量测量后不写入指令中，而是输入到数控系统的相关参数中，只用该指令调用即可，即数控机床读取了该偏移量，因此指令不带参数。

b. G92 指令依据刀具做偏移，该偏移量为刀具相对于工件原点的偏移量，该偏移量要随指令给出。

③ 用途不同。

a. G54 ~ G59 指令建立的坐标系与机床原点的位置相对固定，适用于批量生产，只要零件的装夹位置不变，该指令建立的坐标系的位置也不变。断电再上电后，手动或自动执行一次返回参考点的操作后，就可以继续生产。

b. G92 指令建立的坐标系与刀具的位置绑定，即使工件的装夹位置不变，调用指令时刀具的位置发生变化，坐标系的位置也会变化。因此，适用于单件加工。

④ 两个指令的共同点。

a. 执行后，只设定工件坐标系，机床不动作。

b. 都是模态指令，坐标系一经建立，后面的程序一直有效。

**3. 附加/追加工件坐标系的设定**

有些机床，可交换的工作台数目较多，或同时在工作台上装夹的工件较多，6 个工件坐标系不够用。FANUC 系统可以扩充至 48 个或更多，使用时应将扩充的工件坐标系的原点偏置值设定到相应的偏置量存储器中。

指令格式：

G90 G54 P1 ~48；或 G90 G54. 1 P1 ~48；

**注意：**

① 请在 G54. 1（G54）之后指定 P 代码。若在 G54. 1 之后在相同程序段内没有 P 代码，就选择附加工件坐标系 1（G54. 1 P1）。

② 如果 P 代码超出范围，产生报警 PS0030。

③ 不能在与 G54. 1（G54）相同的程序段内指定工件偏置号之外的 P 代码。如：

G54. 1 G04 P40；

G54. 1 M98 P48；

④ G54. 1 P1 ~48（G54 P1 ~48）坐标系和 G54 ~ G59 坐标系用法一样。

**4. 可编程数据设定指令 G10**

G10 指令有多种用法，更改 EXT 外部工件坐标系、更改 G54 ~ G59 工件坐标系、更改 G54. 1 P1 ~48坐标系、更改刀具长度和半径补偿的形状/磨损值、更改螺距补偿参数、更改宏变量等，这里讲前三种用法。G11 可以取消该指令。

EXT 外部工件坐标系、G54 ~ G59 工件坐标系、G54.1 P1 ~48坐标系的数据，可以在面板上直接输入，也可以通过 G10 指令在程序中输入。

指令格式：

G90(G91) G10 L2 P 0 ~6 X __ Y __ Z __ A __；或

G90(G91) G10 L20 P 1 ~48 X __ Y __ Z __ A __；

其中：L2，定义工件坐标系偏置量输入；P 0 ~6，分别对应 EXT、G54 ~ G59 坐标系。L20，定义附加/追加工件坐标系偏置量输入；P 1 ~48，分别对应 G54.1 P 1 ~48 （G54 P 1 ~48） 坐标系。

G90，定义每个轴的工件原点偏置量；G91，定义的坐标值被叠加到指定的工件原点偏置量上。例如，原 G54 坐标系偏置值为（ -280.247， -309.046， -0.200），如果在程序中指定了"G90 G10 L2 P1 X -241.089 Y -305.847 Z -0.1;"，当执行完这段程序后，原 G54 坐标系偏置值已经被更改为程序中由 G10 指定的值（ -241.089， -305.847， -0.100），后续的程序在以此位置为原点的工件坐标系中运行。如果原 G54 坐标系偏置值为（ -280.247， -309.046， -0.200），在程序中指定了"G91 G10 L2 P1 X -2.085 Y -3.067 Z -0.1;"，当执行完这段程序后，原 G54 坐标系偏置值已经被更改为程序中由 G10 指定的值叠加上原来的值，即（ -282.332， -312.113， -0.300），对其他坐标系同样道理。但以 G90 指定的方式多见，其指定的值固定；以 G91 指定的方式少见，其每执行一次程序后，指定的值都会发生变化。

如果用 G10 指定了一个或多个坐标系，在试加工之后经测量，需要对其指定的一个或多个坐标系做调整，应在程序中做相应的修改，因为在 MDI 面板上的修改是无效的。

EXT 是 external 的缩写，即外部的坐标系，就是把 EXT 坐标系中各轴的数值同时加到 G54 ~ G59、G54.1 P 1 ~48 （G54 P 1 ~48） 坐标系中对应各轴的数值上（参数 No.1202#0 =0 时，下同），机床实际读取到的数值是两者的和。例如，EXT 坐标系偏置值为（1.050，0.750，-0.160），G56 坐标系偏置值为（ -249.089， -248.058，0.510），G59 坐标系偏置值为（ -378.873， -248.058， -0.380），则实际读取到的 G56 坐标系偏置值为（ -248.039， -247.308，0.350），实际读取到的 G59 坐标系偏置值为（ -377.823， -247.308， -0.540），其他坐标系同样道理。FANUC、MITSUBISHI 上称为 EXT，MORI SEIKI 上称为"通用（COMMON）"。

通常，EXT 坐标系 *X*、*Y* 轴的值为 0，*Z* 轴的值在加工或调试时可以不设为 0，在加装的第四旋转轴上，*A* 轴的值依旋转工作台面和 *XY* 平面的角度确定，一般为 0°或很小的角度。

G10 指令可以在程序中建立坐标系。通常，通过对刀确定了 G54 ~ G59 坐标系原点的机械坐标值后，可以通过 MDI 面板输入到机床中，也可以在程序中由 G10 指定这个值，使两者的对应关系一致即可；或为安装在夹具上已知位置单独的工件设置工件坐标系。

在夜班无操作员使用托盘库或其他自动设备时，通常用 G10 指令来操作机床。

**【例 3-5】** 如图 3-14 所示，使用 G10 L2 编程。

```
O0005;
G90 G10 L2 P1 X -400. Y -120. Z -180.;     对 G54 坐标系输入点 1 的坐标值
G10 L2 P2 X -300. Y -120. Z -180.;         对 G55 坐标系输入点 2 的坐标值
G10 L2 P3 X -200. Y -120. Z -180.;         对 G56 坐标系输入点 3 的坐标值
G10 L2 P4 X -400. Y -250. Z -180.;         对 G57 坐标系输入点 4 的坐标值
G00 G54 X0 Y0;                             快速将刀具定位到 G54 零点 1
G43 Z60. H09 S900 M03 T8;
G55 X0 Y0;                                 快速将刀具定位到 G55 零点 2
```

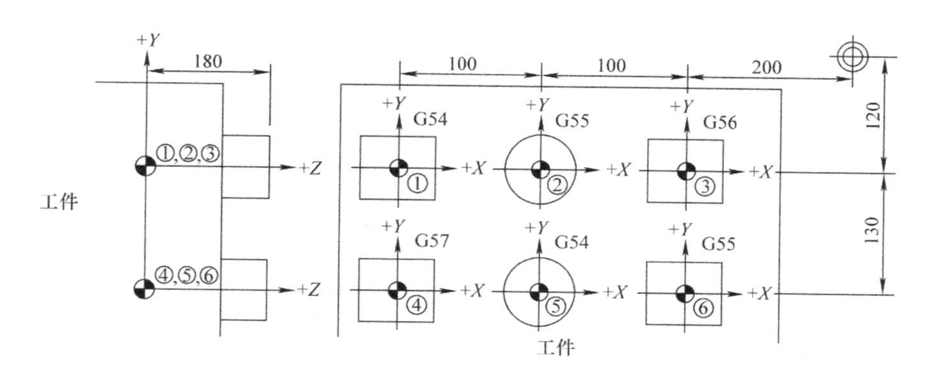


图3-14　G10应用举例

```
G56 X0 Y0;                                  快速将刀具定位到G56零点3
G57 X0 Y0;                                  快速将刀具定位到G57零点4
G90 G10 L2 P1 X-300. Y-250. Z-180.;         对G54坐标系输入点5的坐标值
G10 L2 P2 X-200. Y-250. Z-180.;             对G55坐标系输入点6的坐标值
G54 X0 Y0;                                  快速将刀具定位到G54零点5
G55 X0 Y0;                                  快速将刀具定位到G55零点6
……
```

如果对点1~6分别定义为G54~G59坐标系原点，则在程序开头编程如下：

```
G90 G10 L2 P1 X-400. Y-120. Z-180.;         对G54坐标系输入点1的坐标值
G10 L2 P2 X-300. Y-120. Z-180.;             对G55坐标系输入点2的坐标值
G10 L2 P3 X-200. Y-120. Z-180.;             对G56坐标系输入点3的坐标值
G10 L2 P4 X-400. Y-250. Z-180.;             对G57坐标系输入点4的坐标值
G10 L2 P5 X-300. Y-250. Z-180.;             对G58坐标系输入点5的坐标值
G10 L2 P6 X-200. Y-250. Z-180.;             对G59坐标系输入点6的坐标值
G00 G54 X0 Y0;                              快速将刀具定位到G54零点1
G43 Z60. H09 S900 M03 T8;
……
```

**5. 局部坐标系指令G52**

在工件坐标系中编程时，对一些图形，如想再用一个坐标系设定其原点，编程会更简便，如不想用原坐标系偏移时，可以在工件坐标系中再创建一个子工件坐标系，这样的子坐标系称为局部坐标系。

指令格式：

G52 X__ Y__ Z__ A__;

其中：X、Y、Z、A为局部坐标系原点在工件坐标系中的坐标值。

使用G52指令，可在G54~G59中设定局部坐标系。各自的局部坐标系的原点，就是在各自的工件坐标系中指定的数值。G52只在指定的坐标系中有效，而不影响其余的工件坐标系。一个局部坐标系一旦被设定，在之后指定的轴的移动指令就成为局部坐标系中的坐标值。如果希望改变局部坐标系时，可以与G52一起，在工件坐标系中指定新的局部坐标系的原点位置。其使用方便，应用较为广泛。

局部坐标系和工件坐标系的关系如图3-15所示。

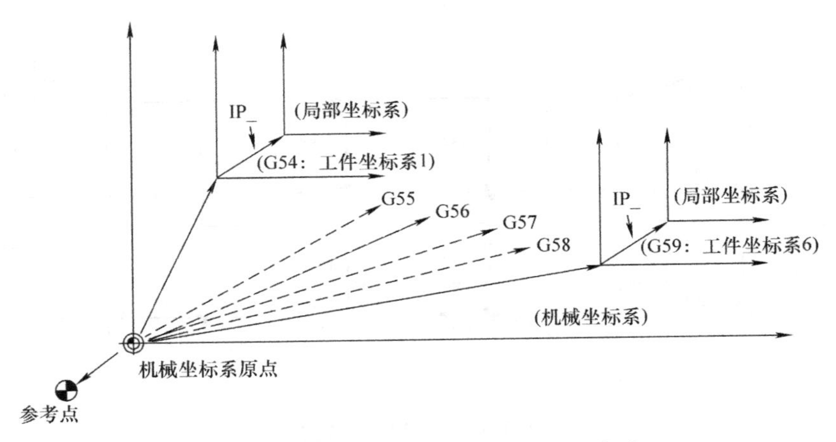


图 3-15　局部坐标系和工件坐标系的关系

**【例 3-6】** 如图 3-16 所示，在 G54 坐标系中设定 G52 局部坐标系，用 G00 快速到达 *A* 点。

程序如下：

```
G90 G54;
G52 X100. Y60. ;
G00 X100. Y70. ;
……
```

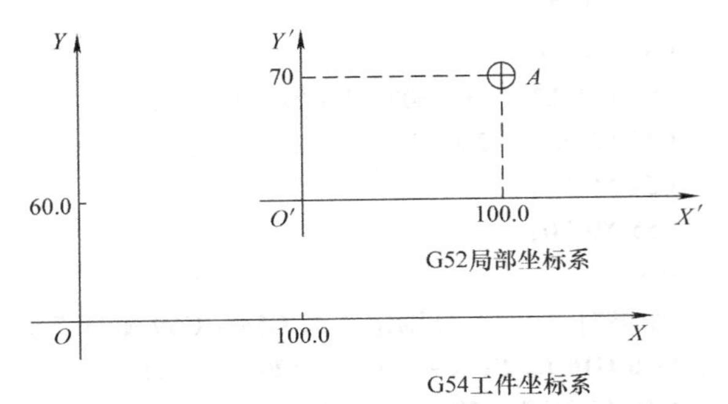


图 3-16　局部坐标系

如果指令了“G52 X0 Y0 Z0 A0;”，则指令的局部坐标系原点与工件坐标系原点重合，即取消了局部坐标系。

**注意：**

① 在参数 No. 1201#2 = 1 时，通过手动进行参考点复归时，返回到参考点的轴的局部坐标系原点与工件坐标系原点一致。

也就是，指定“G52 X __ Y __ Z __ A __;”和指定“G52 X0 Y0 Z0 A0;”时都返回第一参考点。

② 局部坐标系设定不改变工件坐标系和机械坐标系。

③ 局部坐标系在执行复位时是否取消依据参数设定。当参数 No. 1202#3 = 1 时，复位后局部坐标系被取消。

④ 当用 G92 定义工件坐标系时，如果没有对局部坐标系中的所有轴指定坐标值，局部坐标系保持不变；如果没有为局部坐标系中的任何轴指定坐标值，局部坐标系被取消。

⑤ 指定 G52 指令后，刀具半径补偿被暂时取消。

⑥ 紧跟在 G52 指令后，要以绝对方式指定一个移动指令。

⑦ G52 适合于工件坐标系 G54 ~ G59，因为是“局部”坐标系，只在指令的工件坐标系中有效，而不影响其余的工件坐标系。

⑧ 若要变更局部坐标系，可用 G52 在工件坐标系中设定新的局部坐标系原点。在缩放及坐标系旋转状态下，不能使用 G52 指令，但在 G52 下能进行缩放及坐标系旋转。

# 3.6 进给控制指令的使用方法详解

## 3.6.1 快速定位指令 G00

指令格式:

G90 (G91) G00 X __ Y __ Z __ A (B) __;

其中: X、Y、Z、A (B) 为快速定位的终点,在 G90 方式下为终点在工件坐标系中的坐标值,在 G91 方式下为终点相对于起点的位移量。B 为卧式加工中心工作台的旋转轴; A 为在立式加工中心上加装的第四旋转轴,其参数设置见表 3-4。

系统参数: 8130 =4 (3)。

某机床厂 PMC 参数: K05 =00000001 (00000000)。

注: 无四轴或暂时不装四轴时,以上参数按括号中数据设置,否则有四轴报警。

表 3-4 和第四旋转轴有关的参数设置

| K05#0 | 1 | 开通四轴 | 无四轴时必须设为 0 |
|---|---|---|---|
| K05#1 | 1 | 转台夹紧后断电 | 标准设为 0,不断电 |
| K05#2 | 1 | 转台阀断电松开 | 标准设为 0,通电松开 |
| K05#3 | 1 | 不使用夹紧放松检测 | 标准设为 0,要检测 |

G00 是模态代码,其功能是使刀具以点定位控制方式,按机床参数设定的最大运动速度从当前位置点快速定位到目标点。目标点由本程序段内的坐标值确定。它适用于刀具进行快速定位,无运动轨迹要求。G00 可以省略写成 G0。

当参数 No. 1401#1 =0,执行 G00 指令时,为非直线插补型定位。若多个坐标方向需同时定位,则刀具在快速移动下沿各个轴独立地移动。所以其移动路径通常不一定是直线,一般是折线,因此在编程时要注意其轨迹,以避免发生碰撞,造成刀具和夹具损坏。定位时,一般距离工件 1 ~5mm。

各运动轴的快速移动速度由参数 No. 1420 设置,两轴之间相互独立运动,互不影响,快速移动速度不需要编程,F 进给值对其无效。通过机床面板上的"Rapid Override"(快速倍率修调)旋钮或按键可以对快速倍率进行修调,倍率值为 100%、50%、25% 和 F0 四档,F0 档的各轴速度由参数 No. 1421 设置,值一般设为 100 ~500mm/min。由 G00 指令的定位方式,刀具在本程序段的开始加速到预先指定的速度,并在程序的终点减速。在确认到位之后,执行下一程序段。

"到位"是指进给电动机移动到了指定的位置范围内。这个范围由机床制造商在参数 No. 1826 中设定。

G00 的速度是机床性能的一个参数指标,速度越大则性能越好,用于非切削的时间就越短,机床的效率就越高。最近这些年国产机床的 G00 速度普遍达到了 30m/min 以上,国外的很多在 80m/min 或以上。

G00 的速度一般用在以下几种情况:

1) 程序中的 G00 速度。

2) 回零 和 自动 方式下和参考点返回有关的指令的速度。

3) 固定循环中退刀的速度。

4) 手动 方式下的快速移动的速度。

5) G53 指令。

**注意：**

① 为避免发生干涉，通常不轻易使三轴联动。一般先移动一个轴，再在其他两轴构成的面内联动。

② 进刀时，先在安全高度 Z 上移动（联动）X、Y 轴，再移动 Z 轴到接近工件的位置。

③ 退刀时，先抬 Z 轴，再移动 X、Y 轴。

**【例 3-7】** 如图 3-17 所示，编制以 G00 沿①→②→③→④→①移动路径的程序。

如果以 G90 方式，编程如下：

```
O0006;
……
G00 G90 X99. Y75. ;
X -93. ;
X -45. Y -45. ;
X45. Y -75. ;
X99. Y75. ;
……
```

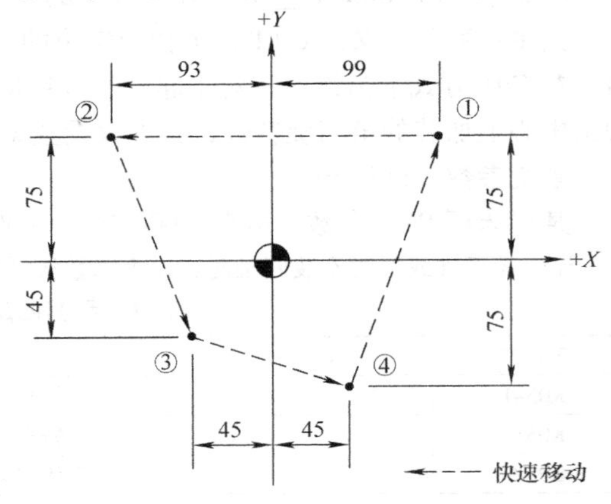


图 3-17 G00 应用举例

如果以 G91 方式，编程如下：

```
O0006;
……
G00 G90 X99. Y75. ;
G91 X -192. ;
X48. Y -120. ;
X90. Y -30. ;
X54. Y150. ;
……
```

## 3.6.2 直线插补指令 G01

G01 指令可使刀具以插补联动方式从当前位置以指定的进给速度 F 直线移动到目标点。

指令格式：

G90（G91）G01 X __ Y __ Z __ A（B） __ F __ ；

其中：X、Y、Z、A（B）为刀具所要移动到目标点的坐标值；在 G90 编程时为目标点在工件坐标系中的坐标值；在 G91 编程时为目标点相对于前一点的位移量。F 为进给速度。

沿各轴方向的速度如下：

G91 G01 $\alpha\underline{\alpha}$ $\beta\underline{\beta}$ $\gamma\underline{\gamma}$ $\zeta\underline{\zeta}$;

$\alpha$ 坐标方向进给速度：

$$F_\alpha = \alpha f/L$$

$\beta$ 坐标方向进给速度：

$$F_\beta = \beta f/L$$

$\gamma$ 坐标方向进给速度：

$$F_\gamma = \gamma f/L$$

$\zeta$ 坐标方向进给速度：

$$F_\zeta = \zeta f/L$$

其中

$$L=\sqrt{\alpha^2+\beta^2+\gamma^2+\zeta^2}$$

旋转轴的进给速度由°/min（15°/min 则编写为 F15.0）的单位指定。

直线插补直线轴 $\alpha$（如 $X$、$Y$、$Z$）和旋转轴 $\beta$（如 $A$、$B$、$C$）时，$A$、$B$、$C$ 以"°"为单位，$X$、$Y$、$Z$ 以 mm 或 in 为单位的 $\alpha$、$\beta$ 右手直角坐标系中的切线速度为由 $F$（mm/min）所指令的速度。$\beta$ 轴的速度是通过上述公式求出所需时间后再将其换算为°/min 而求得的。

**【例 3-8】** G91 G01 X20. C40. F300；

假定以米制输入时 $C$ 轴的 40.0°为 40mm。分配所需时间为

$$\frac{\sqrt{20^2+40^2}}{300}\text{min}\approx 0.149071\text{min}$$

则 $C$ 轴的速度为

$$\frac{40°}{0.149071\text{min}}\approx 268.32816\ °/\text{min}$$

若是同时三轴控制，可以像同时控制两轴一样设定右手直角坐标系。

**1. 小数点编程**

计算器型和小数点型编程的区别见表 3-5。

**表 3-5 计算器型和小数点型编程的区别**

| 程序指令 | 计算器型编程 | 标准型编程 |
| --- | --- | --- |
| X1000<br>指令值没有小数点 | 1000mm<br>单位：mm | 1mm<br>单位：最小输入增量单位（0.001mm） |
| X1000.<br>指令值有小数点 | 1000mm<br>单位：mm | 1000mm<br>单位：mm |

由上面两个指令的例子中可以看到，在 FANUC 系统加工中心面板中，关于尺寸的数字，数字数值可以用小数点输入，当输入距离、角度、时间或速度时，可以使用小数点。下面的地址可以使用小数点：表示距离和角度的 X、Y、Z、U、V、W、A、B、C、I、J、K、R、Q，表示时间的 X 和表示切削进给率的 F。有两种类型的小数点表示法：计算器型和标准型。当使用计算器型小数点表示方法时，没有小数点的数值单位会被认为是 mm、in 或（°）。当使用标准型小数点表示方法时，没有小数点的数值单位会被认为是该机床的最小输入增量单位。使用参数 No. 3401#0（DPI）选择计算器型或标准型小数点进行设置：值为 1，为前者；值为 0，为后者，通常设为 0。在一个程序中，数值可以使用小数点指定，也可以不用小数点指定，但表示的数值的单位不同。

除了编程的数值之外，在 0*i* – MC 和 0*i* – MD 面板 OFS/SET 界面输入刀具半径、刀具长度两者的形状值及磨损值，EXT 坐标系偏置值、G54 ~ G59、G54.1 P1 ~ G54.1 P48 坐标系偏置值时，同样遵循以上设置。比如在 0*i* – MC 和 0*i* – MD 面板中，在刀具长度补偿值中输入"5"、按下[ +输入]软键，如果采用的是标准型小数点编程，则实际读到的数值是 5μm，**相差 999 倍，不可不小心**！请牢记！在日本三菱（MITSUBISHI）和日本森精机（MORI SEIKI）面板中，同样遵循以上规定。所以，当不知道以上三种品牌面板的相关参数的设置时，整数数值的后面加上小数点总是错不了的。当然，0 可以不加小数点。F 进给量用每分钟进给量时，整数后面可以不加小数点。

**2. 模态信息的注意事项**

还有一种情况需要初学者注意，比如如下编程指令：

……

```
G90 G00 X50. Y20. ;
G01 X100. Y0 F0. 25;
Y -50. F0. 2;
……
```

当编好之后觉得第二段程序的 G01 需要更改为 G00，则第三段程序的模态信息也随着由 G01 更改为 G00 了，所以不要忘记在第三段程序前加上 G01！否则将产生碰撞，因为 F 值对 G00 无效！

### 3.6.3 圆弧插补指令 G02、G03

指令格式：

$$\left\{\begin{matrix}G90\\G91\end{matrix}\right.\left\{\begin{matrix}G17\left\{\begin{matrix}G02\\G03\end{matrix}\right.X\_\ Y\_\left\{\begin{matrix}I\_\ J\_\\R\_\end{matrix}\right.F\_;\ \ XY\text{平面的圆弧}\\ G18\left\{\begin{matrix}G02\\G03\end{matrix}\right.Z\_\ X\_\left\{\begin{matrix}K\_\ I\_\\R\_\end{matrix}\right.F\_;\ \ ZX\text{平面的圆弧}\\ G19\left\{\begin{matrix}G02\\G03\end{matrix}\right.Y\_\ Z\_\left\{\begin{matrix}J\_\ K\_\\R\_\end{matrix}\right.F\_;\ \ YZ\text{平面的圆弧}\end{matrix}\right.$$

其中：

① 在 G90 方式下，X、Y、Z 为圆弧终点坐标；在 G91 方式下，X、Y、Z 为圆弧终点相对于圆弧起点的增量坐标值。

② R 是圆弧半径，单位为 mm。如果设圆弧所对的圆心角为 $\theta$，则有：当 $0°<\theta\leq 180°$ 时，R 为正值；当 $\theta=180°$ 时，R 可以是正值也可以是负值；当 $180°\leq\theta<360°$ 时，R 为负值；当 $\theta=360°$ 时，即为切削整圆。当 *X*、*Y*、*Z* 轴坐标值均被省略时，终点与起点位置相同，不能用 R 编程，因为经过同一点、半径为一固定值的圆有无数个，从圆的数学意义上讲，不能确定圆的惟一性，所以不能用 R 编程，只能用 I、J、K 编程。如果 $\theta=360°$ 时，编写了半径为 R 的整圆，机床会认为此时圆的半径为 0，而不产生移动，如“G02/G03 R __;”。

③ I、J、K 为圆心分别在 *X*、*Y*、*Z* 轴相对于圆弧起点的增量坐标，即 $I=(X_{圆心}-X_{圆弧起点})$，$J=(Y_{圆心}-Y_{圆弧起点})$，$K=(Z_{圆心}-Z_{圆弧起点})$，和 G90、G91 无关。当 I、J、K 值为 0 时可以省略，单位为 mm。

④ I、J、K 和 R 同时编写的程序段，以 R 指令的半径值为优先，I、J、K 被忽略。

⑤ 如果用 R 指定圆心角接近 180°的一段圆弧，中心坐标的计算会产生误差。在这种情况下，用 I、J、K 指定圆弧中心。

⑥ 如果指定了不在指定平面的轴，就会产生 PS0028 报警。例如，指定 G17 平面时，指定了与 *X* 轴平行的 *U* 轴。

⑦ I、J、K 和 R 的关系为：在 G17 平面，$I^2+J^2=R^2$；在 G18 平面，$I^2+K^2=R^2$；在 G19 平面，$J^2+K^2=R^2$。

⑧ 圆弧插补的进给值等于由 F 代码指定的进给值，且是沿圆弧切线方向。指定的进给值和实际进给值的误差在 ±2% 之内。该指定的进给值是在进行了刀具半径补偿后沿圆弧上测得的速度值。

该指令使刀具沿着圆弧运动，切出圆弧轮廓。圆弧插补运动有顺、逆之分，G02 为顺时针圆弧插补指令（CW），G03 为逆时针圆弧插补指令（CCW）。按照 ISO 国际标准组织的定义，顺、逆圆弧插补运动的判断方法是，按右手直角坐标系判定：大拇指指向 *X* 轴正方向，食指指向 *Y* 轴正方向，中指指向 $Z$ 轴正方向，观察者从垂直于圆弧所在平面的第三轴的正方向向负方向看去，进给方向顺时针转动的为顺圆，反之为逆圆，如图 3-18 所示。G02、G03 可以省略写成 G2、G3。

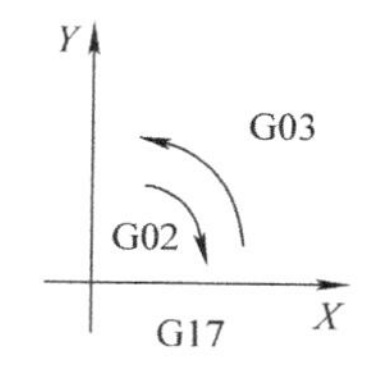

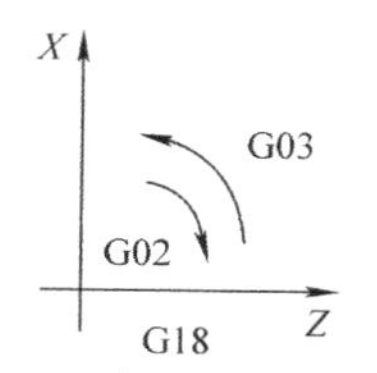

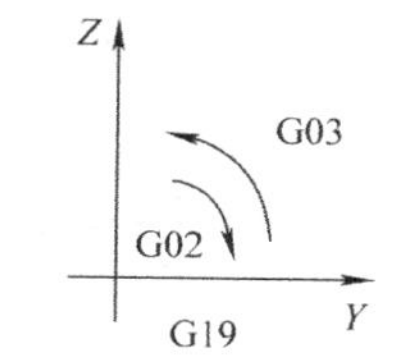


图 3-18　圆弧的顺逆

**【例 3-9】**　如图 3-19 所示，编程如下：

① 从 $A$ 点顺时针转 1/4 周到 $A'$ 点：

G90 G02 X0 Y－10. R10. F300；或

G90 G02 X0 Y－10. I－10. F300；或

G91 G02 X－10. Y－10. R10. F300；或

G91 G02 X－10. Y－10. I－10. F300；

② 从 $B$ 点逆时针转 1/2 周到 $B'$ 点：

G90 G03 X0 Y－20. J－20. F300；或

G91 G03 Y－40. J－20. F300；

不建议使用 R 来编写圆心角接近 180°的圆弧/半圆。

③ 从 $C$ 点顺时针转 3/4 周到 $C'$ 点：

G90 G02 X0 Y－30. R－30. F300；或

G90 G02 X0 Y－30. I30. F300；或

G91 G02 X30. Y－30. R－30. F300；或

G91 G02 X30. Y－30. I30. F300；

④ 从 $D$ 点逆时针转一周到 $D'$（$D$）点：

G03 J40. F300；

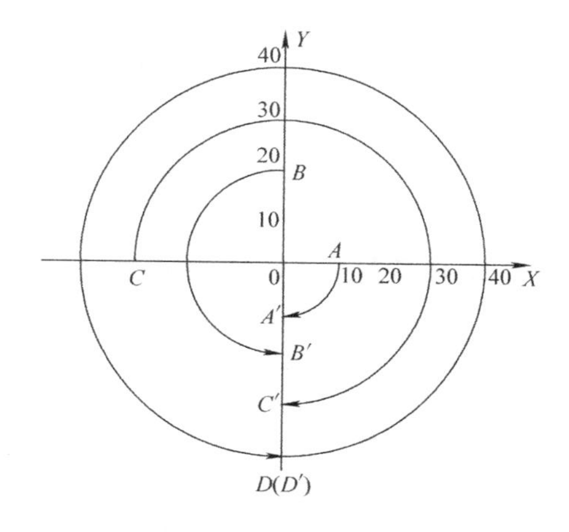


图 3-19　圆弧插补举例

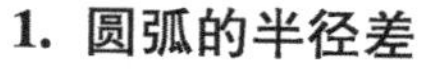

### 1. 圆弧的半径差

有些初学者自己编的程序是这样的：

```
……
G17 G90 G01 X13. Y74. F200;
G03 X47. Y28. R26.0 F150;
……
```

乍一看，程序编写得很好，没有什么问题，实际上错误很大，而且这种错误还是隐藏的。先分析一下所描述的两点之间的距离，根据两点间的距离公式，可以算出两点间距离 $d=\sqrt{(47-13)^2+(28-74)^2}\text{mm}=57.2014\text{mm}$（参看附录 C），而根据圆在数学上的定义，只有当这段距离是圆的直径时，此时圆的半径 $r$ 才最小，为 $r=d/2=28.6007\text{mm}$，而 $26.0\text{mm}<28.6007\text{mm}$，不符合圆在数学上的定义，如果在圆弧起点和终点之间半径差 2.6007mm 大于或等于参数 No. 3410 中的设定值（该值由机床厂商设定，一般为 0～30μm，如果该值设为 0，不进行圆弧半径差的检查），机床就会产生 PS20 报警信息，超出半径公差。如果终点不在圆弧上，会成为图 3-20 所示的螺旋，即圆弧半径按照圆心角 $\theta(t)$ 成线性变化。通过指定起点处的圆弧半径和终点处的圆弧半径不同的圆弧指令，即可进行螺旋插补。在进行螺旋插补的情况下，应在圆弧半径误差极限值的参数 No. 3410 中设定较大的值。

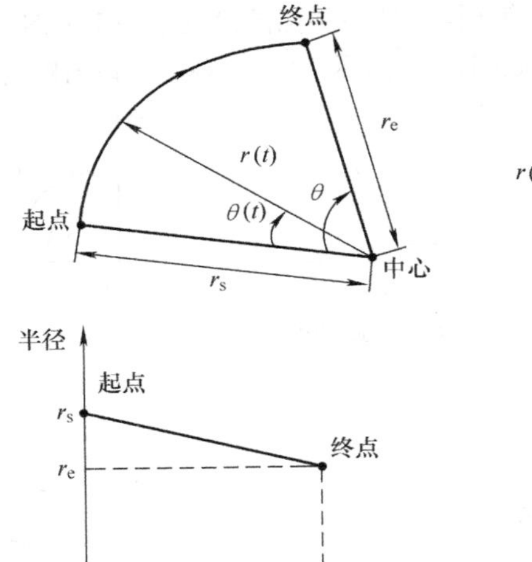


$$r(t)=r_s+\frac{(r_e-r_s)\theta(t)}{\theta}$$

图 3-20 圆弧起点和终点的半径差

**2. 任意角度的倒角/倒圆角**

可以在直线插补与直线插补之间、直线插补与圆弧插补之间、圆弧插补与直线插补之间、圆弧插补与圆弧插补之间自动插入倒角程序段和倒圆角程序段。

指令格式：

{ ，C __倒角
{ ，R __倒圆角

说明：当在指定直线插补（G01）或圆弧插补（G02、G03）程序段的末尾指定上述格式时，则插入一个倒角程序段或倒圆角程序段。

可以连续指定两个以上的倒角程序段和倒圆角程序段。

① 倒角。紧跟在 C 后的数值指定从假想拐角交点起的倒角起点到终点的距离，所谓假想拐角就是不进行倒角时假设存在的拐角。倒角如图 3-21所示。

a. G91 G01 X100.0，C10.0；

b. X100.0 Y100.0；

② 倒圆角。紧跟在 R 后的数值指定倒圆角的半径。倒圆角如图 3-22 所示。

a. G91 G01 X100.0，R10.0；

b. X100.0 Y100.0；

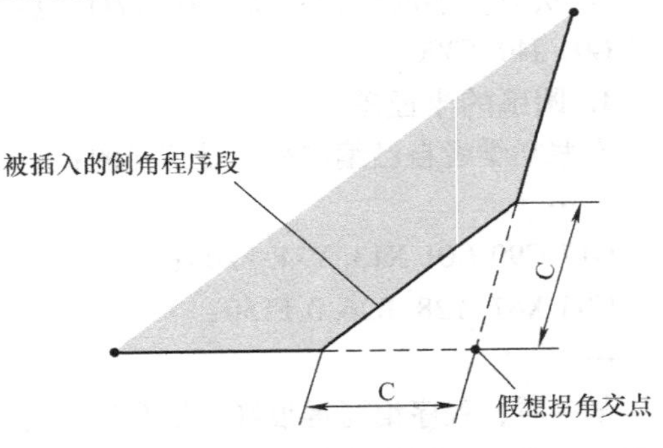


图 3-21 倒角

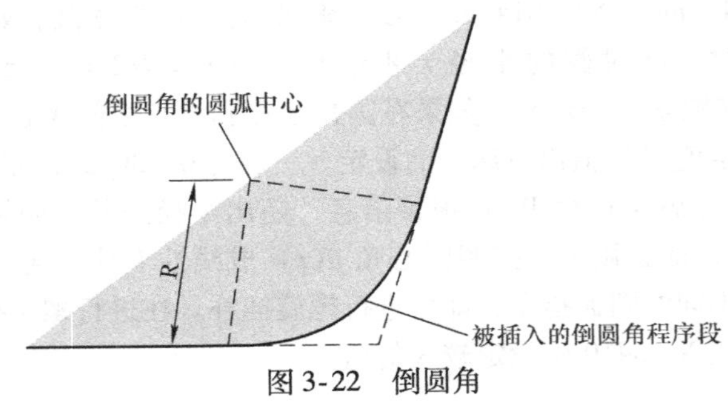


图 3-22 倒圆角

【例 3-10】　如图 3-23 所示，编写其程序。

程序为：

```
N001 G55 G00 G90 X0 Y0;
N002 G00 X10.0 Y10.0;
N003 G01 X50.0 F10.0, C5.0;
N004 Y25.0, R8.0;
N005 G03 X80.0 Y50.0 R30.0, R8.0;
N006 G01 X50.0, R8.0;
N007 Y70.0, C5.0;
N008 X10.0, C5.0;
N009 Y10.0;
N010 G00 X0 Y0;
N011 M30;
```

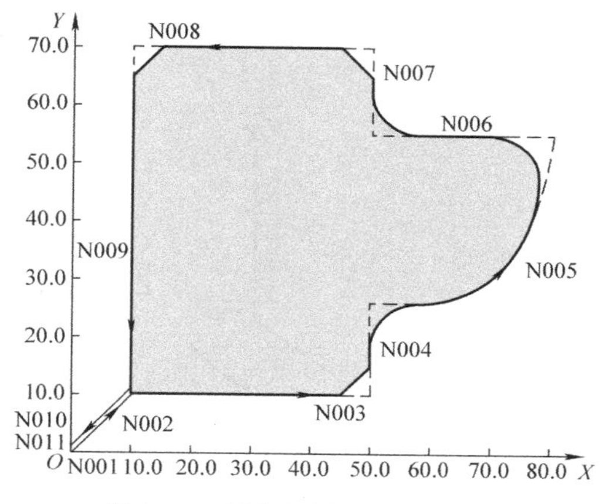


图 3-23　倒角和倒圆角应用举例

## 3.6.4　螺旋插补指令 G02、G03

在圆弧插补时，当垂直于插补平面的直线轴同步运动时，形成螺旋线插补运动，以 G17 平面为例，螺旋插补如图 3-24 所示。

指令格式：

$$\left\{\begin{matrix}G90\\G91\end{matrix}\right.\left\{\begin{matrix}G17\left\{\begin{matrix}G02\\G03\end{matrix}\right. X\_\ Y\_\ Z\_\ \left\{\begin{matrix}I\_\ J\_\\R\_\end{matrix}\right. F\_; & XY\text{平面的圆弧}\\ G18\left\{\begin{matrix}G02\\G03\end{matrix}\right. Z\_\ X\_\ Y\_\ \left\{\begin{matrix}K\_\ I\_\\R\_\end{matrix}\right. F\_; & ZX\text{平面的圆弧}\\ G19\left\{\begin{matrix}G02\\G03\end{matrix}\right. Y\_\ Z\_\ X\_\ \left\{\begin{matrix}J\_\ K\_\\R\_\end{matrix}\right. F\_; & YZ\text{平面的圆弧}\end{matrix}\right.$$

说明：

① X、Y、Z 中由 G17/G18/G19 平面选定的两个坐标为螺旋线投影圆弧的终点，意义同圆弧进给，第 3 坐标是与选定平面相垂直的轴终点。其余参数的意义同圆弧插补。

② 该指令是在圆弧插补指令上简单地叠加圆弧插补轴之外的一个轴的移动命令。速度指令通过参数 No. 1403#5 的设定，可以选择以圆弧的切线速度来指定，或选择以包含直线轴的切线速度来指定，如图 3-25 所示。

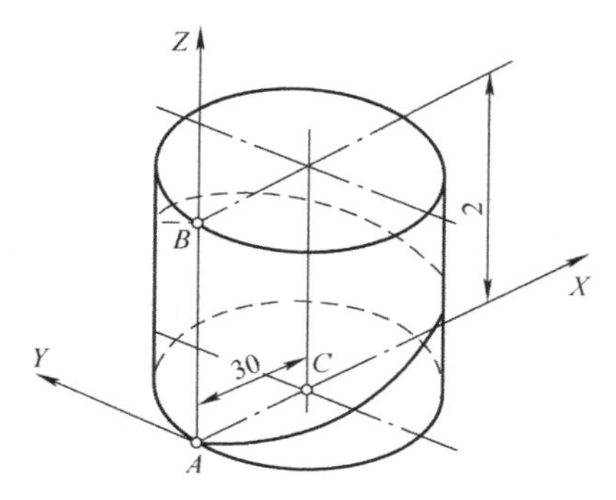


图 3-24　螺旋插补

a. 当 No. 1403#5 =0 时，F 指定沿圆弧的进给速度。因此，线性轴的进给值为：

$$F\times\frac{\text{直线轴的长度}}{\text{圆弧的长度}}$$

b. 当 No. 1403#5 =1 时，F 指定包括直线轴的沿着刀具路径的进给速度。因此，圆弧的切线速度为：

$$F\times\frac{\text{圆弧的弧长}}{\sqrt{(\text{圆弧弧长})^2+(\text{直线轴长})^2}}$$

直线轴的速度为：

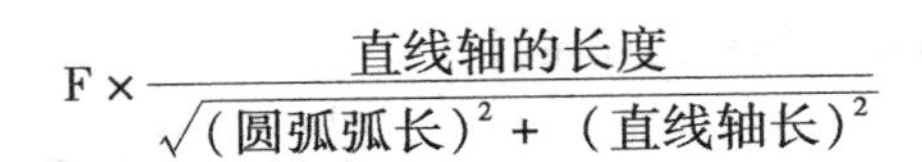

$$F \times \frac{\text{直线轴的长度}}{\sqrt{(\text{圆弧弧长})^2 + (\text{直线轴长})^2}}$$

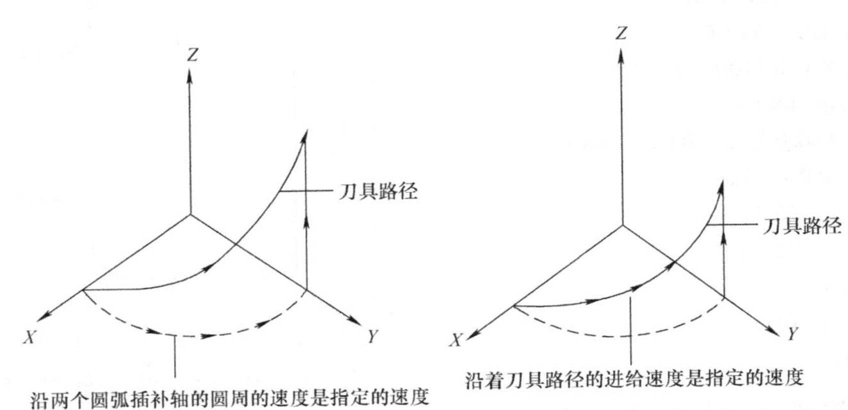


图 3-25　螺旋插补时的进给速度

③ 该指令对另一个不在圆弧平面上的坐标轴施加运动指令，对于任何圆心角小于或等于360°的圆弧，可附加任一数值的单轴指令。

④ 在螺旋插补方式中，刀具半径补偿仅应用于圆弧。

⑤ 在指定螺旋插补的程序段中，不能指定刀具位置偏置和刀具长度补偿功能。

因此，在图 3-24 中，从 *B* 点螺旋下刀到 *A* 点的程序为：

G02（X0 Y0）Z0 I30. F200；

## 3.6.5　暂停指令 G04

指令格式：

G04 P __；
G04 X __；
G04；

说明：程序执行到 G04 时，各轴的进给运动停止，主轴不停，不改变当前的模态 G 指令和保持的数据、状态，延时给定的时间后，再执行下一个程序段。

程序延时一般用于以下几种情况：

① 钻孔加工到达孔底部时，设置延时时间，以保证孔底的钻孔质量和位置度。当用 G04 命令执行停止时，在孔底部的位置，如果切削刀具与工件保持长时间的接触，将会缩短刀尖的寿命，同时也会给加工精度造成不利影响，如镗孔和锪孔时。

停留周期是主轴大约旋转一周所需的时间或稍长。

② 钻孔加工中途退刀后，设置延时时间，随着切削液的流入，以保证孔内的切屑充分排出。

③ 其他情况下设置延时，如自动棒料送料器送料时延时，以保证送料到位。

G04 为 00 组非模态 G 指令；G04 延时时间由指令字 P __或 X __指定，P、X 指令范围为 0.001 ~ 99999.999s。指令字 P __的时间单位为 0.001s，不能使用小数点编程；指令字 X __的时间单位为 s，可以使用小数点编程。如果需要暂停 1.5s，可以有如下编程方法，使用时任选一种即可：

G04 X1.5； = G04 X1500； = G04 P1500；

**注意：**

① 当P、X未输入或P、X指定负值时，表示程序段间准确停，想要运行下面的程序，请按“循环启动”键。

② P、X在同一程序段，P有效。

③ G04指令执行中，进行进给保持的操作，当前延时的时间要执行完毕后方可暂停。

④ G04指令单程序段编写。

## 3.7　刀具长度补偿和对刀指令的使用方法详解

加工中心和数控铣床的最大区别就是有刀库和自动换刀装置。在数控铣床上，如果零件的加工工序很多，所用刀具也较多，需要中断程序进行人工换刀。如果使用加工中心，可以完成自动换刀，提高了生产效率，也减少了人为更换刀具带来的误差。

在加工中心自动换刀过程中，还会遇到这样的问题：由于各种刀具的规格不同，装刀时伸出的长度不同，工件装夹的高低不同，工件上又有高低不同的位置需要加工，各个坐标系的零点也不相同……在加工时，如果不考虑刀具长度因素，就会出现刀具运动到相同 *Z* 坐标位置时，刀尖点位置不同。如图3-26所示，同样运动至Z50.0的位置，T01和T02的刀尖相差其刀具长度的差值。当加工中因刀具磨损、重磨、重磨后再次安装时伸出弹簧夹头的长短不同、换新的刀具或需要调整 *Z* 向尺寸，使刀具长度发生变化时，可以不必修改程序中的坐标值，只需要修改长度补偿值就行了。这样，编程员在编写程序时，就可以不必考虑刀具的长度了，只需考虑刀尖的位置就行了。

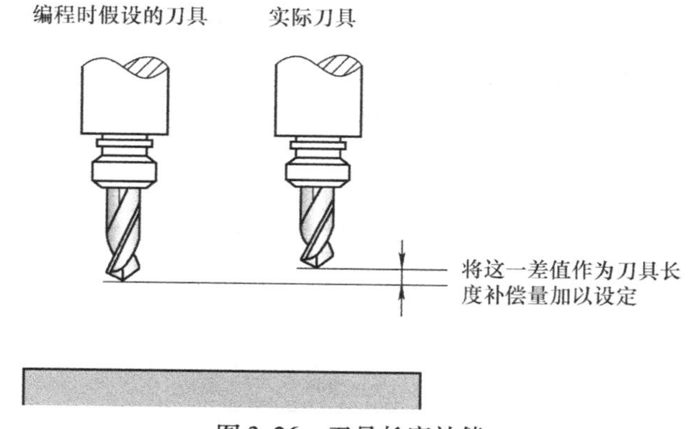


图3-26　刀具长度补偿

刀具长度补偿的实质是，将 *Z* 轴运动的终点朝正向或负向偏移一段距离，这段距离等于H指令的补偿番号中寄存的补偿值。可以用下面的公式表示：

*Z* 轴实际位置＝程序中的给定值±补偿值

### 3.7.1　建立刀具长度补偿指令G43、G44

指令格式：

$$(G17)\begin{cases}G00\\G01\end{cases}\begin{cases}G43\\G44\end{cases} Z\_\ H\_\ (F\_);$$

说明：

① G43指令实现刀具长度正补偿；G44指令实现刀具长度负补偿，两者都是模态G代码。

从使用习惯考虑，G43 比 G44 常用，有些面板甚至规定用 G43 而不用 G44。

例如，在平面上钻一个深 10mm 的孔，钻完之后测量，发现只有 9mm 深。如果用的是 G43 指令，需要把这把刀具的形状（H）或磨损/磨耗（H）向 Z 轴负方向调 1mm，“-1.”、[+输入]；如果用的是 G44 指令，则需要把这把刀具的形状（H）或磨损/磨耗（H）向 Z 轴正方向调 1mm，“1.”、[+输入]。而用 G43 指令更符合人们的思维习惯，少钻 1mm，再向下钻 1mm 就行了。

② 在 Z 向运动中建立刀具长度补偿，必须使用一条 Z 向移动指令引导。如编写“（G17） G00 G43 X __ H __;”或“（G17） G00 G43 Y __ H __;”这样的指令，机床会产生报警。

③ 刀具长度补偿番号：由 H 后加 1~3 位数字表示，用于指明刀具长度偏置寄存器的地址，值为 H01~H400。寄存器中的数据为刀具 Z 向偏移量，即补偿量。如编写 H05，调用的就是 05 号番号中形状（H）和磨损/磨耗（H）中两者的数据的和。H01~H09 可以省略写成 H1~H9。

调用补偿番号时，通常一把刀具匹配一个与其刀具号相同的刀具长度补偿番号，以便记忆。如刀具为 T15，就用 H15 作为其长度补偿番号。

H00 意味着取消刀具长度补偿。

④ 在工厂里，一般常用的指令组合为“（G17） G00 G43 Z __ H __;”，较少使用其他三种组合。

⑤ 由于在建立刀具长度补偿的过程中，刀具会沿 Z 轴产生移动，为了避免在此过程中刀具与工件或夹具碰撞，必须保证在安全高度上建立刀具长度补偿。

⑥ 如果在 G43 或 G44 指令后，没有长度补偿番号为非 H00 的 H 代码，则机床读不到这把刀具对应的长度补偿值。

⑦ 使用 G43、G44 时，无论 Z 值是绝对编程 G90 还是增量编程 G91，程序中指定的 Z 轴移动位置的终点坐标值，都要与 H 代码指定的长度补偿寄存器中的偏移量进行运算。

有人问，G43 指令是不是让刀具向 +Z 方向移动，G44 指令是不是让刀具向 -Z 方向移动？举个例子，见表 3-6。

表 3-6 刀具长度补偿举例

| 番号 | 形状（H） | 磨损/磨耗（H） |
|---|---|---|
| 001 | -177.453 | 3.400 |
| 002 | 206.847 | -1.520 |
| 003 | -125.895 | 3.500 |

当分别执行了“G00 G43 H01 Z80.;”“G00 G44 H02 Z70.;”“G00 G43 H03 Z60.;”这三段指令后，机床运动到的 Z 轴实际位置分别是 Z-94.053，Z-135.327，Z-62.395。

很显然，当执行 G43 时，Z 轴实际位置 = 程序中的给定值 + 补偿值；当执行 G44 时，Z 轴实际位置 = 程序中的给定值 - 补偿值。补偿值为同一番号里，形状（H）和磨损/磨耗（H）两者的数据之和。即 G43 为 + 补偿值，G44 为 - 补偿值。

可见，在指令别的偏置番号时，只有新的刀具长度补偿量发生变化，并非在原来的刀具长度补偿量上叠加了新的刀具长度补偿量。

### 3.7.2 取消刀具长度补偿指令 G49

指令格式：

$$(G17)\begin{cases}G00\\G01\end{cases} G49\ Z\_\_\ (F\_\_);$$

说明：

① 和建立刀具长度补偿的过程一样，取消的过程也要伴随 *Z* 轴的移动。

② 取消刀具长度补偿时，不用添加长度补偿号。

③ 建立刀具长度补偿号为 H00 的补偿时，也意味着取消刀具长度补偿值。例如："G00 G43 H00 Z60.;"或"G00 G44 H00 Z90.;"。

④ 在取消刀具长度补偿的过程中，刀具也会沿 *Z* 轴产生移动，有可能会出现和建立刀具长度补偿时刀具与工件或夹具碰撞的可能。因此，必须保证在安全高度上取消刀具长度补偿。

⑤ 在刀具长度补偿下指令了 G53、G28、G30 时，暂时取消刀具长度补偿矢量。但是，屏幕上仍然显示先前保持的 G43 或 G44，而不转变为 G49。在刀具长度补偿下指令了 G28、G30，不在中间点取消刀具长度补偿，在参考点取消。

因为加工中心的刀具在加工完一个工序后，要返回参考点换刀，就要用到 G28 或 G30 指令，所以，G49 的应用不是非常多见。

## 3.7.3　对刀

介绍完坐标系和刀具长度补偿后，就该介绍对刀了。对刀是重点，也是难点。对刀的方式多种多样，手段灵活多变。

数控程序一般按工件坐标系编程，对刀的过程就是建立工件坐标系与机床坐标系之间位置关系的过程。在铣床及加工中心上，常见的是将工件上表面对称中心点、四角或重要内孔/凸台的圆心设为工件坐标系原点。通过对刀，计算出工件原点在机床坐标系中的坐标，并将此值输入到相应的坐标系中。

### 1. *X*、*Y* 轴对刀

*X*、*Y* 轴对刀选用的工具一般为检验棒、塞尺、立铣刀、偏心式寻边器、光电式寻边器、游标卡尺、千分尺、杠杆指示表、指示表等。偏心式寻边器和光电式寻边器如图 3-27 所示。

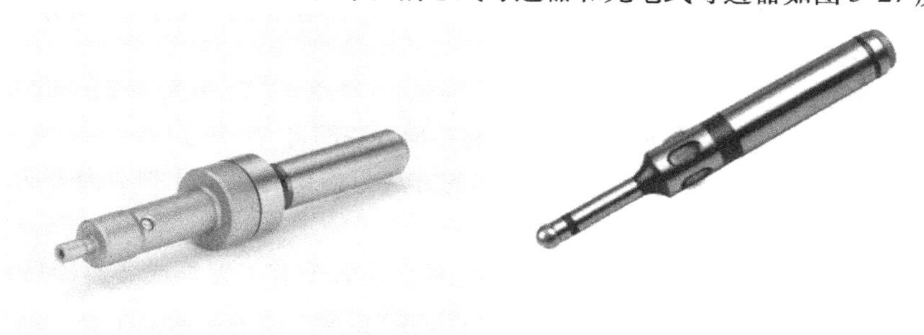

图 3-27　偏心式寻边器和光电式寻边器

寻边器由固定端和测量端两部分组成。固定端由弹簧夹头夹持在机床主轴上，中心线与主轴轴线重合。图示偏心式寻边器的测量端，上部分是 $\phi$10mm，下部分是 $\phi$4mm。测量时，在 MDI 方式下，让主轴以 400～500r/min 的转速旋转，如果转速过高，离心力很大，连接固定端和测量端内部的弹簧会被甩坏。通过 手动 、 手轮 方式，使寻边器向工件基准面移动靠近，让测量端接触基准面。在测量端未接触工件时，固定端与测量端的中心线不重合，两者呈偏心状态。

当测量端与工件接触后，偏心距减小，这时使用[手轮]方式微调进给，一格一格地摇动手轮，使寻边器继续向工件移动，偏心距逐渐减小。当测量端和固定端的中心线重合的瞬间，从垂直于轴线的两个相互垂直的方向看过去，测量端会出现明显的偏心状态。这时主轴中心位置距离工件基准面的距离等于测量端的半径，记下此时的机床坐标值。

使用光电式寻边器测量时，在[MDI]方式下，让主轴以400～500r/min的转速旋转，通过[手动]、[手轮]方式，当寻边器前端直径为$S\phi10$mm的球头靠近工件时，使用[手轮]方式微调进给，一格一格地摇动手轮，当寻边器的氖管刚发出红光时停止摇动，此时光电式寻边器正好与工件接触，记下此时的机床坐标值。

**注意：**

①球头直径是10mm，必须在工件被测平面以下至少5mm处测量，一般为6～8mm；②在退出寻边器时要注意方向，以免损坏寻边器；③使用光电式寻边器对刀时，工件必须是金属等导电材料，并将工件的各个侧面擦拭干净，不要粘有异物或微尘，以免影响导电性。

也可以使用检验棒+塞尺，检验棒+塞尺+游标卡尺/千分尺、光电式寻边器/偏心式寻边器+游标卡尺/千分尺等方式组合起来使用，以上适合侧面较光滑或精加工过的工件的对刀。毛坯可以用立铣刀试切，或立铣刀试切+游标卡尺的方法对刀。使用塞尺对刀时，要**注意塞尺和检验棒的松紧度**，以塞入后拉出来阻力适合为宜。

(1) 矩形工件的四面/两面分中对刀法

如图3-28所示，四面分中对刀采用的可以是以上单一工具或几种工具的组合。

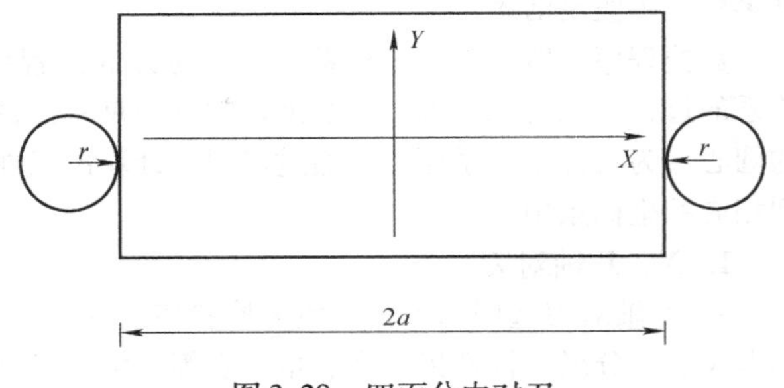

图3-28 四面分中对刀

设寻边器测量端或刀具的半径为$r$，对刀时将工件坐标系原点到工件$X$方向左侧面的位置记为$X_{左}$，到工件$X$方向右侧面的位置记为$X_{右}$，则$X_{中}=(X_{左}+X_{右})/2$。对刀在工件两端侧面时的主轴中心位置，在左侧面时相对工件坐标系原点$X$方向的坐标为$X_{左}-r$，在右侧面时为$X_{右}+r$，$X_{中}=(X_{左}-r+X_{右}+r)/2=(X_{左}+X_{右})/2$，即与寻边器测量端或刀具的半径$r$值无关。采用以下4种方法中的一种方法即可。

① 利用机械坐标值分中对刀（这是最基本的方法，如果对以下3种对刀方法理解不够，请掌握此方法）。

采用此方法对刀时，先开机回零，装夹好工件，主轴安装了刀具或寻边器后，在[MDI]方式下使主轴以一个合理的转速旋转，转到[手动]或[手轮]方式，从多个角度观察，使刀具或寻边器靠近工件，在[手轮]方式下以较低的倍率靠近工件左边，直至刀具或寻边器刚刚接触到工件。然后按[POS]键多次或按[POS]键后按[综合]软键，直至出现图3-29所示的界面，最好在纸上记下此时$X$轴的机械坐标值，此时$X$轴可以移动，然后抬刀；对工件右边进行同样的操作。

计算$X_{中}=(X_{左}+X_{右})/2=(-455.247\text{mm}-350.423\text{mm})/2=-402.835\text{mm}$，抬刀，用[手动]或[手轮]方式选择较快的移动速度，最后用[手轮]方式以×0.001的倍率移动机床至机械坐标X-402.835的位置上，按[OFS/SET]键，按“[坐标系]”软键，按[↑]、[↓]、[←]、[→]键找到对此

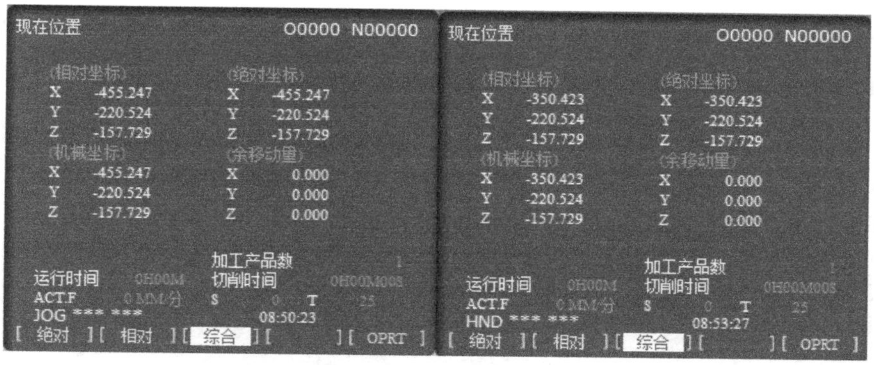

图 3-29　对刀操作时的位置界面

工件设定的坐标系的 $X$ 轴位置上，比如为 G54 坐标系，键入“X0”，按[测量] 软键，则 G54 坐标系 $X$ 轴坐标值显示为“X－402. 835”，如图 3-30 所示。这样，$X$ 轴就对好了。键入“X0”的含义是把当前位置作为指定坐标系的零点。

或者在对好 $X_{左}$ 和 $X_{右}$ 后，计算出 $X_{中}$ 的机械坐标值，单击 OFS/SET 键，单击[坐标系] 软键，按 ↑、↓、←、→ 按键找到对此工件设定的坐标系的 $X$ 轴的位置上，例如为 G54 坐标系，键入“－402. 835”，按 INPUT 键或[输入] 软键即可，则 G54 坐标系 $X$ 轴坐标值显示为“X－402. 835”，如图 3-30 所示。这么操作，$X$ 轴可以在任何位置上。

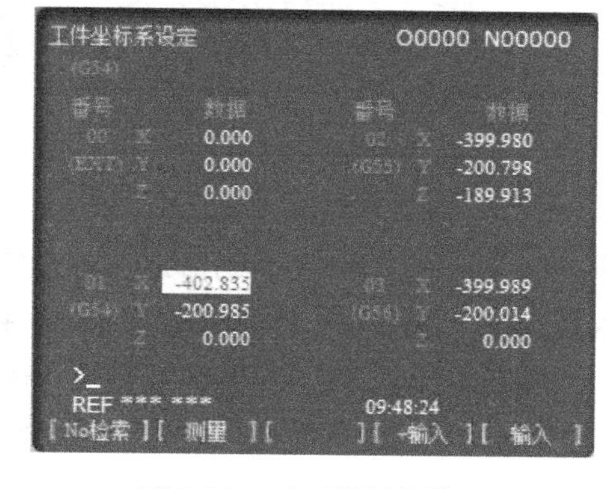


图 3-30　对刀数据的输入

显然，后者更为简便一些，不需要通过 手动 或 手轮 方式移动刀具到指定的位置上，节省了时间。

② 利用相对坐标对刀。把立铣刀或寻边器对在工件左边时，保持 $X$ 轴位置不变，抬刀，然后按 POS 键多次或按 POS 键后，按[相对] 软键，按下“X”键，屏幕上的“X”会闪烁，按下[起源（ORIGIN)] 软键，这样就清零了 $X$ 轴的相对坐标；对右边后，保持 $X$ 轴位置不变，抬刀。清零相对坐标对刀的界面如图 3-31 所示。

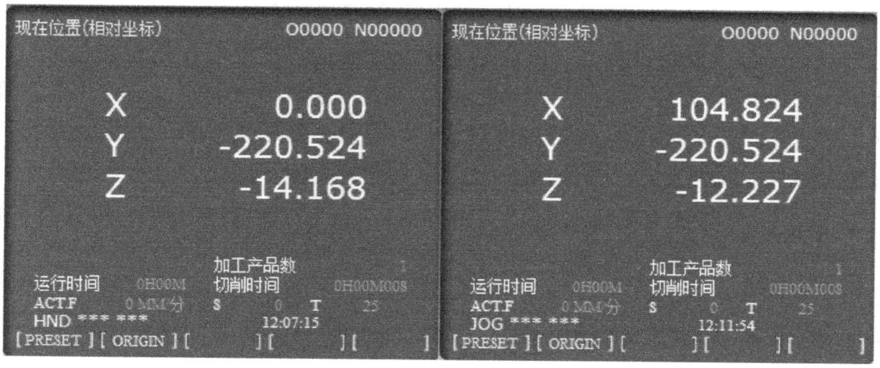

图 3-31　清零相对坐标对刀的界面

算出中间点的相对坐标位置为 X52.412，用手动或手轮方式选择较快的移动速度，最后用手轮方式以 ×0.001 的倍率移动机床至相对坐标 X52.412 的位置上，按OFS/SET键，按[坐标系] 软键，按↑、↓、←、→键找到对此工件设定的坐标系的 $X$ 轴位置上，例如为 G54 坐标系，输入“X0”，按下[测量] 软键，则 G54 坐标系 $X$ 轴坐标值显示为“X－402.835”。这样，$X$ 轴就对好了。对刀数据的输入如图 3-32 所示。

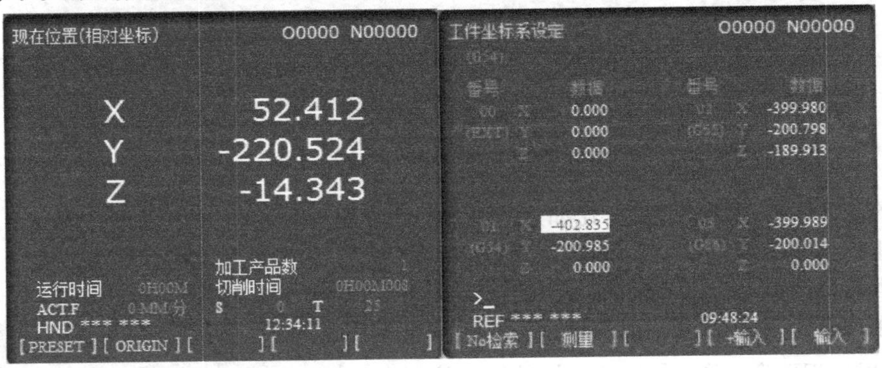

图 3-32 对刀数据的输入

或者在清零 $X_{左}$，对好 $X_{右}$，计算好 $X_{中}$ 后，抬刀，按OFS/SET键，按[坐标系] 软键，按↑、↓、←、→键找到对此工件设定的坐标系的 $X$ 轴位置上，例如为 G54 坐标系，输入“X52.412”，按[测量] 键即可，则 G54 坐标系 $X$ 轴坐标值显示为“X－402.835”。如果是清零 $X_{右}$，对好 $X_{左}$ 后，键入“X－52.412”，按[测量] 软键。

显然，后者更为简便一些，不需要通过手动和手轮方式移动刀具到指定的位置上，节省了时间。

很多人在 $X$、$Y$ 轴对刀时，都是一味地通过手动和手轮方式移动刀具到工件的对称中心后，才告诉机床该位置是工件坐标系的“X0”“Y0”。要知道，移动机床到一个精确的位置上，最后需要小心地摇动手轮，需要花费较长的时间。现在换一种思维，既然能告诉机床，工件的对称中心是工件坐标系的“X0”；那么同理也能告诉机床，相对于对称中心，工件的右边是“X52.412”。道理一样，但效率不同。

但是，以上 2 种或者说是 4 种对刀方法，采用的都是四面分中，$+X$、$-X$、$+Y$、$-Y$，4 个方向都要对刀，一个都不能少，都要仔细观察寻边器偏心的程度或氖管是否亮起了红灯，或立铣刀是否刮起了一层细细的切屑，或感知塞尺松紧程度是否合适等，对 4 个面分中，这样需要花费较长的时间。如果能借助测量工具对刀，两面分中，可以达到事半功倍的效果。否则，在你还没对好四个面里的两个面的时候，人家把数值已经填入坐标系里了。

③ 借助测量工具两面分中快速对刀。把偏心式寻边器下端 $\phi$4mm 测量端对在工件左边时，保持 $X$ 轴位置不变，抬刀，停主轴，用游标卡尺或千分尺测量工件 $X$ 向长度，为 100.82mm，则寻边器中心距离工件中心的距离为 (4mm＋100.82mm)/2＝52.41mm，寻边器中心相对工件对称中心 $X$ 轴的坐标值为 X－52.41。按OFS/SET键，按“[坐标系]”软键，按↑、↓、←、→键找到对此工件设定的坐标系的 $X$ 轴位置上，例如为 G54 坐标系，输入“X－52.41”，按

[测量] 软键即可，则 G54 坐标系 X 轴坐标值显示为 “X－402.837”。同理，如果把寻边器对在了工件的右边，键入 G54 坐标系的就变为 “X52.41”，按[测量] 软键，则 G54 坐标系 X 轴坐标值显示为 “X－402.833”。这样，一个坐标轴只需对一个边就可以了。

由于用游标卡尺和寻边器测量工件时的误差，游标卡尺测量到工件长度为 100.80mm 或 100.84mm 也是可能的。如果用偏心式寻边器下端 $\phi$10mm 测量端、检验棒＋塞尺、立铣刀、光电式寻边器对刀，则刀具中心到工件边缘的距离据实际情况改一下数值就行了。

上述三种方法中，Y 轴对刀方法同 X 轴；先对右边还是先对左边，先对后边还是先对前边，方法都一样，输入数值的符号改变一下就行了，不再赘述。

④ 利用系统变量或 G10 指令对刀。通过系统变量也可以对工件四面分中，而且不需要人工计算，只需要编写一段简短的程序。关于系统变量，可以参考第 5 章用户宏程序中的相关介绍。

如果是采用自动测量装置，可以用 G31 跳过功能编写类似下面的程序。其中，#5061～#5065 对应第 1～5 轴的坐标值。具体请参考 FANUC 说明书。

```
O0042;
N1 #1 = #5021;              读取第一轴(X轴)当前位置的机械坐标值
M05;
M00;
N2 #2 = #5021;
N3 #5221 = [#1 + #2]/2;     G54 坐标系第一轴(X轴)工件原点偏置量
M05;
M00;
N4 #3 = #5022;              读取第二轴(Y轴)当前位置的机械坐标值
M05;
M00;
N5 #4 = #5022;
N6 #5222 = [#3 + #4]/2;     G54 坐标系第二轴(Y轴)工件原点偏置量
M30;
```

步骤：安装寻边器后，在[MDI]方式下以一个合理的转速转动主轴，以[手动]、[手轮]方式移动刀具，对刀在 ＋X/－X 轴后，保持 X 轴位置不变，抬刀，转到[自动]连续方式运行 N1，至 M00 时程序停止；转到[手动]、[手轮]方式起动主轴并移动寻边器，对刀在－X/＋X 轴后，保持 X 轴位置不变，抬刀，转到[自动]方式，运行 N2、N3 至 M00，此时，工件 X 轴方向的中心已被程序自动计算出来，并把结果赋值给 G54 工件坐标系的 X 轴；对 Y 轴同样操作。

如果需要对其他坐标系进行对刀，只需把 N3、N6 程序段的系统变量进行修改即可。坐标系和相应系统变量的对照见表 3-7。

**表 3-7　坐标系和相应系统变量的对照**

| 坐标系 | 系统变量 | |
|---|---|---|
| | X 轴 | Y 轴 |
| G54 | 5221 | 5222 |
| G55 | 5241 | 5242 |
| G56 | 5261 | 5262 |

（续）

| 坐标系 | 系统变量 | |
|---|---|---|
| | X 轴 | Y 轴 |
| G57 | 5281 | 5282 |
| G58 | 5301 | 5302 |
| G59 | 5321 | 5322 |
| G54.1 P1<br>G54.1 P2<br>……<br>G54.1 P48 | 7001<br>7021<br>……<br>7941 | 7002<br>7022<br>……<br>7942 |

也可以采用 G10 指令达到类似的目的，程序如下：

```
O0044;
N1 #1 = #5021;                    读取第一轴(X 轴)当前位置的机械坐标值
M05;
M00;
N2 #2 = #5021;
N3 #3 = [#1 + #2]/2;
M05;
M00;
N4 #4 = #5022;                    读取第二轴(Y 轴)当前位置的机械坐标值
M05;
M00;
N5 #5 = #5022;
N6 #6 = [#4 + #5]/2;
G90 G10 L2 P1~6 X#3 Y#6;          对应 G54~G59 坐标系(或 G90 G10 L20 P1~48 X#3 Y#6;对应 G54.1
                                  P1~G54.1 P48 坐标系)
M30;
```

操作步骤同上。

除四面分中外，如果需要把工件坐标系原点设定在工件 4 个角中的某一个角上，可以把寻边器分别对在 X、Y 轴相应的某两个边上，抬刀，按 OFS/SET 键，按［坐标系］软键，按 ↑、↓、←、→键找到对此工件设定的坐标系的 X、Y 轴的位置上，例如为 G54 坐标系，分别键入“X ±r”、“Y ±r”，按［测量］软键即可。r 值为刀具中心到工件边缘的距离。

用寻边器对刀适合已经加工过的侧面；和测量工具合用的对刀方法，适合已经加工过的侧面或毛坯。

（2）圆形工件的对刀法　圆形工件也可以采用上述方法对刀。不过要**注意：对 X 轴时 Y 轴不要移动，对 Y 轴时 X 轴不要移动，并尽量在圆的直径方向上对刀。**对已精加工过的内孔可以按以下方法精确对刀。

在某一些工件或夹具上，上面已经加工出较大的孔，或圆柱凸台，或夹具上已有用于定位的圆台、圆柱，需要以孔或圆柱的中心作为工件坐标系 X、Y 轴的坐标原点，可以用指示表或杠杆指示表对刀。对刀方法如下：

1）把指示表安装在磁性表座上，再将磁性表座吸附在机床主轴上；或把磁性表座的调整支架焊接在废旧的刀柄下端，安装上指示表，再把磁性表座吸附在机床主轴上。调整好测量头的角度后，用手拨动主轴旋转，或使主轴低速旋转。

2）轻轻摇动手轮，使表头逐渐靠近孔壁或圆柱面，保持一定的压缩量。

3）使用小进给倍率摇动手轮，小心逐步调整到使主轴旋转一周时，表针的跳动量在允许的范围内，如0.01～0.02mm，此时可以认为主轴的旋转中心和工件孔或圆柱的中心重合。

4）停主轴，沿 $Z$ 轴正方向移出指示表，按 OFS/SET 键，按［坐标系］软键，按 ↑、↓、←、→ 键找到对此工件设定的坐标系的 $X$、$Y$ 轴的位置上，例如为 G54 坐标系，分别输入“X0”“Y0”，按［测量］软键即可。

**【例3-11】** 如图3-33所示的工件，加工背面时已加工好 $\phi$16H7 和 $\phi$30H6 两个孔，根据工艺要求，加工正面时常采用“一面两孔”定位，在夹具上安装 $\phi$30h6、$\phi$16h6 的圆柱销和支承板定位，然后用压板压紧。但有时批量较小或批量较小且几个品类的孔中心距不等时，采用一面一孔定位。把磁性表座吸附在机床主轴上，调整指示表对在夹具上的 $\phi$30h6 的圆柱销，使指针跳动量在0.01～0.02mm，把值输入坐标系。

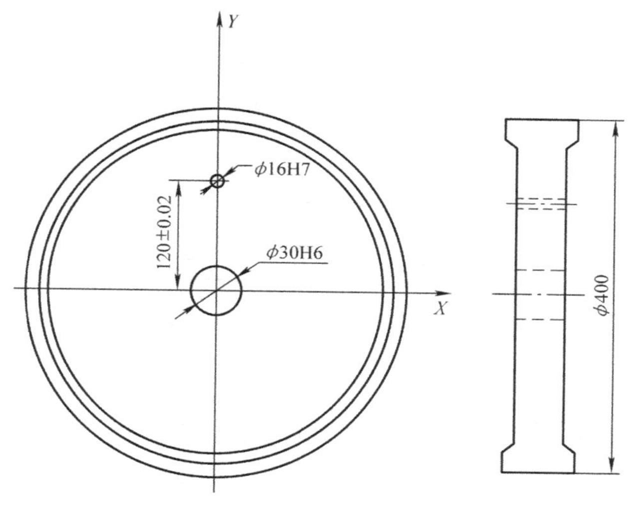


图3-33 圆形工件的对刀示例

安装工件，使 $\phi$16H7 孔大致在 $+Y$ 向，夹紧工件前编几段程序，程序如下：

```
G91 G30 Z0 T15;              T15 为 φ16H7 铰刀
M06;
G00 G90 G58 X0 Y120. T__;    移动到 φ16H7 孔上方，准备程序中的第 1 把刀
G43 H15 Z50.;                和工件保持一定的安全距离
M00;                         转为 手轮 方式，等到距离工件很近时，多角度观察，转动工件使刀缓
                             慢进入孔内，按住并压紧工件后抬刀，转为 自动 方式
G91 G30 Z0;
……（正常加工程序）
```

则此时，由 $\phi$30H6 孔心指向 $\phi$16H7 孔心的方向即被设置为 $+Y$ 向。

### 2. Z 轴对刀

$Z$ 轴对刀更关系到机床的安全！如果 $X$、$Y$ 轴对刀出现了少许偏差，刀具损坏的可能性还会

小一些，如果 Z 轴对刀错误，产生严重碰撞的可能性非常大。所以，在进行 Z 轴对刀时请务必仔细阅读以下内容，透彻理解，并小心操作！

Z 轴可以采用刀具试切、刀具 + 塞尺/刀柄、Z 轴设定器等工具对刀。如用刀柄，最好是硬质合金刀具的刀柄，其径向尺寸公差小。试切用于粗略对刀。

由于刀具长度补偿往往用于在换刀时保证不同刀具在工件坐标系中具有相同的 Z 向基准，因此，刀具长度补偿值的确定与机床的对刀方法有关。根据工件坐标系 G54 ~ G59 或 G54.1 P1 ~ G54.1 P48 中 Z 向偏置值设定的不同，Z 轴对刀可采用以下三种方法。

（1）方法一　工件坐标系 G54 ~ G59 或 G54.1 P1 ~ G54.1 P48 中 Z 向偏置值设定为 0，即 Z 向的工件坐标系原点与机床原点重合。

这是一般规模生产的工厂里最常用的对刀方法，没有基准刀具，请掌握。如图 3-34 所示，补偿量就是实际移动量。

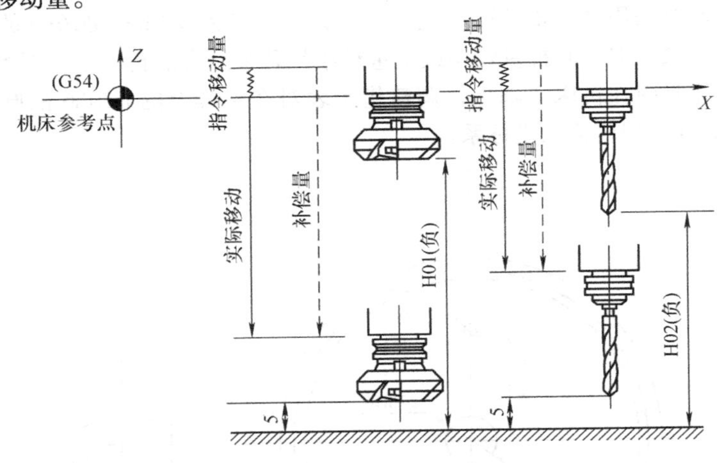


图 3-34　刀具长度补偿量的测量方法一

操作步骤如下：

① 开机回零后，在[手动]或[MDI]方式下把刀具安装到主轴上，如果采用试切对刀，可以让主轴以一个合理的速度正转；如果用刀具 + 塞尺/刀柄、Z 轴设定器对刀，则不需要转动主轴。

② 使刀具靠近工件，如果是毛坯面，可以先用面铣刀轻轻扫一刀，有一个基准，以确保每一把刀具都对在相同的 Z 平面上。

如果采用试切对刀，应一边用手摇动手轮，一边低头观察刀具的虚影和工件之间的间隙，在离工件很近的地方，用 ×0.01 或 ×0.001 的倍率小心摇动，直到产生轻微切屑或有划痕。

如果是用刀具 + 塞尺对刀，**注意塞尺的松紧程度是否合适。**

如果是用刀具 + 刀柄对刀，**注意刀柄在工件平面和刀具之间来回移动时不要向下移动 Z 轴，**以免刀具崩刃。应该在 Z 轴向下移动之后，再来回移动刀柄，以感知刀柄是否能通过该间隙。

如果用 50mm 或 100mm 规格的 Z 轴设定器对刀，首先要对 Z 轴设定器进行归零操作。先将平面量块置放在标准面上，压平，转动设定器上的指示表，使指针归零，然后移开量块。把设定器的磁性底座吸附在已经装夹好的工件表面上。移动刀具，在接近设定器时选用[手轮]方式慢速移动刀具，使指针指到零位，此时刀具距离工件上表面 50mm。但是，如果刀具很长，或工件很高，或刀具很长且工件很高，就不适合用 Z 轴设定器对刀。Z 轴设定器如图 3-35 所示。

③ 按[POS]键多次或按[POS]键后按［综合］软键，直至出现综合坐标界面，记下此时的“机

械坐标”中 $Z$ 轴的数值。此时，刀具沿 $Z$ 轴可以移动。

为了避免来回在“坐标系”和 POS 之间切换界面翻看并记忆对刀时的机械坐标值带来的麻烦，可以在 $Z$ 轴归零后，按 POS 键，按[相对] 软键，按下“Z”键，屏幕上的“Z”会闪烁，按下“ORIGIN”（起源）软键，这样就清零了 $Z$ 轴的相对坐标。装刀对刀时，用此方法，$Z$ 轴也可以移动，但刀具脱离工件，移动 $X$、$Y$ 轴后，刀具仍要移回到原来的 $Z$ 轴位置上。

④ 按 OFS/SET 键，按[坐标系] 软键，按 ↑、↓、←、→ 键找到对此工件设定的坐标系的 $Z$ 轴的位置上，例如为 G54 坐标系。

图 3-35 $Z$ 轴设定器

如果想把此平面作为工件坐标系的 Z0 平面，可以按下“0”，然后按 INPUT 键或[输入] 软键。

如果在上述步骤②扫一刀之后，对工件进行了高度测量，发现比预想的高了 1.5mm，那么对刀的平面就是 Z1.500 平面，按下“ -1.5”，然后按 INPUT 键或[输入] 软键或[ +输入] 软键。

这一步也可以在步骤②扫一刀之后，对工件进行了高度测量之后进行。

⑤ 按 OFS/SET 键，按[补正] 软键，按 ↑、↓、←、→ 键或按下此刀具长度补偿对应番号的数字，如“H120”，则按下“120”，按[No. 检索] 软键，找到“形状（H）”。

把刚才对刀时记住的 $Z$ 轴的机械坐标值填入，例如为“Z -123.456”，按下“ -123.456”，然后按 INPUT 键或[输入] 软键就行了。

如果用清零相对坐标的 $Z$ 值的方法对刀，则按下“Z”，然后按下[C. 输入] 软键。则此位置时的 $Z$ 轴的相对坐标值被直接填入“形状（H）”中。

⑥ 如果是用刀具 + 塞尺对刀，比如塞尺厚度为 1.00mm，执行步骤⑤后，按“ -1.”，按下[ +输入] 软键。

如果是用刀具 + 刀柄对刀，比如刀柄直径为 10mm，执行步骤⑤后，按“ -10.”，按下[ +输入]软键。

如果用 50mm 或 100mm 规格的 $Z$ 轴设定器对刀，执行步骤⑤后，按“ -50.”或“ -100.”，按下[ +输入] 软键。

⑦ 以上对刀方法用“G00 G43 H __ Z __;”来调用。

如果用“G00 G44 H __ Z __;”来调用的话，请按照以下方法操作。

重复以上① ~ ④步骤后，然后把刚才对刀时记住的 $Z$ 轴的机械坐标值的相反数填入，例如为“Z -123.456”，则按下“123.456”，然后按 INPUT 键或[输入] 软键就行了。

如果用清零相对坐标 $Z$ 值的方法对刀，记住对刀时的 $Z$ 轴的相对坐标值，然后把这个值的相反数填入。例如相对坐标为“Z -123.456”，则按下“123.456”，然后按 INPUT 键或[输入] 软键，然后根据刀具与工件之间的测量物，再按下述操作就行了。

如果是用刀具 + 塞尺对刀，比如塞尺厚度为 1.00mm，接着按“1.”，按下[ + 输入] 软键。

如果是用刀具 + 刀柄对刀，比如刀柄直径为 10mm，接着按“10.”，按下[ + 输入] 软键。

如果用 50mm 或 100mm 规格的 Z 轴设定器对刀，接着按“50.” 或“100.”，按下[ + 输入] 软键。

⑧ 对其他刀具同样按照以上步骤操作。

(2) 方法二　工件坐标系 G54 ~ G59 或 G54.1 P1 ~ G54.1 P48 中 Z 向偏置值设定为，基准刀具刀位点从机床参考点到工件坐标系原点之间的距离，如图 3-36 中的 A 值。即以基准刀具刀尖中心到与工件上表面重合作为依据建立工件坐标系的 Z 向基准。

该方法为有基准刀具的对刀方法，可以选择掌握。

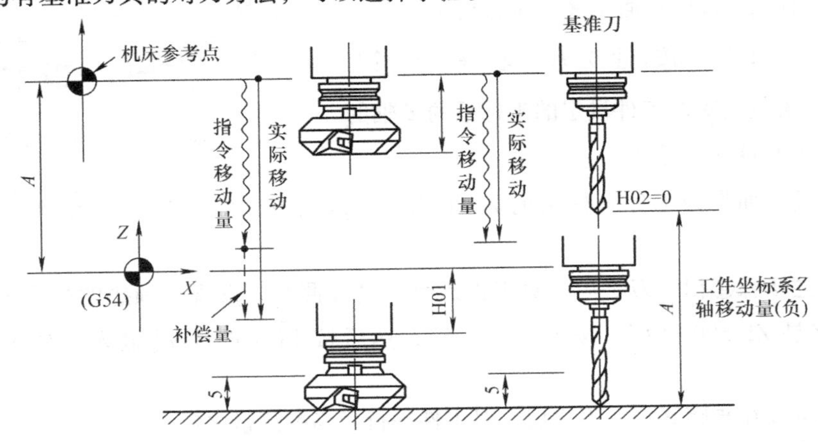


图 3-36　刀具长度补偿量的测量方法二

操作步骤如下：

① 开机回零后，在[手动]或[MDI]方式下把基准刀具安装到主轴上，如果采用试切对刀，可以让主轴以一个合理的速度正转；如果用刀具 + 塞尺/刀柄、Z 轴设定器对刀，则不需要转动主轴。

有基准刀具的对刀方法就要先对基准刀具，基准刀具可以是这些刀具中最长的一把，或是最短的一把，或是其中的任何一把。

② 使刀具靠近工件，如果是毛坯面，可以先用面铣刀轻轻扫一刀，有一个基准，以确保每一把刀具都对在相同的 Z 平面上。

采用刀具试切、刀具 + 塞尺/刀柄、Z 轴设定器等工具对刀，同第一种方法，不要移动刀具。

③ 把基准刀具对在工件的上表面上，按[POS]键，按[相对] 软键。

如果是试切对刀，按下“Z”按键，屏幕上的“Z”会闪烁，按下“ORIGIN”（起源）软键，这样就清零了 Z 轴的相对坐标。

如果刀具下面有塞尺、刀柄或 Z 轴设定器，可以把此时的 Z 的相对坐标值预置为它们的 Z 向尺寸，即与对刀平面之间的距离。在相对坐标画面，按下“Z __”，按下“[预置]”软键，就把相对坐标预置为 Z1.000、Z10.000 或 Z50.000。

④ 按[OFS/SET]键，按[坐标系] 软键，按[↑]、[↓]、[←]、[→]键找到对此工件设定的坐标系的 Z 轴的位置上，例如为 G54 坐标系。

如果是试切对刀，按下“Z0”，按[测量] 软键，则就会把此时的 Z 的机械坐标值作为工件坐标系的Z0位置，Z的机械坐标值就会被填入此坐标系的Z中。

如果刀具下面有塞尺、刀柄或Z轴设定器，可以把此时它们的Z向尺寸作为它们在工件坐标系中的Z轴坐标，例如按下“Z1.”、“Z10.”或“Z50.”，按[测量]软键。

⑤ 按OFS/SET键，按[补正]软键，按↑、↓、←、→键或按下此刀具长度补偿对应番号的数字，如“H120”，则按下“120”，按[No. 检索]软键，找到120番号的“形状(H)”。

如果是试切对刀，按下“Z”，按下[C. 输入]软键，0被填入；或按下“0”，按INPUT键或[输入]软键，清零补偿值。

如果刀具下面有塞尺、刀柄或Z轴设定器，按下“Z”，按下[C. 输入]软键即可。

⑥ 对好了基准刀具之后，抬刀，换上任一把刀具，去对刀。

⑦ 如果是试切对刀，找到此刀具对应番号的“形状(H)”，按下“Z”，按下[C. 输入]软键即可。

如果刀具下面有塞尺、刀柄或Z轴设定器，且两次对刀所用的塞尺厚度、刀柄直径、Z轴设定器尺寸均与基准刀具对刀时所用的一致，按下“Z”，按下[C. 输入]软键即可；如果不一致，例如，基准刀具对刀用的是1.00mm厚度的塞尺，这把刀具对刀时用的是10mm刀柄，也按下“Z”，按下[C. 输入]软键。

⑧ 以上对刀方法用“G00 G43 H __ Z __;”来调用。

如果用“G00 G44 H __ Z __;”来调用的话，请按照以下方法操作。

重复以上①~④步骤后，按OFS/SET按键，按[补正]软键，找到此刀具长度补偿对应番号的形状(H)，不管是试切对刀还是其他方式对刀，把此时相对坐标的Z值的相反数填入。然后换刀，对刀，找到此刀具对应番号的“形状(H)”，把此时相对坐标的Z值的相反数填入。

⑨ 其他刀具的对刀操作同步骤⑥~⑧。

⑩ 按OFS/SET键，按[坐标系]软键，按↑、↓、←、→键找到对此工件设定的坐标系的Z轴的位置上，例如为G54坐标系：如果在上述步骤②扫一刀之后，对工件进行了高度测量，发现比预想的高了1.5mm，那么此对刀的平面就是Z1.500平面，按下“-1.5”，然后按[+输入]软键。

(3) 方法三　工件坐标系G54~G59或G54.1 P1~G54.1 P48中Z向偏置值设定为，从机床参考点到工件坐标系原点之间的Z向距离。

该方法是适合有机外对刀仪的对刀方法，适合工厂化生产时使用，节约了机内对刀的时间，如图3-37所示。

操作步骤如下：

① 先把刀具安装在刀柄上，放置在机外对刀仪的刀座上，用测头接触刀具，数字显示屏上就显示刀具刀头部分的长度L，记下这个数值，比如为82.345mm。

② 使刀具靠近工件，如果是毛坯面，可以先用面铣刀轻轻扫一刀，有一个基准，以确保每一把刀具都对在相同的Z平面上。

③ 按OFS/SET键，按[坐标系]软键，按↑、↓、←、→键找到对此工件设定的坐标系的Z轴的位置上，例如为G54坐标系：

如果是试切，按下“Z82.345”，按[测量]软键。

如果刀具下面有塞尺、刀柄或Z轴设定器，按下“Z82.345”，按[测量]软键，再减去塞尺、刀柄或Z轴设定器的Z向厚度即可，比如厚度为1.00mm、10mm、50mm，则输入“-1.”

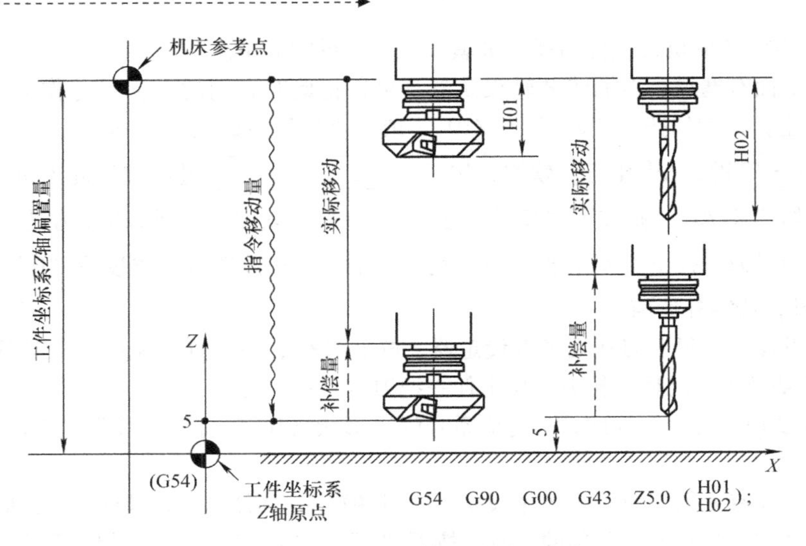


图 3-37 刀具长度补偿量的测量方法三

“-10.”或“-50.”，按下[+输入]软键；或直接输入此刀在对刀仪上测量到的长度加上塞尺、刀柄或 *Z* 轴设定器的 *Z* 向厚度，比如厚度为 1.00mm、10mm 或 50mm，则输入“Z 82.345+1.”“Z 82.345+10.”或“Z 82.345+50.”，即输入“Z83.345”“Z92.345”或“Z132.345”，按[测量]软键。

④ 按 OFS/SET 键，按[补正]键，按 ↑、↓、←、→ 键或按下此刀具长度补偿对应番号的数字，如“H120”，则按下“120”，按[No. 检索]软键，找到120番号的“形状（H）”。

分别找到这把刀具和其他刀具对应长度补偿番号，把它们在机外对刀仪上测量到的刀具长度值分别对应填入。

⑤ 以上对刀方法用“G00 G43 H __ Z __;”来调用。

如果用“G00 G44 H __ Z __;”来调用的话，请按照以下方法操作。

重复①~③步骤后，按 OFS/SET 键，按[补正]软键，分别找到这把刀具和其他刀具对应长度补偿番号，把它们在机外对刀仪上测量到的刀具长度值的相反数分别对应填入。

⑥ 按 OFS/SET 键，按“[坐标系]”键，按 ↑、↓、←、→ 键找到对此工件设定的坐标系的 *Z* 轴的位置上，例如为 G54 坐标系：如果在上述步骤②扫一刀之后，对工件进行了高度测量，发现比预想的高了 1.5mm，按下“-1.5”，然后按[+输入]软键。

以上 *Z* 轴的三种对刀方法是用不同的方法路径达到了相同的结果。

另外，有些编程人员在对刀后不用“G00 G43/G44 H __ Z __;”这样的指令，而是直接编写“G00 Z __;”，用的好像不是以上三种方法中的任一种，他们又是怎么对刀的呢？其实，这种情况多数发生在数控铣床上，即所用刀具较少或所用工件坐标系较少或两者都较少的时候，用的是 *Z* 轴的第二种对刀方法，把每一把刀具都看作是基准刀具，把对刀时产生的 *Z* 轴的机械坐标值直接填入相应坐标系的 *Z* 值里。例如，用三把刀具加工一个工件，可以把每一把刀具都对应一个工件坐标系，只不过这三个工件坐标系的 *X*、*Y* 值是相同的；其余情况下类推，如 3 把刀具，每把刀具都加工 2 个工件，用 2×3=6 个坐标系。

如同数控车床 *Z* 轴的对刀一样，在加工中心的这三种对刀方法中，*Z* 轴也可以不对在一个平面上。例如，某一把镗刀不加工其他刀具所用的对刀平面绝对位置 Z0，可以把这把镗刀对在它所加工的绝对位置Z-5.0上，然后依以上三种Z轴对刀方法去试切对刀，即轻轻接触后输入“Z0”，也即，如果对这把镗刀加工的位置编写的是“Z-6.0”，在该位置就会镗削6mm深，而不是1mm深。但这样对刀在编程时要考虑它和其他刀具的对刀平面之间的距离，以免该刀具在XY平面内移动时产生碰撞！但在多数情况下，刀具都对在工件的最高的一个平面上，可避免交接班者的误操作，也有利于安全生产。

由于对刀时坐标系中设定的Z向偏置值的基准不同，在不同的对刀方法下，取消刀具长度补偿时，机床所移动到的位置的Z轴的机械坐标值是不同的。如果在第三种对刀方法中，取消刀具长度补偿时编写了“G00 G49 Z60.;”，从主轴基准线到刀具刀位点长度大于60mm，而刀具又恰好在工件正上方，则会产生严重的碰撞事故！而用第一种对刀方法时，编写了“G00 G49 Z60.;”，机床就会产生报警信息：Z轴正向超程。因为第一参考点的Z坐标才是工件坐标系的原点Z0，机床想移动到Z60.，当然产生报警了。所以，从安全角度考虑，当刀具加工结束，Z轴脱离工件后，直接编写“G91 G28/G30 Z0;”，返回换刀点就行了，不必编写取消刀具长度补偿的指令，如“G00 G49 Z __;”。所以，如需取消刀具长度补偿，编程时要考虑所采用的对刀方法。

（4）卧式加工中心的对刀方法　卧式4轴加工中心的Z轴对刀，和在立式加工中心的Z轴对刀方法类似。

①和立式加工中心Z轴对刀的方法三类似：可以把所用坐标系的Z轴数据设置为，Z轴返回第一参考点时主轴基准线到第4轴旋转轴线的Z轴距离。该值对于所操作的卧式加工中心来说是常量，但要计算出工作台在不同旋转角度时对应工件上所加工的位置到工作台旋转轴线的Z轴距离，否则会过切或欠切。卧式加工中心Z轴的对刀方法一如图3-38所示。

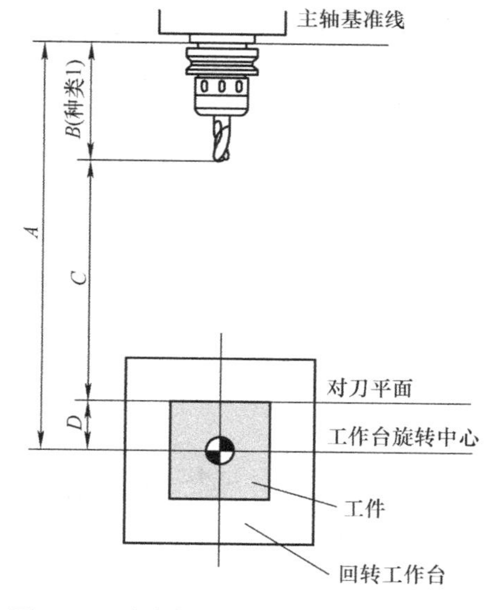

图3-38　卧式加工中心Z轴的对刀方法一

图3-38中，A为主轴基线到工作台旋转中心的距离；B为刀具长度（补偿数据）；C为移动距离；D为工作台旋转中心到对刀平面的距离。则

$$补偿数据=A-(C+D)$$

在工作台旋转中心设置工件零点的过程如下：

a. 对于X轴，在 OFS/SET 界面将X轴行程的一半设置为负值。

b. 对于Y轴，在 OFS/SET 界面将Y轴的机床原点到工件坐标系原点的距离设置为负值。

c. 对于Z轴，在 OFS/SET 界面将主轴基准线到使Z轴返回机床原点的工作台旋转中心的距离设置为负值，即图3-38中的A。

用这种方法设置工件原点时，不必为安装在工件四个面上的每个工件设置G代码指定工件坐标系，因为Z轴上的工件原点被设置在工作台旋转中心。

**注意**：使用这种方法编程时，工件的中心与工作台旋转中心对准；对于Z轴坐标值，需考虑工作台旋转中心到工件坐标系Z轴原点的距离。

②和立式加工中心Z轴对刀的方法一类似，如果在旋转工作台上所加工的面较少，也可以

直接对刀在所加工的面上，方便快捷，只不过要多用到几个坐标系。卧式加工中心 $Z$ 轴的对刀方法二如图3-39所示。

图 3-39 中，$A$ 为主轴基线到工作台旋转中心的距离；$B$ 为刀具长度；$C$ 为移动距离（补偿数据）；$D$ 为工作台旋转中心到参考面的距离。则

补偿数据 $=C$

在工作台旋转中心设置工件原点的过程如下：

a. 对于 $X$ 轴，在 OFS/SET 界面将 $X$ 轴行程的一半设置为负值。

b. 对于 $Y$ 轴，在 OFS/SET 界面将 $Y$ 轴的机床原点到工件坐标系原点的距离设置为负值。

c. 对于 $Z$ 轴，在 OFS/SET 界面，将所用坐标系的 $Z$ 值设为0，将图中的 $C$ 设置为负值，输入该刀具所对应番号的形状（H）中。

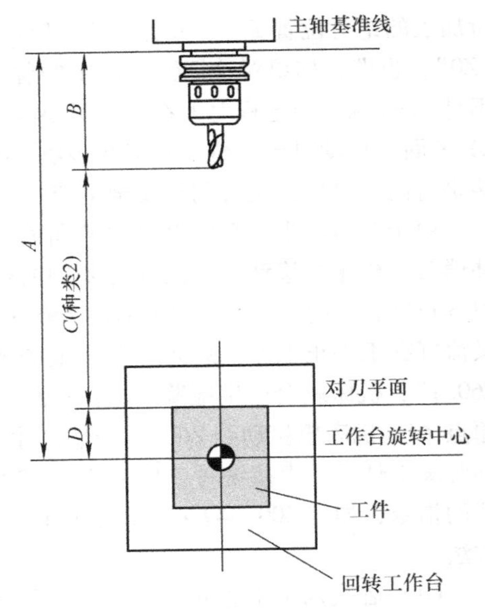

图 3-39 卧式加工中心 $Z$ 轴的对刀方法二

用这种方法来设置刀具长度补偿数据时，必须对每一种工件都测量刀具长度。这种方法设置刀具长度补偿数据简单，如果工件沿 $Z$ 轴的对称中心和第 4 轴的旋转轴线的 $Z$ 轴坐标不重合，或加工单个工件时，可以采用这种方法。

（5）对刀仪的使用　对刀仪的基本结构和钻削刀具如图 3-40 所示。

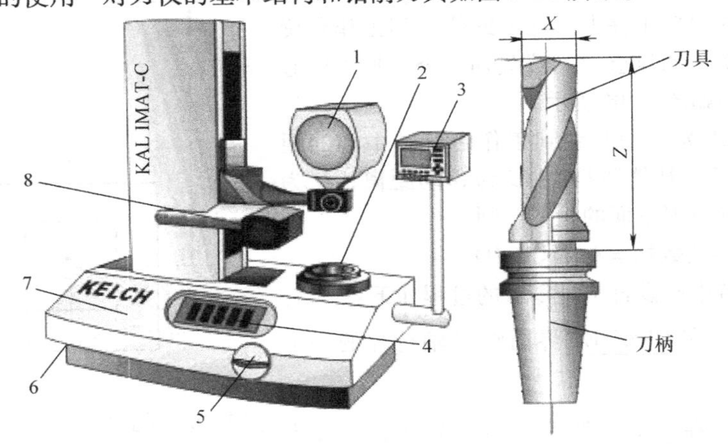

图 3-40　对刀仪的基本结构和钻削刀具

1—显示屏幕　2—刀柄夹持轴　3—操作面板　4—单键按钮　5、6—旋钮　7—对刀仪平台　8—光源发射器

对刀仪使用方法：对刀仪平台 7 上装有刀柄夹持轴 2，用于安装被测刀具，图 3-40 为钻削刀具。通过快速移动单键按钮 4 和微调旋钮 5 或 6，可调整刀柄夹持轴 2 在对刀仪平台 7 上的位置。当光源发射器 8 发光，将刀具放大投影到显示屏幕 1 上时，即可测得刀具在 $X$（径向尺寸）、$Z$（刀柄基准面到刀尖的长度尺寸）方向的尺寸。

钻削刀具的对刀操作过程如下：

① 将被测刀具与刀柄连接安装为一体。

② 将刀柄插入对刀仪上的刀柄夹持轴 2，并紧固。

③ 打开光源发射器8，观察切削刃在显示屏幕1上的投影。

④ 通过快速移动单键按钮4和微调旋钮5或6，可调整切削刃在显示屏幕1上的投影位置，使刀具的刀尖对准显示屏幕1上的十字线中心。

⑤ 测得 $X$ 为20.000，即刀具直径为 $\phi$20.000mm，该尺寸的一半可用作刀具半径补偿值。

⑥ 测得 $Z$ 为180.352，即刀具长度为180.352mm，该尺寸可用作刀具长度补偿值。

⑦ 将测得尺寸输入加工中心的刀具补偿页面。

⑧ 将被测刀具从对刀仪上取下后，即可装入加工中心使用。

**注意：**

① 使用前要用标准对刀心轴进行校准。每台对刀仪都随机带有一件标准的心轴，要妥善保管使其不锈蚀、不因受外力变形。每次使用前要对 $Z$ 轴和 $X$ 轴尺寸进行校准和标定。

② 静态测量的刀具尺寸和实际加工出来的尺寸之间有一定的差值。影响这一差值的因素很多，主要有刀具和机床的精度和刚性、加工工件的材料和热处理状态、冷却状况和冷却介质的性质、切削三要素、使用对刀仪的熟练程度等。由于以上原因，静态测量的刀具尺寸应略大于加工后的孔的实际尺寸，因此对刀时要考虑一个修正量，根据操作者对以上因素的经验来判断，一般要偏大 $\phi$0.01～$\phi$0.03mm。

（6）Z轴核心对刀技术　一般情况下，操作人员都是采用以上3种对刀方法中的一种，尤其以方法一应用最为广泛。那么，这3种对刀方法有没有什么需要补充呢？

2011年3月，我在山东省青岛市黄岛开发区一家汽车零部件有限公司工作，有一次看到一位新来的也是位刚实际操作机床不久的员工正在对刀，刀具是一把新换的M8的丝锥，底孔已经加工好。他采用的是方法一对刀，长度补偿的编程为“G00 G43 H __ Z __;”，把丝锥对在了已经加工过的工件坐标系的 $Z0$ 平面上，把此时的 $Z$ 轴的机械坐标值直接填入这把丝锥所对应的番号的形状（H）里。而此时，EXT坐标系的 $Z$ 值为－0.200，相应坐标系的 $Z$ 值为0.500，相应番号的磨损/磨耗（H）里的数值为－1.800，丝锥的加工程序为“G99 G84 X __ Y __ Z－15. R4. F __;”加工完螺纹之后测量其有效深度，为14.70～14.80mm。我给他说，你太幸运了，丝锥还在！你看看图样，上面要求螺纹的最低深度为13mm，程序里编写的是“Z－15.”，因为丝锥前头还有一段导向长度。你这把刀的对刀完全错误，偏向了 $Z$ 轴负方向1.5mm，幸亏有螺纹加工指令中接近平面“R4.”做了一个缓冲（如果编写的是“R1.”，就会碰撞），也幸亏螺纹底孔的实测深度接近有17mm，否则你不光要重新卸刀、装刀、对刀，工件恐怕也要报废。

上面的例子具有一定的代表性，因为很多操作者也是这么对刀的，即把对刀时 $Z$ 轴的机械坐标值直接填入相应番号的形状（H）中。这么操作的结果是：工厂成了试验地，加工中心屡屡撞刀，由于快移速度大，有的甚至把主轴都撞坏了，无法修复，即使换一个新的，精度也很难保证，只能干一些粗活。

读完这个例子，我们豁然发现：原来，$Z$ 轴的对刀不仅仅是以上3种对刀方法介绍的那么简单，还有EXT坐标系的 $Z$ 值、磨损/磨耗（H）的数值同时参与其中。就像你手里一共有5颗大枣，用5只碟子来盛放，如果有一只碟子放置了两颗或以上颗数的大枣，其他碟子中肯定有一只或多只就没有大枣可以放了。那么，机床上有哪5颗大枣可以放进碟子里呢？撇开G92设定工件坐标系指令不说，对于某一把刀具来说，它在程序里所移动到的 $Z$ 轴的机械坐标值和哪些因素有关呢？让我们来梳理一下：

① EXT坐标系中的 $Z$ 值。

② G54～G59或G54.1 P1～G54.1 P48中，刀具对应工件坐标系中的 $Z$ 值。

③ 程序编写的该工件坐标系中，刀具移动到的 Z 轴绝对坐标值。

④ 刀具在此程序中对应的刀具长度补偿番号中的形状（H）中的数值。

⑤ 刀具在此程序中对应的刀具长度补偿番号中的磨损/磨耗（H）中的数值。

当执行“G00 G43 Z __ H __;”指令时，刀具所移动到的终点的 Z 轴机械坐标值 = ① + ② + ③ + （④ + ⑤）。G43 指令常用。

当执行“G00 G44 Z __ H __;”指令时，刀具所移动到的终点的 Z 轴机械坐标值 = ① + ② + ③ - （④ + ⑤）。G44 指令不常用。

而在对刀时，“刀具所移动到的终点的 Z 轴机械坐标值”就是刀具在对刀时的 Z 轴机械坐标值，③中的“程序编写的该工件坐标系中，刀具移动到的 Z 轴绝对坐标值”就变成了“对刀位置在该工件坐标系中的 Z 轴绝对坐标值”，一般是“Z0”，则：

当执行“G00 G43 Z __ H __;”指令调用时，④ = （对刀时 Z 轴的机械坐标值） - （对刀位置在该工件坐标系中的 Z 轴绝对坐标值） - ① - ② - ⑤。

当执行“G00 G44 Z __ H __;”指令调用时，④ = ① + ② - ⑤ + （对刀位置在该工件坐标系中的 Z 轴绝对坐标值） - （对刀时 Z 轴的机械坐标值）。

这才是加工中心 Z 轴对刀最“核心”的技术！

所以在以上 3 种方法里，要把 EXT 坐标系中的 Z 值、刀具对应番号磨损/磨耗（H）中的数值清零才对。

由于加工中心对刀时，在 Z 轴相应番号形状（H）填入数值后，并不会像数控车床那样，对刀时在 Z 轴形状的相应番号填入数值后，按[测量]软键时，会自动清零相同番号的磨损/磨耗值。所以在加工中心对刀操作时务必要小心，以免过切或欠切。

一般情况下，当多把刀具同时加工一个工件，这些刀具都对在这个工件坐标系各自同一个高度的平面上，当采用相同的对刀方法时，每一把刀具对应一个刀具长度补偿番号，用“G00 G43 Z __ H __;”来调用长度补偿；那如果多把刀具同时加工多个高低错落的工件坐标系时，每一把刀具对应几个刀具长度补偿番号呢？多数人的答案是，每把刀具在每个工件坐标系都设置一个刀具长度补偿番号，比如为 T01 设置 H01、H51、H101、H151 等长度补偿番号来对应这些高低错落的工件坐标系。其实，有些时候转变一下思维观念，只用一个刀具长度补偿番号也可以达到以上目的。具体来看一下：

如图 3-41 所示，从左至右依次为 G54 ~ G59 工件坐标系，用“G00 G43 Z __ H __;”来调用长度补偿，假设工件最高点相对工作台的高度依次为 45mm、18mm、52mm、41mm、38mm、57mm。上面和 Z 轴有关的① ~ ⑤中，应该调整哪一个，又该如何调整呢？

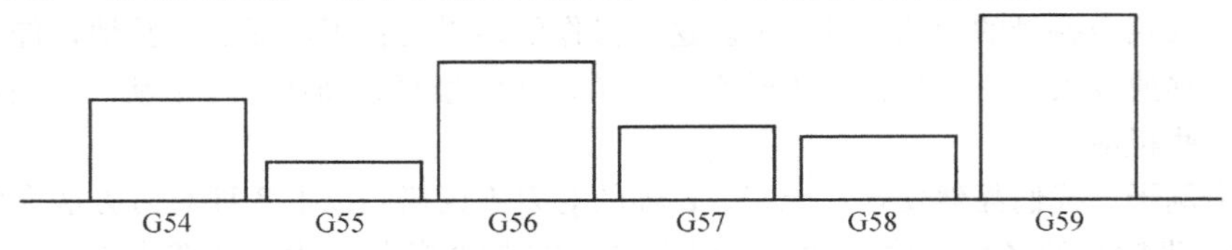


图 3-41 多把刀具加工多个高低错落的工件坐标系的对刀方法

通过分析，唯一可以调整的就是 G54 ~ G59 或 G54.1 P1 ~ G54.1 P48 中刀具对应工件坐标系中的 Z 值，就像采用以上 3 种对刀方法时，对应坐标系的 Z 值也可以改变一样。

若把最高的工件对应的 G59 工件坐标系的 Z 值设为 0，EXT 坐标系的 Z 值、磨损/磨耗（H）的值设为 0，那么其他工件对应的 G54 ~ G58 坐标系的 Z 值分别为 - 12mm、 - 39mm、 - 5mm、 - 16mm、 - 19mm，可以理解为 G54 ~ G58 坐标系比 G59 坐标系的 Z0 平面依次高了 - 12mm、

-39mm、-5mm、-16mm、-19mm，然后编好程序加工就行了。加工了若干时间之后，比如在加工G57坐标系时，某一把钻头突然折断，清理出钻头碎屑之后，装上新钻头，对刀在G57坐标系的Z0平面上后，把此时的Z轴的机械坐标值直接填入这把钻头所对应的番号的形状（H）里，抬刀再次加工，则刀具又会发生猛烈的撞击，再次折断。**注意，这里G57坐标系的Z值为-16mm，就会发生16mm的碰撞**！这主要是因为新手不明白沿Z轴的移动和哪些方面的数值有关。根据上述公式，应该用对刀时Z轴的机械坐标值减去此工件对应坐标系的Z轴的值，即在长度补偿对应番号的形状（H）里输入对刀时的机械坐标值后，再把这把刀具再向上抬16mm，这才是这把刀具的长度补偿值！

若把最低的工件对应的G55工件坐标系的Z值设为0，那么其他工件对应的G54、G56～G59坐标系的Z值分别为27mm、34mm、23mm、20mm、39mm，可以理解为G54、G56～G59坐标系比G55坐标系的Z0平面依次高了27mm、34mm、23mm、20mm、39mm，然后编好程序加工就行了。如果在加工过程中，刀具折断后，即使是不会对刀的新手，在对刀时直接把此时的Z轴的机械坐标值填入相应番号的形状（H）里，也不会发生碰撞！在稍后的加工中略作观察，就会看到刀具欠切，自然就觉察出是对刀错误了。

其实，把任何一个高度对应的坐标系的Z值设为0都是可以的，但考虑到新手，或对对刀理解不足的操作者，**把最低的工件所对应的坐标系的Z值设为0，总是安全的**！从安全的角度来讲，编程不仅要考虑自己的操作习惯，还要考虑其他人员操作失误可能带来的后果。

以上是2007年9月末，在浙江省宁波市北仑区一家模具压铸有限公司里学到的。我在班长身后看他连续操作了两个工件的对刀，只问了一句话：多个高低不同的坐标系，每把刀具只用了一个长度补偿值，你把最低的工件对应坐标系的上表面的Z值设为0，是不是为了安全？他拿着手轮，转过身来一句话都没说，只是冲我点了一下头。

俗话说的“干活”，意思就是：活是死的，人是“活”的！

另外，在加工内腔类零件时，考虑粗、精工序，往往要用到多把直径大小不同的刀具：大直径刀具快速去除余量后，小直径刀具精修内轮廓及拐角处。受工件的变形、切削力的不均匀、对刀的人为误差等因素的影响，在小直径刀具加工的内腔底部或拐角处的底部有可能会出现接刀痕。因此，在该小直径刀具对刀时，可以再向上抬0.01～0.04mm，加工后再视实际情况做适量调整；若该小直径刀具精修内轮廓，在长宽方向也可以比图样内腔尺寸略小或按内腔下极限尺寸编程。

（7）G10设定刀具长度补偿值　刀具长度补偿番号和形状（H）、磨损/磨耗（H）也可以通过G10指令在程序中设定。

指令格式：

$$\begin{Bmatrix}G90\\G91\end{Bmatrix} G10 \begin{Bmatrix}L10\\L11\end{Bmatrix} P\_\_ R\_\_;$$（参数No. 6000#3 = 1）

其中：L10表示形状（H），L11表示磨损/磨耗（H），P__用来指定刀具长度补偿H代码的番号，R__设定其具体的数值，G90绝对指令时为新设定的值，G91相对指令时为与指定的刀具补偿番号中的补偿值相加后的和值。如在程序中编写“G90 G10 L10 P2 R-83.;”，则含义为：在程序中设定002番号的形状（H）数值为-83.000。在程序中编写“G90 G10 L11 P6 R-0.6;”，则含义为：在程序中设定006番号的磨损/磨耗（H）数值为-0.6。

**注意**：关于刀具补偿值，要了解机床系统读取刀具补偿值不是一个持续的过程，而是一个瞬间！这和数控车床上是一样的。加工中心的刀具补偿值包括形状（H）、磨损/磨耗（H）、形状（D）和磨损/磨耗（D）。

# 3.8 刀具半径补偿及其应用

## 3.8.1 刀具半径补偿的概念

在编写程序时，都是以刀具的中心轨迹进行编程的。而在进行二维轮廓铣削时，由于刀具具有一定的半径，刀具中心轨迹和零件轮廓不重合。如图 3-42 所示，如果数控系统不具备刀具半径补偿功能，在编程时只能按轮廓形状及刀具半径计算出刀心轨迹进行编程，如图 3-42 中的点画线轨迹。其计算过程相当复杂，尤其是当刀具磨损、重磨或换新刀具时，必须重新计算刀心轨迹，修改程序，既烦琐又容易出错。

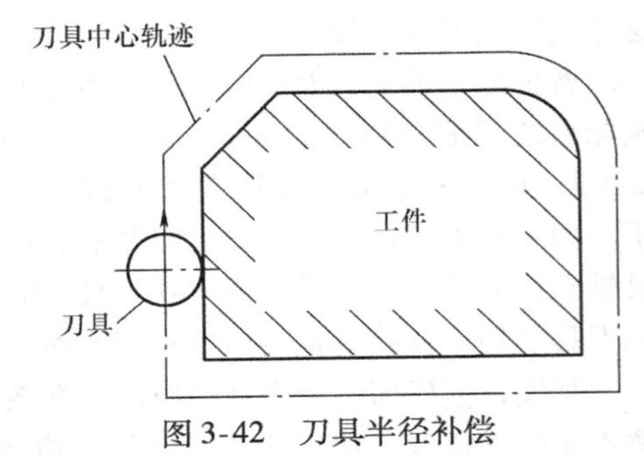

图 3-42 刀具半径补偿

数控系统的刀具半径补偿就是将计算刀具中心轨迹的过程交给数控系统执行，编程人员假设刀具的半径为零，直接根据零件的轮廓形状进行编程，这种方法也称为对零件的编程（Programming the Part），而实际的刀具半径则存放在一个可编程刀具半径偏置寄存器中。在加工过程中，数控系统根据零件的轮廓形状和刀具半径自动计算刀具中心轨迹，完成对零件的加工。当刀具半径发生变化时，不需要修改零件程序，只需修改存放在刀具半径补偿寄存器中的刀具半径值，或者选用存放在另一个刀具半径补偿寄存器中的刀具半径所对应的刀具即可。

FANUC Series 0*i* – MC/MD 加工中心系统有 400 个刀具半径偏置寄存器，可将刀具补偿参数（刀具长度、刀具半径等）存入这些寄存器中。在进行编程时，只需调用所需刀具半径补偿参数所对应的寄存器编号即可。加工时，数控系统将该编号对应的刀具半径补偿寄存器中存放的刀具半径取出，对刀具中心轨迹进行补偿计算，生成实际的刀具中心运动轨迹。补偿的计算方法和执行的过程非常复杂，详见 FANUC 0*i* – MC/MD 加工中心系统说明书的相关介绍。

## 3.8.2 左补偿与右补偿的判断

铣削加工刀具半径补偿分为刀具半径左补偿（Cutter Radius Compensation Left），用 G41 定义；刀具半径右补偿（Cutter Radius Compensation Right），用 G42 定义，使用非零的 D ××代码选择正确的刀具半径补偿寄存器号。根据 ISO 标准：依右手直角坐标系，从垂直于补偿平面的第三轴的正方向向负方向看，假设工件不动，沿着刀具中心轨迹的前进方向看，刀具位于零件轮廓的左侧时，称为左补偿，用 G41 指令；刀具位于零件轮廓的右侧时，称为右补偿，用 G42 指令，如图 3-43 所示。当不需要进行刀具半径补偿时，用 G40 取消。

当刀具正转时，G41 相当于顺铣，G42 相当于逆铣；当刀具反转时，反之。

## 3.8.3 刀具半径补偿的过程

在实际轮廓加工过程中，刀具半径补偿执行过程一般分为三步：

（1）刀具半径补偿建立　刀具由位于零件轮廓及零件毛坯之外，距离加工零件轮廓切入点较近且偏置于零件轮廓延长线上的起刀点以进给速度接近工件，刀具半径补偿偏置方向由左补偿 G41 或右补偿 G42 确定。

（2）刀具半径补偿进行　一旦建立了刀具半径补偿状态，则一直维持该状态，直到取消刀

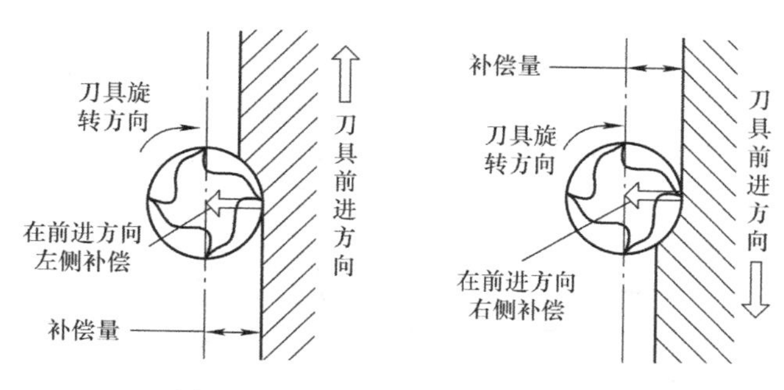


图 3-43　刀具半径左补偿和右补偿

具半径补偿为止。在补偿期间，刀具中心轨迹始终偏离零件轮廓一个刀具半径值的距离。

（3）刀具半径补偿取消　刀具撤离工件，回到退刀点，取消刀具半径补偿。与建立的过程类似，退刀点也应位于零件轮廓之外，距离加工零件轮廓退出点较近且偏置于零件轮廓线上，可与起刀点相同，也可以不同。

## 3.8.4　指令格式

1）建立刀具半径补偿的指令格式为：

$$\begin{cases}G17\\G18\\G19\end{cases}\begin{cases}G00\\G01\end{cases}\begin{cases}G41\\G42\end{cases}\begin{cases}X\_\ Y\_\\Z\_\ X\_\\Y\_\ Z\_\end{cases}D\_\ (F\_);$$

2）取消刀具半径补偿的指令格式为：

$$\begin{cases}G00\\G01\end{cases}G40\begin{cases}X\_\ Y\_\\Z\_\ X\_\\Y\_\ Z\_\end{cases}(F\_);\text{或}$$

$$\begin{cases}G00\\G01\end{cases}\begin{cases}X\_\ Y\_\\Z\_\ X\_\\Y\_\ Z\_\end{cases}D00\ (F\_);$$

其中：X __ Y __ Z __为建立和取消刀具半径补偿直线段的终点坐标值；D __为刀具偏置寄存器地址符，D 后面的数字表示刀具偏置寄存器番号。通常情况下，为了便于记忆，刀具补偿号与刀具号相对应。

**【例 3-12】** 按图 3-44 所示进给路径铣削工件外轮廓，已知立铣刀为 $\phi$16mm，半径补偿号为 D01；毛坯材料为铝，尺寸为 130mm × 90mm × 100mm。

```
O0001;
G17 G90 G54 G00 X0 Y0 S900;
G00 G43 H09 Z5. M03;
G41 X60.0 Y30.0 D01;            在零件轮廓线外建立刀具半径补偿
G01 Z-27. F120;
Y80.;
G03 X100. Y120. R40.;
G01 X180.;
Y60.;
G02 X160. Y40. R20.;
```

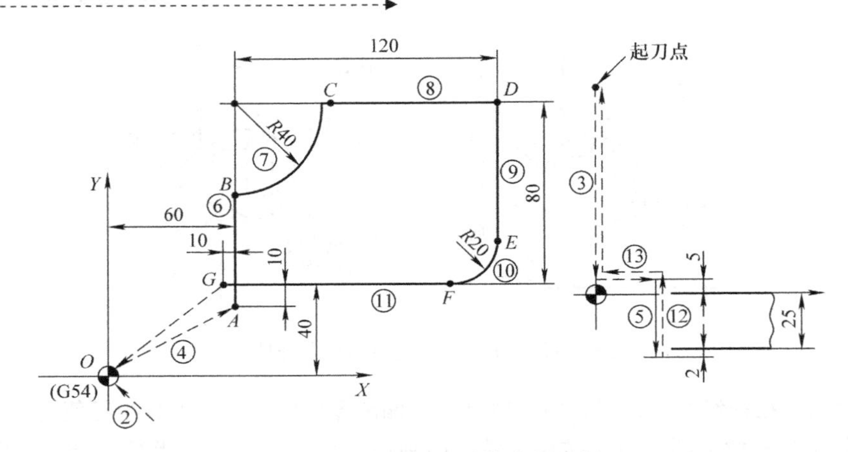


图 3-44　刀具半径补偿应用示例

```
G01 X50. ;
G00 Z5. ;
G40 X0 Y0 M05;                    在零件轮廓线外取消刀具半径补偿
G91 G28 Z0;
M30;
```

**【例 3-13】**　用 ϕ18.7mm 锯片铣刀加工两个内槽，尺寸为 ϕ22.8mm，内孔已经铰削至 ϕ20H7，刀具半径补偿番号 D14 值为 9.350，编写其程序。

```
O0089;
G00 G91 G30 X0 Y0 Z0 T14;
M06;
G00 G90 G58 X0 Y172. T15; 沟槽中心坐标值
G43 H14 Z80. M13 S750;    M13，主轴正转，切削液开
Z -7.5;                   Z 轴移动到铣削位置
M98 P6476;
G00 Z -40. ;              Z 轴移动到铣削位置
M98 P6476;
G00 Z50. ;
……
```

```
O6476;
G40;
G01 G41 X -11.4 D14 F200;
G03 I11.4;
G00 G40 X0;
M99;
```

## 3.8.5　使用刀具半径补偿时的注意事项

1）初始状态时，CNC 处于刀尖半径补偿取消方式，在执行 G41 或 G42 指令后，机床开始建立刀尖半径补偿偏置方式。在补偿开始时，CNC 预读两个程序段，执行第一个程序段时，第二个程序段进入刀尖半径补偿缓冲存储器中。在单程序段运行时，读入两个程序段，执行第一个程序段终点后机床停止。在连续执行时，预先读入两个程序段，因此在 CNC 中有正在执行的程序段和其后的两个程序段。

2）在使用 G41、G42 指令有效的情况下，两个或多个没有运动指令的程序段连续编程时的刀具运动情况：

① M05;　　　　M 代码输出
② S600;　　　 S 代码输出
③ G04 X2.5;　 暂停

④ G01 X0；或 G01 Y0；　　　移动距离为 0
⑤ G95；　　　只有 G 代码
⑥ G10 L2 P1 X6. Y10. Z0；　　　用程序修改偏置位置
⑦ G0 Z20.；　　　只有 *Z* 轴移动

如果连续指定了上面程序段中的两个或多个，刀尖中心到达前面的程序段的终点处垂直于前一个程序段程序编写轨迹的位置。然而，如果无运动指令是上面的④，只允许一个程序段，如图 3-45 所示。

(G42 方式)
N6 G91 X100.；
N7 S700；
N8 M03；
N9 X100. Y－100.；

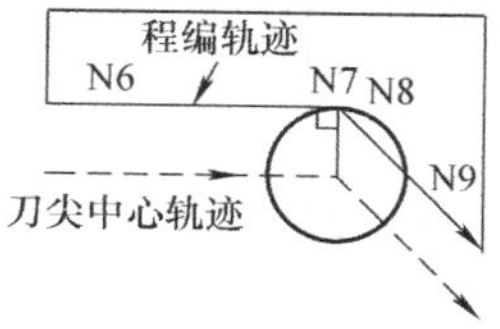

图 3-45　两个或多个没有运动指令的程序段连续编程时的刀具运动情况

3）G40、G41、G42 只能在 G00、G01 指令下建立或取消刀尖半径补偿，不能在 G02、G03 指令下建立或取消，否则会产生 PS34 报警信息。

4）不要在 G41 方式下再次指定 G41，如果指定了，则补偿不正确；同样，不要在 G42 方式下再次指定 G42。在 G41 或 G42 方式，那些没有指令 G41 或 G42 的程序段仍然处于 G41 或 G42 方式。

5）刀具半径 *R* 值一般为正值，如果指定了负值，运动轨迹会出错，相当于 G41 和 G42 置换了。

6）在 G28 指令之前，和程序结束之前，必须指定 G40 取消偏置模式。如果结束在偏置方式时，刀具不能定位在终点，而是停在离终点始终一个矢量长度的位置。

7）在主程序和子程序中使用刀尖半径补偿。在调用子程序前取消刀尖半径补偿，应该在子程序中建立并取消刀尖半径补偿。

8）单击 RESET 复位键或执行了 M30 后，机床将会进入刀尖半径取消模式。

9）在 MDI 录入方式下，不能建立刀尖半径补偿，也不能取消。

### 3.8.6　使用 G10 指令设定刀具半径补偿值

刀具半径补偿番号和形状（D）、磨损/磨耗（D）也可以通过 G10 指令在程序中设定。

指令格式：

$\begin{Bmatrix} G90 \\ G91 \end{Bmatrix}$ G10 $\begin{Bmatrix} L12 \\ L13 \end{Bmatrix}$ P __ R __；（参数 No. 6000#3＝1）

其中：L12 表示形状（D），L13 表示磨损/磨耗（D），P __用来指定刀具半径补偿 D 代码的番号，R __设定其具体的数值，G90 绝对指令时为新设定的值，G91 相对指令时为与指定的刀具补偿番号中的值叠加，叠加后的和为新的补偿值。如在程序中编写“G90 G10 L12 P3 R4.；”，则含义为：在程序中设定 003 番号的形状（D）数值为 4.000。在程序中编写“G90 G10 L13 P5 R0.2；”，则含义为：在程序中设定 005 番号的磨损/磨耗（D）数值为 0.2。

## 3.9　钻孔固定循环指令的使用方法详解

数控加工中，某些加工动作循环已经典型化。例如，钻孔、攻螺纹、镗孔的动作是孔位平面定位、快速接近、切削进给、快速退回等，这样一系列典型的加工动作已经预先编好程序存储在内存中，可用包含G代码的一个程序段调用，从而简化了编程工作。这种包含了典型动作循环的G代码称为循环指令。FANUC系统钻孔固定循环指令的功能见表3-8。

**表3-8 FANUC系统钻孔固定循环指令的功能**

| G代码 | 钻孔动作（-Z方向） | +在孔底的动作 | 退刀动作（+Z方向） | 固定循环用途 |
|---|---|---|---|---|
| G73 | 间歇进给 | — | 快速移动 | 高速深孔钻削循环 |
| G74 | 切削进给 | 暂停→主轴正转 | 切削进给 | 左旋螺纹攻螺纹循环 |
| G76 | 切削进给 | 主轴定向停止 | 快速移动 | 精镗循环 |
| G80 | — | — | — | 取消固定循环 |
| G81 | 切削进给 | — | 快速移动 | 点钻、钻孔循环 |
| G82 | 切削进给 | 暂停 | 快速移动 | 锪孔、镗阶梯孔循环 |
| G83 | 间歇进给 | — | 快速移动 | 深孔往复排屑钻循环 |
| G84 | 切削进给 | 暂停→主轴反转 | 切削进给 | 右旋螺纹攻螺纹循环 |
| G85 | 切削进给 | — | 切削进给 | 镗孔循环 |
| G86 | 切削进给 | 主轴停止 | 快速移动 | 镗孔循环 |
| G87 | 切削进给 | 主轴正转 | 快速移动 | 背镗孔循环 |
| G88 | 切削进给 | 暂停→主轴停止 | 手动移动 | 镗孔循环 |
| G89 | 切削进给 | 暂停 | 切削进给 | 镗孔循环 |

如图3-46所示，钻孔固定循环由下列6个动作顺序组成：

动作1：*X*、*Y*轴（有可能成为其他轴）的快速定位，刀具快速定位到孔心位置。

动作2：快速移动到*R*平面，准备切削。

动作3：以切削进给的方式进行孔加工。

动作4：在孔底位置的动作，包括主轴停止、主轴定向停止、暂停、刀具偏移等。

动作5：退刀至*R*平面。

动作6：快速移动到初始平面。

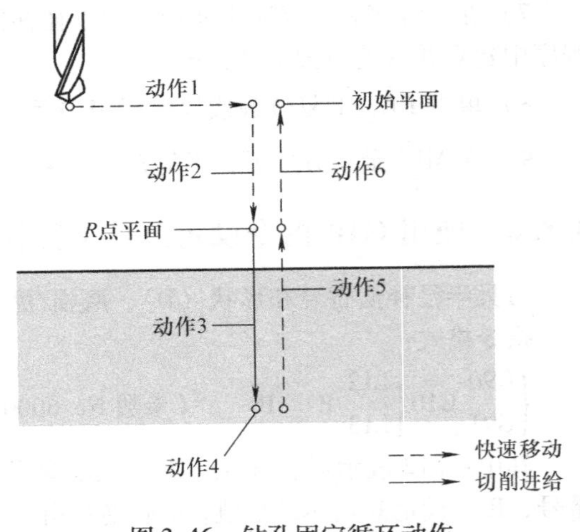

图3-46 钻孔固定循环动作

固定循环的格式：

$$\begin{Bmatrix} G17 \\ G18 \\ G19 \end{Bmatrix} \begin{Bmatrix} G90 \\ G91 \end{Bmatrix} \begin{Bmatrix} G94 \\ G95 \end{Bmatrix} \begin{Bmatrix} G98 \\ G99 \end{Bmatrix} \text{G}\,\underline{\square\square}\ \text{X}\_\ \text{Y}\_\ \text{Z}\_$$

R__P__Q__F__K__;

说明：

1）定位平面是由G17、G18、G19的平面选择方式决定。定位轴是钻孔轴以外的轴。

钻孔轴是不构成定位平面的基准轴（*X*、*Y*或*Z*）或者其平行轴。用来作为钻孔轴的基准轴或其平行轴是按钻孔轴地址决定的（指定在与G73、G74、G76、G81～G89的G代码相同的程序段中)。如果没有指定钻孔轴的轴地址，基准轴被假定为钻孔轴。定位平面和钻孔轴见表3-9。

**表3-9　定位平面和钻孔轴**

| G代码 | 定位平面 | 钻孔轴 |
|---|---|---|
| G17 | *XY*平面 | *Z* |
| G18 | *ZX*平面 | *Y* |
| G19 | *YZ*平面 | *X* |

注：*X*表示*X*轴或其平行轴；*Y*表示*Y*轴或其平行轴；*Z*表示*Z*轴或其平行轴。

假定在参数No. 1022中设定*U*、*V*、*W*分别为*X*、*Y*、*Z*轴的平行轴。

G17 G81…… Z/W __；钻孔轴为*Z/W*轴

G18 G81…… Y/V __；钻孔轴为*Y/V*轴

G19 G81…… X/U __；钻孔轴为*X/U*轴

请在暂时取消钻孔固定循环后再切换钻孔轴。

将No. 5101#0设为0，则*Z*轴始终为钻孔轴。

2）钻孔轴方向的移动量根据G90和G91的指令，如图3-47所示。

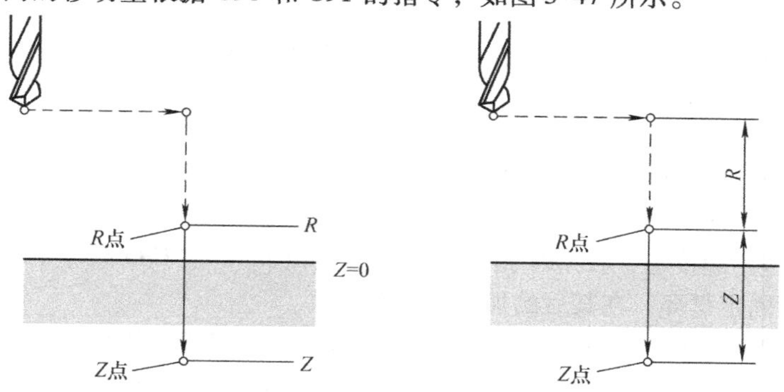


图3-47　G90和G91指令下的*R*和*Z*

固定循环指令中的R和Z的数值指定与G90或G91的方式选择有关。采用G90绝对方式时，R和Z为绝对坐标值；采用G91相对方式时，R为初始平面到*R*点平面的距离，Z为*R*点平面到孔底的距离。

3）G94为每分钟进给，G95为每转进给。

4）G98使刀具返回到初始平面，G99使刀具返回到*R*点平面，如图3-48所示。

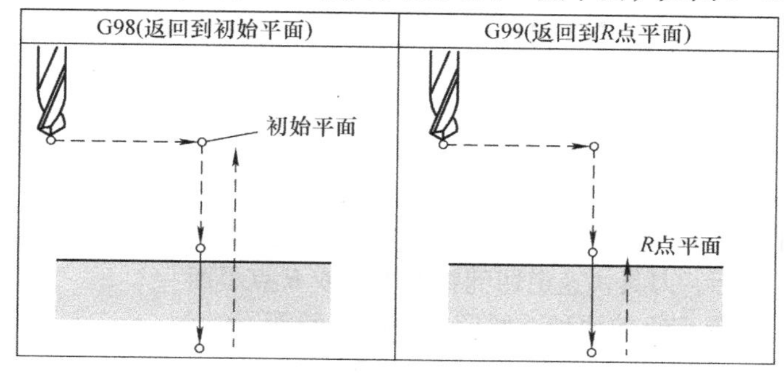


图3-48　返回初始平面和返回*R*点平面

初始平面就是孔加工循环之前的钻孔轴平面，又称安全平面、B 平面。初始平面应该选择在高于夹具或工件上最高点的绝对坐标位置上。

*R* 点平面又称接近平面。一般应选择在距离被加工孔所在平面 1～4mm 的距离上。**注意，这并不是说 *R* 的值在 1.0～4.0 之间。**例如，某平面的绝对坐标位置为 Z－15mm，那么 *R* 点平面可以选择在 R－11.0～R－14.0 之间。

通常，在相同表面多孔加工时，当刀具路径不存在障碍的时候，前面孔的返回方式尽量使用 G99，可以降低抬刀高度，节约加工时间，最后的孔可以使用 G98。用 G99 方式进行钻孔动作，初始平面也不会改变。G98、G99 指令一般在固定循环指令开始执行前指明。G98 为开机默认值。

5）G□□，孔加工方式，为 G73、G74、G76、G81～G89。

6）X、Y：孔加工位置 *X*、*Y* 轴的坐标。

7）Z：孔底位置的坐标。采用 G90 指令时，*Z* 值为孔底的绝对坐标值；采用 G91 指令时，*Z* 值为孔底 *Z* 相对于 *R* 点平面的增量坐标值。

8）R：采用 G90 指令时，为 *R* 点平面的绝对坐标值；采用 G91 指令时，为 *R* 点平面相对于初始平面的增量距离。在执行钻孔的单节指定 R，如果它们在不执行钻孔的程序段中被指定，它们不能作为模态数据存储。

9）P：在孔底暂停的时间，单位为毫秒（ms），不加小数点，模态信息。

请在进行钻孔动作的程序段中指定 P，如果被指定在不进行钻孔动作的程序段中，则不能被当作模态数据存储。

10）Q：在 G73、G83 指令中，为每次的钻孔深度；在 G76、G87 中，为刀具在孔底的退刀量。Q 始终为增量值，且用正值表示，与 G91 的选择无关。

11）F：切削进给速度值，在 G94 指令下单位为 mm/min，在 G95 指令下单位为 mm/r。模态信息，即使取消了固定循环，在其后的加工中仍然有效。

12）K：固定循环重复加工的次数，表示对等距离或等角度间距的孔进行重复钻孔，因此固定循环中 *X*、*Y* 值两者中至少有一个应为增量值。以 G91 增量方式指定第一个孔的位置。如果以 G90 绝对方法指定，则在相同的位置重复加工。如果 K＝0，钻孔数据被存储，但不钻孔；K 省略不写时，系统默认 K＝1。K 应指定为 0 或 1～9999 的整数值。K 是固定循环指令中唯一的非模态信息。

13）用 G80 或 01 组 G 代码，可以取消固定循环。01 组 G 代码包括 G00、G01、G02、G03、G60（No. 5431#0＝1 时）。

下面详细介绍各个循环指令。

### 3.9.1 点钻、钻孔循环指令 G81

指令格式：

G81 X__ Y__ Z__ R__ F__ K__;

该循环用于通常的钻孔加工，如钻中心孔，钻较浅的孔等。

孔加工动作如下：刀具沿着 *X*、*Y* 轴快速定位后，快速移动到 *R* 点平面，从 *R* 点平面到孔底 *Z* 点进行钻孔加工，最后，刀具快速退回到初始平面或 *R* 点平面。

点钻、钻孔循环指令 G81 的两种返回形式如图 3-49 所示。

**【例 3-14】** 用 G81 加工图 3-50 所示的零件上的 6 个 $\phi$10mm、深 15mm 的孔。

```
O0167;
T01;                                T01 为 φ10mm 钻头
```

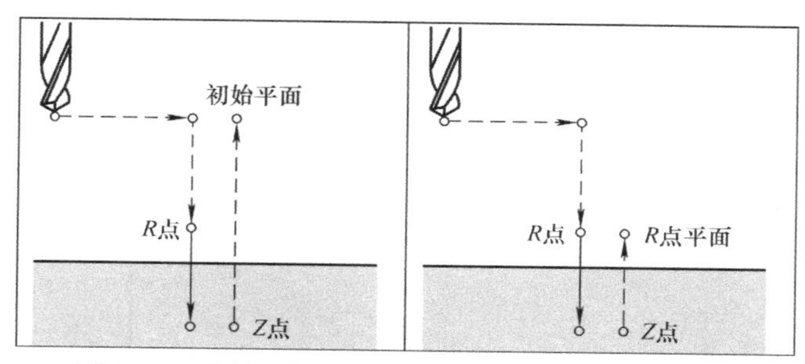


图 3-49　点钻、钻孔循环指令 G81 的两种返回形式

```
M06;
G90 G54;
G00 G43 H01 Z80. M08;
S700 M03;
N10 G99 G81 X-100. Y100. Z-18. R3. F100;
Y0;
Y-100.;
X100.;
Y0;
G98 Y100.;
G80 M09;
G91 G28 Z0 M05;
M30;
```

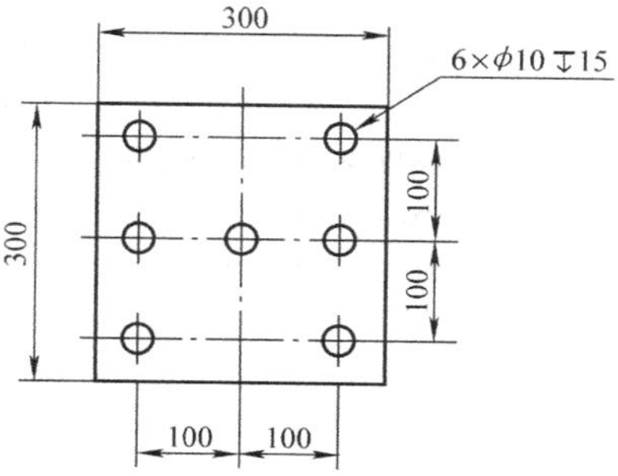

图 3-50　G81 应用举例

图样中标注为“↧15”，为什么编程中为“Z-18.”？先看一下图 3-51。

图示指出，孔深是指从孔口到孔肩的距离，对刀是把钻头的刀位点钻尖对在工件某表面上，而两者相差一个钻尖伸出量。根据三角函数，很容易求出钻尖伸出量 $h$：

$$h = d/2\tan\frac{2\phi}{2}$$

式中，$d$ 为钻头直径，$2\phi$ 为钻头顶角，目前一般出厂产品 $2\phi = 118° \pm 2°$。但一般常用值为 100°~140°，对软料取小值，对硬料取大值。所以计算出钻尖伸出量 $h \approx (0.18 \sim 0.42)d$。

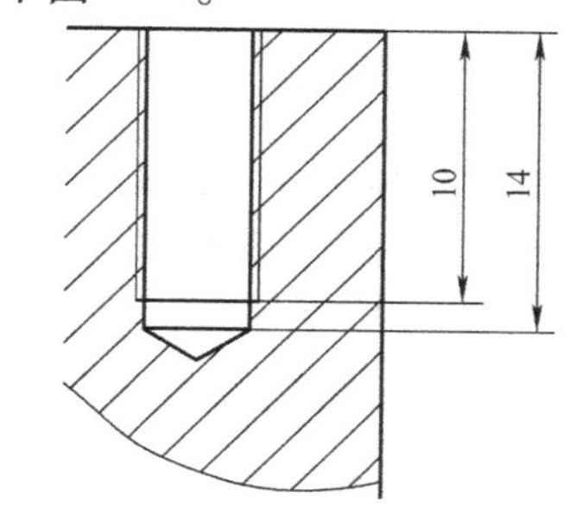


图 3-51　孔深和螺纹的有效深度

如果是加工通孔，考虑到钻尖伸出量，应有再向下 1~3mm 的超越距离。

（1）重复次数 K 的应用　在一些特殊情况下，使用重复次数 K 可以简化编程。

1）直线上等距排孔的应用。

**【例 3-15】** 如图 3-52 所示，孔 1~8 为在同一平面上共线的等间距孔系，孔径均为 $\phi$8mm，孔深均为 30mm，孔 1 的孔心坐标为（48，26），孔 2 的孔心坐标为（38，14），其余类推。

按照从 1→8 的顺序加工，可以有以下几种编程方法。

① 如果不用重复次数 K 编程，程序可以编为：

```
G90 G57;
G00 G43 H06 Z60. M03 S800;
G99 G81 X48. Y26. Z-33. R2. F100;
X38. Y14.;
```

X28. Y2. ;
X18. Y－10. ;
X8. Y－22. ;
X－2. Y－34. ;
X－12. Y－46. ;
X－22. Y－58. ;
G80;
……

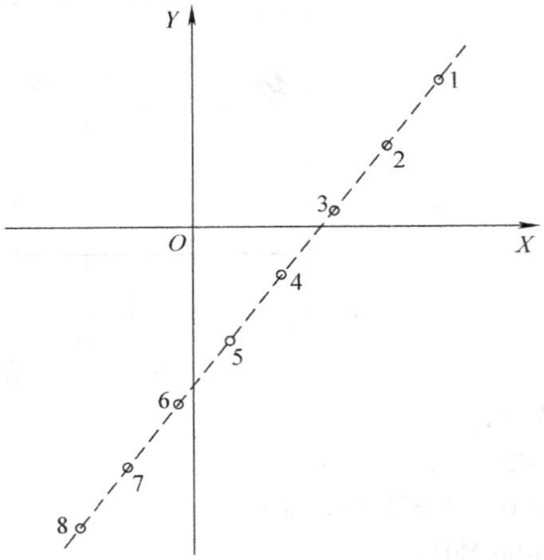

图 3-52 共线等距排孔上 K 的应用

② 如果用重复次数 K 编程，程序就简单多了，程序可以编为：

G90 G57;
G00 G43 H06 Z60. M03 S800;
G99 G81 X48. Y26. Z－33. R2. F100;
G91 X－10. Y－12. K7;
G90 G80;
……

或者编为：

G90 G57;
G00 G43 H06 Z60. M03 S800;
X58. Y38. ; 定位到与第一个孔加工反方向一个孔间距的位置
G91 G99 G81 X－10. Y－12. Z－35. R－58. F100 K8;
G90 G80;
……

或者编为：

G90 G57;
G00 G43 H06 Z60. M03 S800;
G99 G81 X58. Y38. Z－33. R2. F100 K0; 定位到与第一个孔加工反方向一个孔间距的位置，但未加工
G91 X－10. Y－12. K8;
G90 G80;
……

以上三段程序都可以完成 8 个孔的加工。

**【例 3-16】** 如图 3-53 所示，编写其加工程序。

根据题意，把 X－100.0、Y－200.0 填入 G56坐标系中，*Z* 值依不同的对刀方法填入。

O1004;
T13 M06;
G56 G90 G00 X－10. Y0 M08; *X* 值向前一个孔间距，*Y* 可以是距离孔心较近的值
G43 H13 Z50. M03 S800;
***N*10** G99 G81 Y20. G91 X30. Z－13. R－48. F100 K5; 加工从下向上数第 1 行
X15. Y15. ;
X－30. K4; } 第 2 行
X－15. Y15. ;
X30. K4; } 第 3 行
X15. Y15. ;
X－30. K4; } 第 4 行

X－15. Y15.；
X30. K4；　}第5行
X15. Y15.；
X－30. K4；　}第6行
X－15. Y15.；
X30. K4；　}第7行
X15. Y15.；
X－30. K4；　}第8行
X－15. Y15.；
X30. K4；　}第9行
X15. Y15.；
X－30. K4；　}第10行
G80 M09；
……

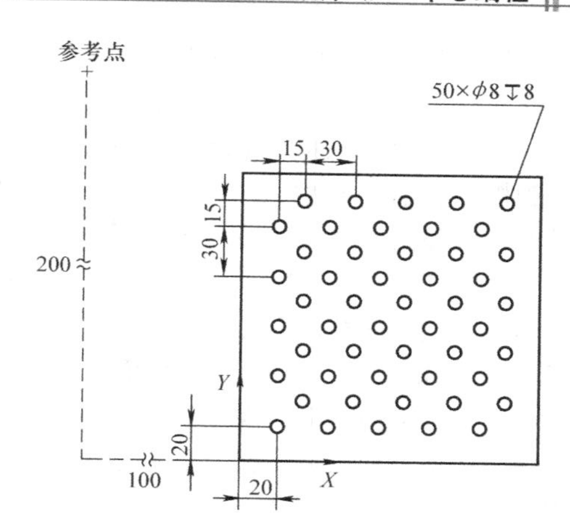


图3-53　重复次数K的应用举例

**注意：“N10 G99 G81 Y20. G91 X30. Z－13. R－48. F100 K5；”这段程序里，由于G90和G91的位置先后不同，“Y20.”是G90方式，而“X30. Z－13. R－48.”是G91方式。**

2）圆周上等角度孔系的应用。

**【例3-17】**　如图3-54所示，在法兰盘上经常会有这样的孔：圆周上的孔1～8为均布孔，孔径为$\phi$10mm，孔深为25mm，孔心在坐标系中所对应的角度分别为15°、60°、105°、150°、195°、240°、285°、330°，根据三角函数，得出孔心在直角坐标系中的坐标为：

$$\begin{cases} x = r\cos\theta \\ y = r\sin\theta \end{cases}$$

式中，$r$为孔心所共的圆的半径，$\theta$为孔心与所共的圆的圆心的连线与$+X$轴所成的角度。

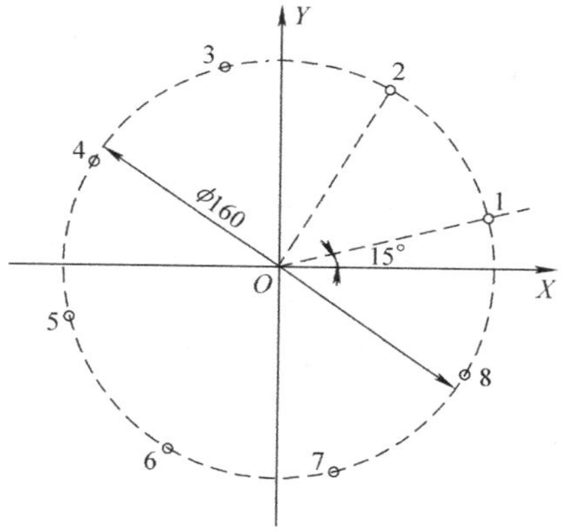

图3-54　圆周上等角度间距上K的应用

则按照从孔1→8的顺序，编程为：

G55 G90；
G00 G43 H06 Z60. M03 S700；
G99 G81 X77.274 Y20.706 Z－29. R2. F100 M08；　加工孔1
X40. Y69.282；　加工孔2
X－20.706 Y77.274；　加工孔3
X－69.282 Y40.；　加工孔4
X－77.274 Y－20.706；　加工孔5
X－40. Y－69.282；　加工孔6
X20.706 Y－77.274；　加工孔7
X69.282 Y－40.；　加工孔8
G80；

想求出孔心在直角坐标系中的坐标，需要用到三角函数，而15°、60°是特殊角度：$\cos15° = (\sqrt{6}+\sqrt{2})/4$，$\sin15° = (\sqrt{6}-\sqrt{2})/4$；$\cos60° = 0.5$，$\sin60° = \sqrt{3}/2$。如果不是特殊角度，需要用科学型计算器才能算出其正弦、余弦值。

如果手头没有科学型计算器，很难求出孔心的确切位置，由于其孔心位置在直角坐标系下的坐标是非线性变化的，更别提用K编程了。但其孔心在坐标系中与 $+X$ 轴所成角度的增量是线性变化的，而换一种坐标系来描述这些孔心的位置坐标就可以用K来编程了。

（2）极坐标系指令G16　在平面内取一个定点 $O$，称为极点，引一条射线 $OX$，称为极轴，再选定一个长度单位和角度的正方向（通常取逆时针方向）。对于平面内任何一点 $M$，用 $\rho$ 表示线段 $OM$ 的长度，$\theta$ 表示从 $OX$ 到 $OM$ 的角度，$\rho$ 称为点 $M$ 的极径，也即点 $M$ 到 $O$ 的半径 $r$，$\theta$ 称为点 $M$ 的极角，有序数对（$\rho$，$\theta$）就称为点 $M$ 的极坐标，这样建立的坐标系称为极坐标系，详情可参阅互联网上的相关介绍。极坐标系示意图如图3-55所示。

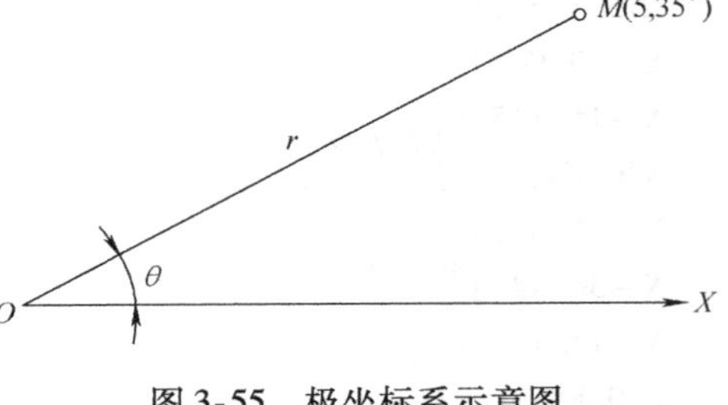


图3-55　极坐标系示意图

极坐标和直角坐标的转换：

极坐标系中的两个坐标（$\rho$，$\theta$），可以由下面的公式转换为直角坐标系下的坐标值：

$$\begin{cases} x = \rho\cos\theta \\ y = \rho\sin\theta \end{cases}$$

直角坐标系中的两个坐标（$x$，$y$），可以由下面的公式转换为极坐标系下的坐标值：

$$\begin{cases} \rho = \sqrt{x^2 + y^2} \\ \theta = \arctan \dfrac{y}{x} \end{cases}$$（若 $x=0$，$y$ 为正数，则 $\theta=90°$；若 $x=0$，$y$ 为负数，则 $\theta=270°$）

说到这里，很多人觉得极坐标离我们很遥远。其实，它就在我们身边，而且比比皆是。举个例子，生活中经常遇到有人打听路：

问：“您好师傅！麻烦一下，我想去台儿庄，请问应该怎么走？”

答：“你顺着这条路下正南，走20里路就到了。”

其实，这里的“20里”就是极坐标系里的极径 $\rho$，这里的“正南”就是极坐标系里的极角度 $\theta$。

指令格式：

$$\begin{cases} \text{G17} \\ \text{G18} \\ \text{G19} \end{cases} \begin{cases} \text{G90} \\ \text{G91} \end{cases} \text{G16;}$$　　建立极坐标系

……

G15;　　取消极坐标系

在加工中心上，如何规定极径 $\rho$ 和极角度 $\theta$ 呢？以构成极坐标指令的平面的第1轴为极坐标的半径 $\rho$，平面的第2轴为极坐标的极角度。依右手直角坐标系，从垂直于构成极坐标系平面的第三轴的正方向向负方向看，从指定极坐标指令的平面的第1轴的正方向，沿逆时针方向的角度为正角度，沿顺时针方向的角度为负角度。

即G17平面的 $X$ 轴、G18平面的 $Z$ 轴、G19平面的 $Y$ 轴，为极坐标的半径；G17平面的 $Y$ 轴、G18平面的 $X$ 轴、G19平面的 $Z$ 轴，为极坐标的极角度。

1）将工件坐标系的原点设为极坐标的中心时。以绝对值指定半径值，工件坐标系的原点称为极坐标的中心，即极点。但是，在使用局部坐标系G52指令时，局部坐标系的原点称为极坐标的中心。为了避免出错，建议采用将工件坐标系的原点设为极坐标的中心这种方式来指定G16指令，即用绝对值指定半径值，如图3-56所示。

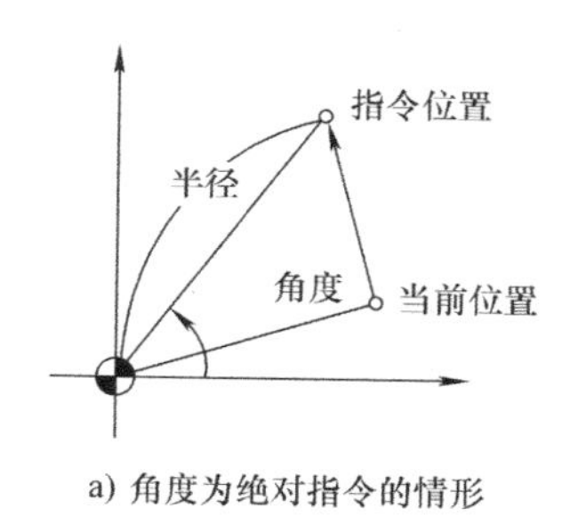

a) 角度为绝对指令的情形

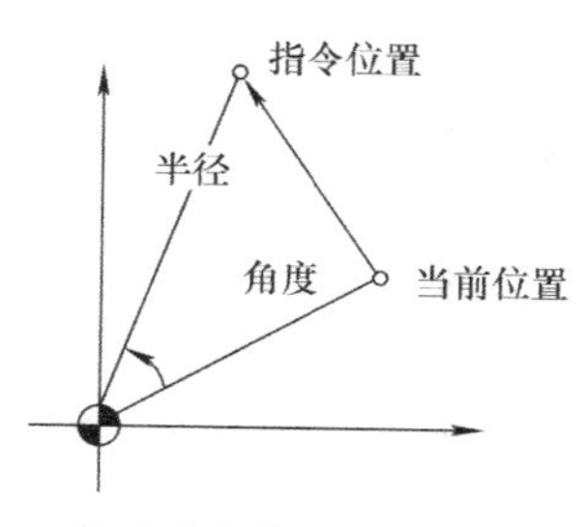

b) 角度为增量指令的情形

图 3-56　以绝对值指定极坐标的极径

介绍完了极坐标系，再看图 3-54 中的 8 个孔，按照孔 1→8 的顺序，编程就简单多了。如果半径值和角度均为绝对指令时，编程如下：

```
G17 G16 G90 G55;
G00 G43 H06 Z60. M03 S700;
G99 G81 X80. Y15. Z-29. R2. F100;
Y60.;
Y105.;
Y150.;
Y195.;
Y240.;
Y285.;
Y330.;
G15 G80;
……
```

如果半径值为绝对指令而角度为增量指令，编程如下：

```
G17 G16 G90 G 55;
G00 G43 H06 Z60. M03 S700;
G99 G81 X80. Y15. Z-29. R2. F100;
G91 Y45. K7;
G15 G80 G90;
……
```

2）将当前位置设为极坐标的中心时。以增量值指定半径值，当前位置即被设为极坐标的中心，如图 3-57 所示。

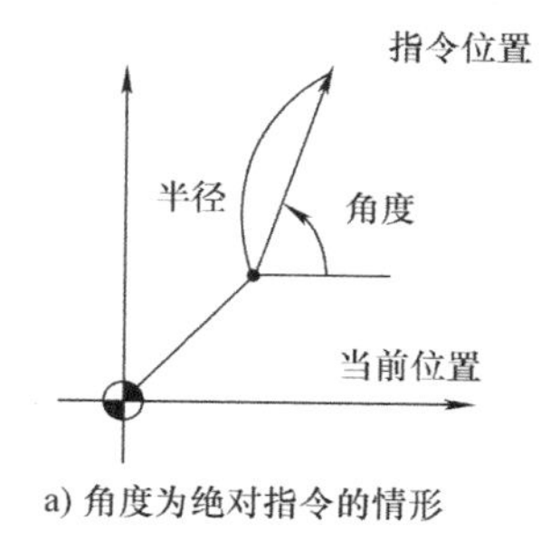

a) 角度为绝对指令的情形

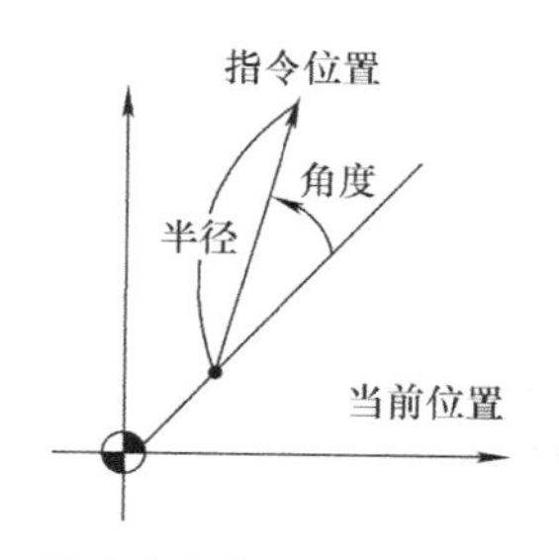

b) 角度为增量指令的情形

图 3-57　以增量值指定极坐标的极径

【例 3-18】 如图 3-58 所示，编写其程序。

① 如果编程如下：

```
G54 G90 G00 X0 Y0 M03 S800;
G43 H07 Z60. M08;
G17 G16;
G99 G81 G91 X20. Y45. Z-22. R-58. F140 K8;
G90 G15 G80;
……
```

则刀具会在点 1→8 顺序钻孔，各孔孔心的 $X$、$Y$ 坐标依次分别为（14.142，14.142），（14.142，34.142），（0，48.284），（-20，48.284），（-34.142，34.142），（-34.142，14.142），（-20，0），（0，0），8 个孔孔心共圆，圆心为（-10，$10+10\sqrt{2}$），直径为 $d=a/\sin(180°/n)=20\text{mm}/\sin22.5°=52.2625\text{mm}$（$a$ 为正多边形的边长，$n$ 为边数）。

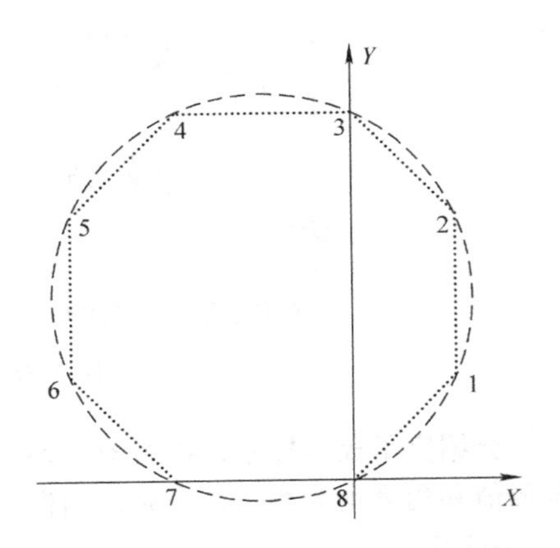

图 3-58 以增量值指定半径值应用举例

② 或者使用 G52 局部坐标系编程，程序如下：

```
G54 G90 M03 S800;
G52 X-10. Y24.142;
G43 H07 Z60. M08;
G17 G16;
G99 G81 X26.131 Y-22.5 Z-20. R2. F140;
G91 Y45. K7;
G90 G15 G80;
G52 X0 Y0;
……
```

类似于①的情况，如果沿逆时针 2→1→8→3 的方向钻这 8 个孔，则应把坐标系的 $X$、$Y$ 移动到点 3 的位置上，$Y$ 轴在原位置基础上加上 24.142，钻孔程序为"G99 G81 G91 X20. Y-45. Z-22. R-58. F140 K8;"，则加工的 8 个孔孔心的 $X$、$Y$ 坐标依次分别为（14.142，-14.142），（14.142，-34.142），（0，-48.284），（-20，-48.284），（-34.142，-34.142），（-34.142，-14.142），（-20，0），（0，0），圆心坐标为（-10，$-10-10\sqrt{2}$），直径为 $\phi20\sqrt{4+2\sqrt{2}}\text{mm}$。

那么类似于②，程序为：

```
G54 G90 M03 S800;
G52 X-10. Y-24.142;
G43 H07 Z60. M08;
G17 G16;
G99 G81 X26.131 Y22.5 Z-20. R2. F140;
G91 Y-45. K7;
G90 G15 G80;
G52 X0 Y0;
……
```

3）极坐标方式下半径编程。在极坐标方式下，用 R 指令来指定圆弧插补、螺旋插补（G02、G03）的半径。

【例 3-19】　如图 3-59 所示，编写其程序。

G16；

G02 X100. Y90. R100. F200；

或者编写为：

G52 X100. Y100.；

G16；

G02 X100. Y180. R100. F200；

## 3.9.2　锪孔、镗阶梯孔循环指令 G82

指令格式：

G82 X__ Y__ Z__ R__ P__ F__ K__；

该指令一般使用锪刀，用于扩孔、埋头孔和沉头孔加工。锪刀如图 3-60 所示。

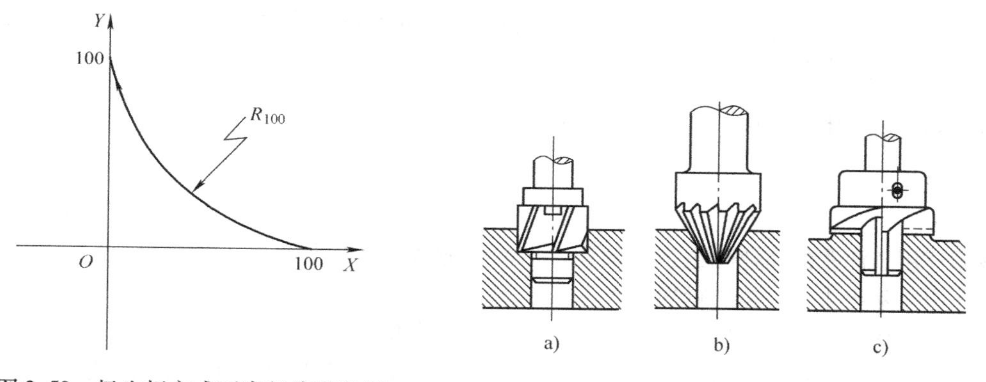


图 3-59　极坐标方式下半径编程举例

图 3-60　锪刀

P 为刀具在孔底位置的暂停时间，单位为 ms（毫秒），不加小数点。

孔加工动作如下：与 G81 格式相似，唯一的区别是 G82 在孔底加进给暂停动作，即当钻头加工到孔底位置时，刀具不做进给运动，并保持旋转状态（暂停时间由 P 代码指定），使孔的表面更光滑，在加工不通孔时提高了孔深尺寸的精度。

锪孔、镗阶梯孔循环指令 G82 的两种返回形式如图 3-61 所示。

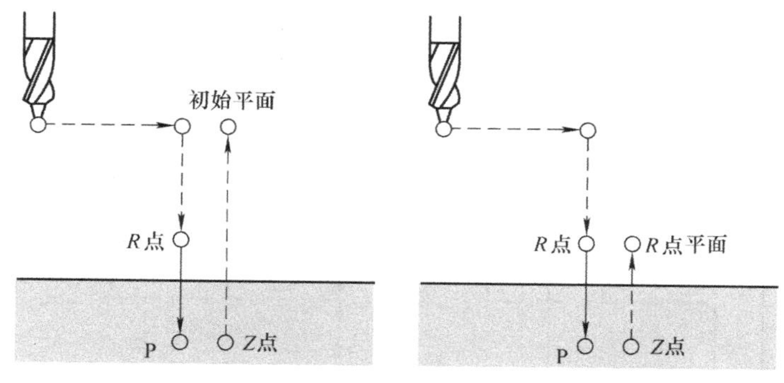


图 3-61　锪孔、镗阶梯孔循环指令 G82 的两种返回形式

【例 3-20】 用 G82 加工图 3-62 所示的零件上的 6 个 $\phi$20mm、深 10mm 的孔。

```
O0168;
T01 M06;                              T01 为 φ20mm 锪刀
G90 G54;
G00 G43 H01 Z80. M08;
S700 M03;
G99 G82 X-100. Y100. Z-10. R3. P100 F120;
Y0;
Y-100.;
X100.;
Y0;
G98 Y100.;
G80 M09;
G91 G28 Z0 M05;
M30;
```

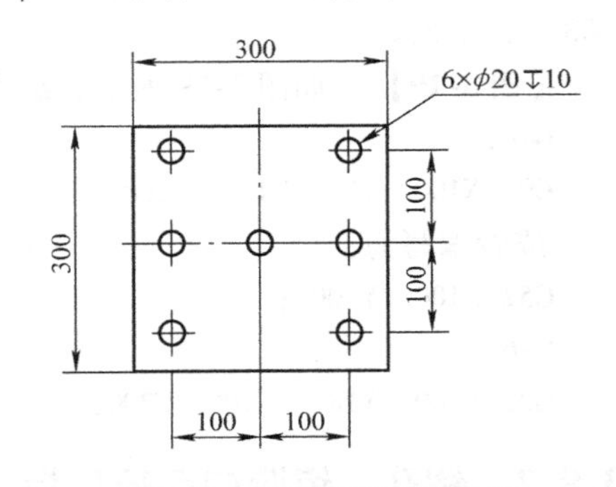


图 3-62 G82 编程应用举例

这里暂停的时间 P 怎么设定？根据经验，暂停的时间 P 应该使主轴旋转 1 圈多，太多圈容易产生噪声，表面反而有振纹。

## 3.9.3 高速深孔钻削循环指令 G73

指令格式：

G73 X__ Y__ Z__ R__ Q__ F__ K__;

该循环用于深孔的高速啄进加工操作，以间歇方式分多次切削进给直至孔底，一边将金属碎屑从孔中清除出去，一边进行加工。

孔加工动作：定心，快速到达 $R$ 点平面后，沿 $Z$ 轴方向进给 $Q$，快速回退 $d$，再沿 $Z$ 轴方向进给 $(q+d)$，快速回退 $d$，如此反复。到达孔底后，刀具快速退回。这样断续切削进给有利于断屑，金属屑很容易从孔中清除。可以在参数 No. 5114 中设定较小的退刀量 $d$，这样钻孔效率更高。$q$ 为每次切削进给深度，始终用正值且用增量值指定，最后一次进给深度$\leqslant q+d$。

高速深孔钻削循环指令 G73 的两种返回形式如图 3-63 所示。

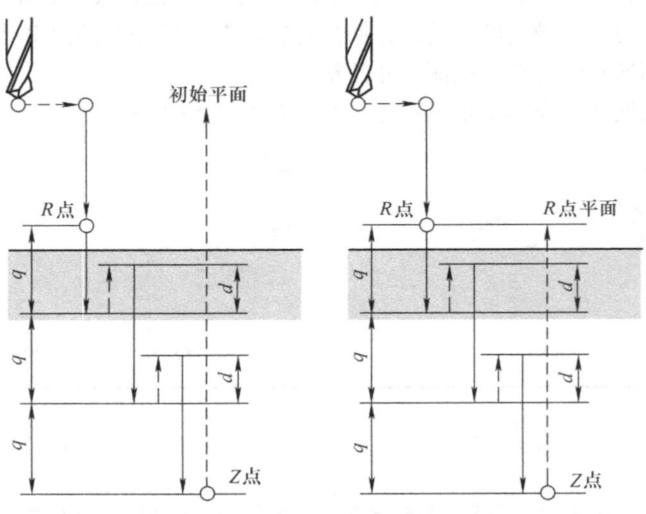


图 3-63 高速深孔钻削循环指令 G73 的两种返回形式

【例3-21】　用G73加工图3-64所示的零件上的6个$\phi$6mm、深40mm的孔。

```
O0169;
T01;                                T01为φ6mm钻头
M06;
G90 G55;
G00 G43 H01 Z80. M08;
S700 M03;
G99 G73 X-100. Y100. Z-43. R3. Q7. F120;
Y0;
Y-100.;
X100.;
Y0;
G98 Y100.;
G80 M09;
G91 G28 Z0 M05;
M30;
```

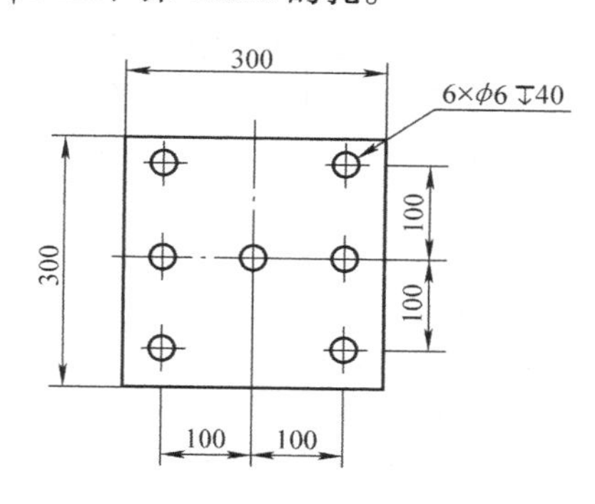


图3-64　G73编程应用举例

## 3.9.4　深孔往复排屑钻循环指令G83

指令格式：

G83 X__ Y__ Z__ R__ Q__ F__ K__;

该循环用于深孔的啄进加工操作，以间歇方式分多次切削进给直至孔底，一边将金属碎屑从孔中清除出去，一边进行加工。该循环可使深孔加工时更利于排屑、冷却。

孔加工动作：定心，快速到达$R$点平面后，沿$Z$轴方向进给$q$，快速回退至$R$点平面排屑，再沿$Z$轴方向快速移动至之前加工的终点向上$d$的位置上，切削进给（$q+d$），再快速回退至$R$点平面排屑，如此反复。到达孔底后，刀具快速退回。这样断续切削进给有利于断屑，金属屑很容易从孔中清除。可以在参数No.5115中设定较小的退刀量$d$，这样钻孔效率较高。$q$为每次切削进给深度，始终用正值且用增量值指定，最后一次进给深度≤$q+d$。

深孔往复排屑钻循环指令G83的两种返回形式如图3-65所示。

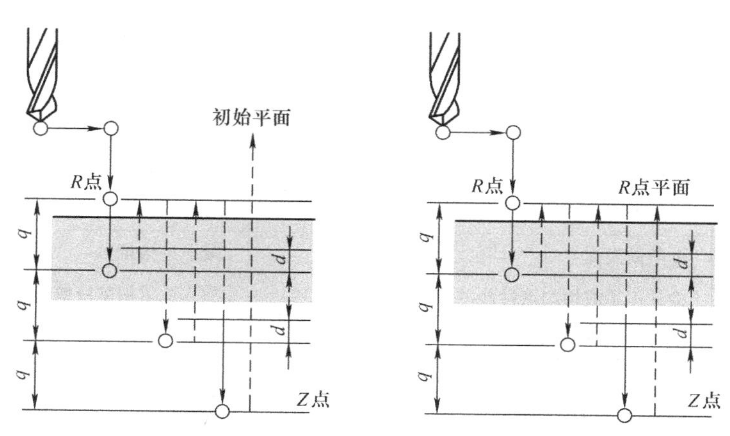


图3-65　深孔往复排屑钻循环指令G83的两种返回形式

G73 和 G83 都适合加工深孔。深孔是指孔深与孔直径的比值在 5 ~ 10 之间的孔。G73 的加工效率比 G83 高，但 G83 更适合加工排屑困难的孔。

**【例 3-22】** 用 G83 加工图 3-66 所示的零件上的 6 个 $\phi$8mm、深 50mm 的孔。

```
O0170;
T01;                          T01 为 φ8mm 钻头
M06;
G90  G56;
G00  G43  H01  Z80.  M08;
S600  M03;
G99  G83  X-100.  Y100.  Z-53.  R2.  Q8.  F100;
Y0;
Y-100.;
X100.;
Y0;
G98  Y100.;
G80  M09;
G91  G28  Z0  M05;
M30;
```

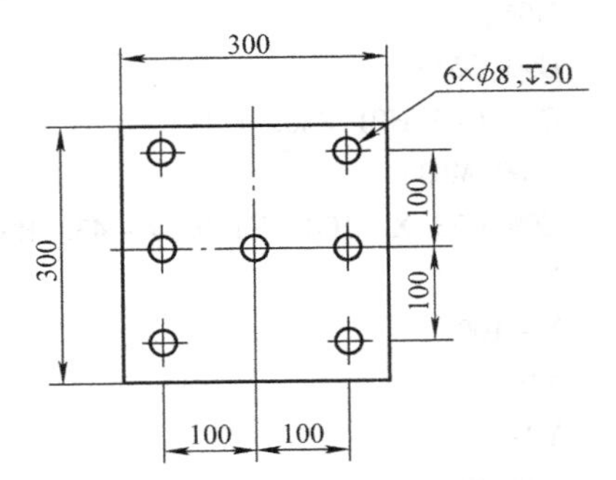


图 3-66　G83 编程应用举例

孔加工时产生缺陷的原因及防止方法见表 3-10。

**表 3-10　孔加工时产生缺陷的原因及防止方法**

| 缺陷 | 产生原因 | 防止方法 |
| --- | --- | --- |
| 孔呈多边形 | 钻头后角太大 | 应减小后角 |
| | 两个主切削刃长短不一，角度不对称 | 应正确刃磨 |
| 孔径扩大 | 两个主切削刃有长短不一，高低不一致 | 应正确刃磨 |
| | 钻头摆动 | 如果钻头尾部有伤痕突起，换一处地方夹持，或在砂轮上轻轻磨去突起的地方，然后再夹持 |
| | 钻轴摆动 | 调整钻轴，消除偏摆 |
| 孔壁粗糙 | 钻头不锋利 | 把钻头磨锋利 |
| | 后角太大 | 减小后角 |
| | 进给量太大 | 减小进给量 |
| | 冷却不足或切削液性能差 | 加入适量切削液或选用性能好的切削液 |
| 钻孔位置偏斜或歪斜 | 工件表面倾斜 | 正确定位安装工件 |
| | 钻头横刃太长 | 修磨横刃 |
| | 进给量不均匀 | 如果用手轮钻孔，摇动时要均匀 |
| | 工件固定太松 | 把工件紧固好之后，再钻孔 |

（续）

| 缺陷 | 产生原因 | 防止方法 |
|---|---|---|
| 钻头折断 | 钻头切削刃钝了之后还继续钻削 | 加工一段时间后要观察一下钻头，看看是否需要刃磨 |
| | 进给量太大 | 减小进给量，合理提高切削速度 |
| | 当孔快要钻通时，由于进刀阻力迅速下降而突然增加进给量 | 如果用手轮钻孔，摇动手轮时要匀速缓慢 |
| | 切屑塞满钻头的螺旋槽 | 钻削之前要测量一下，选择螺旋槽长度大于孔深的钻头；切削液要充足；钻削深孔时，可以选用 G73 或 G83 指令，使切屑排出后再钻削 |
| | 工件松动 | 将工件准确可靠地固定 |
| | 钻铸件时碰到缩孔 | 对估计有缩孔的铸件要减小进给量 |
| 钻头刃口迅速磨损 | 切削速度过高 | 应降低主轴转速 |
| | 钻头刃磨角度不合理 | 应根据工件材料，合理刃磨钻头角度 |

## 3.9.5　左旋攻螺纹循环指令 G74

指令格式：

G74 X__ Y__ Z__ R__ P__（Q__）F__ K__；

该指令用于左旋螺纹的攻螺纹，即反旋螺纹的攻螺纹。

指令中的 R，考虑到机床 $Z$ 轴加速阶段，建议选择在距离被加工表面至少（1.5～2）$P_h$ 的位置上；F，在 G94 方式下为螺纹导程 $P_h$ 与主轴转速 $n$ 的乘积，在 G95 方式下为螺纹导程 $P_h$。攻螺纹是在数控铣床和加工中心上加工小螺纹孔最常用的方法，一般常用来加工 M3～M20 的螺纹。

孔加工动作如下：在定位到孔心坐标之前，执行原先指定的转速、正反转，到孔心坐标时，主轴停止，到达 $R$ 点平面后，主轴反转，以指定的进给值切削至孔底，暂停指定的一段时间后，输出“M05”，然后输出“M03”，按原进给值返回至 $R$ 点平面，暂停指定的一段时间后，输出“M05”，然后输出“M04”，如果指定为 G98 模式，则快速返回至初始平面。

左旋攻螺纹循环指令 G74 的两种返回形式如图 3-67 所示。

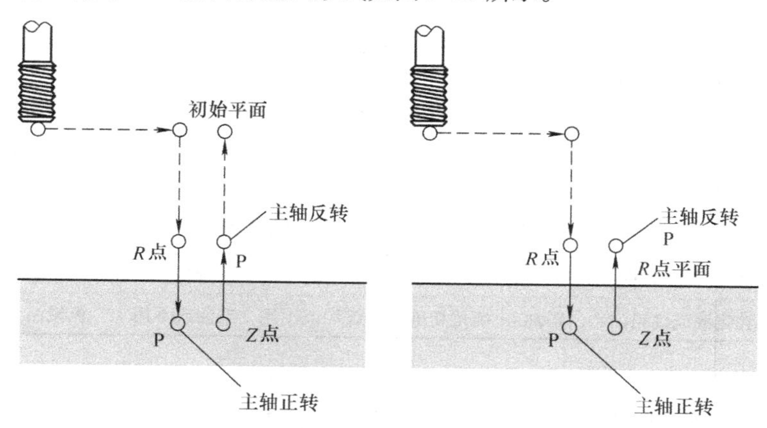


图 3-67　左旋攻螺纹循环指令 G74 的两种返回形式

在攻螺纹动作开始之后到返回动作完成之前，受系统变量 No. 3708#6、No. 3004 的控制，有三个限制：①主轴倍率无效；②进给倍率无效；③进给保持无效。突然停电、系统复位、急停或驱动报警时，攻螺纹循环立即停止，丝锥可能损坏，折断在工件内。

（1）丝锥的选择

1）工件材料的可加工性是攻螺纹难易的关键，对于高强度的工件材料，丝锥的前角和下凹量（前面的下凹程度）通常较小，以增加切削刃的强度。下凹量较大的丝锥则用在切削扭矩较大的场合，塑性材料需要较大的前角和下凹量，以便卷屑和断屑。

2）加工较硬的工件材料，需要较大的后角，以减小摩擦，便于切削液到达切削刃，加工软材料时，太大的后角会导致螺纹孔扩大。

3）螺旋槽丝锥主要用于不通孔的螺纹加工。在加工硬度、强度高的工件材料时，所用的螺旋槽丝锥的螺旋角较小，可以改善其结构强度。

（2）底孔钻头的选择　采用切削丝锥攻螺纹时，底孔钻头直径的经验计算公式：

当 $P \leqslant 1\text{mm}$ 时

$$D_{孔} \approx M - P$$

当 $P > 1\text{mm}$，攻钢、可锻铸铁、纯铜等塑性金属的内螺纹时

$$D_{孔} \approx M - P$$

攻铸铁、青铜、黄铜等脆性金属的内螺纹时

$$D_{孔} \approx M - (1.05 \sim 1.1)P$$

式中　$D_{孔}$——底孔钻头直径；

$M$——螺纹公称直径；

$P$——螺距。

（3）机用丝锥攻螺纹的切削速度（表 3-11）

表 3-11　机用丝锥攻螺纹的切削速度　　（单位：m/min）

| 丝锥直径/mm | 螺纹螺距/mm | | | | | | |
|---|---|---|---|---|---|---|---|
| | 0.5 | 0.75 | 1.0 | 1.25 | 1.5 | 2 | 3 |
| 3～6 | 6 | 7 | 8 | | | | |
| 8～10 | | 8 | 9 | 9 | 10 | | |
| 12～16 | | | 10 | 10 | 11 | 11 | |
| 18～24 | | | 11 | | 13 | 13 | 12 |
| ≥26 | | | 12 | | 14 | 13 | 13 |

注：表中查得的数值，还需根据工件材料乘以相应的修正数值，30～50 钢，正火状态取 1.0，调质状态取 0.85；08、10、15、20 钢，均取 0.7；普通合金钢，正火状态取 0.9，调质状态取 0.7；灰铸铁、青铜取 0.8；可锻铸铁取 1.0；黄铜、铝合金取 1.2～1.3。

（4）攻螺纹时切削液的选用（表 3-12）

表 3-12　攻螺纹时切削液的选用

| 工件材料 | 普通碳钢 | 不锈钢 | 铸铁 | 铸造铜类 | 压延铜 | 铝 |
|---|---|---|---|---|---|---|
| 切削液 | 硫化乳化液或红铅油、白铅油 | 硫化切削油 | 煤油或不用 | 柴油或不用 | 机械油 | 煤油或汽油 |

（5）实体上丝锥的加工过程　实体上丝锥的加工过程如图 3-51 所示。

1）先铣削上表面，再加工螺纹，如果铸铁表面有砂眼、夹砂或缺肉，可以及时发现，避免浪费工时。加工过的上表面也可以作为孔深、螺纹深度的测量基准。若表面无要求，可以不铣。

2）用中心钻钻导向孔后，再钻底孔，然后倒角、攻螺纹。如果丝锥较小，可以把中心孔钻得深一点，连倒角一起加工了；如果用复合式刀具，钻孔的同时也完成了倒角；也可以用倒角刀具绕孔口加工一圈；或者用直径大一些的钻头倒角。

**注意：**

① 在实际加工过程中，由于机床防护门多数是处于关闭状态的，所以一定要注意用耳朵听，要注意观察当刀具加工之后返回参考点换刀时，中心钻、底孔钻头是否破损，如果破损没有被发现，钻孔位置残留的刀具碎屑会使下一把刀具折断，或导致钻孔位置偏离。

② 加工铝或铝合金等塑性金属，一定要加充足的切削液，每次加工后都要吹净螺纹孔的切屑和切削液，观察牙型是否发毛，因为丝锥的牙之间容易粘铝屑，造成工件报废。若牙型发毛，则直接更换丝锥。

3）加工循环的选择：钻中心孔选 G81 或 G82，钻底孔选 G81，攻右旋螺纹用 G84，攻左旋螺纹用 G74。

4）底孔深度：若是通孔，深度取螺纹孔下表面下方（0.18 ~0.42）$D_{孔}$ +（1 ~3）mm 超越距离；若是不通孔，从钻肩计算，$h_{钻} = h_{有效} + 0.7M$；深度取从钻尖计算时，深度取 $h_{钻} = h_{有效} + 0.7M +$（0.18 ~0.42）$D_{孔}$。

5）攻螺纹深度：攻螺纹时，由于丝锥切削部分有锥角，端部不能切出完整的牙型，丝锥攻入深度 $h_{丝锥}$应大于螺纹有效深度 $h_{有效}$，一般可取 $h_{丝锥} = h_{有效} + 0.7M$。

**注意：**如果是不通孔攻螺纹，在攻螺纹前建议使用 M00，用气枪吹干净孔内的切屑后再攻螺纹。在测量螺纹深度和进入下一道工序前，用气枪吹干净螺纹孔内的切屑。

（6）刚性攻螺纹方式　攻螺纹的加工方式有两种：弹性攻螺纹和刚性攻螺纹。

1）弹性攻螺纹。使用浮动式攻螺纹夹头，利用丝锥自身的导向作用完成攻螺纹加工。若采用此种方式时，指令 G84 和 G74 中的 F 值不需要特别计算，一般取原 F 值的 90% ~95%。

2）刚性攻螺纹。在刚性方式下，通过控制主轴电动机（把它看成伺服电动机）以及在攻螺纹轴和主轴之间的插补进行攻螺纹。使用刚性攻螺纹夹套，在刚性攻螺纹方式时，主轴每旋转一周，攻螺纹轴就进给一定的距离（螺纹导程）。即使在加速或者减速期间，这种操作也不改变。因此，刚性攻螺纹必须严格保证主轴转速和刀具进给速度的比例关系，即

$$进给速度 = 主轴转速 \times 螺纹导程$$

3）刚性攻螺纹指令。在 FANUC 系统中，在 G84 和 G74 指令的前面，加上 M29 指令，机床即进入刚性攻螺纹方式。

① 格式：

a. 在攻螺纹指令前的程序段中指定 M29 S __；

b. 在含有攻螺纹指令的程序段中指定 M29 S __；

c. 将参数 No. 5200#0 设为 1，可以把 G74/G84 作为刚性攻螺纹 G 代码。

② 说明：

a. 该指令只是使系统进入刚性攻螺纹模式，攻螺纹循环还要使用 G74 或 G84。

b. 用 G80 取消刚性攻螺纹模式。

c. 在刚性攻螺纹取消时，刚性攻螺纹所使用的 S 值被清除，成为与指定 S0 相同的状态，即不能在取消刚性攻螺纹之后，在后续的程序段中使用为刚性攻螺纹所指的 S 值。在切削刚性攻螺纹后，应根据需要重新指定 S 值。

d. 使用 G80 和 01 组 G 代码 [G00、G01、G02、G03、G60（No. 5431#0 为 1 时）]，都可以

解除刚性攻螺纹模式。

e. 在 M29 指令和固定循环的 G 指令之间不能有 S 指令或任何坐标运动指令。

f. 不能在取消刚性攻螺纹模式后的第一个程序段中执行 S 指令。

g. 在 G74/G84 方式下，若将参数 No. 5200#6 设定为 0，进给保持、单程序段将无效；将其设为 1，进给保持、单程序段有效。

h. 在刚性攻螺纹方式下切削深孔是困难的，这是因为塑性金属碎屑会粘在切削刃上，这样会增加切削阻力。这时，深孔刚性攻螺纹循环就很有用。将参数 No. 5200#5 设定为 0，实现类似 G73 动作的高速深孔刚性攻螺纹循环；将其设为 1，实现类似 G83 动作的深孔刚性攻螺纹循环。

i. 主轴倍率和进给倍率虽然无效，但是通过设定参数可以使 G74/G84 退出时的主轴倍率和进给倍率（含深孔/高速深孔攻螺纹）有效。将参数 No. 5200#4 设定为 1，在参数 No. 5211 中设定倍率值，可以以 1% 为刻度单位，在 0 ~ 200% 的范围内设定。如果将参数 No. 5201#3 设定为 1，可以以 10% 为刻度单位，在 0 ~ 2000% 的范围内设定。

## 3.9.6 右旋攻螺纹循环指令 G84

指令格式：

G84 X__ Y__ Z__ R__ P__（Q__）F__K__；

该指令用于右旋螺纹的攻螺纹，即正旋螺纹的攻螺纹。

孔加工动作如下：在定位到孔心坐标之前，执行原先指定的转速、正反转，到孔心坐标时，主轴停止，到达 *R* 点平面后，主轴正转，以指定的进给值切削至孔底，暂停指定的一段时间后，输出“M05”，然后输出“M04”，按原进给值返回至 *R* 点平面，暂停指定的一段时间后，输出“M05”，然后输出“M03”，如果指定为 G98 模式，则快速返回至初始平面。

右旋攻螺纹循环指令 G84 的两种返回形式如图 3-68 所示。

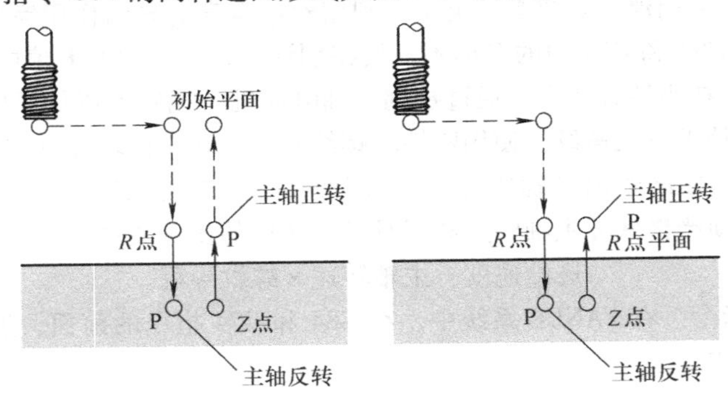


图 3-68　右旋攻螺纹循环指令 G84 的两种返回形式

关于该指令的更多信息，参看 G74 指令的相关介绍。

米制普通螺纹直径与螺距见表 3-13。

**表 3-13　米制普通螺纹直径与螺距**　（单位：mm）

| 公称直径 D，d | | 螺距 P | |
|---|---|---|---|
| 第一系列 | 第二系列 | 粗牙 | 细牙 |
| 2 | | 0.4 | 0.25 |
| 2.5 | | 0.45 | 0.35 |
| 3 | | 0.5 | |
| | 3.5 | (0.6) | |

（续）

| 公称直径 $D$，$d$ | | 螺距 $P$ | |
|---|---|---|---|
| 第一系列 | 第二系列 | 粗牙 | 细牙 |
| 4 | | 0.7 | 0.5 |
| | 4.5 | (0.75) | |
| 5 | | 0.8 | |
| 6 | | 1 | 0.75，(0.5) |
| 8 | | 1.25 | 1，0.75，(0.5) |
| 10 | | 1.5 | 1.25，1，0.75，(0.5) |
| 12 | | 1.75 | 1.5，1.25，1，(0.75)，(0.5) |
| | 14 | 2 | 1.5，(1.25)，1，(0.75)，(0.5) |
| 16 | | 2 | 1.5，1，(0.75)，(0.5) |
| | 18 | 2.5 | 2，1.5，1，(0.75)，(0.5) |
| 20 | | 2.5 | |
| | 22 | 2.5 | |
| 24 | | 3 | 2，1.5，1，(0.75) |
| | 27 | 3 | |
| 30 | | 3.5 | (3)，2，1.5，1，(0.75) |
| | 33 | 3.5 | 3，2，1.5，(1)，(0.75) |
| 36 | | 4 | 3，2，1.5，(1) |
| | 39 | 4 | |
| 42 | | 4.5 | (4)，3，2，1.5，(1) |
| | 45 | 4.5 | |
| 48 | | 5 | |
| | 52 | 5 | 4，3，2，1.5，(1) |
| 56 | | 5.5 | |
| | 60 | 6 | |
| 64 | | 6 | |
| | 68 | 6 | |

注：1. 优先选用第一系列，括号内尺寸尽可能不用，第三系列未列入。

2. M14×1.25 仅用于火花塞。

**【例 3-23】** 某铸铁件上有多处标有 W1/4－20 的英制惠氏内孔螺纹，深度为 20mm，用标有 W1/4－20 的丝锥去加工，应如何编程？

W1/4－20 的含义是，公称直径为 1/4in、1in 距离上有 20 个牙的英制惠氏螺纹。换算成米制尺寸为：公称直径为 25.4mm×1/4＝6.35mm，螺距为 25.4mm/20＝1.27mm。

根据工件材料、螺纹公称直径、螺距等信息，选择切削线速度 $v_c=6\text{m/min}$，则主轴转速 $n=1000v_c/\pi d\approx300\text{r/min}$，则对应的每分钟进给量 $f=300\text{r/min}\times1.27\text{mm/r}=381\text{mm/min}$。

攻螺纹之前先钻中心孔，然后用底孔钻头钻孔，查阅相关资料，选择 $\phi5.1$mm 的底孔钻头。

攻螺纹参考程序如下：

```
G00 G43 H05 Z60. M03 S300;
G94 G84 X__ Y__ Z-25. R4. P300 F381;
……
```

或者编为：

```
G00 G43 H05 Z60. M03 S300;
G95 G84 X__ Y__ Z-25. R4. P300 F1.27;
……
```

一般情况下，如果使用每分钟进给指令G94，则每分钟进给量F一般取整数，对每1in其他牙数的寸制螺纹，主轴转速可以做相应调整。例如1in上有11牙的英制螺纹，可以选择220r/min或275r/min等转速。

### 3.9.7 镗孔加工

**1. 镗孔的加工要求**

镗孔是加工中心的主要加工内容之一，对锻出、铸出或钻出的孔进一步加工，镗孔可以扩大孔径，提高精度，减小表面粗糙度值，能精确地保证孔系的形状精度和位置精度，还可以较好地纠正原来轴线的偏斜。

通过镗削加工的圆柱孔，大多数是机器零件中的主要配合孔或支承孔，所以有较高的尺寸公差要求。一般配合孔的尺寸公差等级要求控制在IT7~IT8，机床主轴箱体孔的尺寸公差等级为IT6，公差等级要求较低的孔一般控制在IT11。

对于精度要求较高的支架类、套类零件的孔以及箱体类零件的重要孔，其形状精度应控制在孔径公差的1/3~1/2。镗孔的孔距间误差一般控制在±（0.025~0.06）mm，两孔轴线平行度误差控制在0.03~0.10mm。镗削表面粗糙度$Ra$值一般在1.6~0.4μm。

**2. 镗孔的加工方法**

根据孔的精度要求、工件材质、结构等因素，镗孔可以分为粗镗、半精镗和精镗。

（1）粗镗　粗镗是圆柱孔镗削加工的重要工艺过程，它主要是对工件的毛坯孔（铸、锻孔）或对钻、扩后的孔进行预加工，为下一步半精镗、精镗加工达到要求奠定基础，并能及时发现毛坯的裂纹、夹砂、砂眼等缺陷。

粗镗后一般留单边2~3mm作为半精镗和精镗的余量。对于精密的箱体类工件，一般粗镗后还应安排回火或时效处理，以消除粗镗时所产生的内应力，最后再进行精镗。

由于在粗镗中采用较大的切削用量，故在粗镗中产生的切削力大、切削温度高，刀具磨损严重。为了保证粗镗的生产率及一定的镗削精度，因此要求粗镗刀应有足够的强度，能承受较大的切削力，并有良好的抗冲击性能；粗镗要求镗刀有合适的几何角度，以减小切削力，并有利于镗刀的散热。粗镗的表面粗糙度$Ra$值一般在50~12.5μm，公差等级为IT11~IT13。

（2）半精镗　半精镗是精镗的预备工序，主要是解决粗镗时残留下来的余量不均匀部分。对精度要求高的孔，半精镗一般分两次进行：第一次主要是去掉粗镗时留下的余量不均匀部分；第二次是镗削剩下的余量，以提高孔的尺寸精度、形状精度及减小表面粗糙度值。半精镗后一般留精镗余量为0.3~0.4mm（单边），对精度要求不高的孔，粗镗后可直接进行精镗，不必设半精镗工序。半精镗的表面粗糙度$Ra$值一般在6.3~3.2μm，公差等级为IT9~IT10。

（3）精镗　精镗是在粗镗和半精镗的基础上，用较高的切削速度、较小的进给量，切去粗镗或半精镗留下的较少余量，准确地达到图样规定的内孔表面要求。粗镗后应将夹紧压板松一下，再重新进行夹紧，以减少夹紧变形对加工精度的影响。通常精镗背吃刀量≥0.1mm，进给量≥

0.05mm/r。精镗的表面粗糙度 $Ra$ 值一般在0.8～1.6μm，公差等级为IT6～IT8。

镗削时，一般先试镗，根据试镗出的尺寸再微调一下。

**3. 镗刀及选用**

加工中心用的镗刀，就其切削部分而言，与外圆车刀没有本质的区别，但在加工中心上进行镗孔通常是采用悬臂式的加工，因此要求镗刀有足够的刚性和较好的精度。为适应不同的切削条件，镗刀有多种类型。

镗刀的类型，按功能可分为粗镗刀、精镗刀；按切削刃数量可分为单刃镗刀、双刃镗刀和多刃镗刀；按照工件加工表面特征可分为通孔镗刀、不通孔镗刀、阶梯孔镗刀和端面镗刀；按照刀具结构可分为整体式镗刀、模块式镗刀等。

（1）粗镗刀 粗镗刀应用于孔的粗加工。常用粗镗刀按照结构可分为单刃镗刀、双刃镗刀和三刃镗刀，根据不同的加工场合，也有通孔专用镗刀和不通孔专用镗刀。

1）通孔镗刀：镗通孔用的普通镗刀，为减小背向力，以减小刀杆弯曲变形，一般主偏角为45°～75°，常取60°～70°。

2）不通孔镗刀：镗台阶孔和不通孔用的镗刀，其主偏角大于90°，一般取95°～100°，刀头处宽度应小于孔的半径。

3）单刃镗刀：大多数单刃镗刀制成可调结构。图3-69a、b、c所示分别为用于镗削通孔、阶梯孔和不通孔的单刃镗刀，螺钉1用于调整尺寸，螺钉2起锁紧作用。单刃镗刀刚性差，切削时易引起振动，所以镗刀的主偏角选得较大，以减小背向力。上述结构通过镗刀移动来保证加工尺寸，调整麻烦，效率低，只能用于单件小批生产。但单刃镗刀结构简单，适应性较广，因而应用广泛。

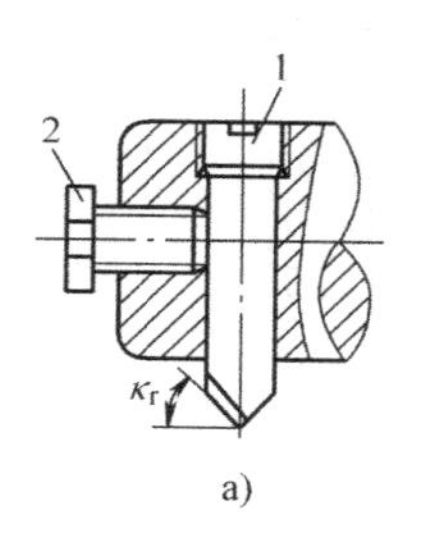


a)

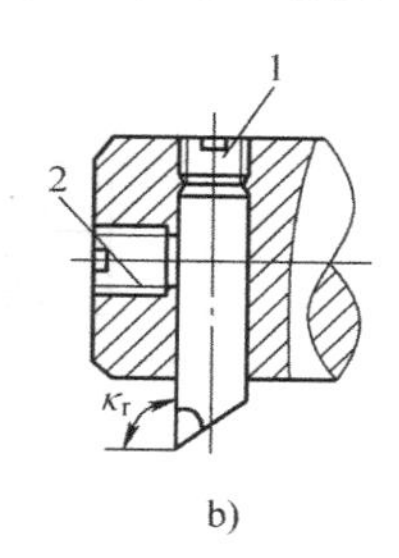


b)

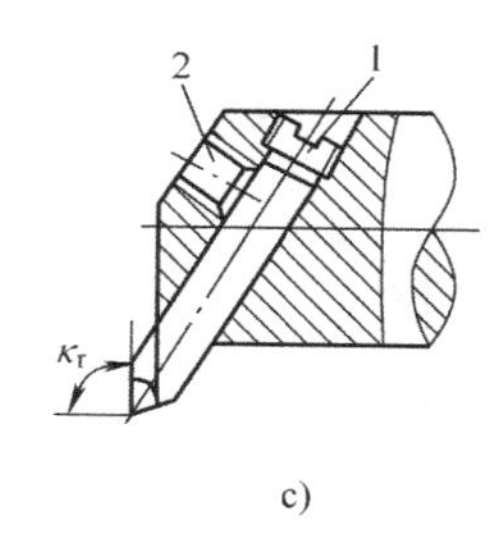


c)

图3-69 单刃镗刀的类型

1、2—螺钉

单刃粗镗刀的选配方法：

① 确认机床主轴锥孔结构（选配刀柄形式，如BT40、BT50）。

② 确认工件结构、孔径、深度及材料等。

③ 选配刀杆（根据孔径、孔深等）。

④ 选配镗刀头（根据刀杆前端的方孔）。

⑤ 选配刀片（根据刀片座、工件材料）。

4）可调式双刃镗刀：简单的双刃镗刀就是镗刀的两端有一对对称的切削刃同时参与切削，其优点是可以消除背向力对镗杆的影响，可以用较大的切削用量，对刀杆刚度要求低，不易振动，所以切削效率高。图3-70为近年来广泛使用的双刃机夹镗刀，其刀片更换方便，不需重磨，易于调整，对称切削镗孔的精度较高。同时，与单刃镗刀相比，每转进给量可提高一倍左右，生产率高。大直径的镗孔加工可选用可调双刃镗刀，其镗刀头部可做大范围的更换调整，最大镗孔直径可达1000mm。

可调式双刃粗镗刀的选配方法：

① 确认机床主轴锥孔结构（选配刀柄形式）。

② 确认工件结构、孔径、深度及材料等。

③ 选配镗刀头（根据孔径、结构等）。

④ 选配刀柄和接杆（根据孔深，接口型号要一致）。

⑤ 选配刀片（根据刀片座、工件材料）。

（2）模块式精镗刀　模块式精镗刀把镗刀分为基础杆、延长杆、变径杆、镗头、刀片座等多个部分，然后根据具体的加工内容（粗镗、精镗；孔径、孔深、形状；工件材料等）进行自由组合，可以用很少的组件组装成非常多种类的刀柄，如图3-71所示。

模块式精镗刀的选配方法：

① 确认机床主轴锥孔结构（选配刀柄形式，如BT40、BT50）。

② 确认工件结构、孔径、深度及材料等。

③ 选配镗刀头（根据孔径、结构等）。

④ 选配刀柄和接杆（根据孔深，接口型号要一致）。

⑤ 选配刀片（根据刀片座、工件材料）。

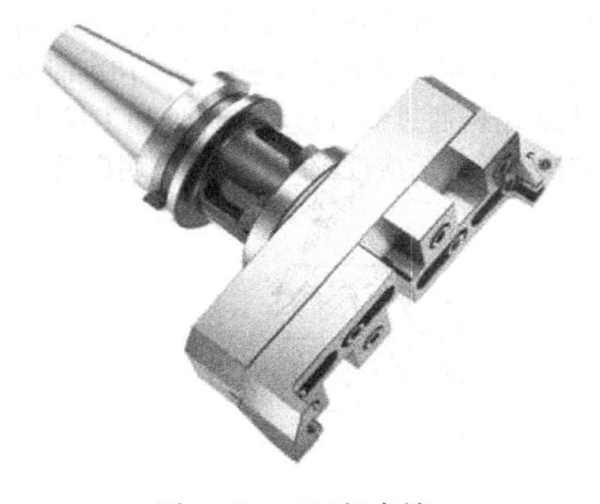

图3-70　双刃机夹镗刀

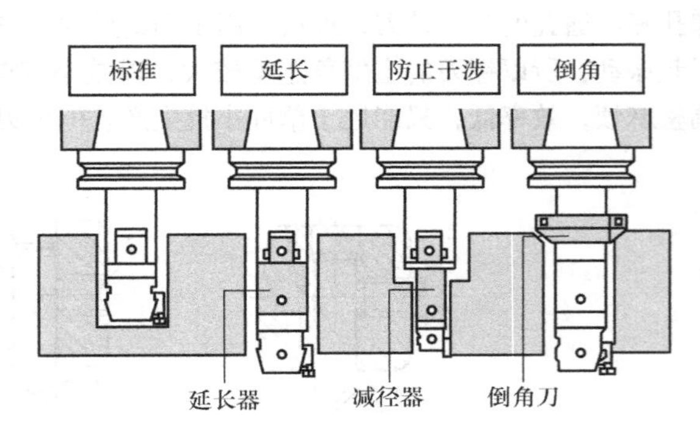


图3-71　模块式精镗刀

（3）小径精镗刀　小径精镗刀是通过更换前部刀杆和调整刀杆偏心获得调整直径目的的，由于调整范围广，且可加工小径孔，所以在模具和产品的单件、小批量生产中得以广泛应用。通过更换不同的刀杆，可以加工$\phi$2～$\phi$50mm的孔，可调范围大，所以成本较低。对于长径比较大的孔，可以采用钨钢防震刀杆进行加工。但对于$\phi$20mm以上的孔，其刚性和稳定性不如模块式镗刀。

小径精镗刀的选配方法：

① 确认机床主轴锥孔结构（选配刀柄形式，如BT40、BT50）。

② 确认工件结构、孔径、深度及材料等。

③ 选配镗刀调整头。

④ 选配刀头、刀杆（根据孔径、孔深和结构等）。

⑤ 选配钨钢刀杆套杆（可选项，工件刀杆直径）。

⑥ 选配刀柄（接口型号要一致）。

⑦ 选配刀片（根据刀片座、工件材料）。

精镗刀的径向尺寸可以在一定范围内调整，其调整精度可达$\phi$0.01mm。调整尺寸时，先松开拉紧螺钉，然后转动带刻度盘的调整螺母，待刀头调至所需尺寸，再拧紧螺钉。此种镗刀的结构比较简单，精度较高，通用性强，刚性好。

（4）镗孔切削用量　镗孔切削用量见表 3-14 ~ 表 3-16。

**表 3-14　镗孔切削用量**

| 工序 | 刀具材料 | 铸铁 | | 钢材 | | 铝及其合金 | |
|---|---|---|---|---|---|---|---|
| | | $v_c$ | $f$ | $v_c$ | $f$ | $v_c$ | $f$ |
| 粗镗 | 高速钢<br>硬质合金 | 20 ~ 25<br>30 ~ 35 | 0.4 ~ 1.5 | 15 ~ 30<br>50 ~ 70 | 0.35 ~ 0.7 | 100 ~ 150<br>100 ~ 250 | 0.5 ~ 1.5 |
| 半精镗 | 高速钢<br>硬质合金 | 20 ~ 35<br>50 ~ 70 | 0.15 ~ 0.45 | 15 ~ 50<br>90 ~ 130 | 0.15 ~ 0.45 | 100 ~ 200 | 0.2 ~ 0.5 |
| 精镗 | 高速钢<br>硬质合金 | 70 ~ 90 | 0.08<br>0.12 ~ 0.15 | 100 ~ 135 | 0.12 ~ 0.15 | 150 ~ 400 | 0.06 ~ 0.1 |

注：当采用高精度的镗头镗孔时，由于镗削余量较小，直径余量不大于 0.2mm，切削速度可以提高一些，铸铁件为 100 ~ 150m/min，钢件为 150 ~ 250m/min，铝合金为 200 ~ 400m/min，巴氏合金为 250 ~ 500m/min，每转进给量可在 0.03 ~ 0.1mm/r 范围内。

**表 3-15　CNC 机床粗镗刀加工参数**

| 加工孔径范围/mm | 背吃刀量 $a_p$/mm | 转速 $n$/(r/min) | 切削速度 $v_c$/(m/min) | 每分钟进给量/(mm/min) | 每转进给量/(mm/r) |
|---|---|---|---|---|---|
| ϕ20 ~ ϕ25 | 3 ~ 6 | 粗：<800<br>半精：<1000 | 粗：50<br>半精：70 | 粗：<320<br>半精：<480 | 0.4 |
| ϕ25 ~ ϕ32 | 3 ~ 6 | 粗：500 ~ 800<br>半精：700 ~ 1100 | 粗：50<br>半精：70 | 粗：200 ~ 320<br>半精：280 ~ 440 | 0.4 |
| ϕ32 ~ ϕ42 | 3 ~ 6 | 粗：750 ~ 1000<br>半精：900 ~ 1200 | 粗：100<br>半精：120 | 粗：300 ~ 400<br>半精：360 ~ 480 | 0.4 |
| ϕ42 ~ ϕ55 | 3 ~ 6 | 粗：800 ~ 1000<br>半精：900 ~ 1200 | 粗：140<br>半精：160 | 粗：320 ~ 400<br>半精：360 ~ 480 | 0.4 |
| ϕ55 ~ ϕ70 | 3 ~ 6 | 粗：700 ~ 900<br>半精：800 ~ 1000 | 粗：160<br>半精：180 | 粗：280 ~ 360<br>半精：320 ~ 400 | 0.4 |
| ϕ70 ~ ϕ85 | 3 ~ 6 | 粗：600 ~ 750<br>半精：650 ~ 800 | 粗：160<br>半精：180 | 粗：300 ~ 370<br>半精：330 ~ 400 | 0.5 |
| ϕ85 ~ ϕ100 | 3 ~ 6 | 粗：350 ~ 450<br>半精：450 ~ 550 | 粗：120<br>半精：140 | 粗：170 ~ 250<br>半精：220 ~ 280 | 0.5 |
| ϕ100 ~ ϕ115 | 3 ~ 6 | 粗：330 ~ 380<br>半精：380 ~ 450 | 粗：120<br>半精：140 | 粗：160 ~ 190<br>半精：190 ~ 220 | 0.5 |
| ϕ115 ~ ϕ130 | 3 ~ 6 | 粗：300 ~ 330<br>半精：350 ~ 380 | 粗：120<br>半精：140 | 粗：150 ~ 170<br>半精：160 ~ 190 | 0.5 |

表 3-16 CNC 机床精镗刀加工参数

| 加工孔径范围/mm | 背吃刀量 $a_p$/mm | 转速 $n$/(r/min) | 切削速度 $v_c$/(m/min) | 每分钟进给量/(mm/min) | 每转进给量/(mm/r) |
|---|---|---|---|---|---|
| ϕ20 ~ ϕ25 | 0.2 ~ 0.4 | 1200 ~ 1600 | 100 | 100 ~ 120 | 0.08 |
| ϕ25 ~ ϕ32 | 0.2 ~ 0.4 | 1000 ~ 1200 | 100 | 80 ~ 100 | 0.08 |
| ϕ32 ~ ϕ42 | 0.2 ~ 0.4 | 900 ~ 1200 | 120 | 70 ~ 100 | 0.08 |
| ϕ42 ~ ϕ55 | 0.2 ~ 0.5 | 700 ~ 900 | 120 | 70 ~ 90 | 0.1 |
| ϕ55 ~ ϕ70 | 0.2 ~ 0.6 | 630 ~ 800 | 140 | 60 ~ 80 | 0.1 |
| ϕ70 ~ ϕ85 | 0.2 ~ 0.8 | 600 ~ 720 | 160 | 60 ~ 70 | 0.1 |
| ϕ85 ~ ϕ100 | 0.2 ~ 0.8 | 510 ~ 600 | 160 | 50 ~ 60 | 0.1 |
| ϕ100 ~ ϕ115 | 0.2 ~ 0.8 | 500 ~ 700 | 180 | 60 ~ 70 | 0.12 |
| ϕ115 ~ ϕ130 | 0.2 ~ 0.8 | 440 ~ 500 | 180 | 50 ~ 60 | 0.12 |

（5）加工步骤

1）用钻头钻底孔，底孔直径应比镗孔直径小 3 ~ 5mm。若底孔已铸出，此步省略。

2）粗镗，粗镗后留有 3 ~ 6mm 余量。

3）半精镗，半精镗留有 0.2 ~ 0.4mm 余量，采用对刀仪测量镗刀直径。ϕ20 ~ ϕ25mm、ϕ25 ~ ϕ32mm 可以用铰刀铰孔。

4）精镗，采用对刀仪测量镗刀直径，精镗刀直径调整前应确认每小格的调整量，注意分辨调整量是直径值还是半径值。

5）用内径量表或光滑极限塞规检测，如不合格，再次调整。

6）表 3-14 ~ 表 3-16 中的参数适合长径比小于 4 的情况，若长径比大于 4，对应的切削用量应调小 20% ~ 30%。

**注意：** 如果镗削的是不通孔，在镗削前建议使用 M00，用气枪吹干净孔内切屑后再镗削。

## 3.9.8 镗孔循环指令 G86

指令格式：

G86 X__ Y__ Z__ R__ F__ K__;

该指令用于镗孔加工，采用单刃镗刀或双刃镗刀。

孔加工动作：快速定心后，快速到达 $R$ 点平面，切削进给到孔底，输出 M05，然后快速返回初始平面或 $R$ 点平面后，主轴再次正转。

镗孔循环指令 G86 的两种返回形式如图 3-72 所示。

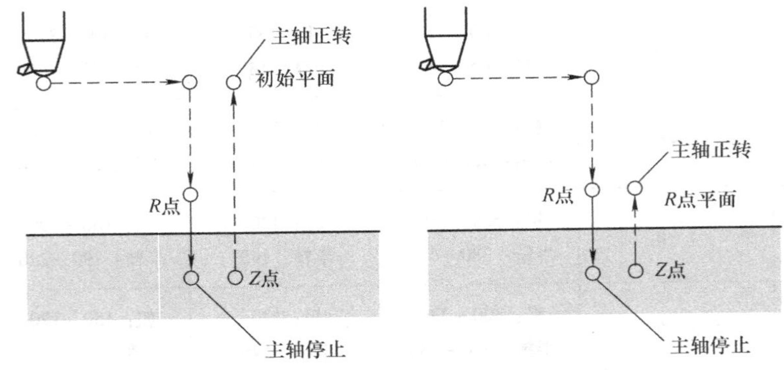


图 3-72 镗孔循环指令 G86 的两种返回形式

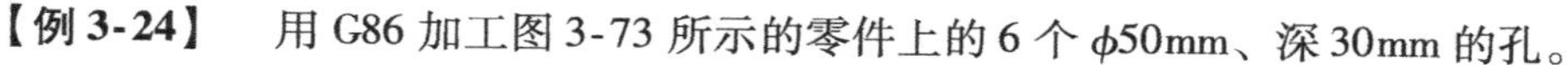

【例 3-24】　用 G86 加工图 3-73 所示的零件上的 6 个 $\phi$50mm、深 30mm 的孔。

```
O0170;
T01;                        T01 为 φ50mm 双刃镗刀
M06;
G90 G57 M08;
G00 G43 H01 Z80. S800 M03;
G99 G86 X-150. Y150. Z-33. R2. F120;
Y0;
Y-150.;
X150.;
Y0;
G98 Y150.;
G80 M09;
G91 G28 Z0 M05;
M30;
```

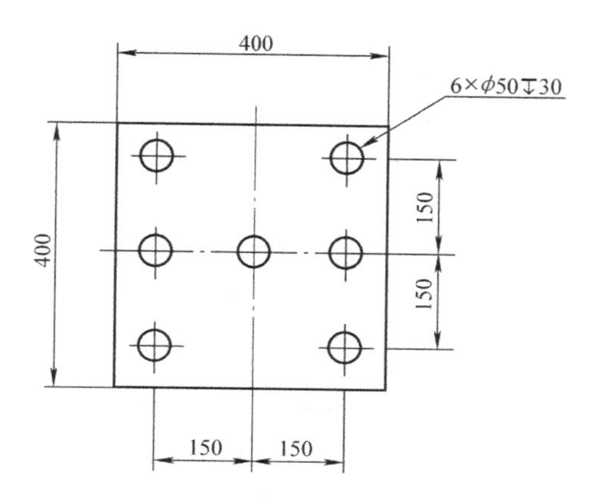


图 3-73　G86 编程应用举例

G86 指令在孔底主轴停止之后，快速返回初始平面或 *R* 点平面，在孔壁上会留下一道或两道划痕，因此适合粗镗。而 G76 指令则不会划伤孔壁。

### 3.9.9　精镗孔循环指令 G76

指令格式：

G76 X__ Y__ Z__ R__ P__ Q__ F__ K__;

该循环适合孔的精镗加工，用单刃镗刀。

孔加工动作：快速定心后，快速到达 *R* 点平面，切削进给到孔底，暂停一段时间后，输出 M19，刀具沿着与刀尖相反的方向偏移指定的距离 *q* 后，然后快速返回初始平面或 *R* 点平面，刀具沿刀尖方向偏移 *q* 到孔心，主轴再次正转。

精镗孔循环指令 G76 的两种返回形式和偏移量 *q* 如图 3-74 所示。

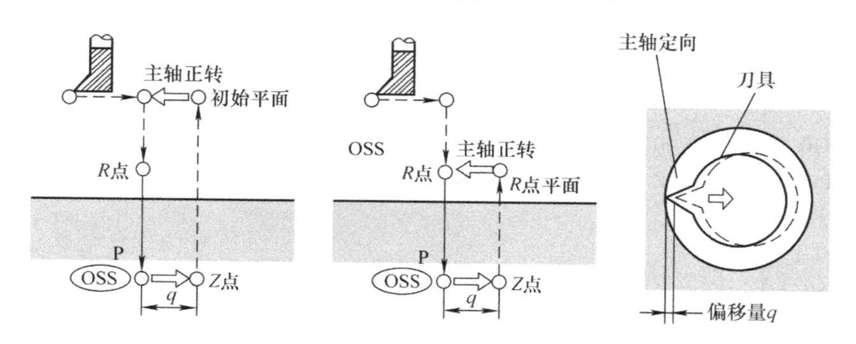


图 3-74　精镗孔循环指令 G76 的两种返回形式和偏移量 *q*

**注意：**必须在 M19 的方式下装刀，同时考虑到退刀的方向！

*q* 的取值略大于工件材料的让刀量即可，一般为 0.2 ~ 0.5mm，*q* 指定为正值，如果 *q* 指定为负值，符号被忽略。其偏移方向为：

1）在 FANUC 0*i*-MC 上，由参数 No. 5101 的 #4 和 #5 设定偏置方向。根据平面选择，设定方向。FANUC 0$i$－MC 面板镗孔的退刀方向设定见表 3-17。

**表 3-17　FANUC 0$i$－MC 面板镗孔的退刀方向设定**

| #5 | #4 | G17 | G18 | G19 |
|---|---|---|---|---|
| 0 | 0 | $+X$ | $+Z$ | $+Y$ |
| 0 | 1 | $-X$ | $-Z$ | $-Y$ |
| 1 | 0 | $+Y$ | $+X$ | $+Z$ |
| 1 | 1 | $-Y$ | $-X$ | $-Z$ |

2）在 FANUC 0$i$－MD 上，由参数 No. 5148 设定偏置方向，设定如下：＋1，朝＋$X$ 向退刀；－1，朝－$X$ 向退刀；＋2，朝＋$Y$ 向退刀；－2，朝－$Y$ 向退刀；＋3，朝＋$Z$ 向退刀；－3，朝－$Z$向退刀。

由于 $q$ 的值过小，万一装刀时装反了方向，相差了 180°，加工后的孔壁就会留下一条划痕，那么如何快速判断退刀方向呢？

很简单，在保证安全的前提下，装刀之后编几段程序验证一下就行，如：

```
G 54  G90;
G00  G43  H 09  Z 40.  M03  S 300;
G76  X 10.  Y 20.  Z 2.  R 8.  P100  Q 60.  F 120;
……
```

在这里，$q$ 的值故意被设置得比较大，为“60.”，运行时可以再把 G00 速度和进给倍率调小点，就很容易看出退刀方向，根据刀尖的朝向和退刀方向来判断刀具是否装反了，也能检验退刀方向参数是否需要修改。

有时候，在加工的过程中，突然的停电是不可预知的。比如在下列程序中，当镗好了前两个孔后突然停电，来电开机回零点后，如果已加工过的孔再次镗削，尺寸肯定镗大了，程序中剩下的孔怎么加工呢？

**【例 3-25】**

```
G58  G90;
G00  G43  H10  Z80.  M03  S1200;
G99  G76  X－40.  Y－30.  Z－63.  R2.  P80  Q0.3  F120;
X－90. Y－120.;
X30. Y－100.;
X100.  Y－80.;
X0  Y110.;
X60.  Y60.;
X10.  Y200.;
……
```

有人说，用“/”跳过前 2 段程序，把镗第 1 个孔的相关钻孔信息加入到第 3 个孔的程序上，否则第 3 个及以后的镗孔位置只是一个坐标，而不镗孔；有人说，提前把刀卸下来，等到加工第 3 个孔时，向＋$Z$ 方向移动足够装刀的距离，停止主轴后再把刀具装上，移动到原来位置后，再起动主轴；有人说，打到[单段]，当刀具到达 $R$ 点平面后，转为[手动]，向＋$Z$ 方向移动至少 $R$ 到孔底的距离（本例为 65mm），然后主轴正转，转为[自动]，单击[循环启动]……

以上方法或许都可以，但从跨越这 2 个孔所需时间、操作的烦琐程度和加工下一个工件对程序的再次修改方面来说，都有欠缺。最简单便捷的方法就是修改程序为：

```
G 58  G90;
G00  G43  H10  Z80.  M03  S1200;
G99  G76  X-40.  Y-30.  Z1.  R2.  P80  Q0.3  F120;
X-90. Y-120. ;
X30. Y-100.  Z-63. ;
X100.  Y-80. ;
X0  Y110. ;
X60.  Y60. ;
X10.  Y200. ;
……
```

把镗第 1 个孔时的镗削深度“Z-63.”修改为“Z1.”，把镗第 3 个孔的程序里加上镗孔深度“Z-63.”；在加工下一个工件时，把镗削第 1 个孔的深度改回去就行了，第 3 个孔的深度不必修改。

**注意**：镗刀微调时应根据已镗削尺寸和需镗削尺寸的差，在调动尺寸时最好能和指示表一起校对，要注意百分表的读数之差是半径值而非直径值。双刃镗刀要打表查看两刃是否对称。

## 3.9.10 背镗孔循环指令 G87

指令格式：

G87 X__ Y__ Z__ R__ P__ Q__ F__ K__;

该循环适合孔的背镗加工，采用单刃镗刀。

孔加工动作：从初始平面快速定心后，主轴 M19 定向停止，刀具沿着与刀尖相反的方向偏移指定的距离 $q$ 后，快速到达 $R$ 点平面，刀具沿刀尖方向偏移 $q$ 到孔心，主轴正转，切削进给到孔底 $Z$ 点，暂停一段时间后，输出 M19，刀具再次沿着与刀尖相反的方向偏移指定的距离 $q$ 后，然后快速返回初始平面，刀具再次沿刀尖方向偏移 $q$ 到孔心，主轴再次正转。

背镗孔循环指令 G87 的返回形式和偏移量 $q$ 如图 3-75 所示。该指令只有 G98 一种返回方式，因为 $R$ 点平面低于 $Z$ 点，所以没有 G99 返回 $R$ 点平面的方式。

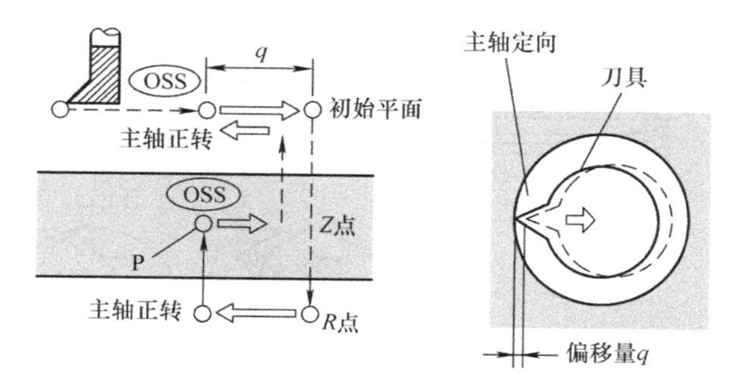


图 3-75 背镗孔循环指令 G87 的返回形式和偏移量 $q$

如图 3-76 所示，该指令适合加工通孔，自下而上镗削，并且工件底部要悬空，加工后的孔，下大上小。**注意刀尖并不在刀柄的最下方**，而是偏上有一段距离，*R* 的取值要比通孔底端的坐标向下这段距离再低 2～5mm。执行背镗孔循环加工孔时，一定要注意刀尖沿反方向偏移 *q* 值后刀杆是否会与已经加工好的孔壁发生干涉。一般背镗孔常用于孔位同心度要求较高、工件太大或太重，不方便反面加工或反面加工不方便找正的情况下。模块式镗刀上标有“BACK BORING”的就是背镗刀模块。

**注意**：必须在 M19 的方式下装刀，同时考虑到退刀的方向！

*q* 的取值：比反镗孔和通过孔的半径差略大 0.2～0.5mm 即可。*q* 指定为正值，如果 *q* 指定为负值，符号被忽略。其偏移方向同 G76 的相关介绍。

例如通过孔为 ϕ57H6，反镗孔为 ϕ60H8，可以编程为“Q1.8”，比两者的半径差大 0.3mm。

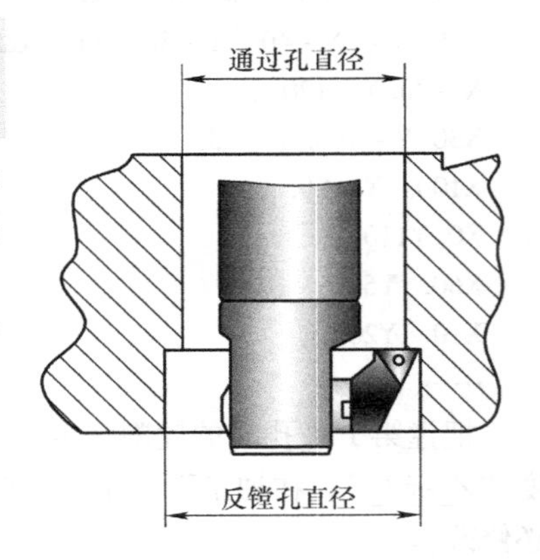

图 3-76　G87 加工示意图

### 3.9.11　铰孔加工

大孔的精加工常用镗刀，小孔的精加工则常用铰刀。

铰刀是确定最终尺寸的成形刀具，不用作切除掉较大的毛坯余量。铰刀是具有一个或多个刀齿、用以切除已加工孔表面薄层金属的旋转刀具，具有直刃或螺旋刃的旋转精加工刀具，用于扩孔或修孔。

铰孔是利用多刃铰刀切除工件孔壁上微量金属层的精加工孔的方法。铰孔操作方便，效率高，在批量生产中应用广泛。由于铰刀尺寸精确，刚度高，所以特别适合加工直径较小、长度较长的孔。铰孔尺寸公差等级可达 IT7～IT9，表面粗糙度 *Ra* 值可达 0.4μm。

**1. 铰刀的几何形状和种类**

铰刀的形状如图 3-77 所示，它由工作部分、颈部、柄部组成，工作部分由引导部分、切削部分、修光部分、倒锥组成。铰刀的柄部有圆柱形、圆锥形和方榫形三种。

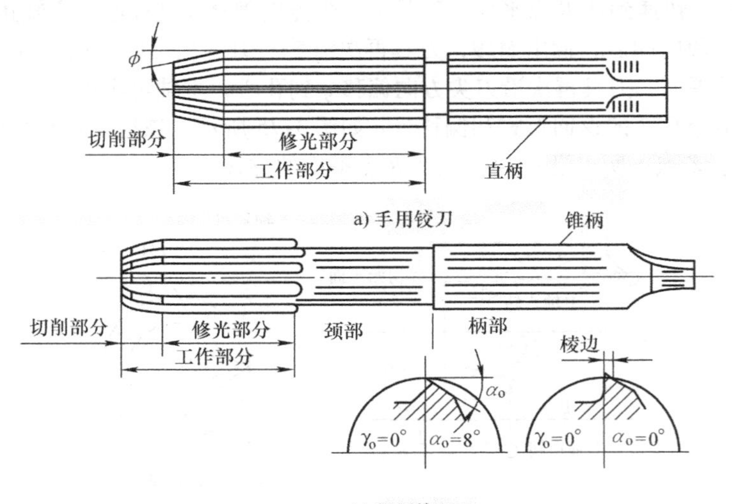

图 3-77　铰刀

铰刀最容易磨损的部位是切削部分和修光部分的过渡处，而且这个部分直接影响工件的表面粗糙度，因此该处不能有尖棱。

铰刀的刀齿数一般为4～10，为了测量直径的方便，多数采用偶数齿。

用来加工圆柱形孔的铰刀比较常用。用来加工锥形孔的铰刀是锥形铰刀，比较少用。按使用方式，铰刀可分为手用铰刀和机用铰刀，机用铰刀又可分为直柄铰刀和锥柄铰刀，手用铰刀则是直柄型的。

铰刀按切削部分的材料可分为高速钢铰刀和镶硬质合金铰刀。

**2. 铰削用量的确定**

（1）铰削余量　铰孔之前，一般先钻孔或扩孔，并留出铰削余量，余量的大小直接影响铰孔质量。余量过大，切屑挤满在铰刀的齿槽中，使切削液不能进入切削区，刀齿的切削负荷和变形增大，切削热增加，使铰刀的直径胀大，加工孔径扩大，被加工表面呈撕裂状态，致使尺寸精度降低，表面粗糙度值增大，加剧了铰刀的磨损，甚至崩刃。余量过小，上一道工序的残留变形难以纠正，原有刀痕不能去除，铰削质量达不到要求。

选择铰削余量时，应考虑到加工孔径的大小、材料软硬、尺寸精度、表面粗糙度等要求及铰刀类型等等因素的影响。

（2）切削速度　为了获得较小的表面粗糙度值，必须避免铰削时产生积屑瘤，减少切削热及变形，减少铰刀的磨损，因此应选用较小的切削速度。用高速钢铰刀铰削钢件时，$v_c \leqslant 8$m/min；铰削铸铁件时，$v_c \leqslant 10$m/min；铰削铜、铝件时，$v_c$ 取8～12m/min。

（3）进给量　进给量大小要适当：过大则铰刀容易磨损，也影响工件的加工质量；过小则很难切下金属材料，形成挤压，使工件产生塑性变形和表面硬化，推挤形成凸峰，当刀刃切入时就会撕去大片切屑，使表面粗糙度值增加，加快刀具磨损。

机铰钢件和铸铁件时，$f_r$ 取0.5～1mm/r；机铰铜件和铝件时，$f_r$ 取1～1.2mm/r。

（4）切削液的选用　铰孔时，切削液对孔的扩张量与表面粗糙度有一定的影响。一般情况下，干铰后的孔径偏大，油性切削液铰削后的孔径适中，水性切削液铰削后的孔径偏小。

根据切削液对孔径的影响，当使用新铰刀铰削钢材时，可以选用浓度10%～15%的乳化液，这样孔不容易扩大。当铰刀磨损到一定程度时，可以用油性切削液，使孔略微扩大一些。

根据切削液对表面粗糙度的影响和铰孔实验证明，铰孔时必须加注充足的切削液。铰削铸铁时，可以选用煤油作为切削液。

**3. 铰孔的工作要点**

1）工件要找正、夹紧，但对薄壁零件的夹紧力不要过大，以防把孔夹扁，可以增大接触面积，使夹紧力均匀。

2）铰削前孔口要倒角。铰刀不能反转，退出时也要正转。反转会使切屑挤压在孔壁和铰刀的刀齿后刀面之间，将已加工好的孔壁刮毛；同时也使铰刀容易磨损，甚至崩刃。

3）机用铰刀要在铰刀退出后才能让主轴停止转动，否则孔壁会有刀痕或拉毛。铰削通孔时，铰刀的切削部分不能全部出头，否则孔的下端会刮坏。

4）加工不通孔时先钻孔后铰孔，但在钻孔过程中必然会在孔内留下一些切屑影响铰孔的正常操作。所以，应在铰孔之前用M00指令，用气枪吹干净孔内的切屑后再铰孔。

5）铰孔时建议使用G85指令，其返回时是进给速度；若用G81，返回时是快速移动，会影响孔壁的加工质量。

**4. 铰孔中常见缺陷、产生原因及解决措施**（见表3-18）

**表 3-18 铰孔中常见缺陷、产生原因及解决措施**

| 常见缺陷 | 产生原因 | 解决措施 |
| --- | --- | --- |
| 孔壁表面有粗糙沟纹 | 铰刀的切削部分与修光刃部分表面粗糙度值大 | 对表面粗糙度值大的部分加以精磨或研磨 |
| | 铰刀刃口不锋利，已经磨损 | 刃磨铰刀刃口 |
| | 切削刃有过大偏摆 | 重新磨准切削刃的齿背 |
| | 出屑槽内切屑粘积太多 | 随时提刀，及时清除 |
| | 刃口留有积屑瘤 | 用磨石轻轻除去 |
| | 刀齿上有崩裂缺口 | 换新铰刀或将缺口磨去 |
| | 刃口留有毛刺 | 用磨石磨去 |
| | 切削刃与修光刃部分过渡处有尖棱 | 用磨石将尖棱磨成小圆弧的过渡切削刃 |
| | 铰孔余量过大 | 改变粗加工尺寸，减小余量 |
| | 转速太快 | 降低转速 |
| | 夹头制造不当，以致切削不均匀 | 最好采用浮动夹头 |
| | 切削液供应不足或选用不当 | 采用冷却性较好的切削液并加充足 |
| | 由于材料关系，不适用前角 $\gamma_o=0°$ 或负前角的铰刀 | 更换前角 $\gamma_o=5°\sim10°$ 的铰刀 |
| 铰孔后孔径扩大 | 转速太快，铰刀温度上升 | 降低转速或加入足够的切削液 |
| | 夹头不灵活或夹持的位置不好 | 安装铰刀前必须将铰刀锥柄及机床主轴锥孔内部油污擦净，锥面有磕碰处用磨石修光或修磨铰刀扁尾或采用浮动夹头 |
| | 进给量不当或加工余量过大 | 适当调整进给量或减少加工余量。 |
| | 由于没有仔细检查铰刀直径，特别是新铰刀，因为有些新铰刀没有磨过锋口，它的尺寸可能大于要求尺寸 | 应仔细检查铰刀直径，或更换铰刀 |
| | 铰刀修光刃部分的刃面径向圆跳动太大 | 用磨石仔细修整到合格，控制摆差在允许的范围内 |
| 铰孔后孔径缩小 | 铰刀超过磨损标准还继续使用，引起过大收缩量 | 更换新铰刀；适当提高切削速度；适当降低进给量；适当增大主偏角；选择润滑性能好的油性切削液 |
| | 铰削钢料时，由于铰削余量过大，当铰刀加工完退出后，内孔弹性复原使孔径缩小 | 设计铰刀尺寸时，应考虑上述因素，或根据实际情况取值；作试验性切削，取合适余量，将铰刀磨锋利 |
| 铰刀过早地磨钝 | 铰刀在刃磨时灼伤 | 谨慎地把灼伤处磨去 |
| | 切削液未能顺利地流入切削处 | 经常清除出屑槽内的切屑，用足够压力的切削液 |
| | 铰刀刃磨后粗糙度不符合要求 | 通过精磨或研磨达到要求 |
| 铰出的孔端部呈喇叭形 | 夹头制造不当 | 应用合适的浮动夹头 |
| | 刃带已磨损 | 修磨刃带 |
| | 切削锥角不适当 | 适当修磨锥角角度 |
| | 铰孔时，修光刃部分未进入孔时已扩大 | 采用浮动装置的心轴 |

（续）

| 常见缺陷 | 产生原因 | 解决措施 |
| --- | --- | --- |
| 铰出内孔不圆 | 切削用量选择不当 | 采用适当的切削用量 |
| | 由于薄壁工件装夹得过紧，卸下后工件变形 | 采用恰当的夹紧方法，减小夹紧力 |
| | 工件装夹过松，有颤动现象 | 选择可靠的定位面，在夹具中重新夹紧 |
| | 工件表面有气孔、缺口、交叉孔、砂眼 | 选择合格毛坯 |
| | 铰刀过长，刚性不足，铰削时产生振动 | 刚性不足的铰刀可采用不等分齿距的铰刀，铰刀的安装应采用刚性连接，增大主偏角 |
| 铰刀刀齿崩刃 | 切削刃跳动过大，切削载荷不均匀 | 每次刃磨后，检查径向圆跳动量 |
| | 铰深孔时，切屑太多，未及时排出 | 注意及时清除切屑，或采用排屑较好的刃倾角的铰刀 |
| | 刃磨时刀齿已磨裂 | 注意刃磨质量 |
| | 加工余量过大 | 修改预加工时的孔径尺寸 |
| | 工件材料硬度太高 | 降低工件硬度或改用负前角铰刀或硬质合金铰刀 |
| 铰刀刀柄折断 | 铰孔余量过大 | 修改预加工的孔径尺寸或增加粗铰工序 |
| | 铰锥孔时，粗精铰削余量分配及切削用量选择不合适 | 修改余量分配，合理选择切削用量，先粗铰再精铰，严格遵守操作规程 |
| | 铰刀刀齿过密 | 减少铰刀齿数，加大容屑空间或将刀齿间隙磨去一齿 |
| 铰孔后，孔的中心线不直 | 铰孔前的钻孔不直 | 增加扩孔或镗孔工序校正孔 |
| | 切削刃的锥角过大 | 修磨减小锋角 |
| | 倒锥角过大 | 调整合适的新铰刀 |
| | 铰刀在断续孔中间空隙处位移 | 调换有导向部分或加长切削部分的铰刀 |

注：钻孔之后需留有一定的铰削余量，孔径≤$\phi$5mm，直径留0.1～0.2mm的余量；孔径在$\phi$5～$\phi$20mm，直径留0.2～0.3mm的余量；孔径在$\phi$21～$\phi$32mm，直径留0.3mm的余量；孔径在$\phi$33～$\phi$50mm，直径留0.5mm的余量；孔径在$\phi$51～$\phi$70mm，直径留0.8mm的余量。

### 3.9.12 铰孔、镗孔循环指令G85

指令格式：

G85 X__ Y__ Z__ R__ F__ K__；

该循环用于铰孔、镗孔加工。

孔加工动作：沿*X*轴和*Y*轴定位之后，刀具快速移动到*R*点平面。之后，从*R*点平面到*Z*点进行镗孔加工。在到达*Z*点后，刀具以切削进给的方式返回到*R*点平面或初始平面。

镗孔循环指令G85的两种返回形式如图3-78所示。

### 3.9.13 镗孔循环指令G88

指令格式：

G88 X__ Y__ Z__ R__ P__ F__ K__；

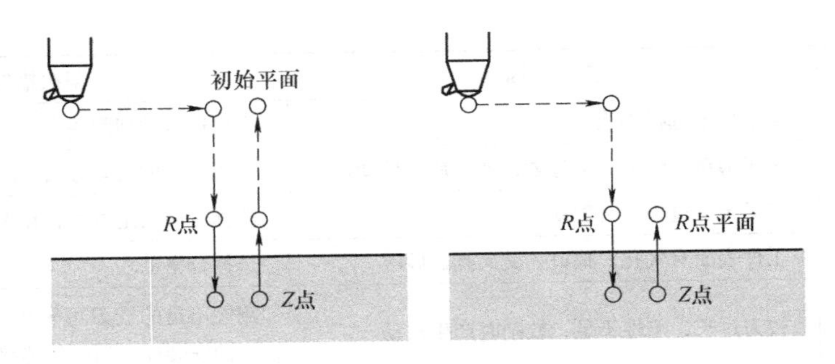


图 3-78　镗孔循环指令 G85 的两种返回形式

该循环用于镗孔加工。

孔加工动作：沿 *X* 轴和 *Y* 轴定位之后，刀具快速移动到 *R* 点平面。从 *R* 点平面到 *Z* 点进行镗孔操作。之后，刀具在孔底暂停，而后主轴停止，并进入保持状态。因此，此时可以切换到手动方式，手动移动刀具。什么样的手动动作都可以进行，但是，最后应将刀具从孔中抽出较为安全。在重新开始加工时，如果在 DNC 运行方式或存储器运行方式启动，刀具按照 G98 或 G99 返回到初始平面或 *R* 点平面后，主轴正转，而后按照下一个程序段的程序指令重新开始动作。

镗孔循环指令 G88 的两种返回形式如图 3-79 所示。

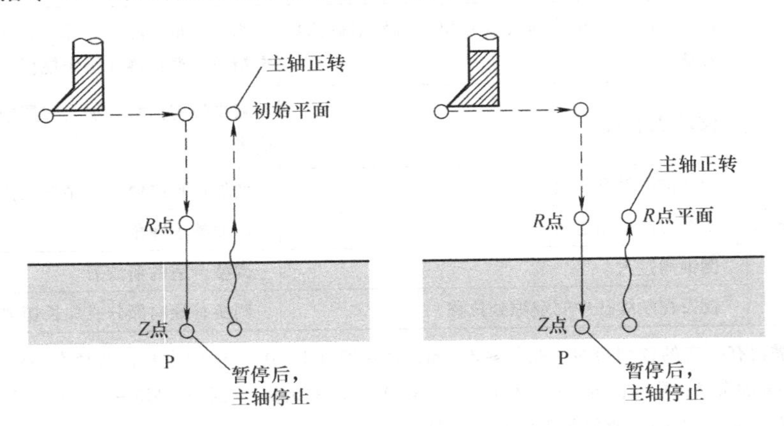


图 3-79　镗孔循环指令 G88 的两种返回形式

## 3.9.14　镗孔循环指令 G89

指令格式：

G89 X __ Y __ Z __ R __ P __ F __ K __;

该循环用于镗孔加工。

孔加工动作：这一循环动作与 G85 相同，但是在孔底执行暂停操作。

镗孔循环指令 G89 的两种返回形式如图 3-80 所示。

## 3.9.15　取消固定循环指令 G80

指令格式：

G80;

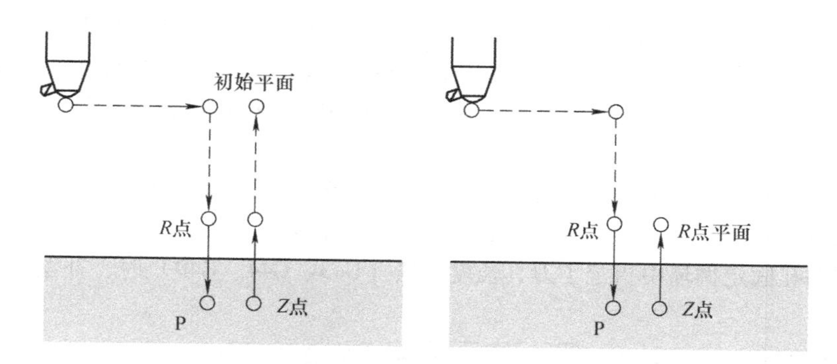


图 3-80　镗孔循环指令 G89 的两种返回形式

取消所有的钻孔用固定循环，之后进行正常的操作。*R* 点平面和 *Z* 点也被取消。其他钻孔数据也均被取消。

## 3.9.16　使用孔加工固定循环指令的注意事项

1）在指定孔加工固定循环指令之前，必须先使用 M 和 S 代码使主轴旋转。在使用主轴停止指令 M05 之后，一定注意要再次使主轴旋转。

2）在固定循环模态方式下，包含 X、Y、Z、R 的位置数据的程序段将执行固定循环。如果一个程序段不包含前面任何一个地址，则在该程序段中将不执行固定循环，G04 中的地址 X 除外。另外，G04 中的地址 P 不会改变孔加工参数中的 P 值，也不会被作为模态信息保存。如果 Z 的移动量为 0，固定循环指令不执行。

3）孔加工参数 P、Q 必须在固定循环被执行的程序段中编写，否则所指令的 P、Q 值无效。

4）在执行含有主轴旋转控制的固定循环（G74、G76、G84、G86、G88）时：使用 G99 方式，孔间距较小或 *R* 点平面与钻孔表面距离太小；或使用 G98 方式，孔间距较小或 *R* 点平面与钻孔表面距离太小或初始平面到 *R* 点平面的距离太小，则在刀具开始切削进给时，主轴有可能还没有达到指定的转速。在这种情况下，需要在每个孔加工动作间插入 G04 暂停指令，以使主轴获得达到正常转速所需的时间，但此时不用 K 编程。

5）01 组 G 代码也起到取消固定循环的作用，所以请不要将固定循环指令和 01 组 G 代码编写在同一程序段中。

当用 01 组指令 G00 ~ G03、G60（No. 5431#0 = 1 时）之一注销固定循环时，若其中之一和固定循环出现在同一程序段，按照先后顺序执行，但多数情况下，很少有人这么编程。

当程序格式为“G00 ~ 03、60 G □□ X __ Y __ Z __ R __ P __ Q __ F __ K __；时，按 G □□ 指定的固定循环运行；当程序格式为“G □□ G 00 ~ 03、60 X __ Y __ Z __ R __ P __ Q __ F __ K __；”时，按 G00（或 G02、G03、G60）进行 *X*、*Y* 移动，若是 G02、G03，R 被看作圆弧半径。

6）如果在执行固定循环的程序段中指定了一个 M 代码，M 代码在最初定位时执行。当同时指定了重复加工次数 K 时，仅在第 1 次时执行 M 代码，第 2 次以后不再执行。

7）在固定循环模态下，刀具偏置指令 G45 ~ G48 将被忽略不执行。

8）当钻孔循环由单程序段来完成时，在动作 1、2、6 的终点停下来。因此，钻一个孔要启动 3 次。在动作 1、2 的终点，进给保持指示灯点亮并停止操作。如果指定了重复次数 K，在进给保持条件下该动作停止在动作 6 的终点，在其他情况下它在单程序段停止状态下停止。另外，G87 的 *R* 点不会停止，G88 在 *Z* 点暂停后停止。

9）在执行 G74 和 G84 时，$Z$ 轴从 $R$ 点平面到 $Z$ 点和从 $Z$ 点到 $R$ 点平面两步操作之间，如果按下进给保持按钮，进给保持指示灯立即会亮，但机床的动作却不会立即停止，直到 $Z$ 轴返回 $R$ 点平面后才进入进给保持状态。在执行 G74 和 G84 循环中，进给倍率开关无效，进给倍率被固定在 100%。

10）采用重复次数 K 编程时，应采用 G91、G99/G98 方式；如果采用 G90 方式，则不能钻出 K 个孔，仅仅是在第一个孔位置处往复钻 K 次，结果还是一个孔。

11）当在钻孔固定循环中指定了刀具长度补偿（G43、G44、G49）时，补偿在执行定位到 $R$ 点的同时执行。

12）在固定循环中途，若按下复位或急停按钮使数控系统停止，但这时孔加工方式和孔加工数据还被保存着，所以在重新开始加工时要特别注意，应使固定循环剩余动作进行到结束后，再执行其他动作，或在MDI方式下执行 G80。

13）固定循环中坐标系的设定：指定的轴以设定的工件坐标系移动。对于地址 Z 和 R，当工件坐标系切换时即使值一样，在程序中也需再次指定，因为切换后的工件坐标系中的 $Z$ 值不一定和原来的值相同。

**【例 3-26】**

G54 X$X_1$ Y$Y_1$ Z$Z_1$；
G81 X$X_2$ Y$Y_2$ Z$Z_2$ R$R_2$；
G55 X$X_3$ Y$Y_3$ Z$Z_2$ R$R_2$；即使 Z、R 与在原先坐标系的值相同，仍需再次指定
X$X_4$ Y$Y_4$；
X$X_5$ Y$Y_5$；

## 3.10 子程序及其用法

在一个加工程序的若干位置上，如果包括有一个或多个在加工轨迹上完全相同或类似的内容，为了简化编程，可以把这些程序段单独抽出，并按照一定的格式编成子程序并单独加以命名，称之为子程序，原来的程序称为主程序。主程序在执行时可以调用子程序，执行完子程序后又可返回到主程序，继续执行后面的程序段。

在 FANUC 0$i$－MC 面板中，子程序的调用格式为：

M98 P□□□○○○○；

在 FANUC 0$i$－MD 面板中，子程序的调用格式为：

M98 P□□□□○○○○；或 M98 P○○○○ L□□□□□□□□；

其中，□□□或□□□□为子程序重复调用的次数，在 FANUC 0$i$－MC 面板中，最多可以重复调用 999 次；在 FANUC 0$i$－MD 面板中，前一种格式可以重复调用 9999 次，后一种格式可以调用 99999999 次，如果省略，则表示调用 1 次。当调用次数未输入时，子程序名的前导 0 可省略；当输入调用次数时，子程序名必须为 4 位数。

○○○○指定调用的子程序名。

M99 通常用在子程序末尾，它表示子程序结束，并返回主程序。除此之外，它还有另外的用法。

① M99 用在主程序末尾或 MDI 方式中程序的末尾，表示无限循环，执行了 M99 之后光标返回程序开头。可以这样使用："/M99;" 或 "G04 X __; /M99;"，用跳段来控制 M99 是否执行。

有些工人用“G04 X __；/M99；”编程来结束主程序，他装卸工件的时间比较短，编写的暂停时间相对较长，当暂停没有结束时已经换上了新的工件，但不建议这么编程，以免出现危险。还有，主程序末尾使用M99时，和使用M30结尾不同，M99不给工件计数器计数。

② 特殊用法：如果用P指定一个顺序号，当子程序结束时，子程序不是返回到调用该子程序的那个程序段后的一个程序段，而是返回到有P指定其顺序号的那个程序段。但是，要**注意如果主程序不是在存储器方式工作，则P被忽略**。用这种方法比起正常返回到子程序方法要耗费长得多的时间。

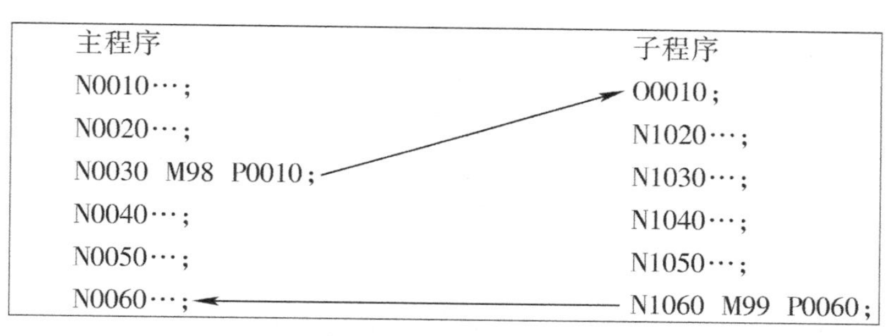


M98、M99也可以编在含有移动的指令后面。此时，M98、M99在产生移动后执行，即为后作用M功能，例如：

G00 X100. M98 P1234；

G00 X100. M99；

在FANUC 0*i*－MC面板中，子程序调用可以嵌套4级；在FANUC 0*i*－MD面板中，子程序调用可以嵌套10级。

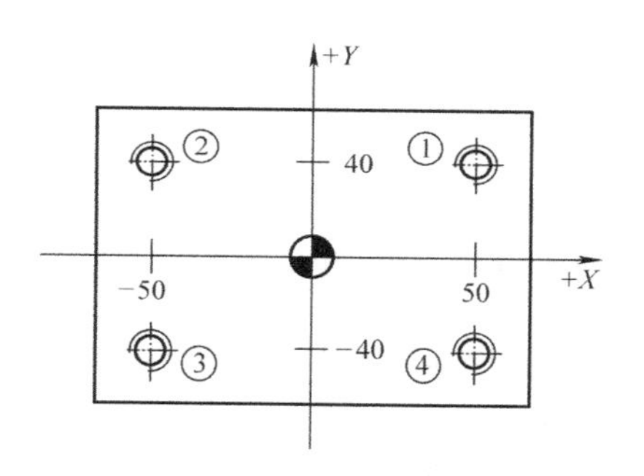


图3-81 固定循环时M98的应用

**【例3-27】** 使用M98、M99编程，完成图3-81所示1、2、3、4位置M8螺纹的攻螺纹。

```
O0056；主程序
T01 M06；                              T01为φ4mm中心钻
G00 G90 G56 X0 Y0；
G43 H01 Z50. M03 S1000 T02；
G99 G81 Z－5. R2. F100 K0 M08；        由于定义K0，在X0 Y0位置并不钻孔
M98 P57；                              调用子程序，钻中心孔
M09；
G91 G30 Z0 M05；
T02 M06；                              T02为φ6.7mm钻头
G00 G90 G56 X0 Y0；
G43 H01 Z50. M03 S700 T03；
G99 G81 Z－26. R2. F120 K0 M08；       由于定义K0，在X0 Y0位置并不钻孔
M98 P57；                              调用子程序，钻螺纹底孔
M09；
G91 G30 Z0 M05；
T03 M06；                              T03为M8丝锥
```

```
G00 G90 G56 X0 Y0;
G43 H01 Z50. M03 S300 T01;
G99 G84 Z-20. R5. F375 K0 M08;        由于定义K0，在X0 Y0位置并不攻螺纹
M98 P57;                              调用子程序，攻螺纹
M09;
G91 G30 Z0 M05;
G00 G90 X0 Y100.;                     使工件靠近操作者，便于装卸
M30;
O0057;（子程序）
X50. Y40.;                            位置①
X-50.;                                位置②
Y-40.;                                位置③
X50.;                                 位置④
G80;
M99;
```

**【例3-28】** 很多时候图样上标注的孔的尺寸是刀具尺寸所没有的，比如某孔标注为 $\phi$11.4mm，孔心坐标为（10，10），深为20mm，材质为铝合金。用 $\phi$10mm 中心有刃的立铣刀去加工，程序如下：

```
O0058;                     主程序
T01 M06;                   T01为φ10mm立铣刀
G00 G90 G56 X10. Y10.;     定位到孔心
G43 H01 Z50. M03 S1000;
Z2. M08;
G01 Z0 F80;
M98 P100059;
M03 S1400;
M98 P60;
G00 Z2.;
G91 G30 Z0 M09;
G90 G00 X0 Y100. M05;      移动到便于装卸工件的位置上
M30;
```

下面是粗铣的子程序，左侧的是没有使用刀具半径补偿的程序，右侧的是使用了刀具半径补偿的程序，D01 设置为5.000，铣削方式为顺铣。

| O0059；不含刀具半径补偿 | O0059；含刀具半径补偿 |
| --- | --- |
| N10 G91 G01 Z-2. F50; | N10 G91 G01 Z-2. F50; |
| N20 G90 X10.5 F160; | N20 G90 G41 X15.5 D01 F160; |
| N30 G03 I-0.5; | N30 G03 I-5.5; |
| *N40* G01 X10.; | *N40* G01 G40 X10.; |
| N50 M99; | N50 M99; |

下面是精铣的子程序，左侧的是没有使用刀具半径补偿的程序，右侧的是使用了刀具半径补偿的程序，D02 设置为5.000，铣削方式为顺铣。

```
O0060；不含刀具半径补偿
G90 G01 X10.7 F160；
G03 I-0.7；
N40 G01 X10.；
M99；
```

```
O0060；含刀具半径补偿
G90 G41 G01 X15.7 D02 F160；
G03 I-5.7；
N40 G01 G40 X10.；
M99；
```

**注意**：每一次调用子程序，子程序结尾时都要让刀具返回到原来的 *X*、*Y* 轴的位置上，否则下一次调用的起点就不是前一次调用的起点，如上述子程序 O0059 和 O0060 的 N40 程序段。

上述介绍的是一个孔的加工程序的编写。但是，如果所要加工的孔不是1个，而是2个或多个，且在同一个平面上，用上面的程序来加工，第一个孔能正常加工，后面的就会产生碰撞，因为上面的程序中只有 *Z* 轴是 G91 方式，*X*、*Y* 轴都是 G90 方式的。修改如下：

```
O0058；                               主程序
T01  M06；                            T01 为 φ10mm 立铣刀
G00  G90  G56  X10.  Y10.；           定位到第 1 个孔孔心
G43  H01  Z50.  M03  S1000；
Z2.  M08；
G01  Z0  F80；
M98  P100059；
M03  S1400；
M98  P60；
N60  G0  G90  Z2.；
X60.  Y50.；                          定位到第 2 个孔孔心
G01  Z0  F80；
M98  P100059；
M03  S1400；
M98  P60；
N80  G0  G90  Z2.；
G91  G30  Z0  M09；
G90  G00  X0  Y100.  M05；            移动到便于装卸工件的位置上
M30；
```

则 O0059 可以修改如下：

```
O0059；不含刀具半径补偿
N10 G91 G01 Z-2. F50；
N20 X0.5 F160；
N30 G03 I-0.5；
N40 G01 X-0.5；
N50 M99；
```

```
O0059；含刀具半径补偿
N10 G91 G01 Z-2. F50；
N20 G41 X5.5 D01 F160；
N30 G03 I-5.5；
N40 G01 G40 X-5.5；
N50 M99；
```

O0060 可以修改如下：

| O0060；不含刀具半径补偿 |
|---|
| G91 G01 X0.7 F160； |
| G03 I-0.7； |
| G01 X-0.7； |
| M99； |

| O0060；含刀具半径补偿 |
|---|
| G91 G41 G01 X5.7 D02 F160； |
| G03 I-5.7； |
| G01 G40 X-5.7； |
| M99； |

**注意**：子程序中保持的模态信息，在返回主程序时仍然保持有效！主程序O0058中"N60 G0 **G90** Z2.；"和"N80 G0 **G90** Z2.；"这两段程序，如果没有编写"**G90**"，就会产生严重碰撞：因为这里的"Z2."仍然是子程序O0060末尾的G91方式！

一般情况下，如果多次铣削，只把产生分层的轴的分层动作指令编写在子程序中，并以G91方式编写在子程序的开头，该轴不产生分层动作的指令编在主程序中，但需注意G90和G91方式的区别；当铣削多个孔时，其他轴也以G91方式编写；建议铣孔时的子程序中使用刀具半径补偿指令。

如果上述孔不在同一个平面上，需要在主程序中的孔心定位后（子程序调用前）的程序段和主程序调用完成返回主程序后的第一个程序段，指令*Z*轴移动到合适的位置上，然后再下刀。

铣孔时常见的情况分析：

1）调用了多次子程序，但铣削了一层之后就不再下刀。此时可把子程序中下刀的指令修改为G91方式。

2）铣不通孔时深度尺寸正常或浅了一层，孔底中心有刀具下刀的凹坑。此时，注意要把分层铣削下刀的指令编在程序的开头，在结束时已经完成了平面的铣削；如果在子程序开头是平面的铣削，结束时就是*Z*轴的下刀，必然在不通孔中心留下凹坑。另外，要注意调用子程序前*Z*轴到达的位置，切入一层后调用子程序，尺寸正常，但孔底中心有凹坑；未切入就调用子程序，会浅一层，孔底中心有凹坑。

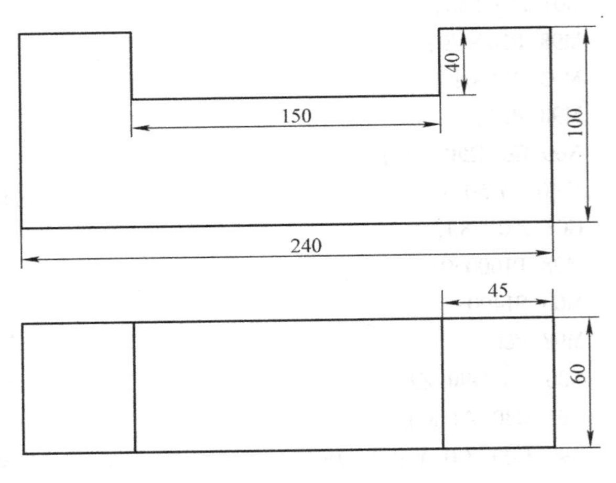


图3-82　子程序用法举例

**【例3-29】**　如图3-82所示，在一块长方体上铣去一部分，成为一个凹槽，长方体已经加工好，材料为铝。

设工件上表面的对称中心为*X*、*Y*、*Z*轴的坐标原点，用$\phi$20mm的立铣刀加工。

```
O0062;
T01 M06;
G00 G56 G90 X64.8 Y-42.;
G43 H01 Z50. M03 S1000;
Z0.4 M08;
M98 P60064;
G01 X0.2 F300 M03 S1400;
M98 P66;
```

```
G00 G90 Z2. M09;
G91 G30 Z0 M05;
G90 G00 X0 Y100.;                移动到便于装卸工件的位置上
M30;
```

```
O0064;
G00 G91 Z-6.7;
G01 Y84. F150;
G00 X-14.8;
G01 Y-84.;
G00 X-15.;
G01 Y84.;
G00 X-15.;
G01 Y-84.;
G00 X-15.;
G01 Y84.;
G00 X-15.;
G01 Y-84.;
G00 X-15.;
G01 Y84.;
G00 X-15.;
G01 Y-84.;
G00 X-15.;
G01 Y84.;
G00 X-9.8;
G01 Y-84.;
G00 X129.6;
M99;
```

```
O0066;
G01 G91 Z-0.2 F400;
G01 Y84. F120;
G00 X-15.;
G01 Y-84.;
G00 X-15.;
G01 Y84.;
G00 X-15.;
G01 Y-84.;
G00 X-15.;
G01 Y84.;
G00 X-15.;
G01 Y-84.;
G00 X-15.;
G01 Y84.;
G00 X-15.;
G01 Y-84.;
G00 X-15.;
G01 Y84.;
G00 X-10.;
G01 Y-84.;
M99;
```

此例中，从Z0.4平面开始调用O0064子程序6次，由于刀具在工件外，所以每次快速下刀6.7mm，铣削至Z-39.8mm，$Z$向留有0.2mm精加工余量，$+X$、$-X$方向均留有0.2mm精加工余量，$X$向行距前几刀为75%刀具直径，最后一刀为剩余的量，当分层加工完最后一刀后，刀具停留在$-Y$一侧，和刀具起始位置同一侧，因此不需抬刀，直接快速移动至起始点的$X$、$Y$坐标，G00 X129.6。

O0066和O0064类似，只是不需要返回起始点的$X$、$Y$坐标。

## 3.11 可编程镜像指令G50.1、G51.1

当加工某些对称图形时，为了缩短编程时间，避免重复编制相似的程序，可以采用镜像加工功能。当工件相对于某一轴具有对称形状时，可以利用镜像功能和子程序，只对工件的一部分进行编程，加工出工件的对称部分。编程指令的镜像可以用对称轴指令编程产生。

在图3-83中，(1) 为原先的程序指令加工的图形；(2) 在X50的位置应用了可编程镜像的程序指令；(3) 在X50、Y50的位置应用了可编程镜像的程序指令；(4) 在Y50的位置应用了可编程镜像的程序指令。

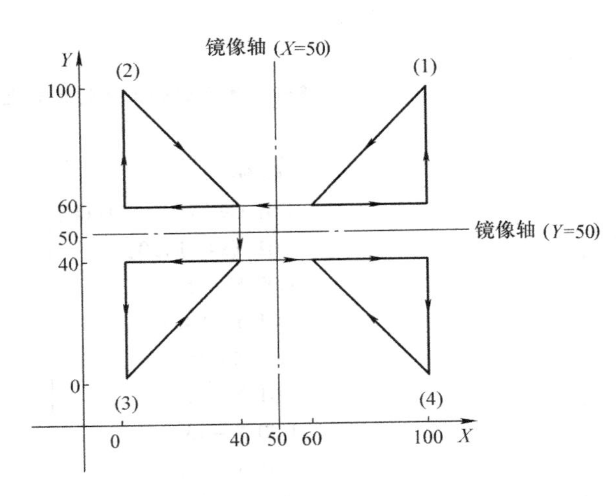


图 3-83　镜像示例

指令格式：

G51.1 X＿Y＿Z＿；　　设定可编程镜像

……
……　　对由 G51.1 X＿Y＿Z＿所指令的轴，在此间所指令的位置应用镜像，可以调用子程序

G50.1 X＿Y＿Z＿；　　可编程镜像取消

X＿Y＿Z＿；　　指定的对称轴或点

当用 G50.1 取消镜像指令时，对称轴、对称点不用指定。

说明：

1）如果产生镜像的指令由数控系统外部开关或数控系统设定指定可编程镜像功能时，编程镜像首先执行。

2）应用指定平面镜像的一个轴改变指令变化见表 3-19。

表 3-19　镜像时指令的变化

| 指令 | 说明 |
|---|---|
| 圆弧指令 | G02 和 G03 被互换 |
| 刀具半径补偿 | G41 和 G42 被互换 |
| 坐标旋转 | 旋转角度的 CW 和 CCW 被互换 |

3）编程镜像、比例缩放、坐标旋转的处理顺序如下：

G51.1……

G51……

G68……

G41/G42……
G40……　　刀具半径补偿可以包含在子程序中

G69……

G50……

G50.1……

4）在可编程镜像方式下，不能指令与返回参考点相关的 G 代码（G27～G30）和改变坐标系的指令（G52～G59，G92等）。在指令这些G代码时，请先取消可编程镜像方式。没有取消可编程镜像方式就指令时，会发出PS0412报警。

**【例3-30】**　加工图3-84所示的镜像功能编写加工程序，刀具为$\phi$6mm立铣刀，铣削深度2mm。

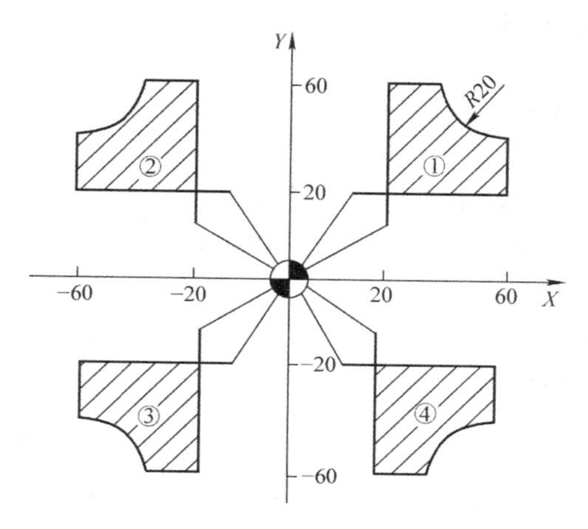


图3-84　镜像加工示例

```
O0070;                  主程序
T01 M06;
G58 G90 G00 X0 Y0;
G43 H01 Z50. M03 S1200;
Z1. M08;
M98 P72;                加工①
G51.1 X0;               以Y轴（X=0）镜像
M98 P72;                加工②
G50.1 X0;               取消Y轴镜像
G51.1 X0 Y0;            镜像点为（0，0）
M98 P72;                加工③
G50.1 X0 Y0;            取消点（0，0）镜像
G51.1 Y0;               以X轴镜像
M98 P72;                加工④
G50.1 Y0;               取消X轴镜像
M05;
M30;
O0072;                  子程序
G00 G41 X20. Y10. D01;
G01 Z-2. F50;
Y60. F200;
X40.;
G03 X60. Y40. R20.;
G01 Y20.;
X10.;
```

```
或者编写为：
Z1. M08;
M98 P72;                加工①
G51.1 X0;               以Y轴（X=0）镜像
M98 P72;                加工②
G51.1 Y0;               X、Y轴镜像（X=0继续有效），相对于原点对称
M98 P72;                加工③
G50.1 X0;               只取消Y轴（X=0）镜像，X轴镜像继续有效
M98 P72;                加工④
G50.1 Y0;               取消X轴镜像
```

```
G00 Z1.;                    返回到调用子程序时的Z平面
G40 X0 Y0;
M99;
```

## 3.12 比例缩放指令 G50、G51

利用 G51 指令可以对编程的形状进行缩小或放大，沿各轴的缩放倍率可以相同也可以不同，G51 既可指定平面缩放，也可指定空间缩放。

可在程序中指定比例缩放的倍率。如不在程序中指定比例缩放的倍率，则使用由参数设定的倍率。各轴以相同比例的比例缩放如图 3-85 所示。

其中，$P_0$ 为比例缩放的中心；$P_1$ ~ $P_4$ 为加工程序的形状；$P_1'$ ~ $P_4'$为比例缩放后的形状。

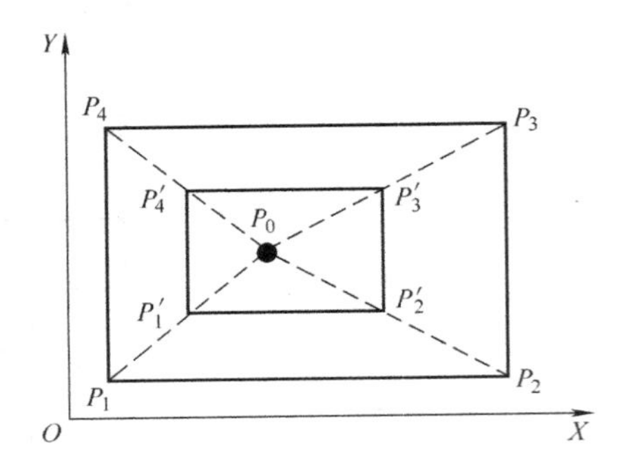


图 3-85　各轴以相同比例的比例缩放

指令格式：

G51 X __ Y __ Z __ {P __; / I __ J __ K __;} 比例缩放开始

……比例缩放有效
……可以调用子程序

G50；比例缩放取消

X __ Y __ Z __：比例缩放的中心坐标值的绝对指令。

P __：沿各轴分量以同倍率放大或缩小的缩放比例。

I __ J __ K __：沿各轴分量以不同倍率放大或缩小，对应 X、Y、Z 轴的不同缩放比例。

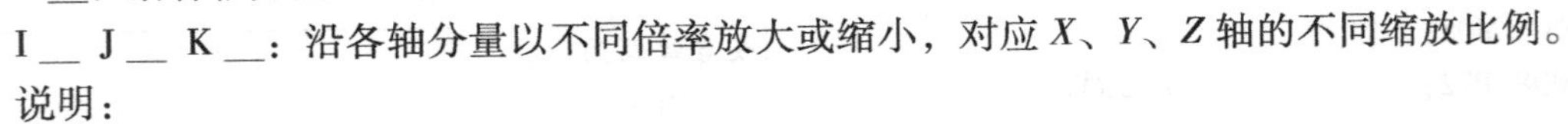

说明：

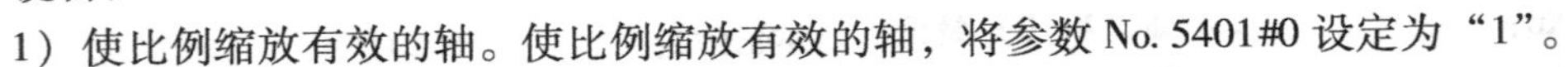

1）使比例缩放有效的轴。使比例缩放有效的轴，将参数 No. 5401#0 设定为“1”。

2）比例缩放倍率的最小单位。比例缩放倍率的最小指令单位是 0.001 或 0.00001。

参数 No. 5400#7 = 0 时，最小单位是 0.00001；参数 No. 5400#7 = 1 时，最小单位是 0.001。

3）比例缩放的中心。即使处在增量指令 G91 方式下，由 G51 程序段指定的比例缩放的中心坐标 X __ Y __ Z __被视为绝对位置。

省略比例缩放中心坐标的情况下，指令了 G51 时的位置成为比例缩放中心。

**注意：**请在 G51 程序段的下一个移动指令中执行一个 G90 绝对位置指令。如果在 G51 程序段后没有执行一次绝对位置指令，指定 G51 时的位置将成为比例缩放中心。一旦执行绝对位置指令，在该程序段之后，比例缩放中心将成为指定在 G51 程序段中的坐标。

4）比例缩放轴、比例缩放中心及缩放倍率的指定。G51 指令指定时，比例缩放模式被建立。G51 指令仅指定缩放轴、缩放中心及缩放倍率而已，不造成移动现象。当 G51 指定的比例缩放方式被建立时，仅实际的比例缩放中心指定的轴有效而已。

5）沿各轴以相同的倍率放大或缩小。将参数 No. 5400#6 设定为“0”。如果没有指令比例缩放的倍率 P，就使用由参数 No. 5411 设定的倍率。倍率 P 中不可输入小数点。输入小数点时，会有报警 PS0007 发出。不可为倍率 P 指令负值。指令了负值的情况下，会有报警 PS0006 发出。可以指定的倍率范围为 0.00001 ~ 9999.99999。

6）不同轴的比例缩放以及镜像（负的倍率）。可用不同倍率对每个轴进行比例缩放，如图

3-86所示。此外，通过指令负的倍率，可以应用镜像。在这种情况下，镜像的对象轴成为与比例缩放的中心相同的位置。将使不同轴的比例缩放（镜像）有效的参数No. 5400#6设定为“1”。通过I、J、K，指定分别相对于3个基准轴（$X$、$Y$、$Z$轴）的比例缩放倍率。由参数No. 1022设定将哪个轴选定为3个基准轴。对在$X$、$Y$、$Z$轴中没有指令I、J、K的轴，以及3个基准轴以外的轴，使用由参数No. 5421设定的倍率。参数No. 5421中，必须设定一个除0以外的值。倍率I、J、K中不可输入小数点。可以指定的倍率范围为±0. 00001 ~ ±9999. 99999。

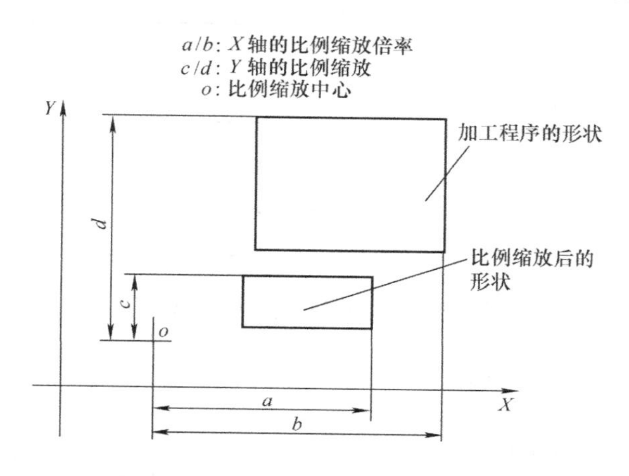


图3-86　各轴以不同比例的比例缩放

**注意**：同时指定下列指令时，系统会按照下面所示顺序进行处理。

① 可编程镜像G51. 1。

② 比例缩放G51（也包含因负的倍率引起的镜像）。

③ 因数控系统的外部开关或数控系统的设定引起的镜像。

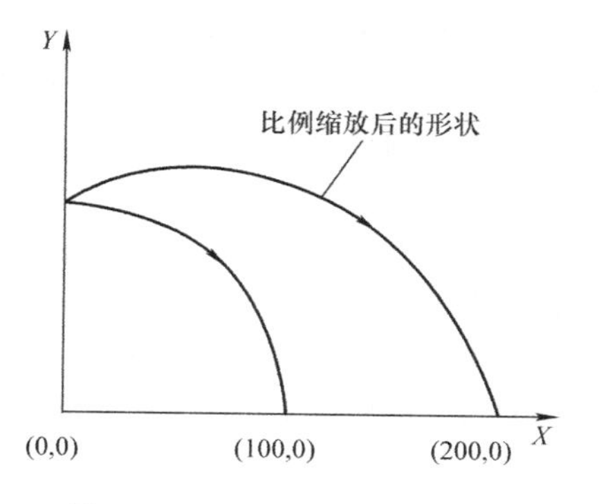


图3-87　圆弧插补的比例缩放

在这种情况下，可编程镜像对于比例缩放的中心和倍率也有效。同时指定G51. 1、G51时，请按照这一顺序指令；要取消时，按照与之相反的顺序指令。

7）圆弧插补的比例缩放。对于圆弧插补，即使应用每个轴不同的比例缩放，刀具也不跟踪一个椭圆，如图3-87所示。

```
G90 G00 X0 Y100. Z0;
G51 X0 Y0 Z0 I2000 J1000;（X方向放大2倍，Y方向放大1倍）
G02 X100. Y0 I0 J-100. F500;
```

上述指令等同于下列指令：

```
G90 G00 X0 Y100. Z0;
G02 X200. Y0 I0 J-100. F500;（由于终点不在圆弧上，故成为螺旋插补）
```

另外，即使是R指定的圆弧，在将半径值R变换为沿各轴中心方向的矢量（I，J，K）后，对各I、J、K应用比例缩放。

因此，若上述G02程序段中包含如下所示的R指定圆弧，则成为以I、J指令的例子相同的运动。

G02 X100. Y0 R100. F500；

8）比例缩放和任意角度倒角/倒圆角，如图 3-88 所示。

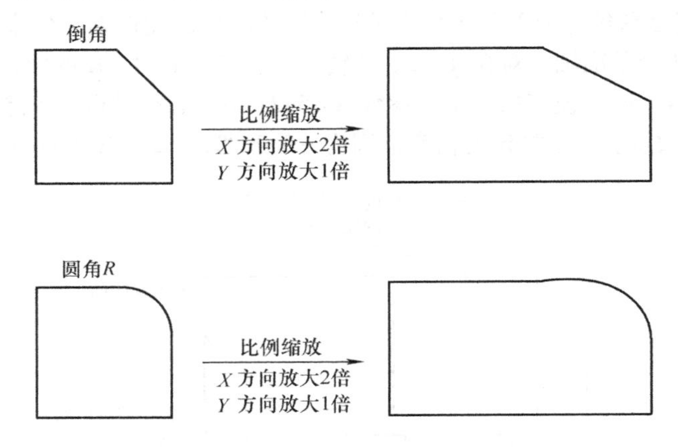


图 3-88 比例缩放和倒角/倒圆角

应用各轴不同的倍率时，由于对圆弧的终点和半径进行比例缩放，倒圆角不再是圆弧而成为螺旋。

9）刀具补偿。对于刀具半径补偿、刀具长度补偿以及刀具位置偏置的刀具补偿量不应用比例缩放。

比例缩放机能对于刀具半径补偿、刀具长度补偿、刀具位置补偿等的补正量不影响。因为补偿及补偿量的计算是在比例缩放后形成的，如图 3-89 所示。

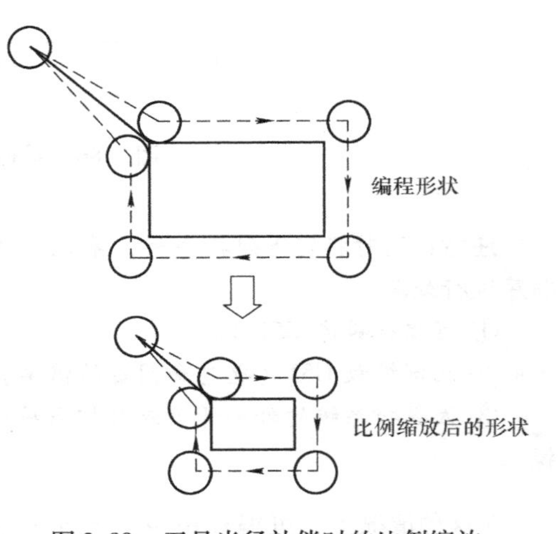


图 3-89 刀具半径补偿时的比例缩放

10）比例缩放无效。对下述固定循环的移动量，不应用比例缩放：深孔钻循环 G83、G73 的切削量 $q$ 和退刀量 $d$；精镗循环 G76 中 $X$ 轴或 $Y$ 轴的偏移量 $q$；反镗循环 G87 中 $X$ 轴或 $Y$ 轴的偏移量 $q$。

此外，比例缩放机能仅对自动运转（纸带、MDI、记忆）中的移动指令有效，对手动的移动无效。

**注意：**

① 如果一个参数设定值被用作一个倍率值而不指令 P，则将 G51 被指令时刻的由参数设定的值作为倍率使用，即使在中途改变此值也无效。

② 与返回参考点相关的 G 代码（G27～G30 等）以及改变坐标系的指令（G52～G59、G92 等），必须在取消比例缩放的状态下指令。未取消比例缩放就进行指令时，会发出报警 PS0412。

③ 如果比例缩放结果被四舍五入，其移动量可能会变为零。这种情况下，程序段被视为没有移动的程序段，并可能会影响到基于刀具半径补偿的偏置方法。

④ 请勿对使滚动功能有效的旋转轴进行比例缩放。否则，将有可能导致轴进行快速旋转而出现预想不到的运动。

**【例 3-31】** 不同轴的比例缩放举例，如图 3-90 所示。

O0082；

```
G51 X20. Y10. I750 J250;    X方向放大0.75倍，Y方向放大0.25倍
G00 G90 X60. Y50.;
G01 X120. F100;
Y90.;
X60.;
Y50.;
G50;
M30;
```

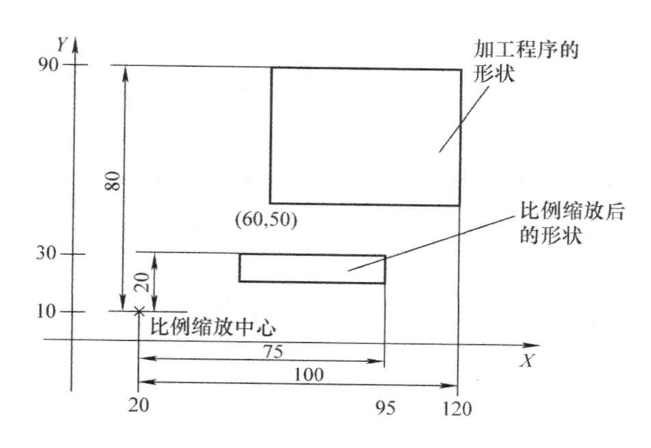


图 3-90 不同轴的比例缩放举例

**【例 3-32】** 镜像程序举例，如图 3-91 所示。

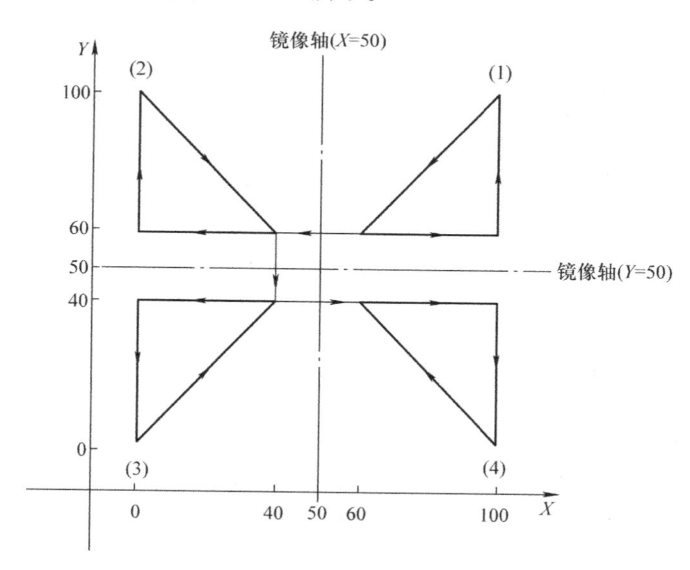


图 3-91 镜像程序举例

```
O0084;                          主程序
G00 G90;
M98 P90;
G51 X50. Y50. I-1000 J1000;
```

```
M98 P90;
G51 X50. Y50. I-1000 J-1000;
M98 P90;
G51 X50. Y50. I1000 J-1000;
M98 P90;
G50;
O0090;                         子程序
G00 G90 X60. Y60.;
G01 X100. F100;
Y100.;
X60. Y60.;
M99;
```

**【例 3-33】** 各轴以相同比例缩放举例。在图 3-92 所示的三角形 *ABC* 中，顶点为 *A*（30，40），*B*（70，40），*C*（50，80），若缩放中心为 *D*（50，50），则缩放指令为 G51 X50. Y50. P2000。

执行该程序，将自动计算 *A′*、*B′*、*C′*三点坐标数据为 *A′*（10，30），*B′*（90，30），*C′*（50，110），从而获得放大一倍的△*A′B′C′*。

在图 3-93 所示的三角形中，小三角形为原始图形，大三角形为缩放图形，若缩放中心为（0，0），则缩放指令为 G51 X0 Y0 P3000。

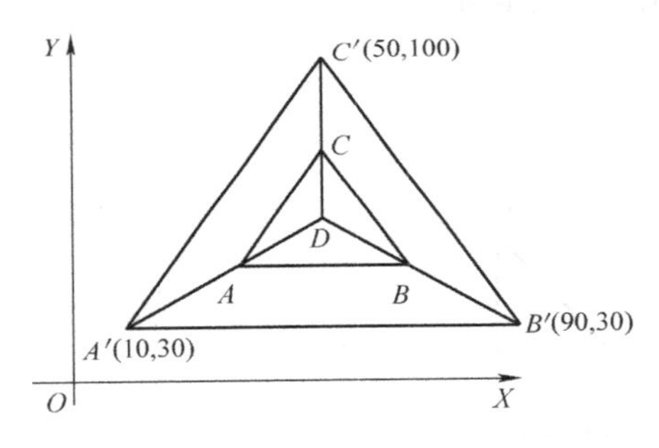


图 3-92 三角形的比例缩放一

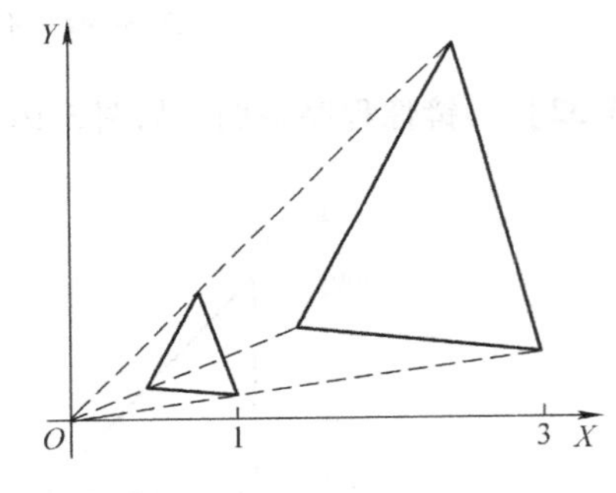


图 3-93 三角形的比例缩放二

## 3.13 坐标旋转指令 G68、G69

该指令可以使编程形状旋转，如图 3-94 所示。通过使用这一功能，在安装的工件处在相对于机床旋转的位置上这样的情况，即可通过旋转指令来进行补偿。此外，当存在使一个形状旋转的图形时，通过编写一个形状子程序，在使其旋转后调用该子程序，就可以缩短编程所需的时间和程序长度。

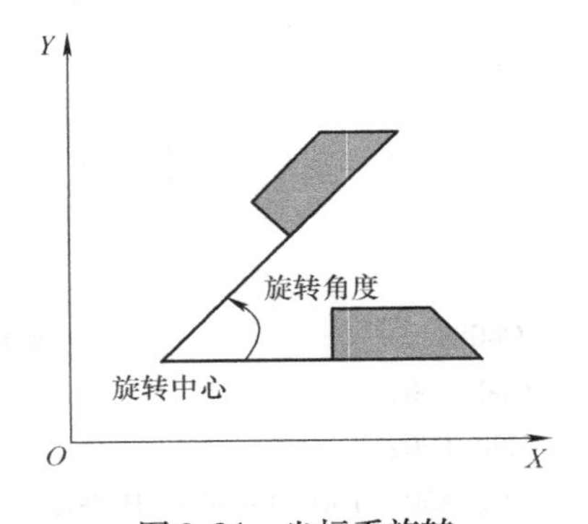


图 3-94 坐标系旋转

指令格式：

$$\begin{cases}G17\\G18\\G19\end{cases} G68 \begin{cases}X\_\ Y\_\\Z\_\ X\_\\Y\_\ Z\_\end{cases} R\_;$$

G17、G18、G19：选择包含要旋转的形状的平面。

X __ Y __ Z __：用于 *X*、*Y*、*Z* 轴中的两个轴的绝对指令，这两个轴与当前所指定的平面选择指令（G17 ~ G19 之一）对应。

此指令为相对于 G68 以后的指令值的旋转中心坐标值。

R __：角度位移，正值表示逆时针旋转方向的旋转角度，参数 No. 5400#0 = 0，旋转角度 R 用绝对坐标指令；No. 5400#0 = 1，旋转角度 R 用 G90 绝对或 G91 增量指令。

单位：0.001°，指令范围为 -360.000 ~ 360.000。

注释：如图 3-95 所示，当在旋转角度指令 R __中使用小数点时，小数点的位置以度为单位。分、秒都要转换成以度为单位的数值。例如 28°48′，化成 28.8°，编程为 R28800 或 R28.8。

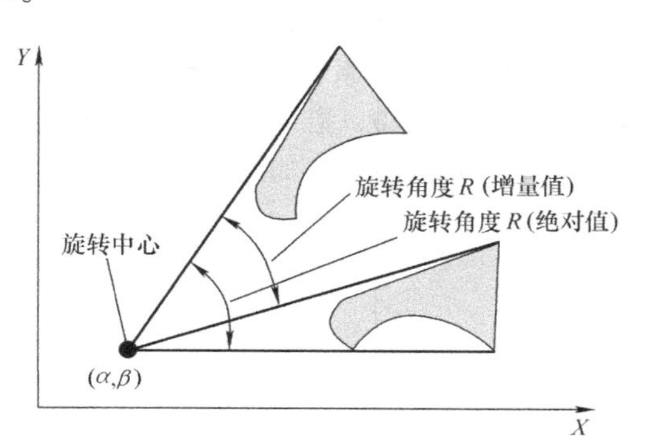


图 3-95　坐标系旋转

说明：

1）平面选择 G 代码。G17、G18 或 G19 用于平面选择的指令 G 代码（G17、G18、G19）可在含有坐标旋转的指令 G 代码（G68）的程序段前面指定。在坐标系旋转方式下，不应指定 G17、G18 或 G19。

2）坐标系旋转方式下的增量指令。针对在指定 G68 后在绝对指令之前的增量指令，指定了 G68 时的刀具位置即被认为是旋转中心（见图 3-95）。

3）旋转中心。在没有指定旋转中心（$\alpha$，$\beta$）的情况下，指定 G68 时刀具的位置就成为旋转中心。

4）旋转角度指令。当省略旋转角度指令 R __时，在参数 No. 5410 中设定的值被认为是角度。

旋转角度指令 R __，在将参数 No. 11630#0 设定为“1”时，可以采用 0.00001°为单位。这种情况下的指令范围为 $-36000000 \leqslant R \leqslant 36000000$。

5）坐标旋转取消。坐标旋转取消指令的 G 代码为 G69，可以与别的指令一起指定在相同的程序段中。

6）刀具补偿。刀具半径补偿、刀具长度补偿、刀具位置偏置和其他补偿操作在坐标旋转后进行。

7）与返回参考点/坐标系相关的指令。在坐标旋转方式下，不能指定与参考点有关的 G 代码（G27 ~ G30 等）和用来改变坐标系的指令（G52 ~ G59、G92 等）。在指定这些 G 代码时，请先取消坐标旋转方式。没有取消坐标旋转方式就指令时，会发出报警 PS0412。

8）增量指令。紧跟在坐标旋转取消 G69 之后的最初的移动指令必须用绝对值来指定。如果是增量指令，就不会进行正确的移动。

9）坐标旋转的 1 轴指令的注意事项（MD 型号）。通过如下参数，可以选择在绝对方式下指令了 1 轴时的移动位置。2 轴指令的情况下，与参数设定无关地移动到相同的位置。因此，在 G68 有效的情况下，建议编写 2 轴的移动指令。

参数 No. 11600#5：坐标旋转方式下，在绝对方式下指令了 1 轴的情形。

值为“0”：首先，由旋转前的坐标系计算指令位置，使坐标旋转。

值为“1”：首先，坐标系旋转，然后在该坐标系上移动到指令位置。

由于本参数，尚未指令的轴的坐标的操作将会变化，所以移动的位置不同。

**【例 3-34】**

```
G90 G00 X0 Y0;
G01 X10. Y10. F600;
G68 X0 Y0 R45.;          坐标旋转指令
Y14.142;                 仅编写了 1 个轴的指令          ①
G69;
```

参数 No. 11600#5 = 0 的情形：

由旋转前的坐标系（*XY*）计算指令位置，使坐标旋转。因此，①中的指令下，尚未指令的 *X* 轴的位置成为 X10，指令位置成为（X10，Y14.142）。然后，移动到使其旋转 45°的移动位置（X −2.929，Y17.071）。如图 3-96 所示。

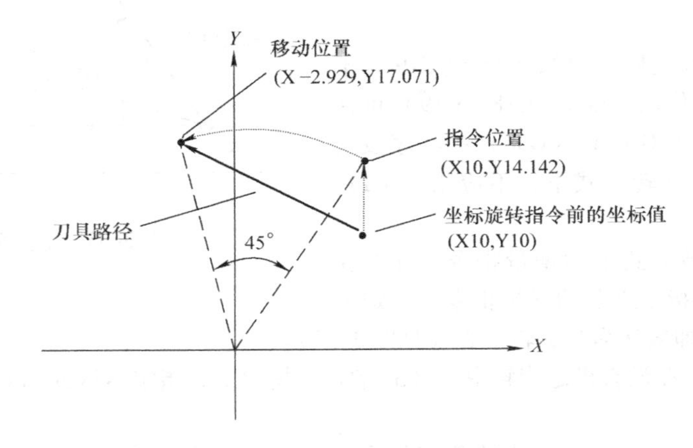


图 3-96　坐标旋转的 1 轴指令示例一

参数 No. 11600#5 = 1 的情形：

在①中的指令下，变换为使坐标旋转指令前的坐标值（X10，Y10）旋转 45°后的坐标系（*X′Y′*）中的坐标值（X′14.142，Y′0）。然后，移动到指令位置（X′14.142，Y′14.142），也即移动到位置（X0，Y20），如图 3-97 所示。

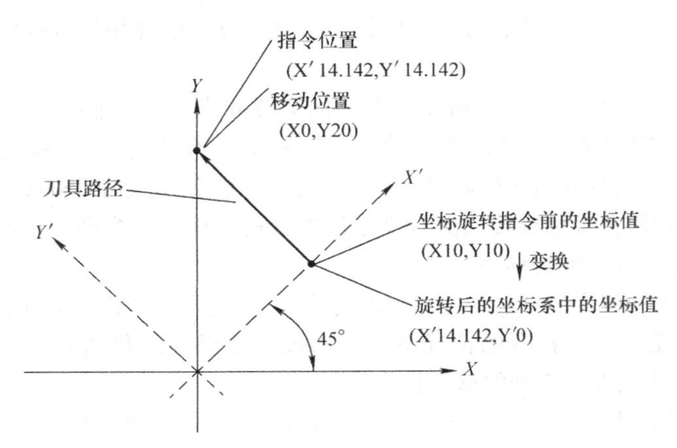


图 3-97　坐标旋转的 1 轴指令示例二

【例 3-35】　绝对/增量指令，如图 3-98 所示。

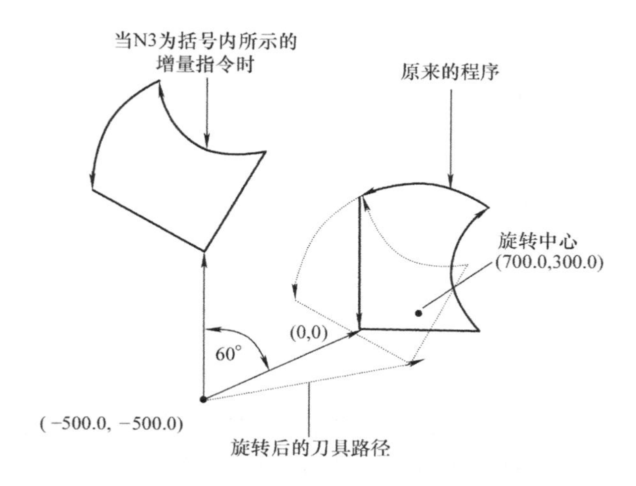


图 3-98　坐标旋转方式下的绝对/增量指令

```
G92 X-500. Y-500. ;
G69 G17;
G68 X700. Y300. R60. ;
N3 G90 G01 X0 Y0 F200;
  (G91 X500. Y500. );
G91 X1000. ;
G02 Y1000. R1000. ;
G03 X-1000. I-500. J-500. ;
G01 Y-1000. ;
G69 G90 X-500. Y-500. ;
M30;
```

10）刀具半径补偿和坐标旋转，如图 3-99 所示。

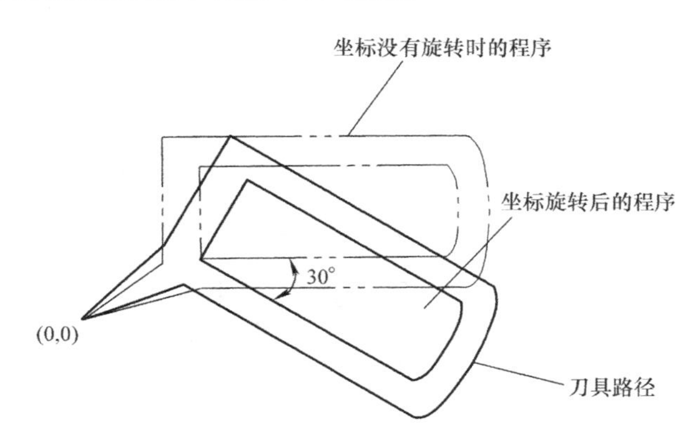


图 3-99　刀具补偿和坐标旋转

也可以在刀具半径补偿方式下指定 G68 和 G69，旋转平面必须与刀具半径补偿平面的平面一致。

**【例 3-36】**

```
N1 G92 X0 Y0 G69;
N2 G01 G42 G90 X1000. Y1000. D01 F1000;
N3 G68 R-30.;
N4 G91 X2000.;
N5 G03 Y1000. R1000. J500.;
N6 G01 X-2000.;
N7 Y-1000.;
N8 G69 G40;
G90 X0 Y0;
M30;
```

11）比例缩放和坐标旋转。如果在比例缩放 G51 方式下指定坐标旋转，则旋转中心的坐标值（$\alpha$__，$\beta$__）也将被比例缩放。但是，旋转角度 R 不会被比例缩放。针对移动指令，首先使用比例缩放，然后进行坐标旋转。

在刀具半径补偿方式 G41、G42 和比例缩放方式 G51，不能指定坐标旋转指令 G68。坐标旋转指令始终应在设定刀具半径补偿方式之前被指定。

① 当系统没有处在刀具半径补偿方式下时，按下述顺序指定：

G51；比例缩放开始

G68；坐标旋转方式开始

……

G69；坐标旋转方式取消

G50；比例缩放方式取消

② 当系统处在刀具半径补偿方式下时，按下述顺序指定，如图 3-100 所示（刀具半径补偿取消）：

G51；比例缩放开始

G68；坐标旋转方式开始

……

G41/G42；刀具半径补偿方式开始

……

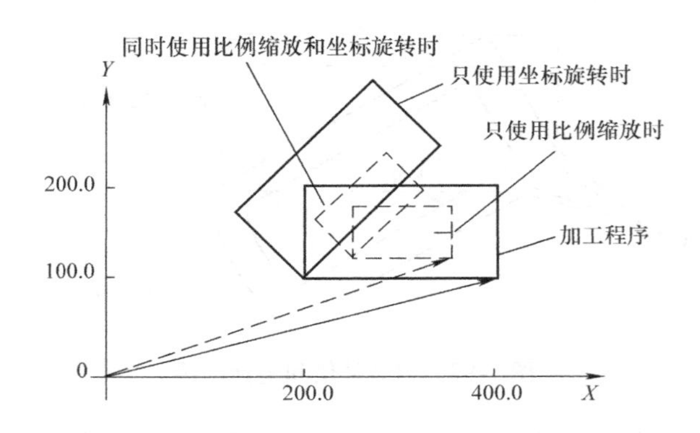


图 3-100　在刀具半径补偿方式下的比例缩放和坐标旋转

【例 3-37】　程序如下：

```
G92 X0 Y0;
G51 X300. Y150. P500;
G68 X200. Y100. R45.;
G01 G91 X400. Y100. F300;
Y100.;
X-200.;
Y-100.;
X200.;
G69;
G50;
```

③ 同时指令比例缩放和坐标旋转时，首先执行比例缩放，然后进行坐标旋转。此时，比例缩放对于旋转中心同样有效，如图 3-101 所示。

指令时，按照比例缩放→坐标旋转的顺序进行；要取消时，按照与之相反的顺序指令。

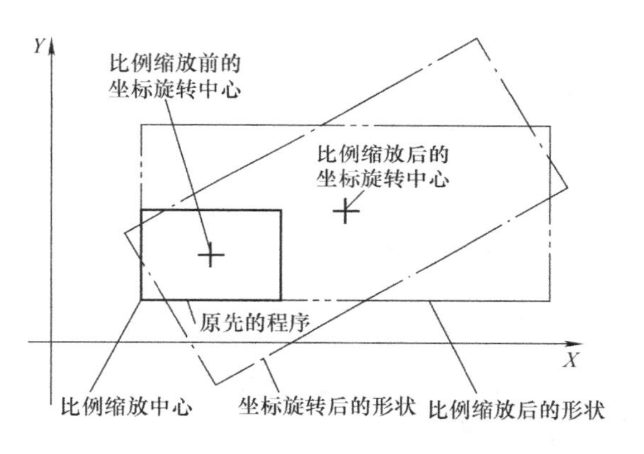


图 3-101　比例缩放和坐标旋转

【例 3-38】　主程序如下：

```
O0080;
G90 G00 X20. Y10.;
M98 P1000;
G51 X20. Y10. I3000 J2000;   X 方向放大 3 倍，Y 方向放大 2 倍
M98 P1000;
G17 G68 X35. Y20. R30.;
M98 P1000;
G69;
G50;
M30;
子程序：
O1000;
G01 X20. Y10. F500;
G01 X50.;
G01 Y30.;
G01 X20.;
G01 Y10.;
M99;
```

12）反复指定的坐标旋转。可以事先存储一个程序作为子程序，通过改变角度来调用该子程序，如图 3-102 所示。

参数 No. 5400#0 设定为 1，旋转角度按照指定了绝对/增量指令（G90/G91）时的程序。

【例 3-39】　程序如下：

```
G92 X0 Y0;
G69 G17;
```

```
G01 H01 Z100.;
Z2.;
G01 Z-1. F60;
M98 P2100;
M98 P72200;
G00 G90 Z1.;
G69;
G00 G90 X0 Y0;
M30;
O2200;                    子程序
G68 X0 Y0 G91 R45.;
G90 M98 P2100;
M99;
O2100;                    子程序
G90 G01 G42 X0 Y-10. F200;
X4.142;
X7.071 Y-7.071;
G40;
M99;
```

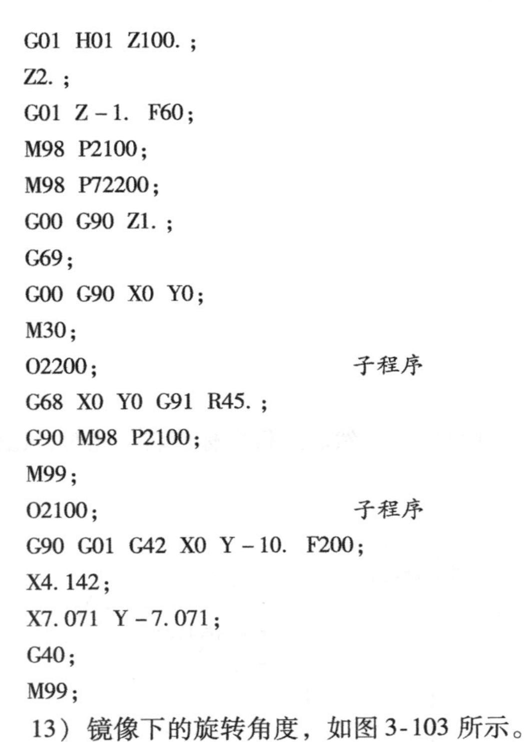


图 3-102 坐标旋转的子程序调用

13）镜像下的旋转角度，如图 3-103 所示。

**【例 3-40】** 如果想把图形①②③④分别以现在的坐标系下的（20，20），（-20，20），（-20，-20），（20，-20）为旋转中心沿逆时针方向旋转 30°，则程序编写为：

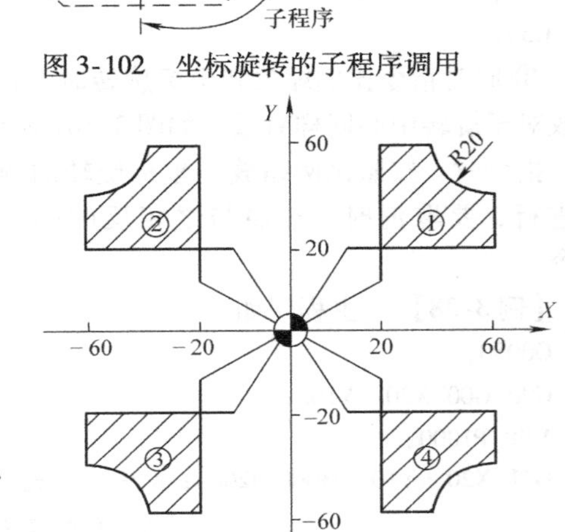


图 3-103 镜像下的旋转角度

```
O0070;              主程序
T01 M06;
G58 G90 G00 X0 Y0;
G43 H01 Z50. M03 S1200;
Z1. M08;
G68 X20. Y20. R30.;
M98 P72;            加工①
G69;
G51.1 X0;           以 Y 轴（X=0）镜像
G68 X20. Y20. R150.;
M98 P72;            加工②
G69;
G50.1 X0;           取消 Y 轴镜像
G51.1 X0 Y0;        镜像点为（0，0）
G68 X20. Y20. R30.;
M98 P72;            加工③
G69;
G50.1 X0 Y0;        取消点（0，0）镜像
```

或者编写为：

```
Z1. M08;
G68 X20. Y20. R30.;
M98 P72;            加工①
G69;
G51.1 X0;           以 Y 轴（X=0）镜像
G68 X20. Y20. R150.;
M98 P72;            加工②
G69;
G51.1 Y0;           X、Y 轴镜像（X=0 继续有效），相对于原点对称
G68 X20. Y20. R30.;
M98 P72;            加工③
G69;
G50.1 X0;           只取消 Y 轴（X=0）镜像，X 轴镜像继续有效
G68 X20. Y20. R150.;
```

```
G51.1 Y0;             以X轴镜像
G68 X20. Y20. R150.;
M98 P72;              加工④
G69;
G50.1 Y0;             取消X轴镜像
M05;
M30;
O0072;                子程序
G00 G41 X20. Y10. D01;
G01 Z-2. F50;
Y60. F200;
X40.;
G03 X60. Y40. R20.;
G01 Y20.;
X10.;
G00 Z1.;              返回到调用子程序时的Z
                      平面
G40 X0 Y0;
M99;
```

```
M98 P72;              加工④
G69;
G50.1 Y0;             取消X轴镜像

……
```

**注意**：在这种情况下，如果设旋转角度为$\theta$，则对应第一、二、三、四象限，程序里编写旋转角度分别为$\theta$，$(180-\theta)$，$\theta$，$(180-\theta)$，而不是$\theta$，$-\theta$，$\theta$，$-\theta$。

14）G68平面旋转指令对立式加工中心加装的第4旋转轴*A*轴有影响。如果在G68有效的情况下指定了*A*轴的旋转，则刀具只会在指定坐标系的原点进行加工，而不执行在G17平面内以指定的点为中心的旋转，在G69旋转无效的情况下，正常加工。

**先在*A*轴旋转后，G68再有效的情况下能进行无误地加工。**

15）有时会碰到这样的情况：A夹具原来装夹在工作台的中间或略偏的位置，当加工完一定批量的工件后，需要拆下。安装B夹具后，加工了一些工件后，用夹具A装夹的工件也来了订单，要求生产一批。经过测量，发现A、B夹具可以同时安装在工作台上，但固定夹具的螺栓的间距不同于机床上T形槽的间距，需要把夹具在*XY*平面旋转一定的角度后，才能安装上。安装后经过测量，使用G54坐标系的A夹具需要以原坐标系原点旋转90.5°，使用G55坐标系的B夹具需要以原坐标系零点旋转0.5°，分别对好坐标系原点，程序如下：

```
O0096;
N1;
G40 G49 G80 G69 G15 G21 G50 G17;     程序初始化
G90 G10 L2 P0 X__ Y__ Z__ A__;       设定EXT坐标系
G10 L2 P1 X__ Y__ Z__ A__;           设定G54坐标系
G10 L2 P2 X__ Y__ Z__ A__;           设定G55坐标系
G91 G30 Z0;                          返回Z轴第二参考点（换刀点）
/G30 X0;（或G30 X0 Y0;）             如工件高且刀具长，可以选择执行
#1=90.5;                             A夹具需要旋转的角度
#2=0.5;                              B夹具需要旋转的角度
T01（注释）;                         注释包括如刀具类型、直径等信息
```

```
M06;
G00 G90 G54 X__ Y__ T02;                 备选下一把刀具
G68 X__ Y__ R#1;
M03 S__;
G43 H01 Z__ M08;
……
……                                       A 夹具上的工件加工中
G00 G90 Z50.;                            Z 轴上升到安全的位置
G69;
G00 G90 G55 X__ Y__;
G68 X__ Y__ R#2;
G43 H01 Z__;
……
……                                       B 夹具上的工件加工中
G00 G90 Z50.;                            Z 轴上升到安全的位置
G69;
N2;                                      每次换刀前单程序段编写 N__，醒目易查找
M05;
M09;
G40 G49 G80 G69 G15 G21 G50 G50.1;       程序再次初始化
G91 G30 Z0;                              返回 Z 轴第二参考点（换刀点）
/G30 X0;（或 G30 X0 Y0;）                如工件高且刀具长，可以选择执行
T02（注释）;
M06;
……
```

注释：

① 在这个程序开头的程序段，有一连串的初态指令，许多手工编程人员经常这么编写开头。有人觉得是废话连篇，其实不然。每次换刀前这么编写，有利于减少误操作时的报警信息。当然，如果整个程序里没有用 G51、G51.1，就不需要用 G50、G50.1。

② 接下来的 3 段设定坐标系的指令可以根据需要选择使用或不使用。

③ 有些人一看到带有“#”符号的就以为是宏变量，其实不然，这里只是作为 A、B 两套夹具所需要旋转的角度。有人问，既然是旋转角度，直接编写在 G68 指令里不就行了吗？根本没有必要代入的。说得很对，但装夹后，如果根据测量，A 夹具旋转的角度不是 90.5°，B 夹具旋转的角度也不是 0.5°，或下一次夹具装夹时的旋转角度不是这两个角度，则程序下文的旋转角度值一一都要修改；如果在此以“#1 =90.5；#2 =0.5；”赋值指定，修改起来非常简单，下文旋转角度的相关数值都会随之更新。

④ 对刀具注释，有利于编程人员和操作者分辨刀具。例如可以把 $\phi$60mm 的镗刀注释为“60 BORING”，把 $\phi$80mm 的面铣刀注释为“80 FACE”，把 $\phi$6.8mm 钻头注释为“6.8 DRILL”……操作者根据注释内容很容易分辨识别程序里的刀具和换到主轴上的刀具是否是同一把刀具。

⑤ 程序中的第一把刀具，可以在程序结尾时备选；程序中的第一把刀具加工时，可以备选下一把刀具。虽然刀具在前文的程序中已经预先备选，但换刀时仍然要编写“T__；M06；”，再次确认的目的是为了避免手动干预对程序的影响。试想，如果在自动加工时，备选刀具之后，对

刀库进行了手动旋转，换刀时程序里编写的只是“M06;”，刀具就被换错了，危险即将发生，且不可预知！

⑥ 在每一把刀具交换前编写 N __，由于程序段短，醒目且易查找。通过搜索 N、H、T 字符，可以快速找到所需的刀具，单独运行某一把刀具的加工程序。如果某一把刀具突然破损，或缺少某一把刀具，可以方便地用“GOTO *n*”语句跳跃。

⑦ 注意：如果在加工完用夹具 A 装夹的工件后而未加工至用夹具 B 装夹的工件时，停主轴测量，发现某一处尺寸未加工到位，比如某一处公差孔通规较难塞入，如果在调整镗刀尺寸前已经按下了 RESET 键，请勿直接在调整后，手动 方式旋转主轴，以 编辑 方式找到坐标系的程序段，直接在 自动 方式下运行。因为 RESET 键会使机床丢失对 自动 连续加工状态下的旋转角度的记忆，“G68 X __ Y __ R#2;”会被执行为“G68 X __ Y __ R0;”，如果这个旋转角度很小，旋转半径也较小，仅凭眼力是不容易分辨并判断这个工件是废品的。应该在 编辑 状态下按 RESET 键，单段 方式自动运行至机床读完两个旋转角度的程序段，然后转 编辑 方式，翻页移动或搜索使光标到所需加工的“N __”程序段上，转为 自动 方式，按 循环启动 就行了。而如果编写的是“G68 X __ Y __ R0.5;”，就不会出现上述情况。

# 第 4 章 数控铣床/加工中心面板与操作

## 4.1 数控铣床/加工中心面板

### 4.1.1 数控铣床/加工中心面板的组成

数控铣床/加工中心总面板由 CRT 显示屏、控制面板、操作面板三部分组成，如图 4-1 所示。

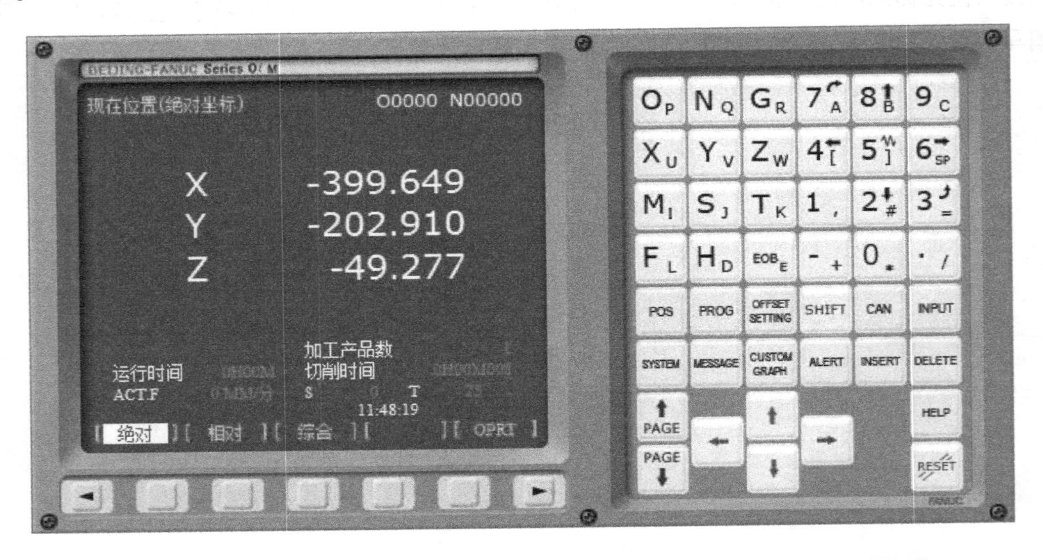


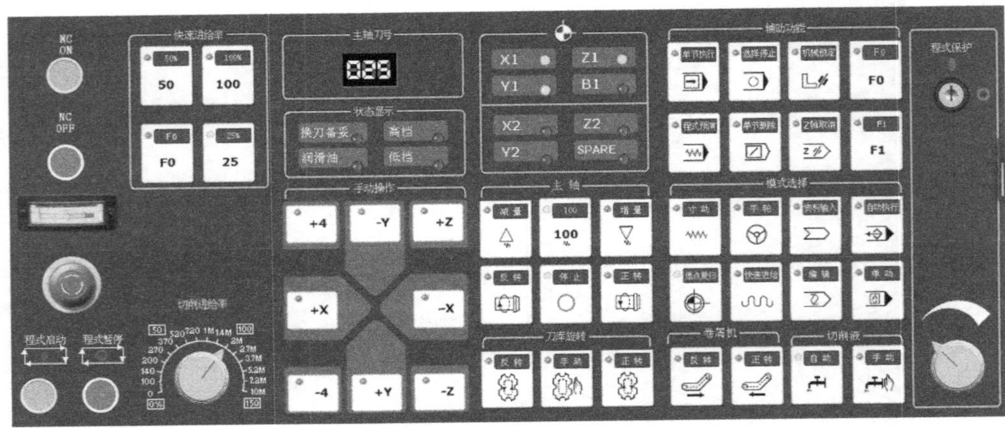


图 4-1 数控铣床/加工中心总面板

### 4.1.2　操作面板

操作面板主要用于控制程序的输入与编辑，同时显示机床的各种参数设置和工作状态，如图 4-2 所示。操作面板各按钮的含义见表 4-1。

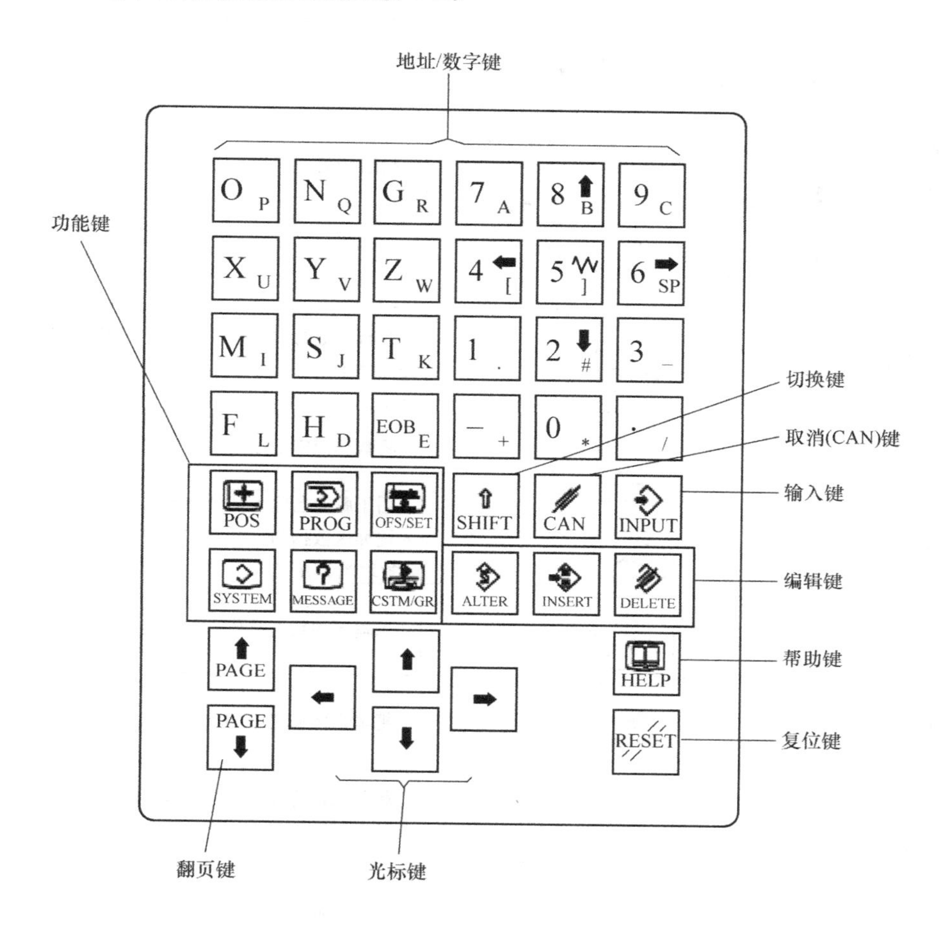


图 4-2　操作面板

表 4-1　操作面板各按钮的含义

| 序号 | 名称 | 按钮符号 | 按钮功能 |
|---|---|---|---|
| 1 | 复位键 | RESET | 按下此键可使 CNC 复位，消除报警信息 |
| 2 | 帮助键 | HELP | 按此键用来显示如何操作机床，如 MDI 键的操作。可在 CNC 发生报警时提供报警的详细信息 |

（续）

| 序号 | 名称 | 按钮符号 | 按钮功能 |
|---|---|---|---|
| 3 | 软键 | | 根据其使用场合，软键有各种功能。软键功能显示在 CRT 屏幕的底端 |
| 4 | 地址和数字键 | O P N Q G R 7 A 8 B 9 C<br>X U Y V Z W 4 [ 5 ] 6 SP<br>M I S J T K 1 , 2 # 3 =<br>F L H D EOB E - + 0 * . / | 按这些键可以输入字母、数字及其他符号 |
| 5 | 上档键 | SHIFT | 在有些键的顶部有两个字符，按此键和字符键，选择下端小字符 |
| 6 | 输入键 | INPUT | 将数据域中的数据输入到指定的区域 |
| 7 | 取消键 | CAN | 用于删除已输入到缓冲区的数据。例如：当显示键入缓冲区数据为："N10 X10. Z" 时按此键，则字符 Z 被取消，并显示："N10 X10. " |
| 8 | 编辑键 | ALTER | 用输入的数据替代光标所在的数据 |
| 9 | | INSERT | 把输入区域之中的数据插入到当前光标之后的位置 |
| 10 | | DELETE | 删除光标所在的数据，或者删除一个数控程序或者删除全部数控程序 |
| 11 | 功能键 | POS | 在显示器中显示坐标值 |
| | | PROG | CRT 将进入程序编辑和显示界面 |
| | | OFS/SET | CRT 将进入参数补偿显示界面 |
| | | SYSTEM | 系统参数显示界面 |
| | | MESSAGE | 报警信息显示界面 |
| | | CSTM/GR | 在自动运行状态下将数控显示切换至轨迹模式 |

（续）

| 序号 | 名称 | 按钮符号 | 按钮功能 |
|---|---|---|---|
| 12 | 光标移动键 | ↑ ← → ↓ | 移动 CRT 中的光标位置。软键[↑]实现光标的向上移动；软键[↓]实现光标的向下移动；软键[←]实现光标的向左移动；软键[→]实现光标的向右移动 |
| 13 | 翻页键 | ↑ PAGE<br>PAGE ↓ | 软键[↑ PAGE]实现左侧 CRT 中显示内容的向上翻页；软键[PAGE ↓]实现左侧 CRT 显示内容的向下翻页 |

“RESET” 键的作用：

1）消除部分报警。

2）遇到紧急情况时，按复位键，会使各个运动轴、主轴、机械手、托台、刀库、刀架等动作停止，切削液的停止与否一般取决于机床厂家的设定。

3）在 FANUC、MORI SEIKI、GSK 等面板中，在[编辑]方式下的程序界面，不管光标处于程序中的任何位置，按[RESET]键后，光标都会返回程序开头。

在 MITSUBISHI、KND、DASEN 等面板中，不管在任何方式下，不管光标处于程序中的任何位置，按[RESET]键后，光标都会返回程序开头。

FANUC、MORI SEIKI 有“BG－EDIT”（后台编辑）功能，使用时要注意，想让光标返回程序开头，要多次按“PAGE↑”键，使光标返回程序开头；不能按[RESET]键，否则在前台自动加工状态下的各种动作都会停止，刀具有可能会因此而损坏，比如正处于螺纹切削或攻螺纹循环时。

注：以上几点是同时有效的。

## 4.1.3　控制面板

控制面板如图 4-3 所示。控制面板各按钮的含义见表 4-2。

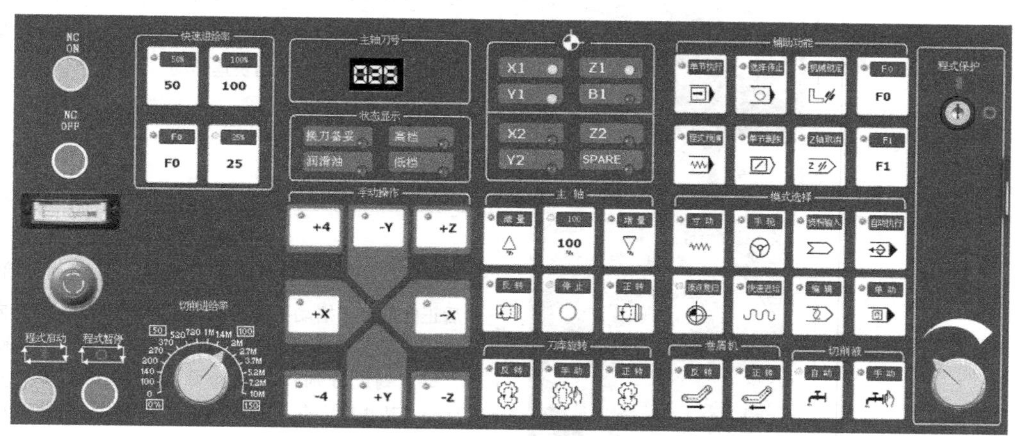


图 4-3　控制面板

**表 4-2　控制面板各按钮的含义**

| 序号 | 名称 | 按钮符号 | 按钮功能 |
| --- | --- | --- | --- |
| 1 | 系统开关 | NC ON　NC OFF | 按下绿色按钮，启动数控系统；按下红色按钮，关闭数控系统 |
| 2 | 急停按钮 |  | 在机床操作过程中遇到紧急情况时，按下此按钮使机床移动立即停止，并且所有的输出如主轴的转动等都会关闭。按照按钮上的旋向旋转该按钮，使其弹起来消除急停状态 |
| 3 | 方式选择 | 寸动　手轮　资料输入　自动执行　原点复归　快速进给　编辑　单动 | 原点：进入[回零]模式<br>手动：进入[手动]模式，连续移动机床<br>手轮：进入[手轮]模式，选择手轮移动倍率<br>数据输入：进入[MDI]模式，手动输入指令并执行<br>自动运行：进入[自动运行]模式<br>编辑：进入[编辑]模式，用于直接通过操作面板输入数控程序和编辑程序 |
| 4 | 循环启动与进给保持 | 程式启动　程式暂停 | 循环启动：程序运行开始，模式选择旋钮在[DNC]、[自动]、[运行]或[MDI]方式时按下有效，其余模式下使用无效<br>进给暂停：程序运行暂停，在程序运行过程中，按下此按钮运行暂停，再按循环启动从暂停的位置开始执行 |
| 5 | 进给轴选择 | +4　-Y　+Z　+X　-X　-4　+Y　-Z | 在“手动连续”模式下，按住各按钮，向 X-/X+/Z-/Z+方向移动机床。如果选择快速方式和相应各轴按钮，则实现该方向上的快速移动 |
| 6 | 手轮 | FANUC | 在[手轮]模式下，通过按下 X 或 Z 按钮选择进给轴，然后正向或反向摇动手轮手柄实现该轴方向上的正向或反向移动，手轮进给倍率一般有 ×1、×10、×100 三种，每 1 刻度分别代表移动量为 0.001mm、0.01mm、0.1mm。某些机床有 ×1000 的倍率，代表移动量为 1mm |

（续）

| 序号 | 名称 | 按钮符号 | 按钮功能 |
|---|---|---|---|
| 7 | 进给倍率调节 | 切削进给率<br>50 520 720 1M 1.4M 100<br>370 2M<br>270 3.7M<br>200 3.7M<br>140 5.2M<br>100 7.2M<br>0 10M<br>0% 150 | 旋转旋钮在不同的位置，调节手动操作的进给速度或数控程序自动运行时的进给倍率，调节范围为0～150% |
| 8 | 快速进给倍率调节 | 快速进给率<br>50% 50<br>100% 100<br>F0 F0<br>25% 25 | 按键或旋转旋钮在不同的位置，调节机床快速运动的进给倍率，有四档倍率，即F0、25%、50%和100% |
| 9 | 主轴倍率调节 | 主轴<br>减量<br>100 100<br>增量 | 按键或旋转旋钮在不同的位置，调节主轴转速倍率，调节范围一般为50%～120% |
| 10 | 主轴控制 | 反转 停止 正转 | 按住各按钮，主轴正转/反转/停转/点动 |
| 11 | 运行方式选择 | 程式预演 机械锁定<br>单节删除 单节执行 | 试运行：系统进入空运行状态，可与机床锁定配合使用<br>机床锁紧：按下此按钮，机床被锁定而无法移动<br>跳选：当此按钮按下时程序中的“/”有效<br>单段：按此按钮后，运行程序时每次执行一条数控指令 |
| 12 | 选择停止 | 选择停止 | 当此按钮按下时，程序中的“M01”代码有效 |
| 13 | 切削液开关 | 自动 手动 | 按下绿色按钮，打开切削液；按下红色按钮，关闭切削液 |

（续）

| 序号 | 名称 | 按钮符号 | 按钮功能 |
| --- | --- | --- | --- |
| 14 | 照明开关 | 工作灯 | 当此按钮按下时，照明灯打开；再按一次，照明灯关闭 |
| 15 | 超程解除 | 超程解除 | 当屏幕显示超程报警时，按下此按钮，并按下反向进给轴按键，解除超程 |
| 16 | 程序锁 | 记忆保护 | 对存储的程序起保护作用，当程序锁锁上后，不能对存储的程序进行任何操作 |
| 17 | 指示灯 | 主轴刀号 025 换刀备妥 高档 润滑油 低档 X1 Z1 Y1 B1 X2 Z2 Y2 SPARE | 主轴刀号：显示当前主轴上的刀具号<br>换刀备妥：点亮，指示刀库里的刀具已经准备好<br>*X*、*Z* 原点：*X*、*Z* 轴回到第 1、第 2 参考点后，相应轴的指示灯亮<br>润滑：灯点亮，提示润滑油液位低 |

## 4.2 数控铣床/加工中心操作

### 4.2.1 开机与关机

开机：首先将机床开关打开至“ON”状态，然后启动系统电源开关启动数控系统面板，电源指示灯点亮表示启动成功。

关机：首先按下系统面板电源开关，然后将机床开关打到“OFF”状态，电源指示灯灭表示已经完成关机操作。

### 4.2.2 手动操作

**1. 手动返回参考点**

手动返回参考点的步骤如下：

1）将模式选择开关旋转至[回零]位置。

2）为了减小速度，按快速进给倍率调节旋钮或按键调节回原点的速度。

3）按一下与返回参考点相应的进给轴和方向选择按键，直至刀具返回参考点；有的机床需要一直按着，直至刀具返回参考点。

4）*X*、*Z* 轴原点灯点亮表示刀具已经返回参考点。

**注意**：在返回参考点的过程中，当出现超程报警时，消除超程报警的步骤如下。

① 将模式选择开关旋转至[手动]位置。

② 按下黄色超程解除按钮，然后按与超程方向相反方向的 X-/X+/Z-/Z+按钮来移动机床脱离限位块以消除报警。

**2. 手动进给（JOG 进给）操作**

1）将模式选择开关旋转至[手动]位置。

2）按住进给轴和方向选择按钮 X－/X＋/Z－/Z＋，机床向相应的方向进行运动，当释放开关，则机床停止运动。

3）手动连续进给速度由可由手动连续进给速度倍率按钮来调节，调节范围为 0～150%。

4）如同时按住中间的快速移动按键和进给轴及进给方向选择开关，机床向相应的方向快速移动，移动倍率通过快速进给倍率开关调节。

**3. 手轮进给操作**

1）将模式选择开关旋转至[手轮]位置，供选择的位置有 ×1、×10、×100 三个位置。

2）通过按下进给轴选择按钮，选择手轮进给轴。

3）顺时针或逆时针摇动手轮手柄实现该轴方向上的正向或负向移动，手轮进给倍率有 ×1、×10、×100 三种，分别代表每刻度对应的移动量为 0.001mm、0.01mm、0.1mm。

**4. 主轴旋转控制**

1）将模式选择开关旋转至[手动]或[手轮]位置。

2）按下主轴正转控制按钮，使主轴正转；按下主轴反转控制按钮，使主轴反转；按下主轴停控制按钮，使主轴停转。

3）同时按下点动按钮和主轴正转按钮，主轴正转，释放按钮，主轴停转；同时按下点动按钮和主轴反转按钮，主轴反转，释放按钮，主轴停转。

**5. 切削液开关控制**

1）将模式选择开关旋转至[手动]或[自动运行]位置。

2）按下切削液启动按钮，打开切削液；按下切削液停止按钮，关闭切削液。

**注意：**如果切削液有自动和手动方式，在[自动运行]方式下请将切削液置于自动方式。

## 4.2.3　程序的编辑

**1. 建立一个新程序**

1）将模式选择开关旋转至[编辑]位置。

2）按[PROG]键显示程序界面。

3）输入新程序号，如“O0018”。

4）按[INSERT]键，显示“O0018”程序界面，在此输入程序。

5）按[EOB]键，再按[INSERT]键即可。

**2. 字的插入、修改和删除**

1）将模式选择开关旋转至[编辑]位置。

2）按[PROG]键显示程序界面。

3）选择一个已有的，需要编辑的程序，比如“O0018”。

4）比如，在 G00 后插入 G42，将光标移动到 G00 处，按[INSERT]键，则 G42 被插入。

5）比如，将 X20.0 修改为 X25.0，将光标移动到 X20.0 处，输入“X25.0”，按 ALTER 键，则 X20.0 被修改为“X25.0”。

6）比如，将 Z56.0 删除，将光标移动到 Z56.0 处，按 DELETE 键，则 Z56.0 被删除。

**3. 程序的删除**

（1）删除一个程序

1）将模式选择开关旋转至 编辑 位置。

2）按 PROG 键显示程序界面。

3）输入要删除的程序号，如：O0018。

4）按 DELETE 键，则程序 O0018 被删除。

（2）删除全部程序

1）将模式选择开关旋转至 编辑 位置。

2）按 PROG 键显示程序界面。

3）输入 O－9999。

4）按 DELETE 键，则存储器内的全部程序被删除。

（3）删除指定范围的多个程序

1）将模式选择开关旋转至 编辑 位置。

2）按 PROG 键显示程序界面。

3）输入OXXXX、OYYYY，其中XXXX为起始号，YYYY为结束号。

4）按 DELETE 键，则XXXX到YYYY之间的所有程序被删除。

### 4.2.4 MDI 操作

MDI 运行方式步骤如下：

1）将模式选择开关旋转至 MDI 方式的位置上。

2）按 MDI 面板上的 PROG 键显示程序界面，按下显示屏下方的［MDI］软键。

3）与普通程序的编辑方法类似，编写要执行的程序。

4）为了运行在 MDI 方式下建立的程序，按下循环启动按钮即可。

5）为了中途停止或者结束 MDI 运行，按下面步骤进行：

① 中途停止 MDI 运行。按下机床操作面板上的进给暂停按钮，进给暂停灯亮而循环启动灯灭。

② 结束 MDI 运行。按下面板上的 RESET 键，自动运行结束并进入复位状态。

### 4.2.5 程序运行

**1. 自动运行**

自动运行的操作步骤如下：

1）将模式选择开关旋转至[自动运行]方式的位置上。

2）从存储的程序中选择一个程序，按下面的步骤进行：

① 按[PROG]键显示程序界面。

② 按地址键“O”和数字键输入程序名，例如“O1201”。

③ 按下光标键[↑]或[↓]，或按下［O检索］软键，则选择的程序被找到。

④ 将光标移动至程序头位置。

3）按下机床面板上的循环启动按钮，自动运行启动，循环启动灯点亮，当自动运行结束，循环启动灯灭。

4）中途停止或结束自动运行，按以下步骤操作：

① 中途停止自动运行。按机床操作面板上进给暂停按钮，进给暂停灯亮而循环启动灯灭。在进给暂停灯点亮期间按了机床操作面板上的循环启动按钮，机床运行重新开始。

② 结束自动运行。按MDI面板上的[RESET]键，自动运行结束并进入复位状态。

**2. 试运行**

机床锁住和辅助功能锁住步骤：

1）打开需要运行的程序，且将光标移动到程序头位置。

2）将模式选择开关旋转至[自动运行]方式的位置上。

3）同时按下机床操作面板上的空运行开关和机床锁住开关，机床进入锁紧状态，机床不移动，但显示器上各轴位置在变化。

4）为了检验刀具运行轨迹，按下[OFS/SET]键和图形软键［GRAPH］，则屏幕上显示刀具轨迹。

**3. 单段运行**

1）打开需要运行的程序，且将光标移动至程序头位置。

2）将模式选择开关旋转至[自动运行]方式的位置上。

3）按下机床操作面板上的单段开关。

4）按[循环启动]按钮执行该程序段，执行完毕后光标自动移动至下一个程序段位置，按下[循环启动]按钮依次执行下一个程序段直到程序结束。

**4. 加工的中断控制及恢复**

在实际加工过程中，会遇到不同的情况。有时，需要把机床停下来，做观察或其他操作后再重新启动。

1）正常加工中，如非紧急情况，可先按[单段]，当刀具刚脱离工件后，按[进给保持]按钮，机床停止进给，中断运行程序。按[POS]按钮，出现相对或绝对位置界面，**记住该位置**。

2）将状态开关由[自动]改为[手动]或[手轮]。

3）将刀具退离工件，并按[主轴停止]按钮，使主轴停止，并关闭切削液。

4）进行工件检测及其他工作。

5）按[主轴正转]或[主轴反转]键起动主轴旋转，其转向应与原旋转方向一致。并用[手动]和[手轮]移动刀具，使刀具返回到原来位置。

6）状态开关由[手动]或[手轮]改为[自动]，使[单段]无效，打开切削液。

7）按[循环起动]按钮，解除进给保持状态，中断的程序被重新起动，继续进行加工。

**注意：**请勿按下[RESET]键，否则该循环只能重新运行。

## 4.2.6 数据的输入/输出

### 1. 输入程序

1）确认输入设备已连接就绪。
2）将模式选择开关旋转至[编辑]位置。
3）按下[PROG]键至显示程序界面。
4）按下软键“［操作］”。
5）按下屏幕右下方软键的菜单继续键“▷”。
6）输入程序号。
7）按下软键［READ］和［EXEC］，程序被输入。

### 2. 输出程序

1）确认输入设备已连接就绪。
2）将模式选择开关旋转至[编辑]位置。
3）按下[PROG]键至显示程序界面。
4）按下软键［操作］。
5）按下屏幕右下方软键的菜单继续键“▷”。
6）输入程序号。
7）按下软键［PUNCH］和［EXEC］，程序被输出。

### 3. 输入偏置数据

1）确认输入设备已连接就绪。
2）将模式选择开关旋转至[编辑]位置。
3）按[OFS/SET]键显示刀具偏移界面。
4）按下软键［操作］。
5）按下屏幕右下方软键的菜单继续键“▷”。
6）按下软键［READ］和［EXEC］。
7）在输入操作完成之后，界面上将显示输入的偏置数据。

### 4. 输出偏置数据

1）确认输入设备已连接就绪。
2）将模式选择开关旋转至[编辑]位置。
3）按[OFS/SET]键显示刀具偏移界面。
4）按下软键［操作］。
5）按下屏幕右下方软键的菜单继续键“▷”。
6）按下软键［PUNCH］和［EXEC］。

## 4.2.7 设定和显示数据

### 1. 显示坐标系

（1）显示绝对坐标系

1）按下POS键。

2）按下软键［绝对］或多次按下POS键至显示绝对坐标界面。

3）在屏幕上显示绝对坐标值。

（2）显示相对坐标系

1）按下POS键。

2）按下软键［相对］或多次按下POS键至显示相对坐标界面。

3）在屏幕上显示相对坐标值。

（3）显示综合坐标系

1）按下POS键。

2）按下软键［综合］或多次按下POS键至显示综合坐标界面。

3）在屏幕上显示综合坐标值。

**2. 显示程序清单**

1）将模式选择开关选择至编辑位置。

2）按下PROG键显示程序界面。

3）按下软键［目录］。

4）在屏幕上显示内存程序目录。

# 用户宏程序

前文所讲解的数控指令是ISO代码指令，每个代码的功能都是固定的，由系统面板厂商开发，使用者按照其规定的语法结构编程即可。但有时候，这些固定格式的指令满足不了用户的需求，因此，系统也提供了另外一种功能，使用户在数控系统的基础上能够进行二次开发，定制成用户需要的、更具灵活性的程序。

在工厂里，偶尔会见到这么一种程序，这些程序里包含有特别的“#”字符，乍看上去，有些人以为是机床乱码产生的错误程序，其实不然，这就是传说中的宏程序（macro）。

宏程序，在日本三菱、日本森精机系统上称为巨集程式、巨程式，可见这里的“宏”是巨、大的意思，大在哪里呢？大在它可以进行变量的运算上。从0变化到100，每次变化0.1，要执行1000次，能不“宏”吗？

很多人觉得宏程序艰深晦涩，看过多遍后一头雾水，其实宏并不难，只是很多人没有找到入门的方法。让我们抽丝剥茧，逐渐揭开宏程序的面纱。

虽然带有“#”字符的不一定是宏程序，但宏程序都是带有其标志性的“#”字符的。FANUC系统的用户宏指令分为用户宏程序功能A和用户宏程序功能B，在此仅介绍用户宏程序功能B，即广泛应用的B类宏程序。

虽然工厂里越来越常见UG、Master CAM、Power MILL、Pro/E、Cimatron、CAXA等流行的CAD/CAM软件的身影，甚至已成为编制数控加工程序的主流，但打开这些自动编程软件生成的程序，发现多数是以长度很短的线段来拟合曲线，很简单的事情变得十分复杂，程序十分臃肿庞大，而数控系统存储空间装不下这么大的程序，只好在机床上以DNC（分布式数控）在线传输加工，受RS232接口传输速度的影响，当编程时以较大的进给速度运行时，会看到机床反应就很慢，运行时有明显的迟滞，甚至颤抖，主要原因是传输速度跟不上机床的运行速度。但是，宏程序运行时就不会出现这样的问题。

## 5.1 宏程序基础知识

虽然子程序对一个重复操作很有用，但若使用用户宏程序功能，则还可以使用变量、运算指令以及条件转移，使一般程序（如型腔加工和用户自定义的固定循环等）的编写变得更加容易。

加工程序可以用一个简单的指令调用用户宏程序，就像调用子程序一样。

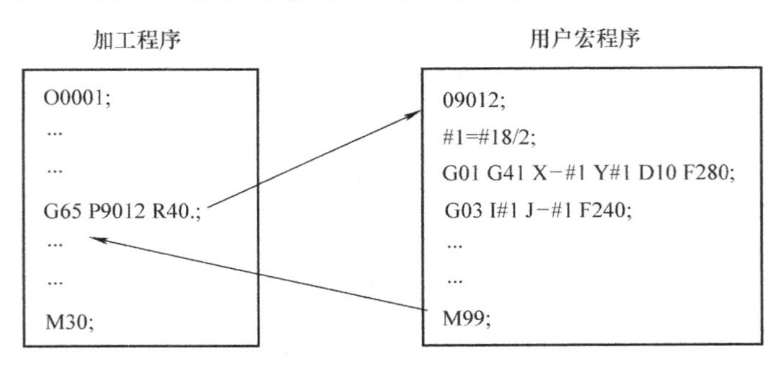

### 5.1.1　变量

普通加工程序直接用数值指定 G 代码和移动距离，例如 G01　X100.0。使用用户宏程序时，数值可以直接指定或用变量指定。当用变量指定时，变量值可用程序或用 MDI 面板上的操作改变。

#1 = #2 + 100.0；

G01　X#1　F300；

解释：

（1）变量的表达方式　当指定一个变量时，在符号“#”的后面指定变量号，即#*i*（*i* = 1，2，3，4…），例如：#8、#112、#1005，或者使用后面将要叙述的“运算指令”项目中的 < 表达式 >，按照如下方式表达：# [ < 表达式 > ]，例如：# [#100]、# [#1001 − 1]、# [#6/2]、# [10000 + #1]、# [12000 + #8]。

变量号码为负时，会有报警出现，例如# − 5，应表示为 − #5。

下列为不正确的变量表示法：

误　　　　　　正

#6/2　　　→　# [6/2]　　　（#6/2 被视为# [6]/2）

# − − 5　　→　# [ − [ − 5]]

# − [#1]　→　# [ − #1]

下面说明中的变量#*i* 可以用变量# [ < 表达式 > ] 来替换。

（2）变量的种类　根据变量号，可以将变量分为局部变量、公共变量、系统变量，各类变量的用途和特性各不相同。另外，还有为用户准备的只读专用的系统变量。

（3）变量的范围　局部变量和公共变量可使用下列范围内的任意值。如果运算结果超过此范围，就会有报警 PS0111 发出。

参数 No.6008#0 = 0 时，最大值约为 $\pm 10^{308}$，最小值约为 $\pm 10^{-308}$。

用户宏程序中进行处理的数值数据，基于 IEEE（国际电气与电子工程师学会）标准，作为双倍精度实数处理。运算过程中出现的误差，也基于此双倍精度。

参数 No.6008#0 = 1 时，最大值约为 $\pm 10^{47}$，最小值约为 $\pm 10^{-29}$。

（4）局部变量（#1 ~ #33）　局部变量就是在宏内被局部使用的变量。也即，它与在某一时刻调用的宏中使用的局部变量#*i* 和在另一时刻调用的宏（不管是以前的宏，还是别的宏）中使用的#*i* 不同。因此，在从宏 A 中调用宏 B 时（如多层调用一样），有可能在宏 B 中错误使用在宏 A 中正在使用的局部变量，导致破坏该值。

局部变量用于传输自变量。其与自变量地址之间的对应关系，请参阅宏程序调用指令的章节。没有被传输自变量的局部变量，在初始状态下为 < 空值 >，用户可以自由使用。局部变量的属性为可 READ/WRITE（读/写）。

（5）公共变量（#100 ~ #199、#500 ~ #999）　局部变量在宏内部被局部使用，而公共变量则是在主程序、从主程序调用的各子程序、各个宏之间通用。也即，在某一宏中使用的#*i* 与在其他宏中使用的#*i* 是相同的。此外，由某一宏运算出来的公共变量#*i* 可以在别的宏中使用。局部变量的属性基本上为可 READ/WRITE（读/写）。但是，也可以对由参数（No.6031 ~ 6032）指定的变量号的公共变量进行保护（设定为只读）。公共变量的用途没有在系统中确定，因此，用户可以自由使用。公共变量可以使用#100 ~ #199、#500 ~ #999 共计 600 个。#100 ~ #199 将会由于电源切断而被清除，但是，#500 ~ #999 即使在电源切断之后仍会被保留起来。

（6）公共变量的写保护　通过在参数（No.6031 ~ 6032）中设定变量号，即可对多个公共变量（#500 ~ #999）进行保护，也即将其属性设定为只读。此功能对利用 MDI 从宏界面的输入/全部清零、在宏指令中的写入均有效。利用数控程序将设定范围的公共变量设定为 WRITE（在“=”左边使用）时，会有报警（PS0116）发出。

（7）系统变量　系统变量是在系统中用途被固定的变量。其属性共有 3 类：只读、只写、可读/写，根据各系统变量属性不同。

（8）系统常量　为用户准备的其值不变的量，用户可以与变量一样地引用这些常量。系统常量的属性为只读。

（9）小数点的省略　在程序中定义变量值时，可省略小数点。例如，“#1 = 1234;”的含义是：变量#1 的实际值是 1234.000。

（10）变量的引用　可以用变量指定紧接地址之后的数值。如果编制一个 <地址>#*i* 或 <地址> -#*i* 的程序，则意味着原样使用变量值，或者将其补码作为该地址的指令值。

例如：当 F#33、#33 =2.0 时，与指定了 F2.0 时的情形相同。

当 Z -#18、#18 =30.0 时，与指定了 Z -30.0 时的情形相同。

当 G#130、#130 =3.0 时，与指定了 G3 时的情形相同。

不可引用地址“/”“:”“O”和“N”中的变量。

例如：不可编制诸如 O#27、N#5 或 N［#7］的程序。

不可将可选程序段跳过/*n* 的 *n*（*n* =1 ~9）作为变量来使用。

不能直接用变量来指定变量号。

例如：用#30 来替换#5 的 5 时，代之以指定##30，应指定#［#30］。

不能指定超过每个地址中所确定的最大指令值的值。

例如：当#140 =120 时，G#140 超过最大指令值。

变量为地址数据时，变量被自动地四舍五入到各地址有效位数以下的位数。

例如：在设定单位为 1/1000mm 的装置上，当#1 为 12.3456 时，如果执行“G00　X#1;”，实际指令将成为“G00　X12.346;”。

利用后面叙述的 <表达式>，可以用 <表达式> 来替换紧跟在地址之后的数值。

<地址>［<表达式>］或 <地址> -［<表达式>］

若按照上面的顺序编程，则意味着原样使用 <表达式> 的值，或者将其补码作为该地址的指令值。**需要注意的是，“[ ]”中使用的不带小数点的常量，视为其末尾带有小数点。**

例如：X［#24 + #18 * COS［#2］］

Z -［#18 + #26］

（11）未定义变量　将尚未定义变量值的状态称为“空值”。

变量#0、#3100 永远是空变量，它不能写入，但能读取。

1）引用变量。在引用一个尚未定义的变量时，地址本身也被忽略。

| 原来的指令 | G90　X100. Y#1; |
|---|---|
| #1 = <空值>时的等效指令 | G90　X100. ; |
| #1 =0 时的等效指令 | G90　X100. Y0; |

2）定义/替换、加法运算、乘法运算。将局部变量或公共变量直接替换为 <空值> 时，其结果也为 <空值>。将系统变量直接替换为 <空值> 时，或者替换使用 <空值> 运算出来的结果时均作为变量值 0 来对待。

| 原来的运算式子（局部变量例） | #2 = #1 | #2 = #1 * 5 | #2 = #1 + #1 |
|---|---|---|---|
| 替换结果（#1 = <空值>时） | <空值> | 0 | 0 |
| 替换结果（#1 =0 时） | 0 | 0 | 0 |

| 原来的运算式子（公共变量例） | #100 = #1 | #100 = #1 * 5 | #100 = #1 + #1 |
|---|---|---|---|
| 替换结果（#1 = <空值>时） | <空值> | 0 | 0 |
| 替换结果（#1 = 0 时） | 0 | 0 | 0 |

| 原来的运算式子（系统变量例） | #2001 = #1 | #2001 = #1 * 5 | #2001 = #1 + #1 |
|---|---|---|---|
| 替换结果（#1 = <空值>时） | 0 | 0 | 0 |
| 替换结果（#1 = 0 时） | 0 | 0 | 0 |

3）比较运算。若是 EQ 和 NE 的情形，<空值>和 0 被判定为不同的值。若是 GE、GT、LE、LT 的情形，<空值>和 0 被判定为相同的值。

① 将<空值>代入#1 时：

| 条件表达式的表达方式 | #1 EQ #0 | #1 NE 0 | #1 GE #0 | #1 GT 0 | #1 LE #0 | #1 LT 0 |
|---|---|---|---|---|---|---|
| 评价结果 | 成立（真） | 成立（真） | 成立（真） | 不成立（假） | 成立（真） | 不成立（假） |

② 将 0 代入#1 时：

| 条件表达式的表达方式 | #1 EQ #0 | #1 NE 0 | #1 GE #0 | #1 GT 0 | #1 LE #0 | #1 LT 0 |
|---|---|---|---|---|---|---|
| 评价结果 | 不成立（假） | 不成立（假） | 成立（真） | 不成立（假） | 成立（真） | 不成立（假） |

注：EQ 和 NE 只用于整数数值的比较，有小数点的数值的比较请使用 GE、GT、LE 和 LT。

（12）系统变量（常量）的名称指令　系统变量（常量）通过变量号指定，但是，也可以通过事先预备的系统变量（常量）名称来指定。系统变量（常量）名称由__（下划线）开始的 8 个字符以内的英文大写字母、数字以及__（下划线）构成。另外，依赖于轴的变量（坐标值等）或存在多个同类数据的变量（刀具补偿量等），作为名称的下标，可以用［$n$］（$n$ 为整数）指定数值。此时，$n$ 可以用<表达式>即运算格式指定。指令格式为

［#_ DATE］

必须以［#__系统变量名称］的格式指定。

例如，“#101 = ［#__DATE］;”：读出#3011（年月日），代入#101。

“#102 = ［#__TIME］;”：读出#3012（时分秒），代入#102。

“#103 = ［#__ABSMT［1］］;”：读出#5021（第 1 轴的机械坐标值），代入#103。

“#104 = ［#__ABSKP［#500 * 2］］;”：读出#506x（第［#500 * 2］轴的跳过位置），代入#104。

为下标 $n$ 指定了整数值以外的值时，视为指定了将 $n$ 的小数点以下进行四舍五入处理后的值并引用变量值。

例如，“［#__ABSIO［1.4999999］］”：假定此值为［#__ABSIO［1］］，也即#5001。

“［#__ABSIO［1.5000000］］”：假定此值为［#__ABSIO［2］］，也即#5002。

**注意：**

① 指定尚未登录的变量名称时，会有报警 PS1098 发出。

② 指定了非法的值作为下标 $n$（负值等）时，会有报警 PS1099 发出。

（13）系统常量#0、#3100～#3102（属性：R）　可以如同系统变量一般地处理作为系统中固定值的常量。这一常量称为系统常量。系统常量有下列几种。

| 常量号 | 常量名称 | 内容 |
|---|---|---|
| #0，#3100 | [#_EMPTY] | 空值 |
| #3101 | [#_PI] | 圆周率 π=3.14159265358979323846 |
| #3102 | [#_E] | 自然对数的底数 e=2.71828182845904523536 |

（14）公共变量的名称指令　通过指定由后述的SETVN指令设定的变量名称，即可从公共变量读取或者写入到公共变量。

指令格式如［#VAR500］所示，必须以［#公共变量名称］的格式指定。

例如，“X［#POS1］Y［#POS2］;”：通过变量名称指令指定位置。

“［#POS1］=#100+#101;”：通过变量名称指令执行代入语句。

“#［100+［#ABS］］=500;”：同上（变量号的指定）。

“#500=［1000+［#POS2］*10］;”：通过变量名称指令读取变量。

## 5.1.2　系统变量

可用系统变量读取和写入CNC内部的数据，如刀具偏置量和当前位置等。系统变量对编写自动化程序和通用程序十分重要。

FANUC 0*i*-MC/MD系列系统变量种类繁多，在此只介绍其中的一部分。FANUC 0*i*-MC/MD系统变量见表5-1。

**表5-1　FANUC 0*i*-MC/MD系统变量**

| 变量号 | 含义 |
|---|---|
| #1000~#1031、#1032~#1035 | 接口输入信号 |
| #1100~#1131、#1132~#1135 | 接口输出信号 |
| #10001~#10400、#11001~#11400 | 刀具长度补偿值形状、磨损（M系列） |
| #12001~#12400、#13001~#13400 | 刀具半径补偿值形状、磨损（M系列） |
| #3000 | 宏指令报警 |
| #3001、#3002 | 时钟1、2（ms、h） |
| #3003、#3004 | 控制单段、等待辅助功能完成信号，进给保持、进给倍率、准确停止检查的有效/无效 |
| #3005 | 设定数据的读写 |
| #3006 | 随着提示信息一起停止 |
| #3007 | 镜像的状态（DI以及设定） |
| #3008 | 程序再启动中/非程序再启动中 |
| #3011、#3012 | 日期：年/月/日，时刻：时/分/秒 |
| #3901、#3902 | 零件数的累计值、所需零件数 |
| #4001~#4120、(#4130) | 模态信息 |
| #5001~#5105 | 位置信息 |
| #5201~#5325 | 工件坐标系（EXT、G54~G59）各轴偏移量（T、M系列） |
| #7001~#7945 | 附加坐标系（G54 P1~P48）各轴偏移量（M系列） |

**1. 刀具补偿值**（属性：R/W）

FANUC 0*i*-MD面板刀具补偿存储器的系统变量（参数No.6000#3=1）见表5-2。

表 5-2　FANUC 0*i*－MD 面板刀具补偿存储器的系统变量

| 补偿号 | 刀具长度补偿（H） | | 刀具半径补偿（D） | |
|---|---|---|---|---|
| | 形状 | 磨损 | 形状 | 磨损 |
| 1 | #10001 | #11001 | #12001 | #13001 |
| 2 | #10002 | #11002 | #12002 | #13002 |
| … | … | … | … | … |
| 399 | #10399 | #11399 | #12399 | #13399 |
| 400 | #10400 | #11400 | #12400 | #13400 |

用系统变量可以读取、写入刀具补偿值。共有 3 种方法可以修改刀具补偿值等信息：

① 通过 MDI 面板直接填入，比如把“－123.456”直接填入 M 系列 001 番号的形状（H）里。

② 通过 G10 指令设定，设定的值并非都是定值，也可以是变量。如“G90 G10 L10 P1 R－123.456;”，则为定值；如“G90 G10 L10 P1 R#5;”，则为变量。

③ 把值写入系统变量，“#10001＝－123.456;”或“#10001＝#5;”。

除了可以把数值写入系统变量来改变这些系统变量的数据之外，还可以利用系统变量来读取这些番号中的数据。如在 M 系列中编写：

“#27＝#12001;”把 001 番号形状（D）中的数据赋值给变量#27。

“#31＝#11005;”把 005 番号磨损（H）中的数据赋值给变量#31。

**2. 报警#3000**（属性：W）

当在宏指令中检测出错误时，即可使装置进入报警状态。另外，可以在表达式后用控制出和控制入将 26 个字符以内的报警信息括起来后予以指定。没有指定报警内容时的报警信息成为宏报警。

| 变量号 | 变量名称 | 内容 |
|---|---|---|
| #3000 | [#_ ALM] | 宏报警 |

参数MCA（No. 6008#1）＝0 时

#3000＝*n*（ALARM MESSAGE）；（*n*：0～200）

将 3000 与变量#3000 的值相加的报警号和报警信息一起在界面上显示出来。

例如，“#3000＝8（DAO JING WU ZHI）;”（刀具直径未赋值）

→报警界面上显示出“3008 DAO JING WU ZHI（刀径无值）”。

参数MCA（No. 6008#1）＝1 时

#3000 ＝*n*（ALARM MESSAGE）；（*n*：0～4095）

继 MC 后，界面上显示出#3000 报警号和报警信息。

例如：#3000＝16（ALARM MESSAGE）;

→报警界面上显示出“MC0016 ALARM MESSAGE”。

**3. 时钟#3001、#3002**（属性：R/W）

通过读取用于时钟的系统变量#3001、#3002 的值，即可通知时钟的时刻。将值代入时钟变量中，即可预置时刻。

| 种类 | 变量号 | 单位 | 电源接通时 | 计数条件 |
|---|---|---|---|---|
| 时钟 1 | #3001 | 1ms（msec） | 复位为 0 | 始终 |
| 时钟 2 | #3002 | 1h | 与电源断开时相同 | STL 信号接通时 |

时钟的精度为16ms。时钟1到2147483648ms时候归零。时钟2到9544.371767h时归零。

**4. 单程序段停止、辅助功能完成信号等待的控制#3003**（属性：R/W）

将下列值代入系统变量#3003中，即可在其后的程序段中，使基于单程序段的停止无效。当程序段停止无效时，即使单程序段开关设为ON（或点亮），也不执行单程序段停止，或不等待辅助功能（M、S、T、B）的完成信号（FIN）就进入下一个程序段。在不等待完成信号时，不会发出分配完成信号（DEN）。**注意不要在没有等待完成信号下就指定下一个辅助功能。**

| 变量号变量名称 | 值 | 单程序段停止 | 辅助功能完成信号 |
| --- | --- | --- | --- |
| #3003<br>[#_ CNTL1] | 0 | 有效 | 等待 |
| | 1 | 无效 | 等待 |
| | 2 | 有效 | 不等待 |
| | 3 | 无效 | 不等待 |

此外，通过使用下面的变量名称，还可以个别进行单程序段停止、辅助功能完成信号等待控制。

| 变量名称 | 值 | 单程序段停止 | 辅助功能完成信号 |
| --- | --- | --- | --- |
| [#_ M_ SBK] | 0 | 有效 | — |
| | 1 | 无效 | — |
| [#_ M_ FIN] | 0 | — | 等待 |
| | 1 | — | 不等待 |

例如：G81钻孔循环（增量编程）

宏程序调用指令：G65 P9081 L重复次数；（R指*R*点，Z指*Z*点）

用户宏程序按照如下方式创建。

```
O9081;
#3003 =1;                                         ┐
G00 Z#18;                                         │不进行单程序段停止
G01 Z#26;                                         │#18与R对应，#26与Z对应
G00 Z-[ROUND[#18] +ROUND[#26]];                   │
#3003 =0;                                         ┘
M99;
```

注：#3003通过复位被清除。

**5. 进给保持、进给速度倍率、准确停止检查无效#3004**（属性：R/W）

通过将下列值代入系统变量#3004，即可在之后的程序段中使进给保持和进给速度倍率无效，

或者不执行基于 G61 方式或 G09 指令的准确停止。

| 变量号变量名称 | 值 | 进给保持 | 进给速度倍率 | 准确停止 |
| --- | --- | --- | --- | --- |
| #3004［#_ CNTL2］ | 0 | 有效 | 有效 | 有效 |
| | 1 | 无效 | 有效 | 有效 |
| | 2 | 有效 | 无效 | 有效 |
| | 3 | 无效 | 无效 | 有效 |
| | 4 | 有效 | 有效 | 无效 |
| | 5 | 无效 | 有效 | 无效 |
| | 6 | 有效 | 无效 | 无效 |
| | 7 | 无效 | 无效 | 无效 |

另外，通过使用下面的变量名称，还可以个别进行使进给保持、进给速度倍率、基于 G61 方式或 G09 指令的准确停止有效/无效的控制。

| 变量号变量名称 | 值 | 进给保持 | 进给速度倍率 | 准确停止 |
| --- | --- | --- | --- | --- |
| ［#_ M_ FHD］ | 0 | 有效 | — | — |
| | 1 | 无效 | — | — |
| ［#_ M_ OV］ | 0 | — | 有效 | — |
| | 1 | — | 无效 | — |
| ［#_ M_ EST］ | 0 | — | — | 有效 |
| | 1 | — | — | 无效 |

注：1. 该系统变量是出于与以往的 NC 程序之间的兼容性考虑而提供的。进给保持、进给速度倍率、准确停止的控制，建议用户使用由 G63、G09、G61 等 G 代码提供的功能。

2. 在执行使进给保持无效的程序段过程中按下进给保持按钮时，出现以下情况。

1）当持续按下进给保持按钮时，操作会在执行程序段后停止。但是，即使单程序段停止无效，操作也不会停止。

2）按下进给保持按钮后松手时，进给保持指示灯点亮，但是操作在最初的程序段终点有效之前不会停止。

3. #3004 通过复位被清除。

4. 即使在通过#3004 使准确停止无效的情况下，［切削进给与定位程序段］间的本来进行准确停止的位置不会受到影响。#3004 仅可使基于［切削进给与切削进给］间的 G61 方式或者 G09 指令的准确停止暂时无效。

其实，能够看到车床 T 系列 G32、G92、G76，加工中心 M 系列攻螺纹循环 G74、G84 等很多指令的表面现象，如进给倍率是否有效、进给保持是否有效、单段是否有效、辅助功能 M 指令信号是否等待完成等，实际上都是由内部的系统变量来控制的。

**6. 时刻#3011、#3012**（属性：R）

通过读取系统变量#3011、#3012，即可得知年/月/日、时/分/秒。该变量为只读变量。

例如：#101 = #3001，把年/月/日信息代入#101。

想要改变年/月/日、时/分/秒时，在计时器界面上进行。

例如：2014 年 9 月 19 日下午 3 时 18 分 6 秒，在计时器界面：

在变量#3011 上输入 20140919，在变量#3012 上输入 151806。

**7. 零件数的累计值和所需零件数#3901、#3902**（属性：R/W）

通过运行时间和零件数显示功能，即可在界面上显示出所需零件数和已经加工的零件数。到已经加工的零件数（累计值）超过所需零件数时，系统会向机床端（PMC 端）输出通知该情况的信号。

可以利用系统变量来读写零件数的累计值和所需零件数，但不能用负值。

**8. 模态信息**

正在处理的当前程序段之前的模态信息，可以从系统变量中读出。M 系列模态信息的系统变量见表 5-3。

通过读取系统变量#4001～#4130 的值，即可得知当前预读的程序段中在读取系统变量#4001～#4130的宏语句紧之前的程序段前指定的模态信息。

通过读取系统变量#4201～#4330 的值，即可得知当前正在执行的程序段的模态信息。

通过读取系统变量#4401～#4530 的值，即可得知在被中断型用户宏程序中断的程序段之前指定的模态信息。

**注意：** 单位采用指定时所用的单位。

**表 5-3　M 系列模态信息的系统变量**

| 变量号 | 功能 | |
|---|---|---|
| #4001 | G00、G01、G02、G03、G33 | 01 组 |
| #4002 | G17、G18、G19 | 02 组 |
| #4003 | G90、G91 | 03 组 |
| #4004 | G22、G23 | 04 组 |
| #4005 | G94、G95 | 05 组 |
| #4006 | G20、G21 | 06 组 |
| #4007 | G40、G41、G42 | 07 组 |
| #4008 | G43、G44、G49 | 08 组 |
| #4009 | G73、G74、G76、G80～G89 | 09 组 |
| #4010 | G98、G99 | 10 组 |
| #4011 | G50、G51 | 11 组 |
| #4012 | G66、G67 | 12 组 |
| #4013 | G96、G97 | 13 组 |
| #4014 | G54～G59 | 14 组 |
| #4015 | G61～G64 | 15 组 |
| #4016 | G68、G69 | 16 组 |
| #4017 | G15、G16 | 17 组 |
| … | … | … |
| #4030 | 待定 | 30 组 |
| #4102 | B 代码 | |
| #4107 | D 代码 | |
| #4108 | E 代码 | |
| #4109 | F 代码 | |
| #4111 | H 代码 | |
| #4113 | M 代码 | |
| #4114 | 顺序号 | |

（续）

| 变量号 | 功能 |
|---|---|
| #4115 | 程序号 |
| #4119 | S 代码 |
| #4120 | T 代码 |
| #4130 | P 代码（当前所选的附加工件坐标系号码） |

注：1. P 代码为当前所选的附加工件坐标系号码。

2. 系统变量#4001～#4120 不能用作运算指令左边的项，即只能读取，不能写入。例如，程序里编写的“G17 G90 G55;”执行完这段程序后，当执行“#1 = #4002; #2 = #4003; #3 = #4014;”这几段程序后，#1 得到的值是 17，#2 得到的值是 90，#3 得到的值是 55。不可以编写“#4002 = 18;”这样的指令来改变机床由 G17 成为 G18 的状态。这些系统变量只能用来保存机床的状态，如果想让机床成为 G18 的状态，则在程序中编写 G18。

3. 如果阅读模态信息指定的系统变量为不能用的 G 代码时，系统则发出程序错误 P/S 报警。

4. 关于“紧之前的程序段”和“执行中的程序段”：为使 CNC 在加工程序中读入排在执行中的程序段之前的程序段，执行中的程序段和 CNC 正在执行读入处理的程序段在通常情况下不同。“紧之前的程序段”是指 CNC 正在执行读入处理的程序段之前的程序段。也即，#4001～#4130 所指定的程序段之前的程序段。

[例] O1234;

```
N10 G00 X20. Y20. ;
N20 G01 X100. Y100. F1000;
……
……
N50 G00 X500. Y500. ;
N60 #1 = #4001;
```

假定现在 CNC 正在执行 N20，而且假定 CNC 读入 N60 并且正在进行处理，则“执行中的程序段”为 N20，“紧之前的程序段”为 N50。因此，“执行的程序段”的组 01 的模态信息为 G01，“紧之前的程序段”的组 01 的模态信息为 G00。

如果“N60 #1 = #4201;”，则#1 = 1；如果“N60 #1 = #4001;”，则#1 = 0。

### 9. 位置信息#5001～#5065（属性：R）

通过读取系统变量#5001～#5065 的值，即可得知当前执行的程序段的终点位置、指令当前位置（机床坐标系、工件坐标系）、跳过信号位置。

| 变量号 | 位置信息 | 坐标系 | 刀具位置/刀具长度/刀具半径补偿 | 移动中的读取操作 |
|---|---|---|---|---|
| #5001<br>…<br>#5005 | 第 1 轴程序段终点位置<br>…<br>第 5 轴程序段终点位置 | 工件坐标系 | 不包括 | 可以执行 |
| #5021<br>…<br>#5025 | 第 1 轴当前位置<br>…<br>第 5 轴当前位置 | 机床坐标系 | 包括 | 不可执行 |

（续）

| 变量号 | 位置信息 | 坐标系 | 刀具位置/刀具长度/刀具半径补偿 | 移动中的读取操作 |
|---|---|---|---|---|
| #5041<br>…<br>#5045 | 第 1 轴当前位置<br>…<br>第 5 轴当前位置 | 工件坐标系 | 包括 | 不可执行 |
| #5061<br>…<br>#5065 | 第 1 轴跳过位置<br>…<br>第 5 轴跳过位置 | 工件坐标系 | 包括 | 可以执行 |

注：1. 当指定超过控制轴数的变量时，会有 PS0115 报警“变量号超限”发出。

2. G31 跳过的程序段终点位置为在跳过信号接通时的位置。跳过信号尚未接通时，该位置就是所指定的程序段的终点位置。

3. 不可执行移动中的读取操作”是指即使在移动中读取也不能确保读取值正确性的情形。

### 10. 刀具长度补偿量#5081～#5085（属性：R）（M 系列）

通过读取系统变量#5081～#5085 的值，即可得知每个轴当前正在执行的程序段中的刀具长度补偿量。

| 变量号 | 位置信息 | 移动中的读取操作 |
|---|---|---|
| #5081<br>…<br>#5085 | 第 1 轴刀具长度补偿量<br>…<br>第 5 轴刀具长度补偿量 | 不可执行 |

注：在指定超过控制轴数的变量时，会有 PS0115 报警“变量号超限”发出。

### 11. 伺服位置偏差值#5101～#5105（属性：R）

通过读取系统变量#5101～#5105 的值，即可得知每个轴的伺服位置偏差值。

| 变量号 | 位置信息 | 移动中的读取操作 |
|---|---|---|
| #5101<br>…<br>#5105 | 第 1 轴伺服位置偏差值<br>…<br>第 5 轴伺服位置偏差值 | 不可执行 |

### 12. 工件原点偏置量#5201～#5325（属性：R/W）

通过读取工件原点偏置量用的系统变量#5201～#5325 的值，即可得知工件原点偏置量；通过将值代入系统变量，还可以改变工件原点偏置量。

| 变量号 | 控制轴 | 工件坐标系 |
|---|---|---|
| #5201<br>…<br>#5205 | 第 1 轴外部工件原点偏置量<br>…<br>第 5 轴外部工件原点偏置量 | EXT 外部工件原点偏置量（所有坐标系通用） |
| #5221<br>…<br>#5225 | 第 1 轴工件原点偏置量<br>…<br>第 5 轴工件原点偏置量 | G54 |

（续）

| 变量号 | 控制轴 | 工件坐标系 |
| --- | --- | --- |
| #5241<br>…<br>#5245 | 第 1 轴工件原点偏置量<br>…<br>第 5 轴工件原点偏置量 | G55 |
| #5261<br>…<br>#5265 | 第 1 轴工件原点偏置量<br>…<br>第 5 轴工件原点偏置量 | G56 |
| #5281<br>…<br>#5285 | 第 1 轴工件原点偏置量<br>…<br>第 5 轴工件原点偏置量 | G57 |
| #5301<br>…<br>#5305 | 第 1 轴工件原点偏置量<br>…<br>第 5 轴工件原点偏置量 | G58 |
| #5321<br>…<br>#5325 | 第 1 轴工件原点偏置量<br>…<br>第 5 轴工件原点偏置量 | G59 |

**13. 附加工件坐标系的工件原点偏置量#7001～#7945**（属性：R/W）

通过读取系统变量#7001～#7945 的值，即可得知附加工件坐标系的工件原点偏置量；通过将值代入系统变量，还可以改变附加工件坐标系的工件原点偏置量。

| 变量号 | 控制轴 | 工件坐标系 |
| --- | --- | --- |
| #7001<br>…<br>#7005 | 第 1 轴工件原点偏置量<br>…<br>第 5 轴工件原点偏置量 | 1<br>（G54.1 P1） |
| #7021<br>…<br>#7025 | 第 1 轴工件原点偏置量<br>…<br>第 5 轴工件原点偏置量 | 2<br>（G54.1 P2） |
| … | … | … |
| #7941<br>…<br>#7945 | 第 1 轴工件原点偏置量<br>…<br>第 5 轴工件原点偏置量 | 48<br>（G54.1 P48） |

其中，系统变量号 = 7000 +（附加坐标系号 - 1）×20 + 轴号；坐标系号为 1～48，轴号为1～5。

### 5.1.3 运算指令

可以在变量之间进行各类运算。运算指令可像一般的算术式子一样编程。FANUC 系统算术和逻辑运算见表 5-4。

例如：#*i* = <表达式>

<表达式>：运算指令右边的<表达式>是常量、变量、函数或算符的组合。代之以下面的#*j*、#*k*，也可以使用常量。在<表达式>中使用的不带数点的常量，视为其末尾有小数点。

表 5-4　FANUC 系统算术和逻辑运算

| 运算的种类 | 运算指令 | 含义 |
|---|---|---|
| 定义、替换 | #i = #j | 变量的定义或替换 |
| 加法型运算 | #i = #j + #k<br>#i = #j − #k<br>#i = #j OR #k<br>#i = #j XOR #k | 加法运算<br>减法运算<br>逻辑和（32 位的每一位）<br>按位加（32 位的每一位） |
| 乘法型运算 | #i = #j * #k<br>#i = #j/#k<br>#i = #j AND #k<br>#i = #j MOD #k | 乘法运算<br>除法运算<br>逻辑积（32 位的每一位）<br>余数（#j、#k 取整后求取余数。#j 为负时，#i 也为负） |
| 函数 | #i = SIN［#j］<br>#i = COS［#j］<br>#i = TAN［#j］<br>#i = ASIN［#j］<br>#i = ACOS［#j］<br>#i = ATAN［#j］<br>#i = ATAN［#j］/［#k］<br>#i = ATAN［#j，#k］<br>#i = SQRT［#j］<br>#i = ABS［#j］<br>#i = BIN［#j］<br>#i = BCD［#j］<br>#i = ROUND［#j］<br>#i = FIX［#j］<br>#i = FUP［#j］<br>#i = LN［#j］<br>#i = EXP［#j］<br>#i = POW［#j，#k］<br>#i = ADP［#j］ | 正弦［单位：(°)］<br>余弦［单位：(°)］<br>正切［单位：(°)］<br>反正弦<br>反余弦<br>也可以是反正切（1 个自变量）、ATN<br>也可以是反正切（2 个自变量）、ATN<br>同上<br>也可以是平方根、SQRT 绝对值<br>绝对值<br>由二进制编码的十进制（BCD）变换为二进制（BINARY）<br>由二进制（BINARY）变换为二进制编码的十进制（BCD）<br>也可以是四舍五入、RND<br>小数点以下舍去<br>小数点以下四舍五入<br>自然对数<br>以 e（2.718……）为底数的指数<br>幂乘级（#j 的#k 次幂）<br>小数点附加 |

**1. 角度单位**

在 SIN、COS、TAN、ASIN、ACOS、ATAN 函数中使用的角度，其单位用度表示。例如，25°51′，表示为 25.85°。

**2. 反正弦#i = ASIN［#j］；**

数学上表示为 arcsin，计算器上表示为 $\sin^{-1}$。解的范围如下：

1）当参数 NAT（No. 6004#0）设为 0 时：270°～90°。

2）当参数 NAT（No. 6004#0）设为 1 时：−90°～90°。

3）当#j 超出 −1～1 时，会有 PS0119 报警发出。

4）可用常量替代变量#j。

**3. 反余弦#i = ACOS［#j］；**

数学上表示为 arccos，计算器上表示为 $\cos^{-1}$。

1）解的范围为0°～180°。

2）当#j 超出 -1～1时，会有PS0119报警发出。

3）可用常量替代变量#*j*。

**4. 反正切#*i* = ATAN [#*j*] / [#*k*]；(2个自变量)**

数学上表示为arctan，计算器上表示为$\tan^{-1}$。

1）即使指定ATAN [#*j*，#*k*]，也与ATAN[#*j*]/[#*k*]等效。

2）该函数由*XY*平面上的点（#*k*，#*j*）给定时，返还相对于由该点构成的角度的反正切的值。

3）可用常量替代变量#*j*。

4）解的范围如下：

① 当参数NAT（No. 6004#0）设为0时：0°～360°。

例如：#1 = ATAN [1] / [1] 时，#1是45.0°；

#1 = ATAN [1] / [-1] 时，#1是135.0°；

#1 = ATAN [-1] / [-1] 时，#1是225.0°；

#1 = ATAN [-1] / [1] 时，#1是315.0°；

② 当参数NAT（No. 6004#0）设为1时：-180°～180°。

例如：#1 = ATAN [1] / [1] 时，#1是45.0°；

#1 = ATAN [1] / [-1] 时，#1是135.0°；

#1 = ATAN [-1] / [-1] 时，#1是-135.0°；

#1 = ATAN [-1] / [1] 时，#1是-45.0°；

**注意：**“[ ] / [ ]”，代表所在平面的坐标值，如在G17平面，“[1]/[-1]”，代表该坐标Y值为1，X值为-1；如在G18平面，“[1] / [-1]”，代表该坐标X值为1，Z值为-1；如在G19平面，“[1] / [-1]”，代表该坐标Z值为1，Y值为-1。千万别混淆了顺序！

**5. 反正切#*i* = ATAN [#*j*]；(1个自变量)**

1）如上所述，在以1个自变量来指定ATAN时，该功能将返还反正切的主值（-90° < ATAN [#*j*] <90°）。也即，成为计算器型规格的ATAN。

2）在将该函数作为除法运算的被除数使用时，必须以 [ ] 括起来以后再指定，不括起来的情形视为ATAN[#*j*]/[#*k*]。

例如，“#100 = [ATAN [1]] /10;”：将1个自变量ATAN除以10，即4.5°。

“#100 = [ATAN [-1]] /10;”：将1个自变量ATAN除以10，即-4.5°。

“#100 = ATAN [1] / [10];”：作为2个自变量ATAN执行，即5.7106°。

“#100 = [ATAN [-1] / [1]] /10;”：视为先运算ATAN[-1]/[1]，然后再把结果除以10，当参数No. 6004#0设为0时，为31.5°；当参数No. 6004#0设为1时，为-4.5°。

“#100 = ATAN [1] /10;”：视为2个自变量ATAN，但是由于G17平面上X坐标的“10”指定中没有 [ ]，会有PS1131报警发出。

**注意：反正弦、反余弦、反正切函数，在数学上的表示方法为arcsin、arccos、arctan，在计算器上的表示方法为$\sin^{-1}$、$\cos^{-1}$、$\tan^{-1}$，在数控机床上的表示方法为ASIN、ACOS、ATAN。**

建议采用含两个自变量的反正切函数：ATAN [#*j*] / [#*k*]。

**6. 自然对数#*i* = LN [#*j*]；**

1）当反对数（#*j*）小于或等于0时，会有PS0119报警发出。

2）可用常量替代变量#*j*。

**7. 指数函数#*i* = EXP [#*j*]；**

1）运算结果溢出时，会有PS0119报警发出。

2）可用常量替代变量#*j*。

**8. ROUND函数**

1）当运算指令以及IF语句或WHILE语句中包含取整函数时，取整函数则从第一位小数起四舍五入。

例如，“#1 = ROUND [#2]；”，其中#2为1.2345，则变量#1的值是1.0。

2）当ROUND函数用在NC的语句地址中时，取整函数将按地址的最小输入增量对指定的值四舍五入。

例如，按照变量#1和#2的值，编写一个钻孔程序，完成后返回原来位置。

假设设定单位是1/1000mm，变量#1的值是1.2345，变量#2的值是2.3456。

“G00 G91 X－#1；”：负向移动1.235mm。

“G01 X－#2 F300；”：负向移动2.346mm。

“G00 X [#1 + #2]；”：由于1.2345mm + 2.3456mm = 3.5801mm，移动量在正向为3.580mm，而非返回原来位置。

**注意：差别来源于是四舍五入前相加的，还是四舍五入后相加的。**

为了使刀具返回原来位置，必须指定“G00 X [ROUND [#1] + ROUND [#2]]；”。

**9. ADP（Add Decimal Point）函数**

设定ADP [#*n*]（*n* = 1 ~ 33），对于不带小数点传递的自变量，可以在子程序端添加小数点。

例如，在用“G65 P__ X10；”调用的子程序端，ADP [#24] 的值与在自变量的最后带有小数点的情形相同，也即为“10.”。它在不希望在子程序端考虑设定单位时使用。但是，参数No.6007#4为1时，自变量在传递的同时被变换为0.01，因此不可使用ADP函数。

**注意：**出于程序的兼容性考虑，不建议用户使用ADP函数在指定宏程序调用的自变量中添加上小数点。

**10. 只入不舍和只舍不入（FUP和FIX）**

当CNC对一个数进行操作后，其整数的绝对值比该数原来的绝对值大，这种操作称为只入不舍；相反，对一个数进行操作后，其整数的绝对值比该数原来的绝对值小，这种操作称为只舍不入。

当处理负数时，要格外小心。

例如，假设#1 = 1.2，#2 = －1.2：

当执行“#3 = FUP [#1]；”时，将2.0赋予#3。

当执行“#3 = FIX [#1]；”时，将1.0赋予#3。

当执行“#3 = FUP [#2]；”时，将－2.0赋予#3。

当执行“#3 = FIX [#2]；”时，将－1.0赋予#3。

**11. 运算指令的缩写**

当函数在程序中被指定时，只需要前面的两个字符，后面的可以省略。

例如：ROUND→RO

FIX→FI

**注意：**

① POW 不可省略。

② 在以省略方式输入了运算指令的情况下，显示也为省略方式。

例如，如果输入“RO”，则不会变换显示为实际的运算指令 ROUND，而显示“RO”。

**12. 运算的优先顺序**

1）函数。

2）乘除运算（*，/，AND）。

3）加减运算（+，-，OR，XOR）。

例如：“#1 = #2 + #3 * SIN [ #4 ]；”。

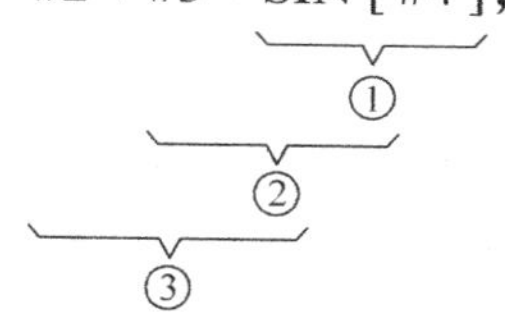

①②③表示运算的顺序。

**13. 括号的嵌套**

括号被用来改变运算的优先顺序。括号可含5层，包括函数外面的括号。因为超过5层，会有 PS0118 报警发出。

例如，“#1 = SIN [ [ [ #2 + #3 ] * #4 + #5 ] * #6 ]；”

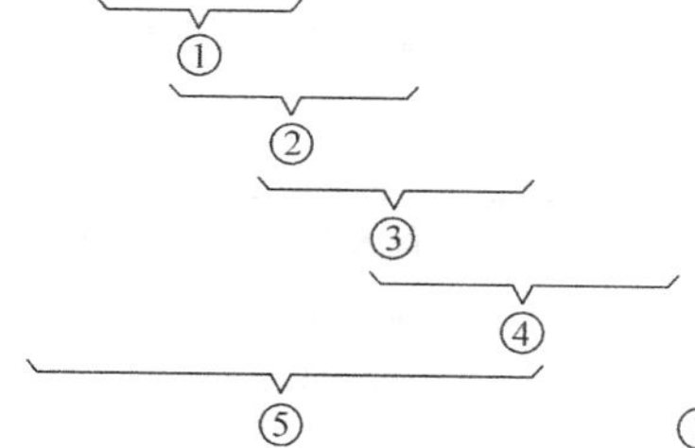

①～⑤表示运算的顺序。

**14. 逻辑运算说明**

逻辑运算符号是在二进制数值上使用的运算符号。宏变量为浮点数字。当在宏变量上使用逻辑运算符号时，只使用浮点数字的整数部分。逻辑运算符号是：

OR：两个数值一起 Logically OR（或）。

XOR：两个数值一起 Exclusively OR（异或）。

AND：两个数值一起 Logically AND（与）。

逻辑运算相对于算术运算来说较为特殊，具体说明如下：

| 运算符 | 功能 | 逻辑名 | 运算特点 | 运算实例 |
|---|---|---|---|---|
| AND | 与 | 逻辑乘 | （相当于串联）有0得0 | 1×1=1，1×0=0，0×0=0 |
| OR | 或 | 逻辑加 | （相当于并联）有1得1 | 1+1=1，1+0=1，0+0=0 |
| XOR | 异或 | 逻辑减 | 相同得0，相异得1 | 1-1=0，1-0=1，0-0=0，0-1=1 |

说明：

① AND 的运算法则为：检查所有条件是否都为 TRUE（真），如果所有参数都为 TRUE（真），则结果为 TRUE（真）；只要有一个条件为 FALSE（假），则结果为 FALSE（假）。

例如：#1 =5.2；
#2 =3.6；

IF[[#1 GT 4.5]AND[#2 LT 9.8]]GOTO 19；

检查“[#1 GT 4.5]”条件为 TRUE(真)，“[#2 LT 9.8]”条件为 TRUE（真），即两者都为 TRUE（真），则出现 GOTO（前进），跳转到 N19 程序段。只要有一个条件为 FALSE（假），就不出现跳转。

② OR 的运算法则为：如果任一条件为 TRUE（真），则结果为 TRUE（真）；只有当所有条件均为 FALSE（假）时，结果才为 FALSE（假）。

例如：#1 =1.0；　　0000 0001
#2 =2.0；　　0000 0010
#3 =#1 OR #2　　0000 0011　在 OR 操作后，变量 #3 会包含 3.0。

③ XOR 的运算法则为：如果 a、b 两个值不相同，则异或结果为 1；如果 a、b 两个值相同，则异或结果为 0。

例如：十进制 5 异或 11，先转化为二进制，再异或，异或值为“1110”，即十进制 14。

```
     0101
XOR  1011
---------
     1110
```

**注意：当使用逻辑运算符时，必须小心操作，这样才会得到所要求的结果。**

**15. 运算精度**

| 运算形式 | 平均误差 | 最大误差 | 误差的种类 |
|---|---|---|---|
| $a=bc$ | $1.55\times10^{-10}$ | $4.66\times10^{-10}$ | 相对误差① $\left\|\frac{\varepsilon}{a}\right\|$ |
| $a=b/c$ | $4.66\times10^{-10}$ | $1.88\times10^{-9}$ | |
| $a=\sqrt{b}$ | $1.24\times10^{-9}$ | $3.73\times10^{-9}$ | |
| $a=b+c$<br>$a=b-c$ | $2.33\times10^{-10}$ | $5.32\times10^{-10}$ | MIN $\left\|\frac{\varepsilon}{b}\right\|$、$\left\|\frac{\varepsilon}{c}\right\|$② |
| $a=$SIN $[b]$<br>$a=$COS $[b]$ | $5.0\times10^{-9}$ | $1.0\times10^{-8}$ | 绝对误差③ $\|\varepsilon\|$，单位为（°） |
| $a=$ATAN$[b]/[c]$④ | $1.8\times10^{-6}$ | $3.6\times10^{-6}$ | |

① 相对误差与运算结果有关。
② 两类误差中，采用较小的一类。
③ 绝对误差是常量，与运算结果无关。
④ 函数 TAN 运算的是 SIN/COS。

说明：

① 变量值的精度大约是 8 位十进制数字，当对非常大的数进行加法或减法运算时，可能得不到预期的结果。

例如：#1 = 9876543210123.456，即使#2 = 9876543277777.777 为真值，变量值为#1 = 9876543200000.000，#2 =9876543300000.000。

此时，在计算#3 = #2 - #1 时，#3 = 100000.000，而不是期望的差值 67654.321。由于系统是以二进制进行计算的，实际结果还存在一定的差异。

② **注意：误差还会来自使用 EQ、NE、GE、GT、LE、LT 的条件表达式。**

例如：IF [#1 EQ #2] 受#1 和#2 的误差影响，可能导致判断错误。

因此，如 IF [ABS [#1 - #2] LT 0.001] 所示，求出两个变量之差，如果该差值不超过允许值（在这个例子中为 0.001），则可以判定这两个变量的值相等。

③ 对一个数值进行只舍不入时，应小心。

例如：#1 = 0.002，计算#2 = #1 * 1000 时，#2 的结果不正好是 2，而是 1.99999997。此时，如果指定#3 = FIX [#2]，则变量#3 的结果值不正好是 2.0，而是 1.0。

在这种情况下，进行误差修正之后，对该值应进行只舍不入或四舍五入，使结果大于预期的整数值。

#3 = FIX [#2 + 0.001];

#3 = ROUND [#2];

④ 括号。在表达式中使用的括号为方括号 [ ]。

**注意**：圆括号 (　) 用于注释。

⑤ 除数。除法运算中分母为“0”时，会有 PS0112 报警发出。

### 5.1.4 赋值与变量

赋值是把一个数据或者式子赋予一个变量，例如：

① #1 = 5.0。

② #2 = #3 + #4。

① 表示#1 的值为 5.0，可以读作“把 5.0 代入/写入/赋值给变量 1”。

② 表示#2 的值为#3 和#4 值的和，可以读作“把#3 和#4 值的和代入/写入/赋值给变量 2”。

这里的“ = ”是赋值符号，起语句定义作用。赋值的规律有：

① 赋值符号“ = ”两边的内容不能随意互换，左边只能是变量，右边可以是数值、表达式或变量。

② 一个赋值语句只能给一个变量赋值。

③ 在一个程序里，可以多次给同一个变量赋值，新变量值将会取代原变量值，即在之前的程序里，原变量值有效；在之后的程序里，新变量值有效，直到数据被再次更新。

④ 赋值语句具有运算功能，一般形式为

变量 = <表达式>

在赋值运算中，表达式可以是变量本身与其他数值的运算结果，如#3 = #3 + 0.5，它表示#3 的值为#3 + 0.5，可以理解为“原#3 + 0.5 的和代入/写入/赋值给新#3”，这是有别于普通数学运算的。

正是这些有别于普通数学运算意义的表达式，才让宏程序成为有别于普通程序的动力所在——数据在更新，程序在往复运行，这就是对“宏”最好的诠释。

⑤ 赋值表达式的运算顺序与数学运算顺序相同。

### 5.1.5 宏语句和一般数控语句

下列程序段为宏语句：

1）含运算指令（=）的程序段。

2）含控制指令（如 GOTO、DO、END）的程序段。

3）含宏指令（如由 G65、G66、G67 或别的 G 代码、M 代码的宏指令）的程序段。

除宏语句以外的程序段称为一般数控语句。

说明：

1）与一般数控语句的区别。

① 宏语句即使在单程序段方式，机床也不停止。

然而，应**注意：当参数 SBM（No. 6000#5）设为 1 时，在单程序段方式机床会停止。**

② 在 M 系列面板上，将宏语句视为刀具半径补偿方式中的没有移动的程序段。

2）与宏语句有相同性质的一般数控语句。

① 一般数控语句为子程序调用指令（M98，采用 M 代码的子程序调用，或采用 T 代码的子程序调用），且不含 O、N、P、L 的指令地址的程序段，与宏语句具有相同的性质。

② 对于 M99 指令，当不含 O、N、P、L 的指令地址的程序段时，具有与宏语句相同的性质。

### 5.1.6 转移和循环

在程序中，可用 GOTO 语句和 IF 语句改变程序的流向，和其在 C 语言语句中的作用类似。转移和循环有下列 3 种。

转移和循环
- GOTO 语句　（无条件转移）
- IF 语句　　（条件转移，如果……，那么……）
- WHILE 语句（当……时循环）

**1. 无条件转移语句**（GOTO 语句）

无条件转移到顺序号为 $n$ 的语句。当顺序号在 1 ~ 99999 范围以外时，就会有 PS1128 报警发出。另外，顺序号也可用表达式来指定。

格式：GOTO $\underline{n}$；　　$n$ 为顺序号（1 ~ 99999）

例如：GOTO 5；　　程序转移至 N5 程序段。

GOTO #10；　　程序转移至 N#10 程序段。

⚠警告：不可在一个程序中指定多个附带有相同顺序号的程序段。利用 GOTO 语句转移时，转移目的地不定会十分危险。

说明：

① 反向转移比正向转移需要更长的时间。

② 在以 GOTO $\underline{n}$ 指令转移的、顺序号 $n$ 的程序段中，顺序号必须在程序段的开头。顺序号不在程序段的开头时不可转移。如果编写了类似“G00 X20.6 Y90.5 N3”这样的程序，GOTO3 语句无法找到不在程序开头的 N3。

**2. 顺序号存储型 GOTO 语句**

在执行用户宏程序控制指令 GOTO 语句时，对于以前执行并存储的顺序号高速地进行顺序号检索。

“以前执行并存储的顺序号”，指所执行的顺序号在相同程序内没有重复的顺序号以及子程序调用的顺序号，CNC 对此进行存储。

存储类型因下面的参数而不同。

（1）参数 No. 6000#1 = 1 时　固定类型……从开始运行起执行并存储的最多 20 个顺序号。

（2）参数 No. 6000#4 = 1 时

① 可变类型……在执行 GOTO 语句前就执行并存储的最多 30 个顺序号。

② 履历类型……以前曾利用 GOTO 语句进行顺序号检索并存储的最多 10 个顺序号。

存储的顺序号在下列情形下将会被取消：

① 刚刚接通电源后。

② 进行复位时。

③ 在进行程序的登录和编辑（含后台编辑以及 MDI 程序的编辑）运行程序时。

**⚠警告：请勿在一个程序中指定多个带有相同顺序号的程序段。**

如果在 GOTO 语句的前后指定与转移目的地顺序号相同的顺序号并执行 GOTO 语句时，转移目的地会因参数而发生变化，**此种情形将十分危险**！所以请不要编写如下这样的程序。

N5…；

……

GOTO 5；

……

N5…；

因为 GOTO 5 语句会随着相关参数设置的不同，可能会转移到 GOTO 5 前面的 N5，也可能转移到后面的 N5。

**3. 条件转移语句**（IF 语句）

在 IF 后指定 <条件表达式>。

（1）IF［<条件表达式>］GOTO *n*　如果指定的 <条件表达式>（真）满足，则转移到顺序号为 *n* 的语句；如果条件表达式不满足，程序执行下一程序段。如果变量 #1 的值≥53.2，则转移到 N20。

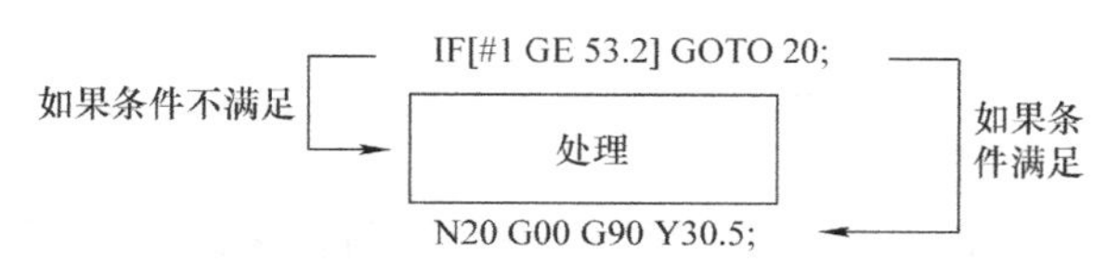


（2）IF［<条件表达式>］THEN ＿　如果 <条件表达式> 成立（真），则执行指定在 THEN 之后的宏语句。但只执行一个宏语句。该语句在加工中心 G73、G83 钻孔循环指令中有应用。

① 当#1 和#2 一致时，将 0 代入#3。

IF［#1 EQ #2］THEN #3 =0；

② 当#1 和#2 一致，且#3 和#4 一致时，将 0 代入#5。

IF［［#1 EQ #2］AND［#3 EQ #4］］THEN #5 =0；

③ 当#1 和#2 一致，或#3 和#4 一致时，将 0 代入#5。

IF［［#1 EQ #2］OR［#3 EQ #4］］THEN #5 =0；

说明：

① <条件表达式>。<条件表达式>有两种：<简单条件表达式>和 <复合条件表达式>。<简单条件表达式>即在相比较的 2 个变量或变量和常量之间描述表 5-5 所示的比较算符的条件表达式。代之以变量，也可以描述 <表达式>。<复合条件表达式>即将多个 <简单条件表达式>的真假结果以 AND（逻辑积）、OR（逻辑和）、XOR（按位加）进行运算的结果。条件表达式必须包括算符。算符插在两个变量中间或变量和常数中间，并且用方括号“［］”封闭。表达式可以替代变量。

② 比较算符。每个算符由两个字母组成，用来比较两个值，决定它们是否相等，或一个值比另一个值小或大。**需要注意的是，不能使用不等符号 NE 作为比较算符。**

表 5-5　比较算符

| 运算符号 | 含义 | 英文解释 |
|---|---|---|
| EQ | 等于（=） | Equal |
| NE | 不等于（≠） | Not Equal |
| GT | 大于（>） | Great Than |
| GE | 大于或等于（≥） | Great than or Equal |
| LT | 小于（<） | Less Than |
| LE | 小于或等于（≤） | Less than or Equal |

典型程序：

下面的程序计算数值 1 ~ 20 的总和。

```
O1010;
#1 =0;                        存储和数变量的初值
#2 =1;                        被加数变量的初值
N8 IF [#2 GT 20] GOTO 30;     当被加数大于 20 时转移到 N30
#1 =#1 +#2;                   计算和数
#2 =#2 +1;                    下一个被加数（是“1”不是“#1”）
GOTO 8;                       转到 N8
N30 M30;                      程序结束
```

**4. 循环语句**（WHILE 语句）

在 WHILE 后指定一个条件表达式。当指定条件满足时，执行从 DO 到 END 之间的程序；当指定的条件表达式不满足时，进入 END 后面的程序段。

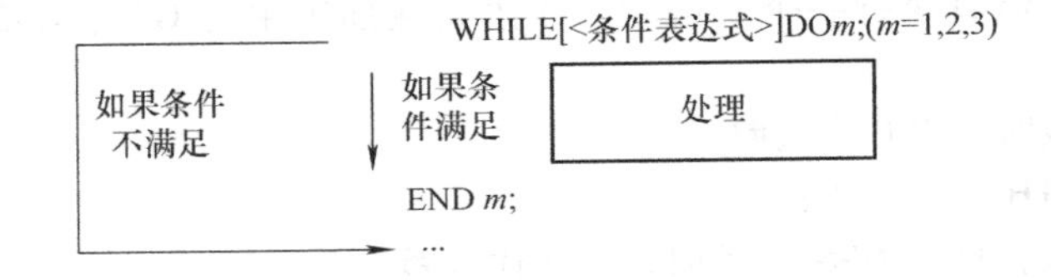


说明：

① 当指定的条件表达式满足时，执行紧跟 WHILE 后的从 DO 到 END 之间的程序。

② 当指定的条件表达式不满足时，执行与 DO 对应的 END 后面的程序段。

③ 条件表达式和算符与 IF 语句相同。

④ DO 和 END 后面的数值是指定执行范围的识别号，可用 1、2、3 作为识别号。

⑤ 如果用 1、2、3 以外的数字作为识别号，则会有 PS0126 报警发出。

**5. 嵌套**

识别号（1 ~ 3）在 DO ~ END 之间可多次使用。但是，当重复的循环相互交叉时，会有 PS0124 报警发出。

1）识别号（1 ~ 3）可根据需要多次使用。

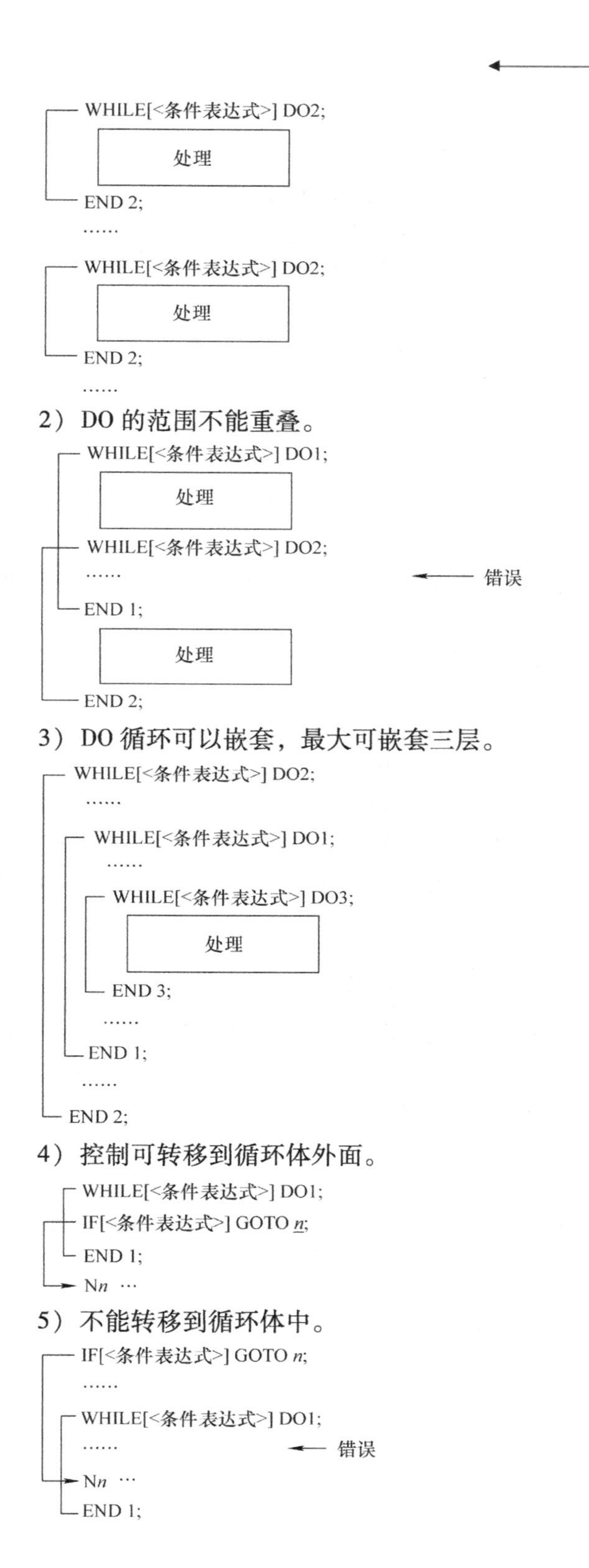
WHILE[<条件表达式>] DO2;
处理
END 2;
……
WHILE[<条件表达式>] DO2;
处理
END 2;
……
2）DO 的范围不能重叠。
WHILE[<条件表达式>] DO1;
处理
WHILE[<条件表达式>] DO2;
……
错误
END 1;
处理
END 2;
3）DO 循环可以嵌套，最大可嵌套三层。
WHILE[<条件表达式>] DO2;
……
WHILE[<条件表达式>] DO1;
……
WHILE[<条件表达式>] DO3;
处理
END 3;
……
END 1;
……
END 2;
4）控制可转移到循环体外面。
WHILE[<条件表达式>] DO1;
IF[<条件表达式>] GOTO n;
END 1;
Nn …
5）不能转移到循环体中。
IF[<条件表达式>] GOTO n;
……
WHILE[<条件表达式>] DO1;
……
错误
Nn …
END 1;

**限制：**

① 无限循环。当指定 DO $m$ 而省略 WHILE 语句时，程序则在 DO 到 END 之间无限循环。

② 处理时间。当要转移到 GOTO 语句中指定的顺序号时，程序先检索顺序号。为此，反向处理数据比正向要用较长的时间。因此，反向处理数据时，为了缩短处理时间，作为重复指令，可使用 WHILE 语句。

③ 未定义变量。在使用 EQ、NE 的条件表达式中，<空值>和 0（零）有不同的效果，在别的条件表达式中，<空值>被看成 0。

**6. 关于循环语句和转移语句的其他说明**

1）DO $m$ 和 END $m$ 必须成对使用，而且 DO $m$ 一定要在 END $m$ 指令之前，用识别号 $m$ 来识别。

2）无限循环：当指定 DO $m$ 而没有指定 WHILE 语句时，将产生从 DO $m$ 到 END $m$ 之间的无限循环。

3）未定义的变量：在使用 EQ 或 NE 的条件表达式中，值为空和值为零将会有不同的效果。而在其他形式的条件表达式中，空即被当作零。

4）循环语句（WHILE…DO 语句）和条件转移语句（IF…GOTO 语句）的关系：许多情况下，两者是从正反两方面去描述同一件事，因此，两者具有相当程度的可互换性。

5）处理时间：当在 GOTO 语句（无论是无条件转移的 GOTO 语句还是有条件转移的 IF…GOTO 语句）中有顺序号转移的语句时，系统将会进行顺序号检索。为此，反向处理数据比正向要用较长的时间。因此，反向处理数据时，为了缩短处理时间，作为重复指令，可使用 WHILE 语句。

实际上，WHILE…DO 语句和 IF…GOTO 语句的正向/反向检索的时间差确实有，但这个时间差有多大，FANUC 各个版本的说明书里没有标明。相对于系统的运算能力和处理数据的速度，这个时间差对于处理两者所需的时间来说必然很小。所以不必拘泥于用哪种语句来表述，而应优先考虑数学表达是否正确，逻辑是否严密，变量表达的先后顺序是否无误等。显然，从多样性来看，IF…GOTO 语句的应用形式比 WHILE…DO 语句灵活多变。

## 5.1.7 宏程序调用

可用下列方法调用宏程序，调用方法大致可分为两类：宏程序调用和子程序调用。即使在 MDI 运行中，也同样可以调用程序。

宏程序调用的方法：

1）简单调用（G65）。

2）模态调用（G66、G67）。

3）利用 G 代码的宏程序调用。

4）利用 M 代码的宏程序调用。

子程序调用的方法：

1）利用 M 代码的子程序调用。

2）利用 T 代码的子程序调用。

3）利用特定代码的子程序调用。

限制：

1）调用的嵌套。调用的嵌套，仅宏程序调用为5层，仅子程序调用为10层，共计15层。

2）宏程序调用与子程序调用的差别。宏程序调用（G65/G66/Ggg/Mmm）与子程序调用（M98/Mmm/Ttt）具有如下差别：

① 宏程序调用可指定自变量，子程序调用则不能。自变量指传递给宏指令的数据，在日本三菱、日本森精机系统上称为引数。

② 宏程序调用的程序段中含有其他的NC指令（如G01 X100.0 G65 Pp）时，会有PS0127报警发出。

③ 当子程序调用的程序段包含其他的NC指令（如G01 X100.0 M98 Pp）时，执行该指令后调用子程序。

④ 宏程序调用的程序段不会在单程序段方式下停止。宏程序调用的程序段中含有其他的NC指令（如G01 X100.0 M98 Pp）时，在单程序段方式停止。

⑤ 宏程序调用会引起局部变量的级别变化，但子程序调用不会引起变化。

**1. 非模态调用G65**

当指定G65时，指定在地址P处的用户宏程序被调用。另外，数据（自变量）被传递给用户宏程序。

格式：G65 Pp L*l* <自变量指定>；

p：被调用的程序号；

*l*：重复次数（省略时为1）；

自变量：传递给宏指令的数据。

说明：

1）调用。

① 在G65后面，由地址P指定将要调用的用户宏程序的程序号。

② 需要指定重复次数时，在地址L后，指定重复次数（1~999999999）。如果省略L，则假设为1。

③ 用自变量指定法，将其值代入相对应的局部变量中。

2）自变量指定法。有两类自变量指定法：第Ⅰ类使用G、L、O、N、P以外的字母，每个用一次；第Ⅱ类用A、B、C，每个用一次，还可使用10组I、J、K，自变量的指定种类是根据所用的字母自动决定的。

① 第Ⅰ类自变量指定法。

| 地址 | 变量号 | 地址 | 变量号 | 地址 | 变量号 |
|---|---|---|---|---|---|
| A | #1 | I | #4 | T | #20 |
| B | #2 | J | #5 | U | #21 |
| C | #3 | K | #6 | V | #22 |
| D | #7 | M | #13 | W | #23 |
| E | #8 | Q | #17 | X | #24 |
| F | #9 | R | #18 | Y | #25 |
| H | #11 | S | #19 | Z | #26 |

a. 地址G、L、N、O、P不能作为自变量使用。

b. 可以省略没有必要指定的地址。与省略的地址相对应的局部变量设为空值。

c. 不需要按照字母顺序指定，按照字地址格式就可以。但是，I、J、K必须按照字母顺序指定。

通过将参数 IJK（No. 6008#7）设定为 1，即可将 I、J、K 作为第 I 类自变量固定起来。在这种情况下，不需要按照字母顺序指定。

**例如：**

1. 参数 IJK（No. 6008#7）=0 的情形。在指定为 I __ J __ K __时，成为 I = #4，J = #5，K = #6，而在指定为 K __ J __ I __时，成为第 II 类自变量指定法，K = #6，J = #8，I = #10。

2. 参数 IJK（No. 6008#7）=1 的情形。即使指定为 K __ J __ I __，也成为第 I 类自变量指定法，如同指定为 I __ J __ K __一样，I = #4，J = #5，K = #6。

② 第 II 类自变量指定法。第 II 类自变量指定法仅使用地址 A、B、C 一次，将 I、J、K 作为一组使用，最多可重复指定 10 次。

在将三维坐标作为自变量给出时使用第 II 类指定法。

| 地址 | 变量号 | 地址 | 变量号 | 地址 | 变量号 |
|---|---|---|---|---|---|
| A | #1 | $K_3$ | #12 | $J_7$ | #23 |
| B | #2 | $I_4$ | #13 | $K_7$ | #24 |
| C | #3 | $J_4$ | #14 | $I_8$ | #25 |
| $I_1$ | #4 | $K_4$ | #15 | $J_8$ | #26 |
| $J_1$ | #5 | $I_5$ | #16 | $K_8$ | #27 |
| $K_1$ | #6 | $J_5$ | #17 | $I_9$ | #28 |
| $I_2$ | #7 | $K_5$ | #18 | $J_9$ | #29 |
| $J_2$ | #8 | $I_6$ | #19 | $K_9$ | #30 |
| $K_2$ | #9 | $J_6$ | #20 | $I_{10}$ | #31 |
| $I_3$ | #10 | $K_6$ | #21 | $J_{10}$ | #32 |
| $J_3$ | #11 | $I_7$ | #22 | $K_{10}$ | #33 |

a. I、J、K 的下标（表示自变量指定的顺序），在实际的程序中不写。

b. 参数 IJK（No. 6008#7）=1，不可使用第 II 类自变量指定法。

**限制：**

· 自变量指定法的混合

CNC 在内部识别第 I 类和第 II 类自变量指定法，如果两类指定法混合使用，则优先采用后指定的自变量格式。

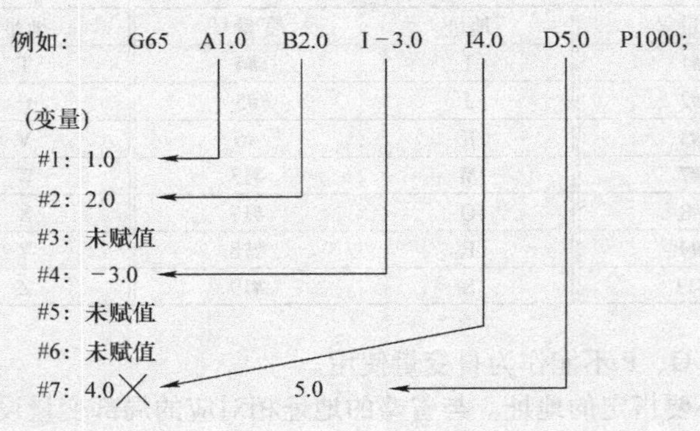

对于变量 #7，在指定了 I4.0 和 D5.0 两个自变量时，后面的 D5.0 有效。

此例中，I-3.0 前面没有定义 J 或者 K，即第Ⅱ类自变量指定法的 $I_4$ 指向了#4；第二次编写的带“I”的 I4.0，从前面的#4 向下推，即第Ⅱ类自变量指定法的 $I_7$ 指向了#7；D5.0，即第Ⅰ类自变量指定法指向了#7。此时，采用第Ⅱ类自变量指定法的 I4.0 和采用第Ⅰ类自变量指定法的 D5.0 同时指向了#7，两类指定法混合使用则后指定的有效，即编写在后面的，就是右边的有效。

由此可见，第Ⅱ类自变量指定法比较麻烦，如果两类自变量指定法混用更是麻烦。因此，建议采用第Ⅰ类自变量指定法赋值，21 个英文字母足够赋值的了。

③ 小数点的位置。不带小数点传递的自变量数据单位，成为各地址的最小设定单位。

不带小数点传递的自变量的值可能会因各自的机床系统配置而每个装置都不同，为了保持程序的兼容性，最好养成在宏程序调用的自变量上添加小数点的习惯。

④ 调用的嵌套。宏程序调用的嵌套为 5 层，包括 G65 非模态调用和 G66 模态调用。另外，子程序调用的嵌套为 15 层，包括宏程序调用。

此外，即使在 MDI 运行中也同样可以调用程序。

⑤ 局部变量的级别。

a. 为嵌套提供 0 ~ 5 级的局部变量。

b. 主程序为 0 级。

c. 每执行一次宏程序调用（G65/G66/Ggg/Mmm），局部变量的级别增加 1，上一级的局部变量值被保存在 CNC 中。

d. 当在宏指令中执行 M99 时，控制返回到调用源程序。这时，局部变量的级别变小一级，恢复为调用宏指令时保存的原先的局部变量值。

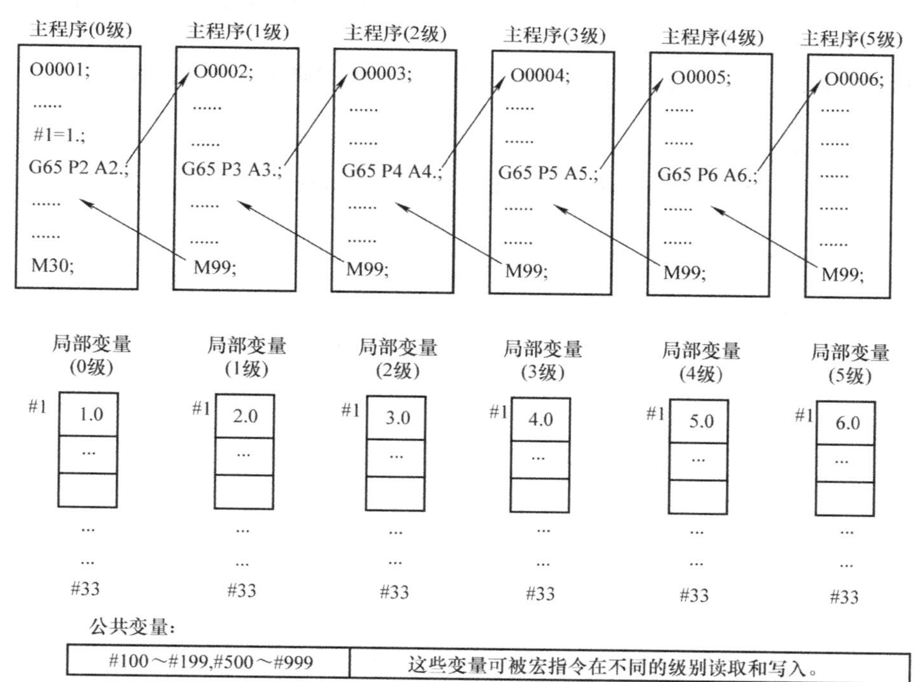


**2. 模态调用 G66**

在执行沿轴移动的程序段后，如用 G66 指定模态调用，则调用一个宏指令，这个过程继续到 G67 取消模态调用为止。

格式：G66　P p　L $l$ < 自变量指定法 >；

p：调用的程序号；

$l$：重复次数（省略时为 1 次）；

自变量：传递给宏指令的数据。

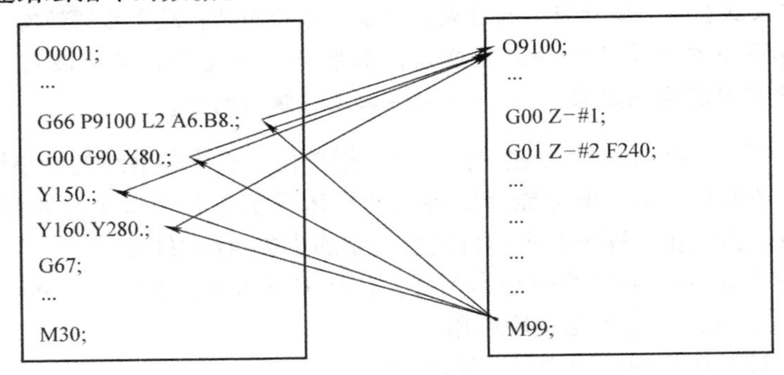


说明：

1）调用。

① 紧跟 G66，在地址 P 指定进行模态调用的程序号。

② 需要指定重复次数时，在地址 L 指定在 1～999999999 范围内的一个数。

③ 像简单调用（G65）一样，可作为自变量指定传递给宏指令的数据。

④ 在 G66 方式下每次执行移动指令的程序段时进行宏程序调用。

2）取消。当指定 G67 时，在下一程序段中不再执行模态宏程序调用。

3）嵌套。宏程序调用的嵌套为 5 层，包括 G65 简单调用和 G66 模态调用。另外，子程序调用的嵌套为 15 层，包括宏程序调用。

4）模态调用的嵌套。若是 1 层（G66 指令为 1 次）模态调用，虽然在每次执行移动指令时调用已被指定的宏指令，但是，当多层指定模态的宏指令时，对于宏指令的移动指令，在每次执行时，调用下列宏指令。

宏指令按照后指定的顺序依次被调用，并且，利用 G67 指令，按照后指定的顺序取消宏指令。

例如：

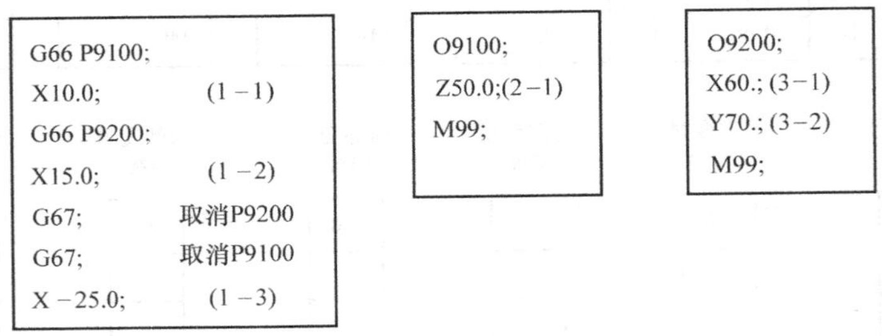


上述程序的执行顺序（省略不包含移动指令的程序段）

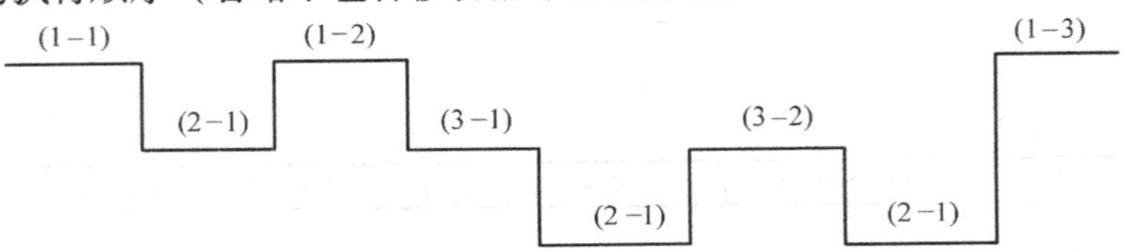


注释：（1－3）之后不是宏程序调用方式，因此不能进行模态调用。

**限制：**

① G66 和 G67 的程序段必须成对地出现在相同的程序中。另外，若在没有处在 G66 方式下就指定 G67，则会有 PS1100 报警发出。但是，参数 No. 6000#0 = 1 时，也可以不发出报警。

② 在 G66 程序段不进行宏程序调用。但是，局部变量（自变量）已被设定。

③ 在所有自变量前都必须指定 G66。

④ 在没有辅助功能等轴运行指令的程序段中不进行宏程序调用。

⑤ 只可在 G66 程序段设定局部变量（自变量）。注意：不是每次执行模态调用时都设定局部变量。

⑥ 在与执行调用的程序段相同的程序段中指定 M99 时，在执行完调用后执行 M99。

### 3. 利用 G 代码进行的宏程序调用

通过事先在参数中设定一个用来调用宏指令的 G 代码号，即可调用宏程序，调用方法与简单调用（G65）相同。

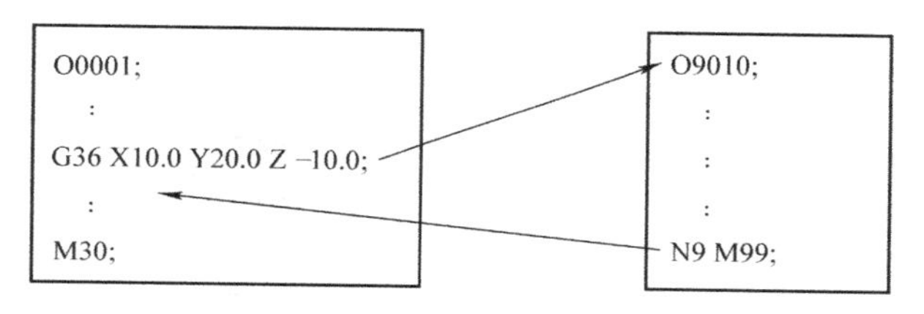


参数 No. 6050 = 36

说明：通过在参数（No. 6050 ~ 6059）中设定一个用来调用宏指令的 G 代码号（ - 9999 ~ 9999），即可调用用户宏程序 O9010 ~ O9019，调用方法与用 G65 调用相同。设定了负的 G 代码号时，成为模态调用（相当于 G66）。

比如，当设定一个参数使得能用 G36 调用宏指令 O9010，则用户不必改变加工程序而可调用以用户宏程序创建的固定循环。

① 参数号与程序号的对应关系。

| 参数号 | 程序号 | 参数号 | 程序号 |
|---|---|---|---|
| 6050 | O9010 | 6055 | O9015 |
| 6051 | O9011 | 6056 | O9016 |
| 6052 | O9012 | 6057 | O9017 |
| 6053 | O9013 | 6058 | O9018 |
| 6054 | O9014 | 6059 | O9019 |

② 重复。与简单调用一样，可用地址 L 指定一个 1 ~ 99999999 范围内的数作为重复次数。

③ 自变量指定法。与简单调用一样，有两类自变量指定法：第 Ⅰ 类自变量指定法和第 Ⅱ 类自变量指定法，自变量指定法的类型根据所用的地址自动决定。

**限制：**

① G 代码调用的嵌套。

② 通常，仅在从 G 代码调用的程序中调用其他程序时可以使用 G65/M98/G66 指令。

③ 若参数 No. 6008#6 = 1，可以利用 M、T、特定代码，从 G 代码调用的程序中调用。

**4. 利用M代码进行的宏程序调用**

通过事先在参数中设定一个用来调用宏指令的M代码号，即可调用宏程序，调用方法与简单调用（G65）相同。

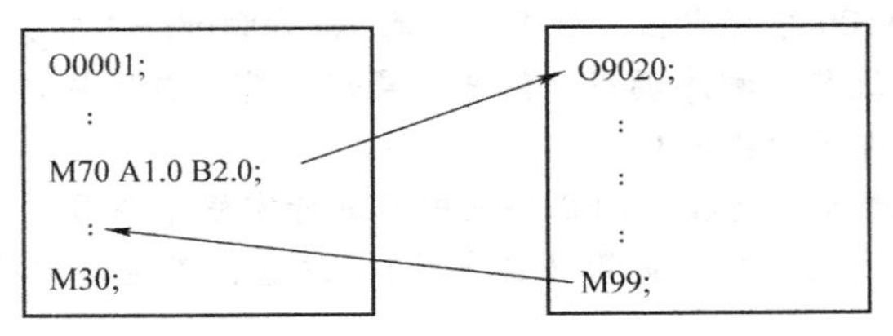


参数 No. 6080 = 70

说明：通过在参数（No. 6080 ~ 6089）中事先设定一个用来调用宏指令的M代码号3 ~ 99999999，即可调用用户宏程序O9020 ~ O9029，调用方法与用G65调用相同。

① 参数号与程序号的对应关系。

| 参数号 | 程序号 | 参数号 | 程序号 |
|---|---|---|---|
| 6080 | O9020 | 6085 | O9025 |
| 6081 | O9021 | 6086 | O9026 |
| 6082 | O9022 | 6087 | O9027 |
| 6083 | O9023 | 6088 | O9028 |
| 6084 | O9024 | 6089 | O9029 |

例如：当参数 No. 6081 = 980 时，以M980调用O9021。

② 重复。与简单调用一样，可用地址L指定一个1 ~ 99999999范围内的数作为重复次数。

③ 自变量指定法。与简单调用一样，有两类自变量指定法：第Ⅰ类自变量指定法和第Ⅱ类自变量指定法，自变量指定法的类型根据所用的地址自动决定。

**限制：**

① 用来调用宏指令的M代码必须指定在程序段的开头。

② 通常，仅在从M代码调用的程序中调用其他程序时可以使用G65/M98/G66指令。

③ 参数 No. 6008#6 = 1 时，可以从M代码调用的程序中执行使用G代码的调用。

**5. 利用M代码进行的子程序调用**

通过事先在参数中设定一个用来调用子程序（宏指令）的M代码号，即可调用宏程序，调用方法与子程序调用（M98）相同。

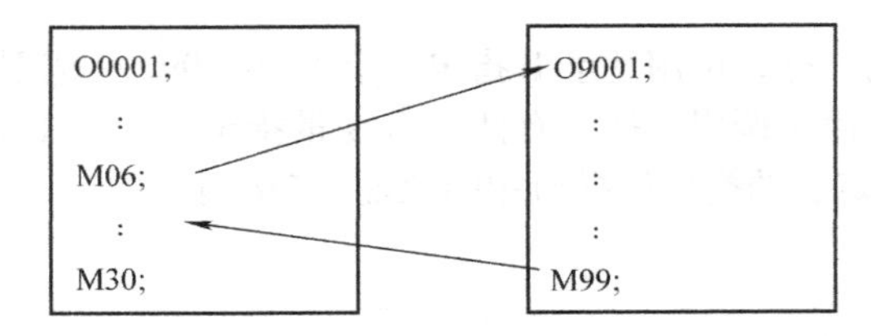


参数 No. 6071 = 06，加工中心就是用M06调用O9001换刀宏程序的；参数 No. 6072 = 60/80，加工中心就是用M60/M80调用O9002交换工作台宏程序的。

说明：通过事先在参数（No. 6071 ~ 6079）中设定一个用来调用子程序的M代码号3 ~ 99999999，即可调用宏指令O9001 ~ O9009，调用方法与用M98调用相同。

① 参数号与程序号的对应关系。

| 参数号 | 程序号 | 参数号 | 程序号 |
|---|---|---|---|
| 6071 | O9001 | 6076 | O9006 |
| 6072 | O9002 | 6077 | O9007 |
| 6073 | O9003 | 6078 | O9008 |
| 6074 | O9004 | 6079 | O9009 |
| 6075 | O9005 | | |

② 重复。与简单调用一样，可用地址 L 指定一个 1～99999999 范围内的数作为重复次数。

③ 自变量指定法。不允许自变量指定。

④ M 代码。已被调用的宏指令中的 M 代码被当作普通的 M 代码处理。

**限制：**

① 通常，仅在从 M 代码调用的程序中调用其他程序时可以使用 G65/M98/G66 指令。

② 参数 No. 6008#6 = 1 时，可以从 M 代码调用的程序中执行使用 G 代码的调用。

**6. 利用 T 代码进行的子程序调用**

事先在参数中将利用 T 代码进行的子程序调用设为有效，每当在加工程序中指定 T 代码时，即可调用子程序。

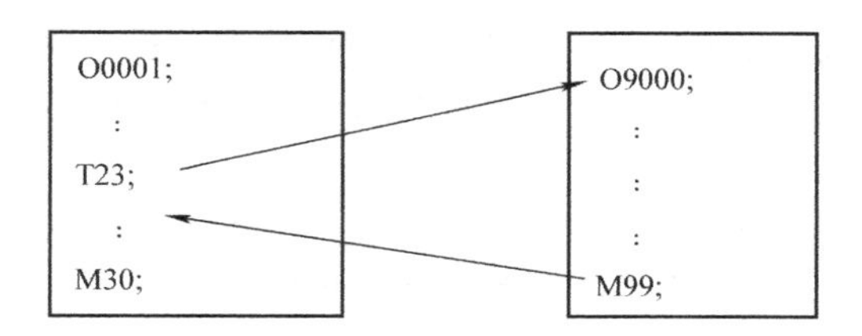


参数 No. 6001#5 = 1

说明：

① 调用。事先将参数 TCS（No. 6001#5）设为 1，每当在加工程序中指定 T 代码时，即可调用子程序 O9000。指定在加工程序中的 T 代码被代入公共变量 #149。

如上例，程序中指定了 T23，即可调用 O9000 子程序，23 被代入公共变量 #149；程序中指定了 T16，即可调用 O9000 子程序，16 被代入公共变量 #149。

② 重复。与简单调用一样，可用地址 L 指定一个 1～99999999 范围内的数作为重复次数。

③ 自变量指定法。不允许自变量指定。

**限制：**

① 通常，仅在从 T 代码调用的程序中调用其他程序时可以使用 G65/M98/G66 指令。

② 参数 No. 6008#6 = 1 时，可以从 T 代码调用的程序中执行使用 G 代码的调用。

**7. 处理宏语句**

为了平稳加工，数控系统预读下一步要执行的数控语句。这个操作称为缓冲。譬如，在 AI 先行控制（M 系列）/AI 轮廓控制（M 系列）方式的插补前加/减速中进行多次缓冲。

此外，在 M 系列的刀具半径补偿方式（G41、G42）中，即使没有处在插补前加/减速中，也需至少预读 3 个程序段的 NC 语句，并进行交点的计算。

但是，运算式子和条件转移的宏语句一旦被缓冲（即被读入缓冲器），即可被处理。因此，执行宏语句的时机并不一定按照所指定的顺序。

相反，在指定了用来控制设定在 M00、M01、M02、M30 和参数（No. 3411 ~ 3420，No. 3421 ~ 3432）中的缓冲的 M 代码、用来控制 G31、G53 等缓冲的 G 代码的程序段中，则不进行预读。因此，在执行完这些 M 代码、G 代码之前，可以确保不执行后面的宏语句。

**8. 用户宏程序的使用限制**

① 顺序号检索。不能检索用户宏程序中的顺序号。

② 单程序段。宏程序调用指令、运算指令、控制指令以外的程序段，即使在执行宏指令时，也可在单程序段方式终止程序段的执行。

包含宏程序调用指令（G65/G66/Ggg/Mmm/G67）的程序段，即使在单程序段也不会停止。

运算指令和控制指令的程序段，通过参数 SBM（No. 6000#5）或参数 SBV（No. 6000#7）设定 1，成为如下所示情形：

<table>
<tr><td colspan="2" rowspan="2">参数 SBV</td><td colspan="2">SBM（No. 6000#5）</td></tr>
<tr><td>0</td><td>1</td></tr>
<tr><td rowspan="2">（No. 6000#7）</td><td>0</td><td>即使设定为单程序段也不会停止</td><td rowspan="2">单程序段停止有效（不可通过#3003 使单程序段停止无效。单程序段停止始终有效）</td></tr>
<tr><td>1</td><td>单程序段停止有效（不可通过#3003 使单程序段停止有效/无效）</td></tr>
</table>

对 M 系列：在刀具半径补偿方式下，由于宏语句而导致单程序段停止时，该语句被认为是一个没有移动的程序段，在某些情况下，不能进行适当的补偿（严格地讲，该程序段被看成是将移动量标为 0 的程序段）。

③ 可选程序段跳过。出现在 <表达式> 中部（放在运算式子右边的方括号 [ ] 里）的“/”代码，被认为是除法运算符，不作为可选程序段跳过代码。

④ 在 EDIT 方式下的操作。通过设定参数 NE8（No. 3202#0）和 NE9（No. 3202#4）为 1，就不能删除或编辑程序号为 8000 ~ 8999 和 9000 ~ 9999 的用户宏程序或子程序。这样，就可以防止已经登录的用户宏程序和子程序因错误操作而被意外删除。但是，存储器清零处理（电源接通时，同时按下 RESET 和 DELETE 键）时，存储器的全部内容包括用户宏程序都被清除。

⑤ 复位。通过复位操作，将局部变量和公共变量#100 ~ #199 清除为 <空值>。但是，参数 CCV（No. 6001#6）=1 时，可以不清除#100 ~ #199。

通过复位操作，可以清除用户宏程序和子程序的任何被调用状态、DO 的状态，并将返回到主程序。

⑥ 进给保持。在执行宏语句期间，如果将进给保持功能设为有效，在执行完宏语句后机床就会停止。当复位操作或发出报警时，机床也会停止。

⑦ DNC 运行。控制指令（GOTO、WHILE…DO 等）不可在 DNC 运行下执行。但是，在 DNC 运行中调用程序存储器中已被登录的程序的情形除外。

⑧ 可以在 <表达式> 中指定的常量值。在 FANUC 0*i* – MD 面板上，表达式中可以使用的数据范围为 0.00000000001 ~ 999999999999 和 – 999999999999 ~ – 0.00000000001，可以指定的最大位数是 12 位（十进制）。超过最大位数时，会有报警 PS0012 发出。

在 FANUC 0*i* – MC 面板上，表达式中可以使用的数据范围为 0.0000001 ~ 99999999 和

-99999999 ~ -0.0000001，可以指定的最大位数是 8 位（十进制）。超过最大位数时，会有报警 PS003 发出。

## 5.2　数控铣床/加工中心宏程序加工实例

数控铣床/加工中心上编写的宏程序一般用于圆周或平行四边形矩阵孔系加工、圆锥曲线轨迹加工、特殊曲线轨迹加工、斜面加工、圆台面加工、倒角倒圆加工等。

说明：

1）很多时候，虽然在宏程序里编写了足够大的 F 值，但由于步距值设置的数值大小不同，机床在单位距离/角度内对因步距值大小所产生的数据的计算量不同，步距值越小则计算量越大，导致机床反应迟滞；同时，过小的步距值使机床电动机在加速还未到达指定的速度时，就已进入下一个步距值的计算，也导致机床实际运行的 F 值和指定的 F 值有较大差异。因此，下面的许多 F 值仅供参考，读者可依不同情况自行设定。

2）为了便于描述，对下面程序中的数据均未使用“ROUND”语句，如需用“ROUND”语句，读者可以自行添加。

3）为了便于描述，程序中大多未对空值做出判断，如需要，可以用多句类似“IF [#1 EQ #0] GOTOn”式的语句跳转到循环体外、M99 前面或后面“Nn #3000 =__ (…)”的报警信息上。

4）将诸如描述“IF [#3 EQ #5] …”语句改为由“IF [ABS [#3 - #5] LT 0.001] …”语句来描述，差值的大小可依变量个数和计算次数的多少略有不同。

5）数据更新的位置对自变量末值的影响：如果没有 IF…THEN 条件转折语句对自变量终止前最后一次步距值的限制，即使步距值能被自变量的变化量整除，数据更新这段程序所在的位置对自变量的末值仍然有影响，主要是看数据更新的位置是在表达式和由数据更新产生的执行切削或计算的程序段的前面还是后面，如下所示。其中应用较为常见的是前 6 种句式对应自变量的两种定义域。

① 以下三种语句，自变量的定义域相同，#1 ∈ [30.0，360.0]。

| ① #1 =30.0；自变量初始值 | ② #1 =30.0；自变量初始值 | ③ #1 =30.0；自变量初始值 |
|---|---|---|
| #2 =360.0；自变量终止值 | #2 =360.0；自变量终止值 | #2 =360.0；自变量终止值 |
| WHILE [#1 LE #2] DO 1； | N1 …（<表达式>） | N1 IF [#1 GT #2] GOTO 2； |
| …（<表达式>） | …（切削） | …（<表达式>） |
| …（切削） | #1 = #1 +22.0； | …（切削） |
| #1 =#1 +22.0； | IF [#1 LE #2] GOTO 1； | #1 =#1 +22.0； |
| END 1； |  | GOTO 1； |
|  |  | N2… |

② 以下三种语句，自变量的定义域相同，#1 ∈ [52.0，360.0]。

| ① #1 =30.0；自变量初始值 | ② #1 =30.0；自变量初始值 | ③ #1 =30.0；自变量初始值 |
|---|---|---|
| #2 =360.0；自变量终止值 | #2 =360.0；自变量终止值 | #2 =360.0；自变量终止值 |
| WHILE [#1 LT #2] DO 1； | N1 #1 =#1 +22.0； | N1 IF [#1 GE #2] GOTO 2； |
| #1 =#1 +22.0； | …（<表达式>） | #1 =#1 +22.0； |

（续）

| | | |
|---|---|---|
| …（<表达式>） | …（切削） | …（<表达式>） |
| …（切削） | IF [#1 LT #2] GOTO 1; | …（切削） |
| END 1; | | GOTO 1; |
| | | N2… |

③ 以下三种语句，自变量的定义域相同，#1∈[30.0，338.0]。

| ① #1 =30.0；自变量初始值 | ② #1 =30.0；自变量初始值 | ③ #1 =30.0；自变量初始值 |
|---|---|---|
| #2 =360.0；自变量终止值 | #2 =360.0；自变量终止值 | #2 =360.0；自变量终止值 |
| WHILE [#1 LT #2] DO 1; | N1…（<表达式>） | N1 IF [#1 GE #2] GOTO 2; |
| …（<表达式>） | …（切削） | …（<表达式>） |
| …（切削） | #1 = #1 +22.0; | …（切削） |
| #1 =#1 +22.0; | IF [#1 LT #2] GOTO 1; | #1 =#1 +22.0; |
| END 1; | | GOTO 1; |
| | | N2… |

④ 以下三种语句，自变量的定义域相同，#1∈[52.0，382.0]。

| ① #1 =30.0；自变量初始值 | ② #1 =30.0；自变量初始值 | ③ #1 =30.0；自变量初始值 |
|---|---|---|
| #2 =360.0；自变量终止值 | #2 =360.0；自变量终止值 | #2 =360.0；自变量终止值 |
| WHILE [#1 LE #2] DO 1; | N1 #1 =#1 +22.0; | N1 IF [#1 GT #2] GOTO 2; |
| #1 =#1 +22.0; | …（<表达式>） | #1 =#1 +22.0; |
| …（<表达式>） | …（切削） | …（<表达式>） |
| …（切削） | IF [#1 LE #2] GOTO 1; | …（切削） |
| END 1; | | GOTO 1; |
| | | N2… |

以第一种情况的①为例做一下解释：

```
#1 =30.0；自变量初始值
#2 =360.0；自变量终止值
WHILE [#1 LE #2] DO 1;
…（<表达式>）
…（切削）
#1 =#1 +22.0;
END 1;
```

**注意：**这里打了着重号的两个“#1”，上面“WHILE [⋯] DO *m*”语句中的“#1”的末值被作为数据更新程序段“=”右边的旧数据参与运算。步距值22.0能被自变量的变化量330.0整除，所以#1的末值就是终止值360.0，当进行“#1 =#1 +22.0;”运算时，“=”左边的“#1”被赋值为382.0，已超出#1的定义域，循环结束。

因此，**请根据不同情况选择使用合理的表达语句！**

6）若#1 为自变量初始值，#2 为自变量终止值，#3 为步距值（或为下一次数据的变化量），则下面所有的逻辑关系语句：

#1 = #1 ± #3;

IF [#1 __#2] THEN #1 = #2;

（程序中的比较算符“__”根据“±”符号的不同，可以是 GE 或 GT，LE 或 LT）

也可以编写为：

IF [ [#2 - #1] __#3] THEN #1 = #2 - #3;（或 IF [ [#1 - #2] __#3] THEN #1 = #2 + #3;）

#1 = #1 ± #3;

（程序中的比较算符“__”根据“±”符号的不同，可以是 LE 或 LT，GE 或 GT）

## 5.2.1 往复式铣削台阶、槽、斜面

如图 5-1 所示的台阶，编写其分层铣削程序。

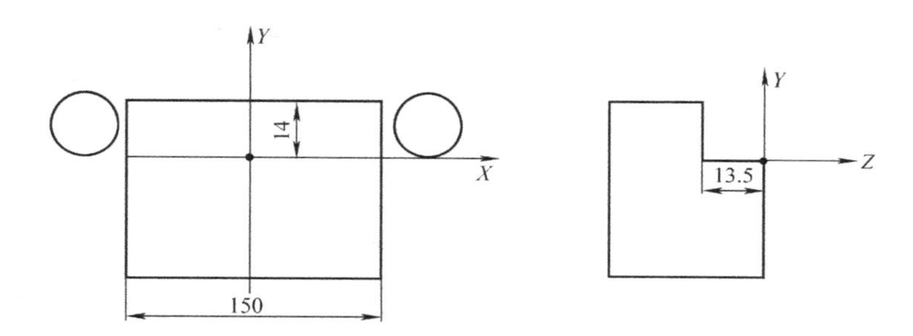


图 5-1 台阶的分层铣削

各变量赋值说明：

#1 = A，加工起始位置 Z 轴的绝对/相对坐标值。

#2 = B，所需加工的长度。

#7 = D，刀具直径。

#17 = Q，深度每次的变化量，>0。

#18 = R，所需加工台阶与 +X 轴的夹角。

#24 = X，所需加工台阶、槽、斜面起始深度边缘中间处 X 轴的绝对/相对坐标值。

#25 = Y，所需加工台阶、槽、斜面起始深度边缘中间处 Y 轴的绝对/相对坐标值。

#26 = Z，加工终止位置 Z 轴的绝对/相对坐标值。

调用格式：G65 P1010 A 0 B 150. D 16. Q 1. （R 0） X 0 Y 0 Z -13.5 F 300;

```
O1010;
#30 = #4003;                  存储 03 组的 G 代码
IF [#30 EQ 90] GOTO 2;        在 G90 方式下转移到 N2
#24 = #24 + #5001;            计算 G91 方式下台阶、槽、斜面边缘起始深度中间处 X 轴绝对坐标值
#25 = #25 + #5002;            计算 G91 方式下台阶、槽、斜面边缘起始深度中间处 Y 轴绝对坐标值
#1 = #1 + #5003;              计算 G91 方式下台阶、槽、斜面上表面 Z 轴绝对坐标值
#26 = #26 + #1;               计算 G91 方式下台阶、槽、斜面底部 Z 轴绝对坐标值
N2 G90 G00 X#24 Y#25;         快速移动到坐标系原点
G52 X#24 Y#25;
IF [#18 EQ #0] THEN #18 = 0; 若旋转角度未赋值，则默认为 0
```

```
G68 X0 Y0 R#18;
X [#2 * 0.5 + #7 * 0.5 + 1. ] Y [#7 * 0.5];
Z [#1 + 3. ];
#3 = #1;                                   把初始深度值赋值给深度自变量#3（中间量）
N4 WHILE [#3 GT #26] DO 1;                 未铣削到最终深度时，执行循环体 1
#3 = #3 - #17;                             往程铣削深度改变
N6 IF [#3 LE #26] THEN #3 = #26;
G01 Z#3 F80;
X - [#2 * 0.5 + #7 * 0.5 + 1. ] F#9;
IF [ [#3 - #26] LT 0.001] GOTO 99;         铣削到最终深度后，跳出循环体 1
#3 = #3 - #17;                             返程铣削深度改变
N8 IF [#3 LE #26] THEN #3 = #26;
G01 Z#3 F80;
X [#2 * 0.5 + #7 * 0.5 + 1. ] F#9;
IF [ [#3 - #26] LT 0.001] GOTO 99;         铣削到最终深度后，跳出循环体 1
END 1;
N99 G00 Z [#1 + 3. ];
G69;
G52 X0 Y0;
G#30;                                      恢复 03 组原来的 G90/G91 模态信息
M99;
```

**注意：**

① N6、N8 与 N4 所描述的数值比较为相反关系。

② 如果是斜面加工，应在循环语句两处下刀的前一个程序段添加 *Y* 轴的移动指令，或与两处下刀的程序段共段。*Y* 轴的变化量应根据相关图样标注和深度变化量确定其表达式。

③ 如果所需加工的台阶、槽、斜面是 *Y* 轴方向，角度也可以设定为与 + *Y* 轴之间的夹角，需要把循环语句中的 X 改为 Y。

## 5.2.2 孔系加工

**1. 圆孔内腔**（螺旋铣削/垂直铣削）

在孔系加工中，图样上往往标有不同直径尺寸的孔需要加工，通孔、不通孔、台阶孔等，钻头的直径尺寸还多一些，但立铣刀的直径尺寸只有那么几种，在孔的形状尺寸公差不是很严的情况下，如果能用立铣刀铣孔，可以收到较好的效果。

如果对于孔的圆度、圆柱度等形状公差有较严格的要求，在螺旋铣削或垂直铣削时，由于3轴或2轴联动，当刀具经过4个象限做反向运动时，丝杠间隙会影响孔的圆度、圆柱度，导致铣削没有镗削、铰削的孔的圆度/圆柱度精度高，但一般精度的加工还是可以满足的。

例：如图5-2所示，4个孔直径均为 $\phi$20.8mm，深度均为20mm，立铣刀直径为 $\phi$10mm，全部采用顺铣，即逆时针螺旋/圆弧铣削。

若采用螺旋下刀，设计加工方式为：使用切削刃过中心的平底立铣刀，从直径较小处开始螺旋下刀，到达内腔底部后抬刀，直径逐步扩大，铣削到内腔底部……直到走完最后一圈，提刀结束。

若采用中心垂直下刀，设计加工方式为：使用切削刃过中心的平底立铣刀，从内腔中心处下

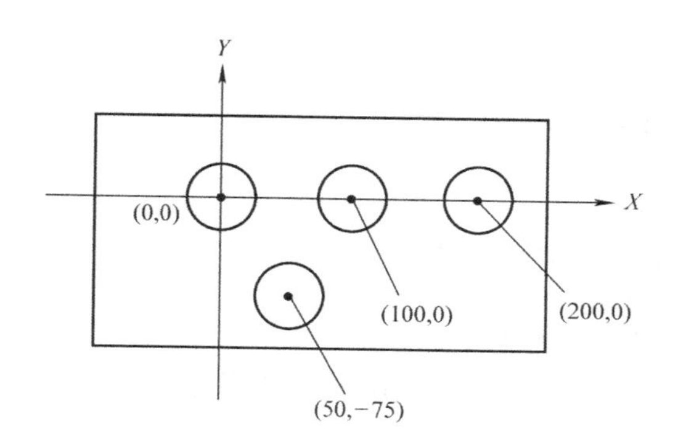


图 5-2　圆孔内腔加工

刀，直径逐步扩大铣削，直到走完最后一圈，然后返回中心……到达内腔底部后抬刀，铣削到内腔底部提刀结束。

若用 G66 编写，主程序为：

```
O1000;
G40 G49 G80 G69 G15 G17; 程序初始化
G90 G54 G00 X0 Y0 M08;
G43 Z80. H05 M03 S800;
G66 P1001 A20.8 B10. C0 Z-20. F400 Q1.;
X0 Y0;
X50. Y-75.;
X100. Y0;
X200.;
G67;
G30 G91 Z0 M09;
M05;
G00 G90 (G91) X__ Y__; 使工件靠近操作者
M30;
```

若用 G65 编写，主程序为：

```
O1000;
G40 G49 G80 G69 G15 G17;   程序初始化
G90 G54 G00 X0 Y0 M08;
G43 Z80. H05 M03 S800;
G65 P1001 A20.8 B10. C0 F500 Q1. X0 Y0 Z-20.;
G65 P1001 A20.8 B10. C0 F500 Q1. X50. Y-75. Z-20.;
G65 P1001 A20.8 B10. C0 F500 Q1. X100. Y0 Z-20.;
G65 P1001 A20.8 B10. C0 F500 Q1. X200. Y0 Z-20.;
G30 G91 Z0 M09;
M05;
G00 G90 (G91) X__ Y__; 使工件靠近操作者
M30;
```

各变量赋值说明：

#1 = A，圆孔内径，>0。
#2 = B，平底立铣刀直径，>0。
#3 = C，内腔上表面 Z 轴的绝对/相对坐标值。
#9 = F，进给速度。
#17 = Q，每次切削深度，>0。
#24 = X，内腔中心 X 轴的绝对/相对坐标值。
#25 = Y，内腔中心 Y 轴的绝对/相对坐标值。
#26 = Z，内腔底面 Z 轴的绝对/相对坐标值。

（1）螺旋铣削　若采用螺旋铣削，则被调用的宏程序为：

```
O1001;
IF [#1 LT #2] GOTO 90;                  如果赋值错误，报警
#30 = #4003;                            存储 03 组的 G 代码
IF [#30 EQ 90] GOTO 2;                  在 G90 方式下转移到 N2
#24 = #24 + #5001;                      计算 G91 方式下内腔中心 X 轴绝对坐标值
#25 = #25 + #5002;                      计算 G91 方式下内腔中心 Y 轴绝对坐标值
#3 = #3 + #5003;                        计算 G91 方式下内腔上表面 Z 轴绝对坐标值
#26 = #26 + #3;                         计算 G91 方式下内腔底部 Z 轴绝对坐标值
N2 G90 G00 X#24 Y#25;                   快速移动到孔心
G52 X#24 Y#25;                          在孔心处建立局部坐标系
#5 = 0.4 * #2;                          自变量刀具中心回转半径的起点，经验值为刀具直径
                                        的 40%
#6 = 0.8 * #2;                          刀具中心回转半径每次的递增量，经验值为刀具直径
                                        的 80%
#7 = [#1 - #2] /2;                      刀具中心在内腔中的最大回转半径
#17 = ABS [#17];                        为了安全，取切削深度的绝对值
N4 IF [#7 LE 0] GOTO 40;                如果#7≤0，跳出
N6 IF [ [#3 - #26] LT #17] GOTO 40;     如果铣深 < 层降深度，跳出
N8 IF [#5 GT #7] THEN #5 = #7;          如果#5 > #7，把#7 赋值给自变量#5
N10 WHILE [#5 LE #7] DO 1;              当#5≤#7 时，在 END 1 之间循环
N12 G00 G90 X#5;                        快速移动到刀具中心回转半径的起点
Z [#3 + 1.];                            快速移动到距离被加工内腔上表面 1mm 处
G01 Z#3 F80;                            接触工件
N18 #8 = #3;                            把加工始点深度坐标值#3 赋值给深度自变量#8
N20 WHILE [#8 GT #26] DO 2;             当#8 > #26 时，在 END 2 之间循环
#8 = #8 - #17;                          深度每次降低#17
N22 IF [#8 LE #26] THEN #8 = #26;
N24 G03 I - #5 Z#8 F#9;                 逆时针顺铣螺旋下刀，直到内腔底部
END 2;
N30 G03 I - #5;                         铣削到内腔深度后，逆时针铣一个整圆
N32 G01 X [#5 - 1.];                    向圆心方向退刀 1mm
G00 Z [#3 + 1.];                        快速退刀到孔口上方 1mm
N34 IF [ABS [#7 - #5] LT 0.001] GOTO 40; 若铣削半径等于最大半径，跳出循环体 1
N36 #5 = #5 + #6;
N38 IF [#5 GT #7] THEN #5 = #7;
```

```
END 1;
N40 G00 G90 Z [#3+1.];                  提刀到孔口上方1mm处
G52 X0 Y0;
G90 G00 X#24 Y#25;                      返回孔心位置
G#30;                                   释放03组原来的G90/G91模态信息
M99;
N90 #3000=1 (DAO JING GUO DA);          "刀径过大"报警
```

说明：

① 本程序适合在G90/G91方式下运行，运行前应把内腔加工起点平面以上的部分铣去。宏程序内采用G90方式计算各坐标位置。

适合于圆孔内腔直径>刀具直径，且为任意比例情况时的加工；如果圆孔内腔直径≤刀具直径，则跳转到N40程序段，提刀、取消局部坐标系后返回主程序，此时请检查A、B变量的赋值情况，或直接下刀加工，已无执行本程序的必要。

如果铣削深度<层降深度，跳转到N40程序段，请检查#3、#26、#17的赋值是否合理。

#5的取值范围为（0，0.5*#2），以确保孔心没有凸台，此处取0.4*#2。

② N8，如果内腔与刀具的半径差#7小于自变量刀具中心回转半径的起始值#5，那么半径的差就赋值给起始的回转半径，随后进入N10；如果不小于，直接进入N10。

N10，当刀具中心的回转半径≤其最大回转半径时，在END 1之间循环。随后移动刀具到+*X*轴起点，接近、接触工件。

N12，为了便于描述，把起刀点设在+*X*轴上，也可以设在-*X*、+*Y*、-*Y*轴上，对N24、N30、N32三段程序做一下修改就行了。

N18，因每次螺旋铣削到内腔底部后，刀具还要返回起始*Z*平面后，在*XY*平面做半径步距后再次螺旋铣削，所以保留了#3作为定值，使每次螺旋铣削到内腔底部后，*Z*平面有一个返回基准。所以把加工始点深度坐标值#3赋值给深度坐标值自变量#8，用其代替。同时，如果[#3-#26]/#17的值不是整数，当刀具铣削到了第"FIX[[#3-#26]/#17]"层时，为了把此时的深度和最终深度#26做比较，也需要深度坐标值自变量#8。

N20，当铣削深度坐标值>内腔底部坐标值时，在END 2之间循环。

N22，这段程序表明，即使[#3-#26]/#17的值不是整数，铣削深度也不会超差；如果没有这段程序，铣削深度就会超差。

N34，第一种情况：#7<#5时，由N8改变为"#5=#7"。一次性铣削到内腔底部后，经过判断，跳转至N40。

第二种情况，#7=#5时，同上。

第三种情况，#7>#5时，刀具在经过"FIX[[#7-#5]/#6+1.]"次在*XY*平面步距的螺旋铣削后，经过判断，#7≠#5，进入N36、N38。

N36，经过判断，如果（最终回转半径-当前回转半径）<#6，即在*XY*平面还剩下<#6的距离没有铣削，那么经过N38 IF…THEN条件转折语句的强制赋值后，#5=#7，然后返回N10，最后一次螺旋铣削直至内腔底部，随后退刀、提刀。经过N34的判断，#5=#7，跳出，取消局部坐标系，返回主程序。

**注意**：如果没有N34，在以上三种情况下，经过N36的计算、N38的强制赋值，在经过第"FUP[[#7-#5]/#6+1.]"次，即最后一次在*XY*平面步距的螺旋铣削后，#5=#7，无法跳出循环体1。

③ 如果需要逆铣，把 N24、N30 的“G03”改为“G02”即可，其余部分不变。

④ 如果有多个孔需要加工且在同一个上表面上，可以使用 N40 这段程序；如果仅加工这一个内腔，改为“Z 80.”，使刀具返回安全平面；如果在该内腔下方还有一个直径小的内腔，则可以不编写这段程序，请在该主程序后的下一个程序段重新对 G65 中指定的初始深度、终止深度、内腔中心坐标值等赋值。

⑤ N10 程序段“WHILE [#5 LE #7] DO 1;”，即进入循环 1 时，自变量运算的初始值为“#5”，而非“#5 + #6”，则应该在该自变量步距的 N36 前添加 N34 IF…GOTO 条件转移语句（N36 后有 N38 IF…THEN 条件转折语句强制赋值时；若 N36 后无 N38 条件转折语句时，不需添加 N34），当铣削完成时跳出该循环体。

如果数值的比较关系是 GE，又有 IF…GOTO 条件转折语句时，同样需要 IF…GOTO 条件转移语句跳出该循环体。

如果数值的比较关系是 LT 或 GT，又有 IF…THEN 条件转折语句，根据情况，如果在自变量变化后产生的移动指令后还有其他有关的移动指令，需要 IF…GOTO 条件转移语句跳出该循环体；如果无其他有关的移动指令，则不需要 IF…GOTO 条件转移语句。

（2）中心垂直下刀　采用中心垂直下刀，各变量说明同上例。则被调用的宏程序为：

```
O1001;
IF [#1 LT #2] GOTO 90;                如果赋值错误，报警
#30 = #4003;                          存储 03 组的 G 代码
IF [#30 EQ 90] GOTO 2;                在 G90 方式下转移到 N2
#24 = #24 + #5001;                    计算 G91 方式下内腔中心 X 轴绝对坐标值
#25 = #25 + #5002;                    计算 G91 方式下内腔中心 Y 轴绝对坐标值
#3 = #3 + #5003;                      计算 G91 方式下内腔上表面 Z 轴绝对坐标值
#26 = #26 + #3;                       计算 G91 方式下内腔底部 Z 轴绝对坐标值
N2 G90 G00 X#24 Y#25;                 快速移动到孔心
G52 X#24 Y#25;                        在孔心处建立局部坐标系
#5 = 0.4 * #2;                        自变量刀具中心回转半径的起点，经验值为刀具直径的 40%
#6 = 0.8 * #2;                        刀具中心回转半径每次的递增量，经验值为刀具直径的 80%
#7 = [#1 - #2] /2;                    刀具中心在内腔中的最大回转半径
#17 = ABS [#17];                      为了安全，取切削深度的绝对值
N4 IF [#7 LE 0] GOTO 40;              如果#7≤0，跳出
N6 IF [[#3 - #26] LT #17] GOTO 40;    如果铣深<层降深度，跳出
N8 G90 G00 Z [#3 + 1.];               快速移动到距离被加工表面 1mm 处
N9 #8 = #3;                           把加工始点深度坐标值#3 赋值给深度自变量#8
N10 WHILE [#8 GT #26] DO 1;
#8 = #8 - #17;
IF [#8 LE #26] THEN #8 = #26;
G00 X0 Y0;
G01 Z#8 F80;
IF [#5 GT #7] THEN #5 = #7;           如果#5 > #7，把#7 赋值给自变量#5
WHILE [#5 LE #7] DO 2;
G01 X#5 F#9;
G03 I - #5;
IF [ABS [#7 - #5] LT 0.001] GOTO 30;
```

```
#5 = #5 + #6;
IF [#5 GT #7] THEN #5 = #7;
END 2;
N30 G00 Z [#8 + 0.5];                      提刀 0.5mm
END 1;
N40 G00 G90 Z [#3 + 1.];
G52 X0 Y0;
G90 G00 X#24 Y#25;                         返回到孔心位置
G#30;                                      恢复 03 组原来的 G90/G91 模态信息
M99;
N90 #3000 = 1 (DAO JING GUO DA);           "刀径过大" 报警
```

说明：和螺旋下刀的解释类似。只是，螺旋下刀把刀具中心的旋转半径作为外层的自变量，铣削深度作为内层的自变量；垂直下刀则把铣削深度作为外层的自变量，刀具中心的旋转半径作为内层的自变量。宏程序内采用 G90 方式计算各坐标位置。

也可以采用倾斜下刀，和垂直下刀的程序类似，不再赘述。

**2. 内锥面/内扫掠（扫描）曲面加工**

如图 5-3 所示，要在 45 钢上加工一个模具，其中一部分为扫掠（扫描）曲面，编写其宏程序。

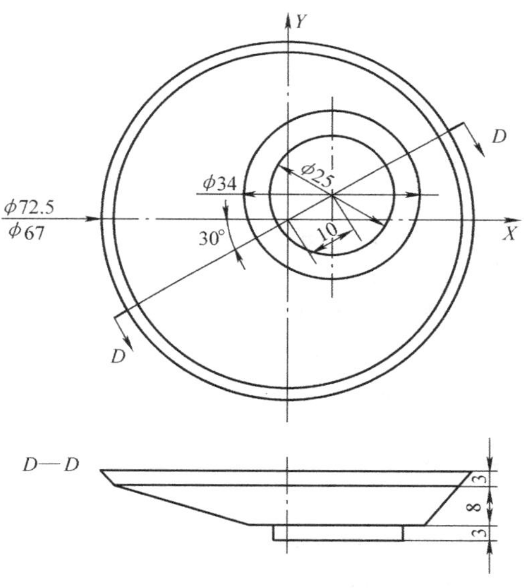


图 5-3 内扫掠（扫描）曲面加工实例

各变量赋值说明：

#1 = A，初始大圆的直径，>0。

#2 = B，终止小圆的直径，>0。

#3 = C，内腔初始深度 Z 轴的绝对/相对坐标值。

#5 = J，初始大圆和终止小圆两个圆心在 XY 平面上的投影点之间的距离，≥0。

#7 = D，刀具直径，>0。

#17 = Q，每次下刀深度，>0。

#18 = R，从 +Z 向 −Z 向看，在 XY 平面上，由上层初始大圆圆心的投影点指向下层终止小圆圆心的投影点之间的连线与 +X 轴之间的夹角。

#24 = X，初始大圆圆心 X 轴的绝对/相对坐标值。

#25 = Y，初始大圆圆心 Y 的轴绝对/相对坐标值。

#26 = Z，内腔终止深度 Z 轴的绝对/相对坐标值。

主程序如下：

```
O1002;
G40 G49 G80 G69 G15 G17;                   程序初始化
G90 G54 G00 X0 Y0 M08;
G43 Z80. H05 M03 S800;
G65 P1003 A72.5 B67. C0 J0 D16. F500 Q0.05 R0 X0 Y0 Z-3.;
G65 P1003 A67. B34. C-3. J10. D16. F500 Q0.08 R30. X0 Y0 Z-11.;
G65 P1003 A25. B25. C-11. J0 D16. F500 Q0.08 R0 X8.66 Y5. Z-14.;
G30 G91 Z0 M09;
```

| 程序 | 说明 |
|---|---|
| M05; | |
| G00 G90 (G91) X __ Y __; | 使工件靠近操作者 |
| M30; | |

中心垂直下刀加工宏程序如下:

| 程序 | 说明 |
|---|---|
| O1003; | |
| IF [#2 LT #7] GOTO 90; | #2≥#7,才能满足数学意义,否则报警 |
| N1 #30 = #4003; | 存储03组的G代码 |
| N2 IF [#30 EQ 90] GOTO 6; | 在G90方式下转移到N6 |
| N3 #24 = #24 + #5001; | 计算G91方式下当前内腔上表面中心X轴绝对坐标值 |
| N4 #25 = #25 + #5002; | 计算G91方式下当前内腔上表面中心Y轴绝对坐标值 |
| N5 #3 = #3 + #5003; | 计算G91方式下当前内腔上表面Z轴绝对坐标值 |
| #26 = #26 + #3; | 计算G91方式下当前内腔底部Z轴绝对坐标值 |
| N6; | |
| /N7 #31 = #24; | 存储G91方式下最上层内腔上表面中心X轴绝对坐标值 |
| /N8 #32 = #25; | 存储G91方式下最上层内腔上表面中心Y轴绝对坐标值 |
| /N9 #33 = #3; | 存储G91方式下最上层内腔上表面中心Z轴绝对坐标值 |
| G90 G00 X#24 Y#25; | 快速移动到当前内腔中心 |
| G52 X#24 Y#25; | 在当前内腔中心处建立局部坐标系 |
| IF [#18 EQ #0] THEN #18 = 0; | 若旋转角度未赋值,值默认为0 |
| G68 X0 Y0 R#18; | 以当前内腔零点为中心旋转#18角度 |
| #6 = 0.4 * #7; | 自变量刀具中心回转半径的起点,经验值为刀具直径的40% |
| #8 = 0.8 * #7; | 刀具中心回转半径每次的递增量,经验值为刀具直径的80% |
| #10 = [#1 - #2] /2; | 初始大圆和终止小圆的半径差 |
| #17 = ABS [#17]; | 为了安全,取切削深度的绝对值 |
| IF [#10 LT #5] GOTO 91; | #10≥#5,才能满足加工的条件,否则报警 |
| IF [[#3 - #26] LT #17] GOTO 60; | 如果铣深 < 层降深度,跳出 |
| G90 G00 Z [#3 + 1.]; | 快速移动到距离被加工表面1mm处 |
| #11 = #3; | 把加工始点深度坐标值#3赋值给深度自变量#11 |
| N10 WHILE [#11 GT #26] DO 1; | 未铣削到内腔底部,执行循环体1 |
| N11 #11 = #11 - #17; | |
| N12 IF [#11 LE #26] THEN #11 = #26; | |
| N13 #12 = #1/2 - #10 * [#3 - #11] / [#3 - #26] - #7/2; | Z#11平面上刀具中心在内腔中的最大回转半径 |
| N14 #13 = #5 * [#3 - #11] / [#3 - #26]; | 初始大圆圆心和Z#11平面上的圆圆心在XY平面上的投影点之间的距离 |
| N15 G90 G01 X#13 Y0 F#9; | 移动到将加工的这一层的圆心上方 |

```
N16 Z#11 F80;                                          垂直下刀
N17 IF [#6 GT #12] THEN #6 = #12;
N18 WHILE [#6 LE #12] DO 2;
N19 G01 X [#6 + #13] F#9;
N20 G03 I - #6 F#9;
N21 IF [ABS [#12 - #6] LT 0.001] GOTO 30;
N22 #6 = #6 + #8;
N23 IF [#6 GT #12] THEN #6 = #12;
END 2;
N30 G01 X#13 Z [#11 + 0.5] F [4 * #9];                 移动到刚加工过的这层的圆心上方
END 1;
N60 G00 G90 Z [#3 + 1.];
/N62 G00 G90 Z [#33 + 1.];
G69;
G52 X0 Y0;
G90 G00 X#24 Y#25;                                     返回到当前内腔最上层的孔心位置
/N70 G90 G00 X#31 Y#32;                                返回到最上层内腔最上层的孔心位置
G#30;                                                  释放 03 组原来的 G90/G91 模态信息
M99;
N90 #3000 = 1 (DAO JING GUO DA);                       刀径过大报警
N91 #3000 = 6 (JIAN CHA ABJ FU ZHI);                   "检查 A、B、J 赋值"报警
```

说明：

#6 的取值范围为（0，0.5 * #7），以确保孔心没有凸台，此处取 0.4 * #7。

N11、N12，在当前铣削深度 #11 数据更新后，如果铣削深度超过了终止值，那么"#11 = #26"，即把当前深度赋值为最终深度绝对坐标。

N13 表述的为，Z#11 平面上刀具中心在内腔中的最大回转半径，仅表示最大回转半径；如果设经过上层大圆圆心的垂线与上下层圆心间的连线之间的锐角为 $\alpha$，则 $\tan\ \alpha$ = #10/ [#3 - #26]，若已知 $\alpha$，可用"$\tan\ \alpha$"来代替表达式中的"#10/ [#3 - #26]"；若未知 $\alpha$，请使用该表达式；Z#11 平面上的圆心与初始大圆圆心在 *XY* 平面上的投影点之间的距离，表述在 N14 程序段里；随后刀具移动到将要加工的 Z#11 平面的圆心上，下刀。

N17，因不知道刀具最大回转半径#12 和自变量刀具中心回转半径的起点#6 的大小关系，所以在循环体 2 前作了一下判断和赋值，如果没有这段的判断，而恰好 #12 < #6，将会导致铣削半径 > #12，工件报废。

N18，当前刀具中心回转半径≤刀具中心最大回转半径时，执行循环体 2。

N19、N20，体现偏心铣削，偏心了#13。

N21，作了一个拦截，如果铣削到了当前 Z#11 平面上刀具中心最大回转半径#12 处，就改道到 N30，跳出循环体 2。如果没有这段程序，刀具在该层铣削了"FUP [ [#12 - #6] /#8 + 1.]"次铣削时，#6≡#12，就无法跳出循环体 2。

N22，刀具在 Z#11 平面经过第 2 次起每次半径扩大#8 的"FIX [ [#12 - #6] /#8 + 1.]"次圆弧铣削后，若经过判断最后一次铣削的半径扩大量 < #8，则进入 N23 强制赋值，数据更新；也即，进行了圆弧铣削 N20 程序段后，先进入 N21 的判断，如果不满足，则执行 N22，再进入 N23 的强制赋值。

N30，这一层铣削完成后，两轴联动，移动到刚加工过的这一层的圆心上方，等待下一层的铣削。

N60，铣削完成后返回的平面，如果仅加工这一个内腔，可以编写为“G00 G90 Z 80.;”；如果还需加工另外一个内腔，且上表面相同，可以编写为“G00 G90 Z [#3 + 1.];”；如果在该内腔的下面还需要加工内腔，则可以不编写这段程序。

注意 N7、N8、N9、N62、N70 这 5 段程序，若是在多个 *X*、*Y* 位置连续加工，又以 G91 指定它们各自最上层内腔最上层的圆心的相对位置，而每个位置又铣削多层，则 N3、N4、N5 计算的只是当前加工的内腔在 G91 方式下孔心 *X*、*Y*、*Z* 轴的绝对坐标值，是无法返回到最上层内腔最上层的圆心的位置的，因此加了这三段程序，请在未加工该位置的最上层内腔前使“SKIP”灯灭，即读取 N7、N8、N9，进入该最上层内腔加工后，点亮“SKIP”灯……进入该位置最下层的内腔加工后，按灭“SKIP”灯，即读取 N62、N70；对下一个位置的多层内腔执行同样操作。若加工多个内腔，但每个内腔下面没有加工内容，则对这 5 段程序，“SKIP”灯灭或灯亮，效果都一样。

**注意：**这个程序的通用性很好，是内腔垂直下刀铣削程序的升级版。铣孔、铣内锥面、铣扫描曲面内腔，只要能满足数学意义，凡刀具能加工，就可使用该程序。

① A > B > 0，J = 0 时，为内锥面铣削。

② A > B > 0，(A - B) /2 ≥ J > 0 时，为内扫掠（扫描）曲面铣削。

③ A = B > 0，J = 0 时，为圆孔内腔铣削。

### 5.2.3 圆锥、圆台、圆柱、外扫掠（扫描）曲面的铣削（圆柱毛坯）

如果圆台、圆锥、圆柱、外扫掠（扫描）曲面底面的圆，与该深度上垂直于圆柱毛坯轴线的截面所截得的圆同心，程序编写起来还是比较简单的；如果不同心，三个圆心在 *XY* 平面上的投影点就有可能形成一个三角形，就算上下圆直径、上下圆圆心与圆柱毛坯圆心间的角度、距离等信息已知，描述起来也有相当的难度。在此，仅编写前者，即同心时的情况。为了方便描述，把垂直于毛坯圆柱轴线的平面所截得的圆称为圆 $O$，顶面的圆称为圆 $O_1$，底面的圆称为圆 $O_2$。

圆锥、圆台、圆柱、外扫掠（扫描）曲面示意图如图 5-4 所示。

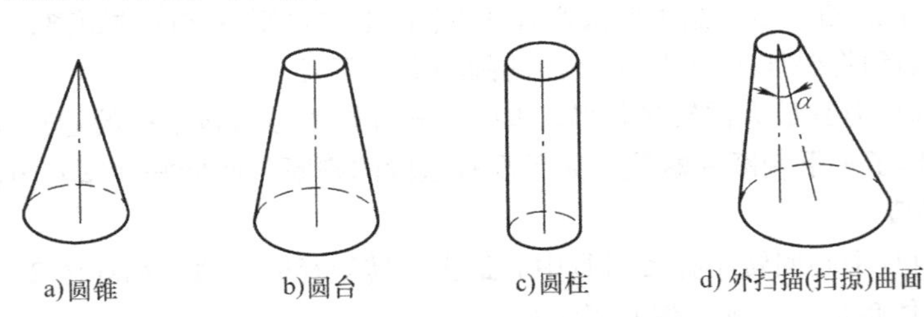


图 5-4 圆锥、圆台、圆柱、外扫掠（扫描）曲面示意图

各变量赋值说明：

#1 = A，圆心 $O$（$O_2$）与圆心 $O_1$ 在 *XY* 平面上的投影点之间的距离，≥0。

#2 = B，从 +*Z* 向 -*Z* 方向看，在 *XY* 平面上，由圆心 $O$（$O_2$）的投影点指向圆心 $O_1$ 的投影点之间的连线与 +*X* 轴之间的夹角。

#3 = C，圆 $O_1$ 的直径，≥0。

#6 = K，圆 $O_2$ 的直径，>0。
#7 = D，平底立铣刀刀具直径，>0。
#8 = E，毛坯圆 $O$ 的直径，>0。
#11 = H，圆 $O_1$ 的 $Z$ 轴的绝对/相对坐标值（顶面的初始 $Z$ 坐标）。
#17 = Q，每次的切削深度，>0。
#24、#25 = X、Y，圆心 $O$ 的 $X$、$Y$ 轴的绝对/相对坐标值。
#26 = Z，圆心 $O_2$ 的 $Z$ 轴的绝对/相对坐标值（底面的终止 $Z$ 坐标）。

调用格式：

G65 P1060 A__ B__ C__ K__ D__ E__ H__ Q__ X__ Y__ Z__ F__;

宏程序如下：

```
O1060;
N1  #30 = #4003;                              存储 03 组的 G 代码
N2  IF [#30 EQ 90] GOTO 7;                    在 G90 方式下转移到 N7
N3  #24 = #24 + #5001;                        计算 G91 方式下圆心 O 的 X 轴的绝对坐标值
N4  #25 = #25 + #5002;                        计算 G91 方式下圆心 O 的 Y 轴的绝对坐标值
N5  #11 = #11 + #5003;                        计算 G91 方式下圆心 O1 的 Z 轴的绝对坐标值
N6  #26 = #26 + #11;                          计算 G91 方式下圆心 O (O2) 的 Z 轴的绝对坐标值
N7  #13 = #24 + #1 * COS [#2];                计算圆心 O1 的 X 轴的绝对坐标值
N8  #14 = #25 + #1 * SIN [#2];                计算圆心 O1 的 Y 轴的绝对坐标值
N12 IF [#6 GT #8] GOTO 51;
N13 IF [#1 GT [ [#6 - #3]/2]] GOTO 51;
N14 IF [ [#11 - #26] LT #17] GOTO 51;
N22 #20 = #1 + #8/2 + #7/2 + 1. ;             初始深度上刀具中心最大回转半径的初始值
N23 G90 G00 X#13 Y#14;                        快速移动到圆心 O1 上方
N24 G52 X#13 Y#14;                            在圆心 O1 上方建立局部坐标系
N25 G68 X0 Y0 R#2;                            以圆心 O1 为中心旋转 #2 角度
N26 G00 G90 X#20 Y0;
N27 #21 = 0. 8 * #7;
N28 #22 = [#3 - #6]/2;                        圆 O1、圆 O2 的半径差
N29 Z [#11 + 2. ];                            移动到工件上方 2mm 处
N30 #31 = #11;                                把深度的初始值赋值给深度自变量 #31
N31 WHILE [#31 GT #26] DO 1;                  未铣削到底时，执行循环体 1
N32 #31 = #31 - #17;                          铣深数据更新
N33 IF [#31 LE #26] THEN #31 = #26;
N34 #32 = #3/2 - #22 * [#11 - #31]/[#11 - #26] + #7/2;
N35 #33 = #1 * [#11 - #31]/[#11 - #26];
N36 #23 = #33 + #20;                          Z#31 平面上，刀具中心最大回转半径
N37 G90 G01 X#23 F#9;                         移动到下一层的起刀点上方
N38 Z#31 F80;                                 下刀
N39 WHILE [#23 GT #32] DO 2;                  未铣削到位时，执行循环体 2
N40 #23 = #23 - #21;                          Z#31 平面上，同心步距铣削半径数据更新
N41 IF [#23 LE #32]] THEN #23 = #32;
N42 G01 X#23 F#9;                             铣削到更新后的值
```

```
N43 G02 I [#33 - #23];                 偏心铣削，顺铣
N44 END 2;
N45 G00 X#23 Z [#31 + 0.5];            移动到刚铣削过的这层的起刀点上方
N46 END 1;
N47 G00 G90 Z [#11 + 5.];              铣削完成后，提刀到毛坯圆柱上方
N48 X#24 Y#25;                         移动到毛坯圆柱的圆心上
N49 G69;
N50 G52 X0 Y0;
N51 G#30;                              释放03组原来的G90/G91模态信息
N52 M99;
```

说明：

N12、N13，在 *XY* 平面上，关于圆 $O$、圆 $O_1$、圆 $O_2$ 的投影圆之间的关系：只有当圆 $O_2$ 内含或内切（若为 GE，不保留内切）于圆 $O$、圆 $O_1$ 内含或内切于圆 $O_2$ 时，才符合加工情况，否则跳出。

N14，如果加工的深度小于每层的切削深度，跳出。

N27，刀具中心回转半径每次的递减量，经验值为刀具直径的 80%。

N33，如果最后一层的铣削深度 < 每层的铣深，铣削到最终深度。

N34，Z#31 深度上，刀具中心的最小回转半径；如果设经过上层小圆圆心的垂线与上下层圆心间的连线之间的角度为 $\alpha$，则 $\tan\alpha$ = - #22/ [#11 - #26]，若已知 $\alpha$，可用“$\tan\alpha$”来代替表达式中的“ - #22/ [#11 - #26]”；若未知，请使用该表达式。

N35，在 *XY* 平面上，Z#31 深度上的圆心的投影点与圆心 $O_1$ 的投影点之间的距离。

N36，Z#31 深度上，起刀点与该深度上的圆心之间的距离。

N41，Z#31 深度上，如果最后一次同心步距铣削的量小于每次的递减量，就铣削余下的量。

**注意：** 这个程序的通用性很好，对于圆锥、圆台、圆柱、外扫掠（扫描）曲面的铣削（圆柱毛坯），只要能满足数学意义，就可使用该程序。

① A = 0，C = 0，K = 0 时，为外圆锥侧面铣削。

② A = 0，K > C > 0 时，为外圆台侧面铣削。

③ A = 0，K = C > 0 时，为外圆柱侧面铣削。

④ C ≥ 0，（K - C）/2 ≥ A > 0 时，为外扫掠（扫描）曲面铣削。

## 5.2.4 圆周孔群加工

创建一个宏指令，它自开始角度 A 沿半径为 I 的一个圆的圆周上每隔角度 B 钻 H 个孔。

如图 5-5 所示，圆的中心位置是（X，Y），可在绝对方式或增量方式下指定指令。另外，为了沿顺时针方向钻孔，为 B 指定一个负值。

### 1. 调用格式

G65 P9100 X__ Y__ Z__ R__ F__ I__ A__ B__ H__;

各变量赋值说明：

#1 = A，钻孔开始角度。

#2 = B，增量角度（当负值被指定时，按顺时针方向旋转）。

#4 = I，圆半径。

#9 = F，切削进给速度。

#11 = H，孔数目。

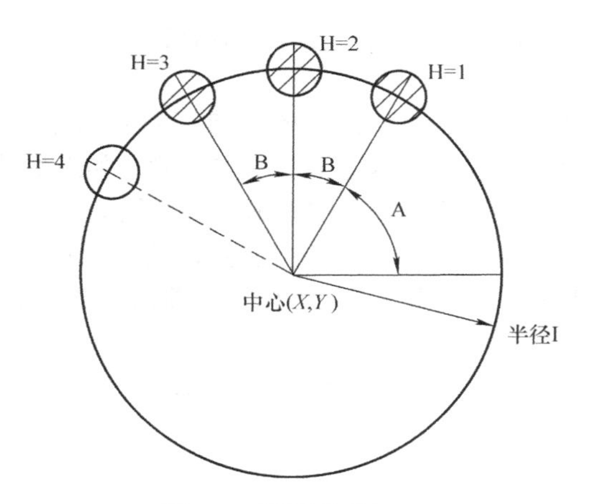


图 5-5　圆周孔群加工

#18 = R，接近点的坐标。

#24 = X，圆心的 $X$ 坐标（绝对或增量指令）。

#25 = Y，圆心的 $Y$ 坐标（绝对或增量指令）。

#26 = Z，孔深度。

**2. 调用宏指令的程序。**

```
O0002;
G90 G54 G00 X0 Y0;
G43 H08 Z100. M08;
M03 S800;
G65 P9100 X100. Y50. R2. Z-30. F200 I100. A0 B45. H5;
M30;
```

**3. 宏指令**（被调用的程序）

```
O9100;
N1  #3 = #4003;                        存储 03 组的 G 代码
N2  G81  Z#26  R#18  F#9  K0;          钻孔循环
N3  IF [#3 EQ 90] GOTO 6;              在 G90 方式下转移到 N6
N4  #24 = #24 + #5001;                 计算 G91 方式下孔心 X 轴绝对坐标值
N5  #25 = #25 + #5002;                 计算 G91 方式下孔心 Y 轴绝对坐标值
N6  WHILE [#11 GT 0] DO 1;             直到剩余孔的数目为 0
N7  #5 = #24 + #4 * COS [#1];          计算 X 轴的钻孔位置
N8  #6 = #25 + #4 * SIN [#1];          计算 Y 轴的钻孔位置
N9  G90  X#5  Y#6;                     移动到孔上方后钻孔
N10  #1 = #1 + #2;                     更新角度
N11  #11 = #11 - 1;                    每次减少孔的数目
N12  END 1;                            结束循环体 1
N13  G#3  G80;                         释放 03 组原来的 G90/G91 模态信息
N14  M99;
```

这是一个非常经典的宏程序，在 FANUC Series 0*i* - MD 车床系统/加工中心系统通用用户手册 B - 64304CM/01、FANUC 0*i* - MC 操作说明书 B - 64124CM/01 等多本说明书里都有介绍，它被用来加工直角坐标系下共圆、如参数描述的多孔位的加工，它实现了用户宏指令和机床已有的 G81 固定循环指令很好地结合。为了便于阅读，略作修改。

**4. 注释**

N1，存储了当前的 G90/G91 代码；N2，存储了 G81 循环的 Z、R、F 信息，但未钻孔；N3，如果是 G90 方式，就转移到 N6 程序段继续执行（言外之意，如果不是 G90 方式，就顺序执行，即执行 N4）；N4，（在 G91 方式下）孔心所共圆的圆心的 *X* 轴坐标为原 *X* 轴坐标位置与工件坐标系 *X* 轴程序段终点位置的和，即在 G54 坐标系中的绝对位置；N5，（在 G91 方式下）孔心所共圆的圆心的 *Y* 轴坐标为原 *Y* 轴坐标位置与工件坐标系 *Y* 轴程序段终点位置的和，即在 G54 坐标系中的绝对位置。

N4 和 N5 表明，即使主程序编写如下也能无误地加工：

```
O0002;
G90 G54 G00 X0 Y0;
G43 H08 Z100. M08;
M03 S800;
N10 G91 X20. Y30. ;
G65 P9100 X100. Y50. R-98. Z-32. F200 I100. A0 B45. H5;
M30;
```

此时，计算得出的孔心所共圆的圆心的 *X* 坐标值为（20.0+100.0），*Y* 坐标值为（30.0+50.0），而如果没有 O9100 中的 N3～N5，指定 G91 方式就会钻错位置。

N6，直到剩余孔数>0，才结束循环 1，孔总数为 5，每次孔数递减 1 个，即剩余孔数依次为 5、4、3、2、1，如果这里的 GT 改为 GE，就会多钻 1 个孔。如果程序为“WHILE [#11 GE 1] DO 1;”，会钻 5 个孔。

这个经典的钻孔宏程序有多个其他版本。

① 宏程序中将用到以下变量：

#1：第 1 个孔的起始角度 *A*，在主程序中用对应的文字变量 A 赋值

#3：孔加工固定循环中 *R* 点平面值，在主程序中用对应的文字变量 C 赋值。

#9：孔加工的进给量 *F*，在主程序中用对应的文字变量 F 赋值。

#11：要加工的孔数 *H*，在主程序中用对应的文字变量 H 赋值。

#18：被加工孔群所共圆的半径值 *R*，在主程序中用对应的文字变量 R 赋值。

#26：孔深坐标值 *Z*，在主程序中用对应的文字变量 Z 赋值。

#30：基准点，即被加工孔群所共圆圆心 *X* 坐标值 $X_0$。

#31：基准点，即被加工孔群所共圆圆心 *Y* 坐标值 $Y_0$。

#32：当前加工的孔的序号 *i*。

#33：当前加工的第 *i* 孔在孔群所共圆心上所对应的角度。

#100：已加工的孔的数量。

#101：当前加工的孔的 *X* 坐标值，初始值设为孔群所共圆心的 *X* 坐标值 $X_0$。

#102：当前加工的孔的 *Y* 坐标值，初始值设为孔群所共圆心的 *Y* 坐标值 $Y_0$。

调用宏指令的程序：

```
O0009;
G90 G54 G00 X0 Y0;
G43 H08 Z100. M08;
M03 S800;
G65 P8000 X100. Y50. A0 C2. F200 H5 R100. Z-30. ;
```

```
M30;
```

用户宏程序编写如下：

```
O8000;
#30 = #101;                                   基准点保存
#31 = #102;                                   基准点保存
#32 = 1;                                      计数器置1
WHILE [#32 LE ABS [#11]] DO 1;                进入孔加工循环体
#33 = #1 + 360.0 * [#32 - 1]/#11;             计算第i孔的角度
#101 = #30 + #18 * COS [#33];                 计算第i孔的X坐标值
#102 = #31 + #18 * SIN [#33];                 计算第i孔的Y坐标值
G90 G81 G98 X#101 Y#102 Z#26 R#3 F#9;         钻削第i孔
#32 = #32 + 1;                                计数器对孔序号i计数累加
#100 = #100 + 1;                              计算已加工孔数
END 1;                                        孔加工循环体结束
#101 = #30;                                   返回X坐标初值X0
#102 = #31;                                   返回Y坐标初值Y0
M99;                                          宏程序结束
```

分析：这个宏程序的通用性差一些，原因如下：

a. 这里的第1个孔孔心与第1轴正方向的夹角 $\alpha$，和第1个到第 $n$ 个孔间每相邻两个孔心间的所夹的圆心角 $\beta$ 是相等的，如果不相等，是不能用这个程序的，比如当 $\alpha=60°$，$\beta=40°$ 时。

b. 不适合在G91方式下运用。

② 调用宏指令的程序：

```
O0002;
G90 G54 G00 X0 Y0;
G43 H08 Z100. M08;
M03 S800;
G65 P0089 X100. Y50. R2. Z-30. F200 I100. A0 B45. H5;
M30;
```

各变量的含义：

#1 = A：第1个孔孔心与第1轴正方向的夹角 $\alpha$。

#2 = B：第1个到第 $n$ 个孔间，每相邻两个孔心间的所夹的圆心角 $\beta$。

#4 = I：孔心所共圆的半径。

#9 = F：切削进给速度。

#11 = H：孔数。

#18 = R：固定循环中 $R$ 点平面的坐标，绝对或相对值。

#24 = X：孔心所共圆的圆心 $X$ 坐标。

#25 = Y：孔心所共圆的圆心 $Y$ 坐标。

#26 = Z：孔深坐标，绝对或相对值。

宏指令（被调用的程序）：

```
O0089;                                 宏程序
#3 = 1;                                孔序号计数器置1（即从第1个孔开始加工）
WHILE [#3 LE #11] DO 1;                如果孔序号#3≤孔数#11，执行循环体1
#5 = #1 + [#3 - 1] * #2;               第#3个孔中心所对应的角度
```

```
#6 = #24 + #4 * COS [#5];              计算第 #3 个孔中心的 X 坐标值
#7 = #25 + #4 * SIN [#5];              计算第 #3 个孔中心的 Y 坐标值
G98 G81 X#6 Y#7 Z#26 R#18 F#9;         以 G81 方式加工第 #3 个孔
#3 = #3 + 1;                           孔序号更新，递增 1
END 1;                                 循环 1 结束
G80;                                   取消固定循环
M99;                                   宏程序结束，返回主程序
```

分析：这个程序对孔序号计数器和每个孔心所对应角度的理解直白明了，但是，其缺点也很明显，不适合在 G91 方式下运行。如果能把这种编程方法和说明书上的方法相互结合，使宏程序和机床原有的钻孔循环结合，编写简单，应用起来更加得心应手。程序如下：

```
O1012;
G90 G54 G00 X0 Y0;
G43 H08 Z100. M08;
M03 S800;
G65 P7100 X100. Y50. R2. Z-30. F200 I100. A0 B45. H5;
M30;
```

宏指令（被调用的程序）：

```
O7100;
N1 #8 = #4003;                         存储 03 组的 G 代码
N2 G81 Z#26 R#18 F#9 K0;               钻孔循环
N3 IF [#8 EQ 90] GOTO 6;               在 G90 方式下转移到 N6
N4 #24 = #24 + #5001;                  计算 G91 方式下孔心 X 轴绝对坐标值
N5 #25 = #25 + #5002;                  计算 G91 方式下孔心 Y 轴绝对坐标值
N6 #3 = 1;                             孔序号计数器置 1（即从第 1 个孔开始加工）
N7 WHILE [#3 LE #11] DO 1;             如果孔序号 #3≤孔数 #11，执行循环体 1
N8 #5 = #1 + [#3 - 1] * #2;            第 #3 个孔中心所对应的角度
N9 #6 = #24 + #4 * COS [#5];           计算第 #3 个孔中心的 X 坐标值
N10 #7 = #25 + #4 * SIN [#5];          计算第 #3 个孔中心的 Y 坐标值
N11 G90 X#6 Y#7;                       移动到孔上方后钻孔
N12 #3 = #3 + 1;                       孔序号更新，递增 1
N13 END 1;                             结束循环 1
N14 G#8 G80;                           恢复 03 组模态代码，取消钻孔循环
M99;
```

**注意**：这里的 N2 可以在去掉“K0”后，合并在 N11 程序段里吗？当然不可以。如果在调用宏指令前是 G91 方式，G65 程序段中的 R、Z 也是 G91 方式，如果 N2、N11 合在一起编写，原来 G91 方式的 R、Z 到 N11 这里就变成 G90 方式了。N9、N10，如果该例题用 G16 极坐标方式编写，就是把极坐标系下的极径、极角转化为右手直角坐标系下的 X、Y 坐标值。

## 5.2.5 平行四边形网格点阵列的孔群加工

如图 5-6 所示，一平行四边形网格点阵列的孔群有 5 行 6 列，相邻各列、同行孔间的中心距为 40mm，相邻各行、同列孔间的中心距为 48mm，左下角的孔的坐标为（35，25），平行四边形

网格点阵列加工起始行所在的边沿其加工方向与 + *X* 轴的夹角为15°；该阵列加工起始行所在的边沿其加工方向逆时针旋转、与加工列所在的边的夹角为60°，试编写其宏程序。

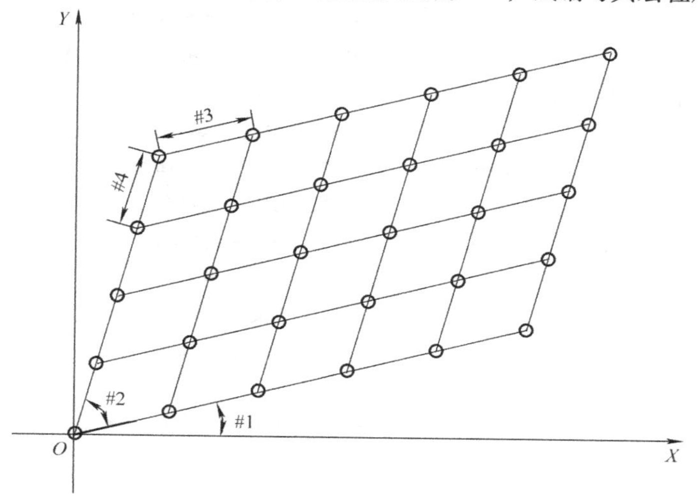


图5-6　平行四边形网格点阵列的孔群加工

分析：这道典型的平行四边形网格点阵列孔群的宏程序的编写方法有多种，但空行程最短、加工效率最高的就是各行间首尾衔接加工，使整个加工轨迹呈蛇形“S”状。

各变量赋值说明：

#1 = A，平行四边形网格点阵列加工起始行所在的边沿其加工方向与 + *X* 轴的夹角。

#2 = B，平行四边形网格点阵列加工起始行所在的边沿其加工方向逆时针旋转、与加工列所在的边的夹角。

#3 = C，平行四边形网格点阵列相邻各列、同行孔间的中心距。

#4 = I，平行四边形网格点阵列相邻各行、同列孔间的中心距。

#5 = J，列数。

#6 = K，行数。

其余参数，同孔加工循环的介绍。

调用格式：

G65 P1060 A__ B__ C__ I__ J__ K__ F__ R__ X__ Y__ Z__;

宏指令（被调用的程序）：

```
O1060;
N10 #30 = #4003;                    存储03组的G代码
N20 IF [#30 EQ 90] GOTO 70;         宏程序内采用G90方式计算各坐标位置
N30 #24 = #24 + #5001;              计算G91方式下阵列左下角孔心X轴绝对坐标值
N40 #25 = #25 + #5002;              计算G91方式下阵列左下角孔心Y轴绝对坐标值
N50 #18 = #18 + #5003;              计算G91方式下R点平面的绝对坐标值
N60 #26 = #26 + #18;                计算G91方式下孔底的绝对坐标值
N70 G90 G00 X#24 Y#25;              移动到平行四边形网格点阵列左下角的孔上方
N80 G52 X#24 Y#25;                  在该孔处建立局部坐标系
N90 G68 X0 Y0 R#1;                  以该孔为中心，旋转
N100 #10 = 1;                       行计数器，赋初始值为1，即第1行
N110 WHILE [#10 LE #6] DO1;         在有效行数内，执行循环体1
```

```
N120 #11 = 1;                                      列计数器，赋初始值为1，即第1列
N130 WHILE [#11 LE #5] DO2;                        在有效列数内，执行循环体2
N140 IF [ [#10 AND 1] EQ 0] GOTO 180;              若是偶数行，转至N180
N150 #12 = #3 * [#11 - 1] + #4 * COS [#2] * [#10 - 1];    出发行孔的X坐标值
N160 #13 = #4 * SIN [#2] * [#10 - 1];              出发行孔的Y坐标值
N170 GOTO 200;                                     转至N200行，钻孔
N180 #12 = #3 * [#5 - #11] + #4 * COS [#2] * [#10 - 1];   返回行孔的X坐标值
N190 #13 = #4 * SIN [#2] * [#10 - 1];              返回行孔的Y坐标值
N200 G98 (G99) G81 X#12 Y#13 Z#26 R#18 F#9;        G81方式钻孔
N210 #11 = #11 + 1;                                列计数器每次递增1
N220 END 2;                                        循环2结束
N230 #10 = #10 + 1;                                行计数器每次递增1
N240 END 1;                                        循环1结束
N250 G80 G69 G#30;                                 取消孔加工循环，取消坐标系旋转，恢复03组代码
N260 G52 X0 Y0;                                    取消局部坐标系
N270 M99;                                          宏程序结束，返回主程序
```

说明：

① N140，AND为逻辑运算中的“相与”。该段程序意思为，把行数的十进制数字转化为二进制数字后和1（二进制的“…0001”）“相与”，结果为“0”，就是偶数行；结果为“1”，就是奇数行。当为偶数行时，执行N180、N190，计算偶数行的孔心坐标值，随后执行N200钻孔；当为奇数行时，执行N150、N160，计算奇数行的孔心坐标值，随后跳转到N200钻孔。返回时，从出发顺序数的第 #5 列称为从返回顺序数的第1列，第（#5 - 1）列为第2列……

② 如果在该阵列中的网点位置并非钻孔，比如为铣内腔或其他，可以把N200替换为M98 P××××，子程序O××××中的X、Y应该用G91方式编程，Z可以用G91。

③ 如果在该阵列中的网点位置仅为钻孔，程序可以修改如下：

```
……
N15 G98 (G99) G81 Z#26 R#18 F#9 K0;
N20 IF [#30 EQ 90] GOTO 70;
N30 #24 = #24 + #5001;
N40 #25 = #25 + #5002;
N70 G90 G00 X#24 Y#25;
……
N200 G90 X#12 Y#13;
……
```

④ 也可以把该平行四边形其他3个顶点设为工件坐标系原点，也可以按列加工，有兴趣的读者可以尝试编一下程序。

## 5.2.6 平行四边形交错网格点阵列的孔群加工

如图5-7所示，一平行四边形交错网格点阵列的孔群有5行，行间距相同，每行孔数交替6与（6 - 1）个，孔位交错排列，相邻各行孔的位置在该阵列的列间相差半个孔距。相邻各列、同行孔间的中心距为40mm，相邻各奇数或偶数行、同列孔间的中心距为96mm（相邻各行的孔，若在该阵列的列间偏移半个孔距，同列间孔的中心距为48mm），左下角的孔的坐标为（35，

25)，平行四边形交错网格点阵列加工起始行所在的边沿其加工方向与 $+X$ 轴的夹角为 15°；该阵列加工起始行所在的边沿其加工方向逆时针旋转、与加工列所在的边的夹角为 60°，试编写其宏程序。

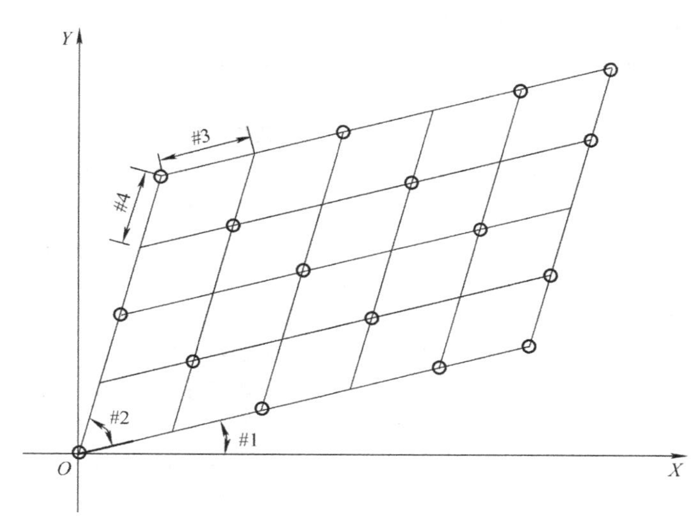


图 5-7　平行四边形交错网格点阵列的孔群加工

各变量赋值说明：

#1 = A，平行四边形交错网格点阵列加工起始行所在的边沿其加工方向与 $+X$ 轴的夹角。

#2 = B，平行四边形交错网格点阵列加工起始行所在的边沿其加工方向逆时针旋转、与加工列所在的边的夹角。

#3 = C，平行四边形交错网格点阵列相邻各列、同行孔间的中心距。

#4 = I，平行四边形交错网格点阵列相邻偶数或奇数行、同列孔间的中心距的 1/2。

#5 = J，列数，取各行孔中数目多的。

#6 = K，行数。

其余参数，同孔加工循环的介绍。

调用格式：

G65 P1061 A__ B__ C__ I__ J__ K__ F__ R__ X__ Y__ Z__;

宏指令（被调用的程序）：

```
O1061;
N10 #30 = #4003;                        存储 03 组的 G 代码
N20 IF [#30 EQ 90] GOTO 70;             宏程序内采用 G90 方式计算各坐标位置
N30 #24 = #24 + #5001;                  计算 G91 方式下阵列左下角孔心 X 轴绝对坐标值
N40 #25 = #25 + #5002;                  计算 G91 方式下阵列左下角孔心 Y 轴绝对坐标值
N50 #18 = #18 + #5003;                  计算 G91 方式下 R 点平面的绝对坐标值
N60 #26 = #26 + #18;                    计算 G91 方式下孔底的绝对坐标值
N70 G90 G00 X#24 Y#25;                  移动到该阵列左下角的孔上方
N80 G52 X#24 Y#25;                      在该孔处建立局部坐标系
N90 G68 X0 Y0 R#1;                      以该孔为中心，旋转
N100 #10 = 1;                           行计数器，赋初始值为 1，即第 1 行
N110 WHILE [#10 LE #6] DO1;             在有效行数内，执行循环体 1
```

```
N120 #11 = 1;                                            列计数器，赋初始值为1，即第1列
N130 WHILE [#11 LE #5] DO2;                              在有效列数内，执行循环体2
N140 IF [[#10 AND 1] EQ 0] GOTO 175;                     若是偶数行，转至N175
N150 #12 = #3 * [#11 - 1] + #4 * COS [#2] * [#10 - 1];   出发行孔的X坐标值
N160 #13 = #4 * SIN [#2] * [#10 - 1];                    出发行孔的Y坐标值
N170 GOTO 200;                                           转至N200行，钻孔
N175 #15 = #5 - 1;                                       偶数行上的孔数据更改
N180 #12 = #3 * [#15 - #11 + 0.5] + #4 * COS[#2] * [#10 - 1];  返回行孔的X坐标值，由于该行列数
                                                         少1，列数数据更改后，为“+0.5”，
                                                         向左（出发行的反方向）偏移半个
                                                         孔距
N190 #13 = #4 * SIN [#2] * [#10 - 1];                    返回行孔的Y坐标值
N200 G98 (G99) G81 X#12 Y#13 Z#26 R#18 F#9;              G81方式钻孔
N210 #11 = #11 + 1;                                      列计数器每次递增1
N220 END 2;                                              循环2结束
N230 #10 = #10 + 1;                                      行计数器每次递增1
N240 END 1;                                              循环1结束
N250 G80 G69 G#30;                                       取消孔加工循环，取消坐标系旋转，恢复03组
                                                         代码
N260 G52 X0 Y0;                                          取消局部坐标系
N270 M99;                                                宏程序结束，返回主程序
```

说明：

① 注意该程序中N140、N175、N180与上一程序的不同。

② 在该例中，偶数行比奇数行的孔的数目少一个；如果多一个，修改N175、N180中的数据；如果相等，返回行右边数第一个孔向左边或右边偏移半个孔距，删除N175，修改N180；如果#5取行间数目少的孔数，对N175、修改后的N180、N190和N150、N160的位置进行互换。总之，应根据实际情况对程序略作修改，以满足实际加工需要，不再详述。

如图5-8所示，这道题在前文G81指令使用重复加工次数K编程时讲过，程序段也不少，如果用宏指令来编程，是很简单的。但须注意O1061、O1062两个程序中N180程序段解释的异同。

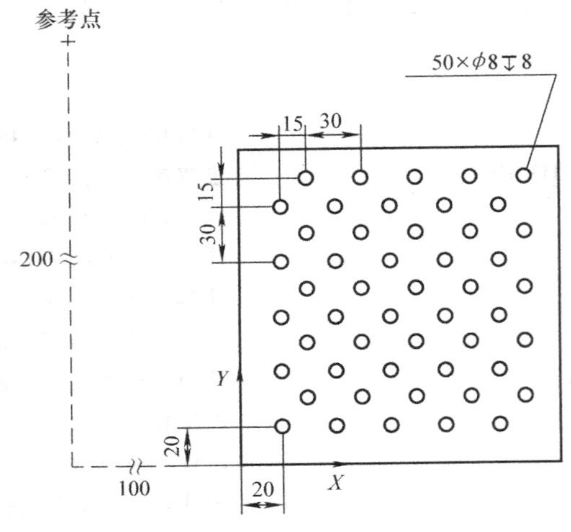


图5-8　平行四边形交错网格点阵列的孔群加工实例

调用格式为：

```
G65 P1062 A0 B90. C30. I15. J10 K5 F120 R2. X20. Y20. Z-11.;
O1062;                                              宏程序
……
N140 IF [ [#10 AND 1] EQ 0] GOTO 180;               若是偶数行，转至 N180
……
N170 GOTO 200;
N180 #12=#3*[#5-#11+0.5]+#4*COS [#2] *[#10-1];      返回行孔的 X 坐标值，"+0.5"，向
                                                    右（出发行的方向）偏移半个孔距
……
```

③ 例题中为每 2 行交错，若为每 3 行交错，则程序为：

```
……
N130 WHILE [#11 LE #5] DO2;                         在有效列数内，执行循环体 2
N140 IF [ [#10-3* FIX [#10/3]] EQ 2] GOTO 175;      若是第（3n-1）行，转至 N175（n 为自然
                                                    数）；如果第（3n-1）行孔数不变，改为
                                                    "GOTO 180"；并把 N180 行的#15 改为#5
N145 IF [ [#10-3* FIX [#10/3]] EQ 0] GOTO 194;      若是第 3n 行，转至 N194（n 为自然数）；
                                                    如果第（3n-1）行孔数不变，改为
                                                    "GOTO 196"；并把 N196 行的#15 改为#5
N150 #12=#3*[#11-1]+#4*COS [#2] *[#10-1];           第（3n-2）行孔的 X 坐标值
N160 #13=#4*SIN [#2] *[#10-1];                      第（3n-2）行孔的 Y 坐标值
N170 GOTO 200;                                      转至 N200 行，钻孔
N175 #15=#5-1;                                      第 3n-1 行上的孔数更改［如果第（3n-1）行
                                                    孔数不变，删除该程序段］
N180 #12=#3*[#15-#11+__]+#4*COS [#2] *[#10-1];      第（3n-1）行孔的 X 坐标值，
                                                    数值"__"根据实际情况填入
N190 #13=#4*SIN [#2] *[#10-1];                      第（3n-1）行孔的 Y 坐标值
N192 GOTO 200;                                      转至 N200 行，钻孔
N194 #15=#5-1;                                      第 3n 行上的孔数更改（如果第 3n 行孔数不变，
                                                    删除该程序段）
N196 #12=#3*[#15-#11+__]+#4*COS [#2] *[#10-1];      第 3n 行孔的 X 坐标值，数值
                                                    "__"根据实际情况填入
N198 #13=#4*SIN [#2] *[#10-1];                      第 3n 行孔的 Y 坐标值
N200 G98 (G99) G81 X#12 Y#13 Z#26 R#18 F#9;         G81 方式钻孔
……
```

只是加工第（$3n-1$）行和第 $3n$ 行时，首尾不衔接（$n$ 为自然数）。

④ 其余同上例的注意事项。

### 5.2.7　钻深可变式深孔钻削

FANUC 系统的加工中心上提供了 G73、G83 两种深孔钻削循环，以啄进方式钻削，改善了排屑和散热问题，但其每次的钻削深度是固定的，一开始钻削时合适，但随着孔深的增加，排屑更加困难，钻削条件也更加恶劣。所以减少每次的钻深，对深孔钻削来说是不错的解决方案，也可以较好地平衡加工效率和安全性之间的矛盾。

每次钻深的减少量，可以通过等差数列或等比数列来实现，前者每次钻深减少一个定值，后者每次钻深减少一个固定的比例。但不管用哪种方式，为了避免由于钻削量过小造成钻削次数过多而影响加工效率，都要设定一个最小钻深值，就像在 FANUC 系统数控车床上的螺纹复合加工循环 G76 指令设置的最小切削深度值一样。而美国 HAAS 面板的 G73 和 G83 两个指令，各有两种方式进刀，其中的一种进刀方式恰好也可以实现类似动作，每次钻深可按等差数列依次减少。其指令格式为：

G73 X__ Y__ Z__ I__ J__ K__ R__ P__ F__ L__;
G83 X__ Y__ Z__ I__ J__ K__ R__ P__ F__ L__;

其中，I 为首次钻削深度，J 为每次减少的钻削深度的量，K 为最小钻削深度，P 为刀具在孔底暂停的时间，单位为 s，L 为重复次数。

为了保持和 FANUC 钻孔循环的一致性，以下 8 个程序中，在 G91 方式下，R、Z 的解释，同 FANUC 钻孔循环的相关说明。

**1. G73 方式钻削宏程序**（每次钻深等差数列减少）

各变量赋值说明：

#2 = B，返回平面选择，98 为返回安全平面，99 为返回 *R* 点平面。
#4 = I，首次钻削深度，>0。
#5 = J，从第二次开始，每次减少的钻削深度的量，>0（若 =0，则保留等深钻削）。
#6 = K，最小钻削深度，>0。
#7 = D，回退量，同 G73 的 No. 5114 参数，一般设为 0.5 ~ 1.0。
#11 = H，孔数，即重复加工的次数。
#18 = R，接近平面相对/绝对坐标值。

调用格式：

G65 P1073 B__ I__ J__ K__ D__ R__ F__ H__ X__ Y__ Z__;

宏指令（被调用的程序）：

```
O1073;
#4 = ABS [#4];
#5 = ABS [#5];                          若 #5 =0，则保留等深钻削
IF [ [#4 - #5] LT 0] GOTO 90;           如果赋值不符合条件，报警
#6 = ABS [#6];
IF [ [#6 - #4] GE 0] GOTO 91;           如果赋值不符合条件，报警
IF [#7 EQ #0] THEN #7 = #5114;          如果 #7 未赋值，默认为参数 #5114 中的数值
#7 = ABS [#7];
N1 #30 = #4003;                         存储 03 组的 G 代码
N2 #31 = #5001;                         存储前一程序段终点工件坐标系的 X 值
N3 #32 = #5002;                         存储前一程序段终点工件坐标系的 Y 值
N4 #33 = #5003;                         存储前一程序段终点工件坐标系的 Z 值，即安
                                        全平面
N5 IF [#30 EQ 90] GOTO 8;               宏程序内采用 G90 方式计算各坐标位置
N6 #18 = #18 + #33;                     计算 G91 方式下 R 点平面的绝对坐标值
N7 #26 = #26 + #18;                     计算 G91 方式下孔底的绝对坐标值
N8 IF [ [#33 - #18] LE 0] GOTO 92;      如果赋值不符合条件，报警
N9 IF [ [#18 - #26] LE 0] GOTO 92;      如果赋值不符合条件，报警
N10 IF [#11 EQ #0] THEN #11 = 1;        如果孔数未赋值，默认为 1
```

```
#12 = 1;                                      孔数计数器，赋初始值为1
WHILE [#12 LE #11] DO 1;                      当孔序号 #12≤孔数 #11 时，执行循环体1
IF [#30 EQ 90] GOTO 16;
N11 #24 = #24 * #12 + #31;                    计算G91方式下将要钻削的孔心X轴绝对坐标值
N12 #25 = #25 * #12 + #32;                    计算G91方式下将要钻削的孔心Y轴绝对坐标值
N16 G90 G00 X#24 Y#25;                        快速移动到孔心上方
N18 Z#18;                                     快速移动到R点平面上
N20 #3 = #18;                                 存储已钻削位置绝对坐标的初始值
N22 WHILE [#3 GT #26] DO 2;                   未钻削到孔底时，执行循环体2
N24 #3 = #3 - #4;                             计算即将钻削位置的绝对坐标
N26 IF [#3 LE #26] THEN #3 = #26;             如果计算的下一次钻削位置坐标≤孔底坐标，钻剩余的量
N28 G01 Z#3 F#9;                              钻削
N30 IF [ABS [#3 - #26] LT 0.001] GOTO 40;     钻到孔底，就跳出循环体
N32 G00 Z [#3 + #7];                          向上抬刀 #7，以利于断屑
N34 #4 = #4 - #5;                             计算下一次的钻削深度
N36 IF [#4 LT #6] THEN #4 = #6;               如果 #4<#6，执行最小钻深 #6
END 2;
N40 IF [#2 EQ 98] GOTO 50;                    如果是98，即G98方式，转到N50
G00 Z#18;                                     如果是99，即G99方式，返回R点平面
GOTO 60;
N50 G00 Z#33;                                 返回到安全平面
N60 #12 = #12 + 1;                            孔数计数器每次递增1
END 1;
N70 G#30;                                     释放03组原来的G90/G91模态信息
M99;
N90 #3000 = 2 (JIAN CHA J FU ZHI);            "检查J赋值"报警
N91 #3000 = 3 (JIAN CHA K FU ZHI);            "检查K赋值"报警
N92 #3000 = 6 (FU ZHI BU DUI);                "赋值不对"报警
```

其中N16～N36也可以这么编写：

```
N16 G90 G00 X#24 Y#25;                        快速移动到孔心上方
N18 Z#18;                                     快速移动到R点平面上
N20 #3 = 0;                                   存储已钻削深度和的初始值（非已钻削位置的绝对坐标值）
N22 WHILE [#3 LT [#18 - #26]] DO 2;           未钻削到孔底时，执行循环体2
N24 #3 = #3 + #4;                             计算即将钻削的钻深
N26 IF [#3 GE [#18 - #26]] THEN #3 = #18 - #26;  如果计算的即将钻削的钻深≥总钻深，钻剩余的量
N28 G01 Z [#18 - #3] F#9;                     钻削
N30 IF [ABS [#18 - #26 - #3] LT 0.001] GOTO 40;  钻到孔底，就跳出循环
N32 G00 Z [#18 - #3 + #7];                    向上抬刀 #7，以利于断屑
N34 #4 = #4 - #5;                             计算下一次的钻削深度
```

```
N36 IF [#4 LT #6] THEN #4 = #6;          如果 #4 < #6，执行最小钻深 #6
```

说明：

① N4 不可以紧跟着编写在 N6 前的程序段，否则若经过 N5 的判断是 G90 方式，则读不到 N4。以下 7 例程序类似。

② 如果想使单程序段无效，可以在 N18 ~ N20 之间编写"#3003 = 1"，在 N32 ~ N34 之间编写"#3003 = 0"。以下 7 例程序类似。

③ 为了提高加工效率，该例未存储并释放进入程序前的 01 组 G 代码。以下 7 例程序类似。

**2. G73 方式钻削宏程序**（每次钻深等比数列减少）

各变量赋值说明：

#2 = B，返回平面选择，98 为返回安全平面，99 为返回 *R* 点平面。

#7 = D，回退量，同 G73 的 No. 5114 参数，一般设为 0.5 ~ 1.0。

#11 = H，孔数，即重复加工的次数。

#17 = Q，首次钻削深度，>0。

#18 = R，接近平面相对/绝对坐标值。

#19 = S，下一次的钻深比例，一般为 0.9 ~ 0.6，>0。

#20 = T，最小钻深比例，一般为 0.5 ~ 0.3；或不设比例值，而直接取最小钻深值；>0。

调用格式：

G65 P2073 B__ D__ F__ H__ Q__ R__ S__ T__ X__ Y__ Z__;

宏指令（被调用的程序）：

```
O2073;
#17 = ABS [#17];
#19 = ABS [#19];
IF [#19 GT 1.0] GOTO 90;                 如果赋值不符合条件，报警。若为 GE，则不保
                                         留等深钻削
#20 = ABS [#20];
IF [#20 GE 1.0] GOTO 91;                 如果赋值不符合条件，报警
IF [#7 EQ #0] THEN #7 = #5114;           如果 #7 未赋值，默认为参数 #5114 中的数值
#7 = ABS [#7];
N1 #30 = #4003;                          存储 03 组的 G 代码
N2 #31 = #5001;                          存储前一程序段终点工件坐标系的 X 值
N3 #32 = #5002;                          存储前一程序段终点工件坐标系的 Y 值
N4 #33 = #5003;                          存储前一程序段终点工件坐标系的 Z 值，即安
                                         全平面
N5 IF [#30 EQ 90] GOTO 8;                宏程序内采用 G90 方式计算各坐标位置
N6 #18 = #18 + #33;                      计算 G91 方式下 R 点平面的绝对坐标值
N7 #26 = #26 + #18;                      计算 G91 方式下孔底的绝对坐标值
N8 IF [[#33 - #18] LE 0] GOTO 92;        如果赋值不符合条件，报警
N9 IF [[#18 - #26] LE 0] GOTO 92;        如果赋值不符合条件，报警
N10 IF [#11 EQ #0] THEN #11 = 1;         如果孔数未赋值，默认为 1
#12 = 1;                                 孔数计数器，赋初始值为 1
WHILE [#12 LE #11] DO 1;                 当孔序号 #12≤孔数 #11 时，执行循环体 1
```

```
IF [#30 EQ 90] GOTO 14;
N11 #24 = #24 * #12 + #31;                 计算G91方式下将要钻削的孔心X轴绝对坐标值
N12 #25 = #25 * #12 + #32;                 计算G91方式下将要钻削的孔心Y轴绝对坐标值
N14 #1 = #17 * #20;                        最小钻削深度
N16 G90 G00 X#24 Y#25;                     快速移动到孔心上方
N18 Z#18;                                  快速移动到R点平面上
N20 #3 = #18;                              存储已钻削位置绝对坐标的初始值
N22 WHILE [#3 GT #26] DO 2;                未钻削到孔底时，执行循环体2
N24 #3 = #3 - #17;                         计算即将钻削的钻深
N26 IF [#3 LE #26] THEN #3 = #26;          如果计算的下一次钻削位置坐标≤孔底坐标，钻剩余的量
N28 G01 Z#3 F#9;                           钻削
N30 IF [ABS [#3 - #26] LT 0.001] GOTO 40;  钻到孔底，就跳出循环体
N32 G00 Z [#3 + #7];                       向上抬刀 #7，以利于断屑
N34 #17 = #17 * #19;                       计算下一次的钻削深度
N36 IF [#17 LT #1] THEN #17 = #1;          如果 #17 < #1，执行最小钻深 #1
END 2;
N40 IF [#2 EQ 98] GOTO 50;                 如果是98，即G98方式，转到N50
G00 Z#18;                                  如果是99，即G99方式，返回R点平面
GOTO 60;
N50 G00 Z#33;                              返回到安全平面
N60 #12 = #12 + 1;                         孔数计数器每次递增1
END 1;
N70 G#30;                                  释放03组原来的G90/G91模态信息
M99;
N90 #3000 = 4 (JIAN CHA S FU ZHI);         "检查S赋值"报警
N91 #3000 = 5 (JIAN CHA T FU ZHI);         "检查T赋值"报警
N92 #3000 = 6 (FU ZHI BU DUI);             "赋值不对"报警
```

其中，N16～N36也可以这么编写：

```
N16 G90 G00 X#24 Y#25;                     快速移动到孔心上方
N18 Z#18;                                  快速移动到R点平面上
N20 #3 = 0;                                存储已钻削深度和的初始值（非已钻削位置的绝对坐标值）
N22 WHILE [#3 LT [#18 - #26]] DO 2;        未钻削到孔底时，执行循环体2
N24 #3 = #3 + #17;                         计算即将钻削的钻深
N26 IF [#3 GE [#18 - #26]] THEN #3 = #18 - #26;  如果计算的即将钻削的钻深≥总钻深，钻剩余的量
N28 G01 Z [#18 - #3] F#9;                  钻削
N30 IF [ABS [#18 - #26 - #3] LT 0.001] GOTO 40;  钻到孔底，就跳出循环
N32 G00 Z [#18 - #3 + #7];                 向上抬刀 #7，以利于断屑
N34 #17 = #17 * #19;                       计算下一次的钻削深度
N36 IF [#17 LT #1] THEN #17 = #1;          如果 #17 < #1，执行最小钻深 #1
```

**3. G83方式钻削宏程序**（每次钻深等差数列减少）

各变量赋值说明：

#7 = D，回退量，同G83的No. 5115参数，一般设为0.5 ~ 1.0。

其余同O1073。

调用格式：

```
G65 P1083 B__ I__ J__ K__ D__ R__ F__ H__ X__ Y__ Z__;
```

宏指令（被调用的程序）：

```
O1083；（其余同O1073）
……
IF [#7 EQ #0] THEN #7 = #5115;
……
N30 IF [ABS [#3 - #26] LT 0.001] GOTO 40;
N31 G00 Z#18;
N32 G00 Z [#3 + #7];
……
```

**4. G83方式钻削宏程序**（每次钻深等比数列减少）

各变量赋值说明：

#7 = D，回退量，同G83的No. 5115参数，一般设为0.5 ~ 1.0。

其余同O2073。

调用格式：

```
G65 P2083 B__ D__ F__ H__ Q__ R__ S__ T__ X__ Y__ Z__;
```

宏指令（被调用的程序）：

```
O2083；（其余同O2073）
……
IF [#7 EQ #0] THEN #7 = #5115;
……
N30 IF [ABS [#3 - #26] LT 0.001] GOTO 40; 钻到孔底，就跳出循环
N31 G00 Z#18;
N32 G00 Z [#3 + #7];
……
```

总结：

① 通过以上8例钻深可变式钻削循环，对比加工中心G73、G83等循环指令，乃至车床G74、G75等循环指令，不难看出，循环指令的源代码就是在调用宏程序。

② 如对以上8例程序做一下修改，添加系统变量使进给保持无效、进给倍率无效、主轴倍率无效，也可以用来作为钻深可变式深孔攻螺纹循环，读者可以尝试一下。

## 5.2.8 椭圆轮廓加工

长期以来，网络上和一些书籍里在椭圆的认知上都存在一个很大的误区：认为只要刀具中心的移动轨迹是椭圆，加工出来的内/外轮廓也必然是椭圆，这一点对于圆来说毫无疑问是正确的，但对于椭圆来说则未必如此。由这个错误的认知而编写的椭圆宏程序也必然是错误的。可以来验证一下。

如图5-9所示，中间的实线所示的椭圆轮廓，在 $X$ 轴上的半轴长度 $a = 50$mm，在 $Y$ 轴上的

半轴长度 $b=40\text{mm}$。若按照这种说法，内层的虚线所示为内轮廓铣削时刀具中心的椭圆轨迹，在 X 轴上的半轴长度 $a=40\text{mm}$，在 Y 轴上的半轴长度 $b=30\text{mm}$；外层的虚线所示为外轮廓铣削时刀具中心的椭圆轨迹，在 X 轴上的半轴长度 $a=60\text{mm}$，在 Y 轴上的半轴长度 $b=50\text{mm}$；恰如用 $\phi20\text{mm}$ 的刀具来加工实线椭圆所对应的内、外轮廓时刀具中心的移动轨迹一样。

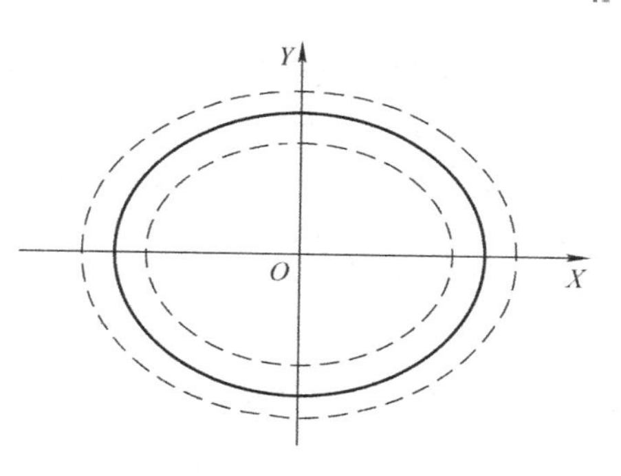


图 5-9 椭圆及其内、外轮廓

很多人在以角度作为步距值编写椭圆宏程序的时候，往往不小心就进入了一个误区，把椭圆上的某点所对的中心角 $\alpha$ 混淆为该点所对的离心角 $\theta$，导致编程错误。

椭圆上的离心角 $\theta$ 和中心角 $\alpha$ 如图 5-10 所示。

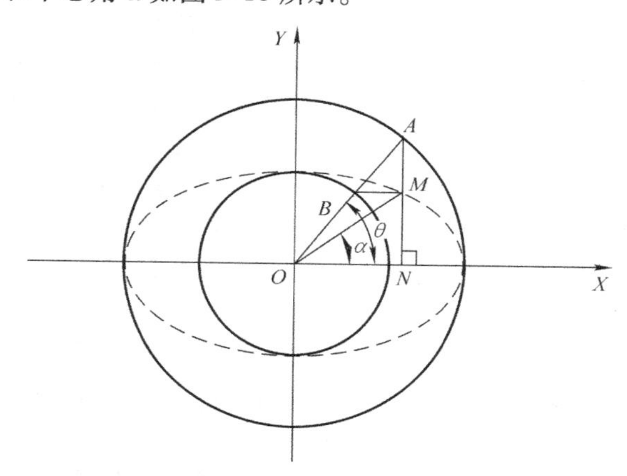


图 5-10 椭圆上的离心角 $\theta$ 和中心角 $\alpha$

图中，经椭圆中心 O 作两个圆，半径分别是椭圆长半轴长度 $a$ 和短半轴长度 $b$，经椭圆上的任意一点 M 作 X 轴的垂线交 X 轴的垂足为 N，反向延长后交半径为椭圆长半轴长度 $a$ 的大圆于 A 点，连接 OA，交半径为椭圆短半轴长度 $b$ 的小圆于 B 点，连接 BM，$\angle AMB=90°$，则有

$$\tan\theta=\overline{AN}/\overline{ON}$$

$$\tan\alpha=\overline{MN}/\overline{ON}$$

由于 $\triangle ABM \backsim \triangle AON$，所以 $\overline{MN}/\overline{AN}=\overline{BO}/\overline{AO}=b/a$。

所以，推出：$\tan\theta=a\tan\alpha/b$（离心角 $\theta$ 和中心角 $\alpha$ 在同一象限，$\alpha\neq90°$、$\neq270°$）。

设经过椭圆中心的直线与平面第一轴正方向（+X）的夹角为 $\alpha$，即椭圆上的点对应的中心角 $\alpha$，根据椭圆标准方程和直线方程的联立，求解。

$$\begin{cases}x^2/a^2+y^2/b^2=1 \ (a>0,\ b>0)\\ y=x\tan\alpha \ (\alpha\neq90°、270°)\end{cases}$$

解得 $\begin{cases}x=+ab/\sqrt{b^2+a^2\tan^2\alpha}\\ y=+ab\tan\alpha/\sqrt{b^2+a^2\tan^2\alpha}\end{cases}$（依象限选择符号）

根据三角函数关系代换，也可以变形为 $\begin{cases}x=+ab\cos\alpha/\sqrt{b^2\cos^2\alpha+a^2\sin^2\alpha}\\ y=+ab\sin\alpha/\sqrt{b^2\cos^2\alpha+a^2\sin^2\alpha}\end{cases}$（依象限选择符

号）。两点之间的距离$d=\sqrt{x^2+y^2}=ab/\sqrt{b^2\cos^2\alpha+a^2\sin^2\alpha}$。

为了证明这是一个伪命题，只需找出某一个角度在图5-9中3个椭圆上所对应的3个点每相邻两点之间的距离不相等，也不等于刀具半径10mm就行了。如果用同一个离心角$\theta$，会发现相邻两点之间的距离都是10mm，而离心角$\theta$和椭圆的离心率有关，并不代表该点真实的角度；所以只能用中心角$\alpha$，角度要满足一个条件：不等于0°、90°、180°或270°。

限制中心角$\alpha$不等于90°、270°，并非因为这两个角度不适用于以中心角$\alpha$为参数的椭圆方程$\begin{cases}x=\pm ab/\sqrt{b^2+a^2\tan^2\alpha}\\y=\pm ab\tan\alpha/\sqrt{b^2+a^2\tan^2\alpha}\end{cases}$（依象限选择符号），也非因为这两个角度适用于其变形方程$\begin{cases}x=\pm ab\cos\alpha/\sqrt{b^2\cos^2\alpha+a^2\sin^2\alpha}\\y=\pm ab\sin\alpha/\sqrt{b^2\cos^2\alpha+a^2\sin^2\alpha}\end{cases}$（依象限选择符号），而是，在这4个特殊角度下，反映在3个椭圆上所对应的3个点每相邻两点之间的距离相等，正是刀具半径10mm，而这一点恰恰是被许多操作者重视的。通常，检查椭圆是否合格，都是去测量其长轴和短轴的长度，认为只要这两处尺寸对了，轮廓就是椭圆了，而这两个尺寸正好合乎图样的标注，导致错误不易被发现。虽然错误阴差阳错地被忽略了，但错误毕竟还是错误，利用数学计算来指导实践，通过测量是能发现的。

① 当椭圆中心角$\alpha=50°$，由方程可以计算出，该角度交内层椭圆的点的坐标为（21.305138，25.390475），交中间椭圆的点的坐标为（27.867450，33.211133），交外层椭圆的点的坐标为（34.382976，40.976035），可以计算出内层、中间椭圆上的两点间的距离为10.209144mm，中间、外层椭圆上的两点间的距离为10.136359mm，而$10.209144\neq10.136359\neq10$。

② 换言之，椭圆中心角$\alpha=50°$时，交3个椭圆上的点到椭圆对称中心的距离$d=ab/\sqrt{b^2\cos^2\alpha+a^2\sin^2\alpha}$，椭圆对称中心到内层、中间、外层椭圆的距离计算结果依次为：33.1449mm、43.3541mm、53.4904mm。也即，若用游标卡尺从$\alpha=50°$和$\alpha=230°$来测量中间的椭圆，尺寸应该为$2\times43.354\text{mm}\approx86.70\text{mm}$；但现在，若为内轮廓铣削，测量的尺寸为$(2\times33.145+20)\text{mm}\approx86.30\text{mm}$；若为外轮廓加工，测量的尺寸为$(2\times53.490-20)\text{mm}\approx86.98\text{mm}$。而$86.30\neq86.70\neq86.98$，相差这么多，用游标卡尺就能测量出来！若能把这么大的错误理解成误差，机床怕是早该维修了。但问题的关键是，又有谁会从相差180°的50°和230°的位置去测量这个椭圆呢？或许压根就没想到这么多。其实，机床已经按照编程者的程序真实地记录下了这个错误，只不过许多人过于想当然地认为，对错误视而不见罢了。

所以要想铣出椭圆内、外轮廓，刀具中心的移动轨迹就必然不是椭圆，而是其偏移曲线。在加工时，必须要用刀具半径补偿。

对椭圆方程$x^2/a^2+y^2/b^2=1$（$a>0$，$b>0$）及其偏移方程，加工其内轮廓，对刀具半径值有限制，椭圆内轮廓上的各点，在其长轴处两点的曲率半径最小，为短半轴²/长半轴。若用刀具加工该处，要满足$R_{刀}\leqslant$短半轴²/长半轴，或者说，$d_{刀}\leqslant$短轴²/长轴；加工椭圆外轮廓，对刀具半径值无限制。

对抛物线方程$y^2=2px$（$p\neq0$），或$x^2=2py$（$p\neq0$）及其一般方程，加工内轮廓，在其顶点处开口内侧的曲率半径最小，为$|p|$。若用刀具加工该处，要满足$R_{刀}\leqslant|p|$，或者说，$d_{刀}\leqslant2|p|$；加工抛物线外轮廓，对刀具半径值无限制。

对双曲线方程$x^2/a^2-y^2/b^2=1$（$a>0$，$b>0$），或$y^2/b^2-x^2/a^2=1$（$a>0$，$b>0$）及其偏移方程，加工内轮廓，在其上、下、左、右半支顶点处开口内侧的曲率半径最小，为虚半轴²/实半轴。若用刀具加工该处，要满足$R_{刀}\leq$虚半轴$^2$/实半轴，或者说，$d_{刀}\leq$虚轴$^2$/实轴；加工双曲线上、下、左、右半支外轮廓，对刀具半径值无限制。

### 1. 椭圆内轮廓加工

内轮廓的加工分为两种情况，椭圆内轮廓的内部是空的或是有其他结构，应根据不同的情况，选取不同的进给路径，如图5-11所示。

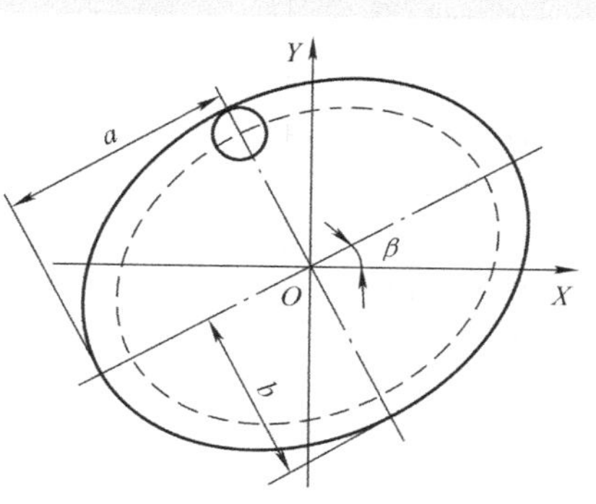


图5-11 椭圆内轮廓加工示意图

各变量赋值说明：

#1 = A，椭圆长半轴长度 $a$，>0。

#2 = B，椭圆短半轴长度 $b$，>0。

#3 = C，椭圆内轮廓上表面 $Z$ 轴的相对/绝对坐标值。

#4 = I，椭圆铣削时角度自变量 #6 每次的递增量，>0。

#7 = D，刀具直径，>0。

#17 = Q，深度铣削每层下降的深度，>0。

#18 = R，椭圆长轴与 +$X$ 轴的夹角。

#24、#25，椭圆中心 $X$、$Y$ 轴的相对/绝对坐标值。

#26，椭圆内轮廓底面 $Z$ 轴的相对/绝对坐标值。

调用格式：

G65 P1088 A__B__C__I__D__F__Q__R__X__Y__Z__;

1）椭圆轮廓内部有其他结构时的宏程序：

```
O1088;
IF [#7 GT [2*#2*#2/#1]] GOTO 70;  如果刀具直径不符合要求，就跳出
#30 = #4003;                       存储03组的G代码
N6 #32 = #12001;                   存储001番号形状（D）中原有的数据
N7 #33 = #13001;                   存储001番号磨耗/磨损（D）中原有的数据
N8 #12001 = #7/2;                  把刀具半径值赋值给001番号形状（D）
N9 #13001 = 0;                     清零001番号磨耗/磨损（D）
IF [#30 EQ 90] GOTO 10;            宏程序内采用G90方式计算各坐标位置
#24 = #24 + #5001;                 计算G91方式下椭圆中心X轴绝对坐标值
#25 = #25 + #5002;                 计算G91方式下椭圆中心Y轴绝对坐标值
#3 = #3 + #5003;                   计算G91方式下加工表面的绝对坐标值
#26 = #26 + #3;                    计算G91方式下加工底面的绝对坐标值
N10 G90 G00 X#24 Y#25;             移动到椭圆中心上方
G52 X#24 Y#25;                     在椭圆中心建立局部坐标系
IF [#18 EQ #0] THEN #18 = 0;       若旋转角度未赋值，值默认为0
G68 X0 Y0 R#18;                    以椭圆中心为中心，旋转
Z [#3 + 1.];                       移动到被加工表面上方1mm处
#5 = #3;                           把加工起点的Z值赋值给深度自变量的初始值
WHILE [#5 GT #26] DO 1;            未铣削到深度时，执行循环体1
#5 = #5 - #17;                     深度数据每次更新 #17
IF [#5 LE #26] THEN #5 = #26;
G01 G41 X0 Y#2 D01 F#9;            在椭圆曲率半径最大处下刀，顺铣
Z [#5 + #17 + 0.5];                以F#9移动到已铣削表面上方0.5mm处
Z#5 F80;                           下刀
```

```
#6 =90. ;                                 椭圆铣削时离心角θ的初始值
WHILE [#6 LT 460. ] DO 2;                 一圈再加10°，为了使接刀处更加平滑
#6 = #6 + #4;                             角度数据更新
#10 = #1 * COS [#6];                      计算椭圆上与离心角θ对应的点的X′轴坐标值
#11 = #2 * SIN [#6];                      计算椭圆上与离心角θ对应的点的Y′轴坐标值
G01 X#10 Y#11 F#9;                        切削
END 2;
G00 Z [#3 +1. ];                          每层铣削后，移动到被加工表面上方1mm处
G40 X0 Y0;                                移动到椭圆中心，取消刀具半径补偿
END 1;
G69;
G52 X0 Y0;
N30 #12001 = #32;                         恢复001番号形状（D）中原有的数据
N31 #13001 = #33;                         恢复001番号磨耗/磨损（D）中原有的数据
G#30;                                     恢复03组的G代码
M99;
N70 #3000 =1 (DAO JING GUO DA);           "刀径过大"报警
```

2）椭圆轮廓内部无其他结构时的宏程序：

```
O1089;
IF [#7 GT [2 * #2 * #2/#1]] GOTO 70;      如果刀具直径不符合，就跳出
#30 = #4003;                              存储03组的G代码
N6 #32 = #12001;                          存储001番号形状（D）中原有的数据
N7 #33 = #13001;                          存储001番号磨耗/磨损（D）中原有的数据
N8 #12001 = #7/2;                         把刀具半径值赋值给001番号形状（D）
N9 #13001 =0;                             清零001番号磨耗/磨损（D）
IF [#30 EQ 90] GOTO 10;                   宏程序内采用G90方式计算各坐标位置
#24 = #24 + #5001;                        计算G91方式下椭圆中心X轴绝对坐标值
#25 = #25 + #5002;                        计算G91方式下椭圆中心Y轴绝对坐标值
#3 = #3 + #5003;                          计算G91方式下加工表面的绝对坐标值
#26 = #26 + #3;                           计算G91方式下加工底面的绝对坐标值
N10 G90 G00 X#24 Y#25;                    移动到椭圆中心上方
G52 X#24 Y#25;                            在椭圆中心建立局部坐标系
IF [#18 EQ #0] THEN #18 =0;               若旋转角度未赋值，值默认为0
G68 X0 Y0 R#18;                           以椭圆中心为中心，旋转
Z#3;
#5 = #3;                                  把加工起点的Z值赋值给深度自变量的初始值
WHILE [#5 GT #26] DO 1;                   未铣削到深度时，执行循环体1
#5 = #5 - #17;                            深度数据每次更新 #17
IF [#5 LE #26] THEN #5 = #26;
G00 Z#5;
G41 X#2 Y0 D01;
G03 X0 Y#2 R#2 F#9;                       在椭圆曲率半径最大处下刀，顺铣
#6 =90. ;                                 椭圆铣削时离心角θ的初始值
WHILE [#6 LT 460. ] DO 2;                 一圈再加10°，为了使接刀处更加平滑
```

```
#6 = #6 + #4;                         角度数据更新
#10 = #1 * COS [#6];                  计算椭圆上离心角θ对应的点的X′轴坐标值
#11 = #2 * SIN [#6];                  计算椭圆上离心角θ对应的点的Y′轴坐标值
G01 X#10 Y#11 F#9;                    切削
END 2;
G00 G40 X0 Y0;                        移动到椭圆中心，取消刀具半径补偿
END 1;
G00 Z [#3 +1.];
G69;
G52 X0 Y0;
N30 #12001 = #32;                     恢复001番号形状（D）中原有的数据
N31 #13001 = #33;                     恢复001番号磨耗/磨损（D）中原有的数据
G#30;                                 恢复03组的G代码
M99;
N70 #3000 = 1 (DAO JING GUO DA);      “刀径过大”报警
```

说明：

① 对以上两个宏程序中的程序段N6～N9、N30、N31的描述，均为参数No. 6000#3 = 1时的情形。

② 以上两个宏程序中的程序段N8、N9，也可以编写为：

```
G90 G10 L12 P1 R [#7/2];
G90 G10 L13 P1 R0;
```

**2. 椭圆外轮廓加工**

如图5-12所示。

虽然刀具直径在椭圆的外轮廓加工时没有限制，但仍可能受限于其他因素。

各变量含义和调用格式同上。

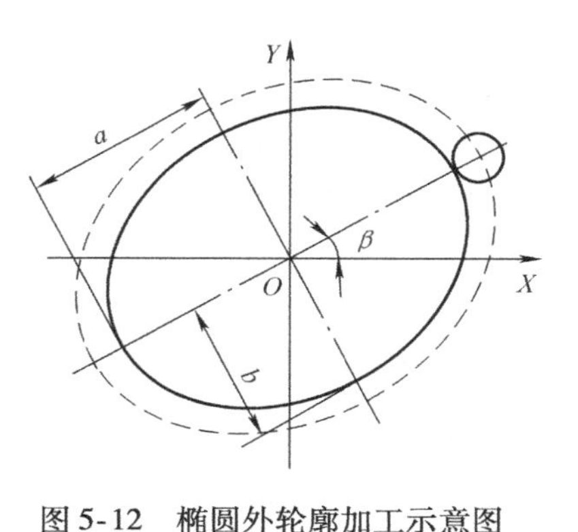

图5-12 椭圆外轮廓加工示意图

```
O1090;
#30 = #4003;                          存储03组的G代码
N6 #32 = #12001;                      存储001番号形状（D）中原有的数据
N7 #33 = #13001;                      存储001番号磨耗/磨损（D）中原有的数据
N8 #12001 = #7/2;                     把刀具半径值赋值给001番号形状（D）
N9 #13001 = 0;                        清零001番号磨耗/磨损（D）
IF [#30 EQ 90] GOTO 10;               宏程序内采用G90方式计算各坐标位置
#24 = #24 + #5001;                    计算G91方式下椭圆中心X轴绝对坐标值
#25 = #25 + #5002;                    计算G91方式下椭圆中心Y轴绝对坐标值
#3 = #3 + #5003;                      计算G91方式下加工表面的绝对坐标值
#26 = #26 + #3;                       计算G91方式下加工底面的绝对坐标值
N10 G90 G00 X#24 Y#25;                移动到椭圆中心上方
```

```
G52 X#24 Y#25;                     在椭圆中心建立局部坐标系
IF [#18 EQ #0] THEN #18 =0;        若旋转角度未赋值，值默认为0
G68 X0 Y0 R#18;                    以椭圆中心为中心，旋转
G40 G00 X [#1 +#7/2 +1. ] Y0;      +X'轴上，起刀点的刀具边缘距离椭圆边缘的1mm并非为标
                                   准值，可以根据实际需要或习惯，选择为其他值
Z [#3 +1. ];                       移动到被加工表面上方1mm处
#5 =#3;                            把加工起点的Z值赋值给深度自变量的初始值
WHILE [#5 GT #26] DO 1;            未铣削到深度时，执行循环体1
#5 =#5 -#17;                       深度数据每次更新 #17
IF [#5 LE #26] THEN #5 =#26;
Z [#5 +#17 +0.5];                  移动到已铣削表面上方0.5mm处
G01 Z#5 F80;                       下刀
G41 X#1 Y0 D01 F#9;                移动到椭圆 +X' 轴上的点
#6 =0;                             椭圆铣削时离心角θ的初始值
WHILE [#6 LT 370. ] DO 2;          一圈再加10°，为了使接刀处更加平滑
#6 =#6 +#4;                        角度数据更新
#10 =#1 * COS [#6];                计算椭圆上与离心角θ对应的点的X' 轴坐标值
#11 =#2 * SIN [#6];                计算椭圆上与离心角θ对应的点的Y' 轴坐标值
G01 X#10 Y -#11;                   顺铣切削
END 2;
G00 Z [#3 +1. ];                   每层铣削后，移动到被加工表面上方1mm处
G40 X [#1 +#7/2 +1. ] Y0;          移动到起刀点，取消刀具半径补偿
END 1;
G69;
G52 X0 Y0;
N30 #12001 =#32;                   恢复001番号形状（D）中原有的数据
N31 #13001 =#33;                   恢复001番号磨耗/磨损（D）中原有的数据
G#30;                              恢复03组的G代码
M99;
```

## 5.2.9 内、外球面的粗、精加工

### 1. 外球面加工

（1）平底立铣刀自上而下等高粗加工　设在圆柱毛坯上加工外半球面或外半球面的一部分（球冠），粗加工使用平底立铣刀，加工方式分为自上而下等角度（自球心）加工或自上而下等高度加工两种，每层以顺铣G02方式进给。若以等角度加工，角度步距值又较大，则在靠近球心的水平面上，随着角度的改变，铣削深度的变化量较大，而在球顶则较小，导致铣削深度不均匀；因此改为选择自上而下等高度加工。为了便于描述，把球心的$X$、$Y$坐标设置在圆柱毛坯的$XY$平面中心上，把每层的起刀点设置在 $+X$ 轴上。平底立铣刀自上而下等高粗加工外球面如图5-13所示。

各变量赋值说明：

#1 =A，外半球面或球冠的半径$r$，>0。

#2 =B，平底立铣刀直径，>0。

#3 =C，自球心计算，外半球面或球冠加工的起始角度，≤90°。

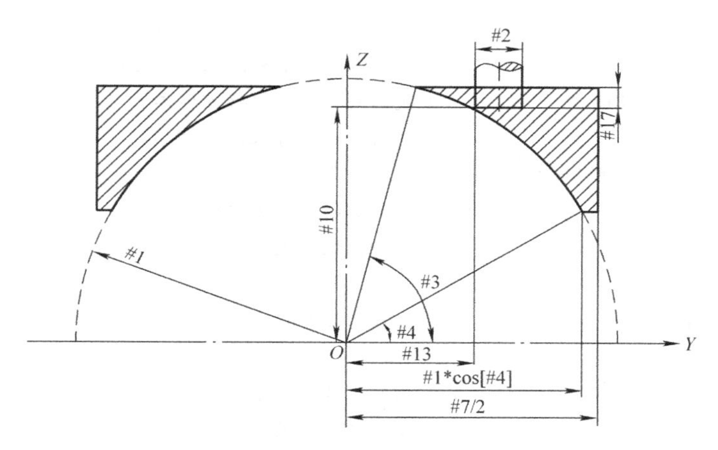


图5-13 平底立铣刀自上而下等高粗加工外球面

#4 = I，自球心计算，外半球面或球冠加工的终止角度，≥0°。
#5 = J，X、Y 轴的精加工余量，≥0。
#6 = K，Z 轴的精加工余量，≥0，建议比 #17 小一些。
#7 = D，圆柱毛坯的直径，>0。
#17 = Q，Z 轴等高加工每次深度的变化量，即层降，>0。
#24 = X，球心在工件坐标系中 X 轴的相对/绝对坐标值。
#25 = Y，球心在工件坐标系中 Y 轴的相对/绝对坐标值。
#26 = Z，球心在工件坐标系中 Z 轴的相对/绝对坐标值。

调用格式：

G65 P1095 A__ B__ C__ I__ J__ K__ D__ F__ Q__ X__ Y__ Z__;

宏程序如下：

```
O1095;
#30 = #4003;                        存储03组的G代码
N5 IF [#7 LT [2 * #1 * COS [#4]]] GOTO 40;
IF [#30 EQ 90] GOTO 10;             宏程序内采用G90方式计算各坐标位置
#24 = #24 + #5001;                  计算G91方式下外半球面或球冠球心X轴绝对坐标值
#25 = #25 + #5002;                  计算G91方式下外半球面或球冠球心Y轴绝对坐标值
#26 = #26 + #5003;                  计算G91方式下外半球面或球冠球心Z轴绝对坐标值
N10 G90 G00 X#24 Y#25;              移动到外半球面或球冠球心上方
Z1.;
G52 X#24 Y#25 Z [ - #26 + 1.];      在球心处建立局部坐标系
#8 = [#2 + #7]/2 + 1.;              任意深度铣削起点的半径值赋值给 #8
#10 = #1 * SIN [#3];                把铣削深度初始值，赋值给变量 #10
#11 = #1 * SIN [#4];                铣削深度终止值
WHILE [#10 GT #11] DO 1;            在有效铣削深度内，执行循环体1
#10 = #10 - #17;                    铣削深度数据更新
IF [#10 LE #11] THEN #10 = #11;
G00 X#8 Y0;                         移动到XY的铣削起点
Z [#10 + #6];                       移动到该层Z轴坐标，考虑到余量
#12 = 0.8 * #2;                     任意深度上，XY平面铣削的步距值，为80%的刀具直径
```

```
#13 = SQRT [#1 * #1 - #10 * #10] + #2/2;  任意深度上刀具中心的最小回转半径
#14 = #8;                                 把任意深度铣削起点的半径值赋值给变量 #14
WHILE [#14 GT #13] DO 2;                  未铣削到位时，执行循环体 2
#14 = #14 - #12;                          铣削回转半径每次改变 #12
IF [#14 LE #13] THEN #14 = #13;
G01 X [#14 + #5];                         移动到目的点，考虑到余量
G02 I- [#14 + #5];                        顺时针圆弧铣削
END 2;
G00 Z [#10 + #6 + 0.5];                   向上提刀 0.5mm
END 1;
Z [ - #26 + 1.];                          移动到工件上方 1mm
G52 X0 Y0 Z0;                             取消局部坐标系
N40 G#30;                                 恢复 03 组的 G 代码
M99;
```

说明：

① 关于图形描绘和程序编写相异的解释：图形所描绘的是 G19 的 *YZ* 平面，此时 *X* 轴垂直于纸面向外，而角度都是以该平面第一轴正方向（+*Y* 轴）计算的；由于任意有效深度上，在 *XY* 平面的加工轨迹是圆，所以在 +*Y* 轴上计算出来的回转半径同样适用起刀点在 +*X* 轴上的回转半径；程序之所以这么编写，也因为起刀点设在 +*X* 轴上有利于操作者的观察。若起刀点在 +*Y* 轴，程序中应做相应修改。

② 应把该工件最高点设为工件坐标系的 Z0 平面；若在 #3 角度对应的 *Z* 平面之上还有其他结构，应在加工完其他结构后再运行该程序；若需要在粗加工后运行球头铣刀精加工程序，应该在运行完该程序后，*Z* 轴至少应再向下铣削“球头铣刀半径 + #6”，水平步距目标半径值为“#13 + #5”。

③ 若令 #4 = 0°，#3 = 90°，即为半球面加工。

④ 如需逆铣，只需把程序中的“G02”改为“G03”，其余不变。

⑤ 该程序也可以用于圆柱顶部倒 R 角/孔口倒 R 角的粗加工，在调用格式中需添加一个变量 #18，R__。R 为倒圆角面的圆心到工件中心的距离。其中，X、Y 为圆柱中心/孔心在工件坐标系中 *X*、*Y* 轴的相对/绝对坐标值；Z 为倒圆角面的圆心在工件坐标系中 *Z* 轴的相对/绝对坐标值。C 为自倒圆角面的圆心计算，加工的起始角度，在圆柱顶部倒 R 角时，≤90°；在孔口倒 R 角时，≥90°。I 为自倒圆角面的圆心计算，加工的终止角度，在圆柱顶部倒 R 角时，≥0°；在孔口倒 R 角时，≤180°。

⑥ 在圆柱顶部倒 R 角时，对原程序的部分程序段修改如下：

```
N5 IF [#7 LT [2 * #1 * COS [#4] +2 * #18]] GOTO 40;
#13 = SQRT [#1 * #1 - #10 * #10] + #2/2 + #18;
```

⑦ 在孔口倒 R 角时，对原程序的部分程序段修改如下：

```
N5 IF [#7 GT [2 * #1 * COS [#4] +2 * #18]] GOTO 40;
#8 = [#7 - #2]/2 - 1.;                          任意深度铣削起点的半径值赋值给 #8
#13 = #18 - SQRT [#1 * #1 - #10 * #10] - #2/2;  任意深度上刀具中心的最小回转半径
WHILE [#14 LT #13] DO 2;                        未铣削到位时，执行循环体 2
#14 = #14 + #12;                                铣削回转半径每次改变 #12
IF [#14 GE #13] THEN #14 = #13;
```

```
G01 X [#14 - #5];                    移动到目的点，考虑到余量
G03 I [#5 - #14];                    逆时针圆弧铣削
```

粗加工之后，执行下面的精加工程序。

（2）球头铣刀自下而上等角度精加工　用球头铣刀精加工外半球面或外半球面的一部分（球冠），走刀方式有多种，但其中以等角度变化水平圆弧环绕加工的数学语句表达最明了，加工顺序分自下而上和自上而下两种，从刀具的接触面积和刀具寿命等多方面来看，前者更优一些。球头铣刀自下而上等角度精加工外球面如图 5-14 所示。

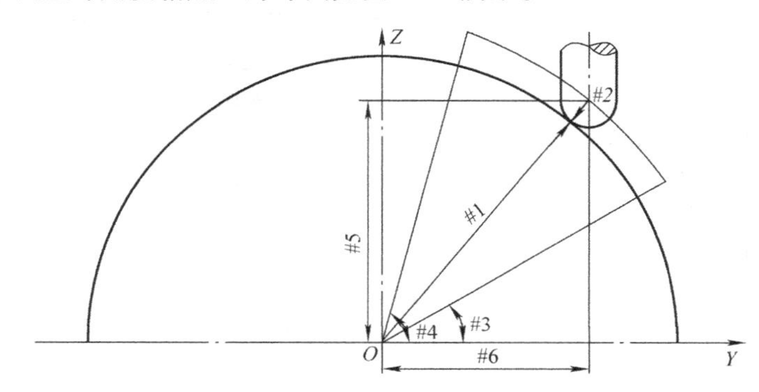


图 5-14　球头铣刀自下而上等角度精加工外球面

各变量赋值说明：

#1 = A，外半球面或球冠的半径 r，>0。

#2 = B，球头铣刀半径，>0。

#3 = C，自球心计算，外半球面或球冠加工的起始角度，≥0°。

#4 = I，自球心计算，外半球面或球冠加工的终止角度，≤90°。

#17 = Q，角度每次的变化量，>0。

#24 = X，球心在工件坐标系中 X 轴的相对/绝对坐标值。

#25 = Y，球心在工件坐标系中 Y 轴的相对/绝对坐标值。

#26 = Z，球心在工件坐标系中 Z 轴的相对/绝对坐标值。

调用格式：

G65 P1096 A __ B __ C __ I __ F __ Q __ X __ Y __ Z __;

宏程序如下：

```
O1096;
#30 = #4003;                         存储 03 组的 G 代码
IF [#30 EQ 90] GOTO 10;              宏程序内采用 G90 方式计算各坐标位置
#24 = #24 + #5001;                   计算 G91 方式下外半球面或球冠球心的 X 轴绝对坐标值
#25 = #25 + #5002;                   计算 G91 方式下外半球面或球冠球心的 Y 轴绝对坐标值
#26 = #26 + #5003;                   计算 G91 方式下外半球面或球冠球心的 Z 轴绝对坐标值
N10 G90 G00 X#24 Y#25;               移动到外半球面或球冠球心上方
Z1.;
G52 X#24 Y#25 Z [ - #26 + 1.];       在球心处建立局部坐标系
#7 = #1 + #2;                        球心与刀心之间连线的距离
#5 = #7 * SIN [#3];                  加工起点刀心的 Z 轴坐标值
#6 = #7 * COS [#3];                  加工起点刀心/刀尖的回转半径
```

```
X [#6+1.];                              移动到X轴加工起点外1mm处
Z [#5-#2];                              刀尖下降到加工起点Z平面
G01 X#6 F300;                           移动到X轴加工起点
N14 WHILE [#3 LE #4] DO 1;              当未铣削到位置时，执行循环体1
#6=#7*COS [#3];                         计算当前角度下刀心/刀尖的回转半径
#3=#3+#17;                              角度数据更新
IF [#3 GT #4] THEN #3=#4;
#8=#7*COS [#3];                         计算下一角度下刀心/刀尖的回转半径
#10=#7*SIN [#3] -#2;                    计算下一角度下刀尖的Z轴坐标值
N16 G17 G02 I-#6 F#9;                   G17平面内沿球面顺时针铣削当前角度的对应层
N18 IF [ABS [#4-#3] LT 0.001] GOTO 30;
N20 G18 G02 X#8 Z#10 R#7 F300;          G18平面内圆弧过渡到下一铣削层
END 1;
N30 G00 Z [-#26+1.];
G52 X0 Y0 Z0;                           取消局部坐标系
N40 G#30;                               恢复03组的G代码
M99;
```

说明:

① 关于图形描绘和程序编写相异的解释：同上例程序的注意①；若起刀点在 +*Y* 轴，程序中除循环体前的定位点由“X”变为“Y”、N16的“I”变为“J”之外，N20应改为“**G19 G03 Y**#8 Z#10 R#7 F300;”。

② 应把该工件最高点设为工件坐标系的Z0平面；若在 #4 角度对应的 *Z* 平面之上还有其他结构，应在加工完其他结构后再运行该程序。

③ 若令 #3=0°，#4=90°，即为半球面加工。

④ 如需逆铣，只需把N16中的“G02”改为“G03”，其余不变。

⑤ N14程序段的语句中若为“#3 LT #4”，则无论有无N18程序段，最后的角度 #4 所对应的 *Z* 平面都不会被加工到。

⑥ 该程序也可以用于圆柱顶部倒R角/孔口倒R角的精加工，在调用格式中需添加一个变量#18，R __。R为倒圆角面的圆心到工件中心的距离。其中，X、Y为圆柱中心/孔心在工件坐标系中 *X*、*Y* 轴的相对/绝对坐标值；Z为倒圆角面的圆心在工件坐标系中 *Z* 轴的相对/绝对坐标值。C为自倒圆角面的圆心计算，加工的起始角度，在圆柱顶部倒R角时，≥0°；在孔口倒R角时，≤180°。I为自倒圆角面的圆心计算，加工的终止角度，在圆柱顶部倒R角时，≤90°；在孔口倒R角时，≥90°。

⑦ 在圆柱顶部倒R角时，对原程序的部分程序段修改如下：

```
#6=#7*COS [#3] +#18;                    加工起点刀心/刀尖的回转半径
……
N14 WHILE [#3 LE #4] DO 1;              当未铣削到位置时，执行循环体1
#6=#7*COS [#3] +#18;                    计算当前角度下刀心/刀尖的回转半径
……
#8=#7*COS [#3] +#18;                    计算下一角度下刀心/刀尖的回转半径
```

⑧ 在孔口倒R角时，对原程序的部分程序段修改如下：

```
#6=#7*COS [#3] +#18;                    加工起点刀心/刀尖的回转半径
```

```
X [#6 -1.];                        移动到 X 轴加工起点内 1mm 处
……
N14 WHILE [#3 GE #4] DO 1;         当未铣削到位置时，执行循环体 1
#6 = #7 * COS [#3] +#18;           计算当前角度下刀心/刀尖的回转半径
#3 = #3 - #17;                     角度数据更新
IF [#3 LT #4] THEN #3 = #4;
#8 = #7 * COS [#3] +#18;           计算下一角度下刀心/刀尖的回转半径
……
N16 G17 G03 I - #6 F#9;            G17 平面内逆时针铣削当前角度的对应层
……
N20 G18 G03 X#8 Z#10 R#7 F300;     G18 平面内圆弧过渡到下一铣削层
```

**2. 内球面加工**

（1）平底立铣刀自上而下等高粗加工　内球面与外球面的加工方法类似，毛坯为一实体，粗加工方式为：使用切削刃过中心的平底立铣刀，每次从中心向 +*X* 轴刀具直径 40% 的地方下刀，采用顺铣方式加工，逆时针绕中心走一圈，走到最外圈后提刀返回起刀点，下刀后继续加工，考虑到余量。为了便于描述，把球心的 *X*、*Y* 坐标设置在圆柱毛坯的 *XY* 平面中心上，把每层的起刀点设置在 +*X* 轴上。平底立铣刀自上而下等高粗加工内球面如图 5-15 所示。

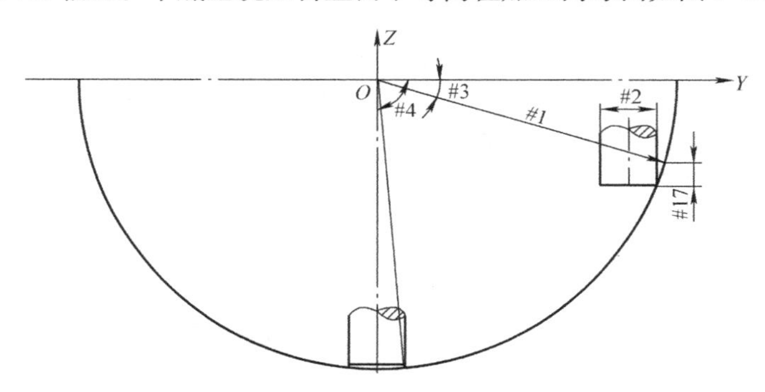


图 5-15　平底立铣刀自上而下等高粗加工内球面

各变量赋值说明：

#1 = A，内半球面（或其部分）的半径 *r*，>0。

#2 = B，平底立铣刀直径，>0。

#3 = C，自球心计算，内半球面（或其部分）的起始角度，≤0°。

#4 = I，自球心计算，内半球面（或其部分）的终止角度，> -90°：若该角度位于内球面的顶点，则为平底立铣刀到达内球面底部时所对应的角度，为 - ACOS [[#2/2 + #5]/#1]；也即，若 #4 的取值区间为 [ -90°，- ACOS [[#2/2 + #5]/#1]]，则#4 皆取 - ACOS [[#2/2 + #5]/#1]。

#5 = J，*X*、*Y* 轴的精加工余量，≥0。

#6 = K，*Z* 轴的精加工余量，≥0，建议比 #17 小一些。

#17 = Q，*Z* 轴等高加工每次深度的变化量，即层降，>0。

#24 = X，球心在工件坐标系中 *X* 轴的相对/绝对坐标值。

#25 = Y，球心在工件坐标系中 *Y* 轴的相对/绝对坐标值。

#26 = Z，球心在工件坐标系中 *Z* 轴的相对/绝对坐标值

调用格式：

G65 P1010 A__ B__ C__ I__ J__ K__ F__ Q__ X__ Y__ Z__;

宏程序如下：

```
O1010;
#30 = #4003;                              存储03组的G代码
IF [#30 EQ 90] GOTO 10;                   宏程序内采用G90方式计算各坐标位置
#24 = #24 + #5001;                        计算G91方式下内半球面（或其部分）球心X轴绝对坐标值
#25 = #25 + #5002;                        计算G91方式下内半球面（或其部分）球心Y轴绝对坐标值
#26 = #26 + #5003;                        计算G91方式下内半球面（或其部分）球心Z轴绝对坐标值
N10 G90 G00 X#24 Y#25;                    移动到内半球面（或其部分）球心上方
Z1.;
G52 X#24 Y#25 Z [-#26 + 1.];              在球心处建立局部坐标系
#7 = 0.4 * #2;                            任意深度铣削起点的初始半径值，经验值为40%的刀具直径
#8 = 0.8 * #2;                            任意深度XY平面铣削的半径步距值，经验值为80%的刀具
                                          直径
#10 = #1 * SIN [#3];                      把铣削深度初始值，赋值给变量 #10
#11 = #1 * SIN [#4];                      铣削深度终止值
WHILE [#10 GT #11] DO 1;                  在有效铣削深度内，执行循环体1
#10 = #10 - #17;                          铣削深度数据更新
IF [#10 LE #11] THEN #10 = #11;
G00 X0 Y0;                                移动到XY平面的中心
G01 Z [#10 + #6] F60;                     移动到该层Z轴坐标，考虑到余量
#12 = SQRT [#1 * #1 - #10 * #10] - #2/2;  任意深度上刀具中心的最小回转半径
IF [#7 GT #12] THEN #7 = #12;
WHILE [#7 LE #12] DO 2;                   未铣削到位时，执行循环体2
G01 X [#7 - #5] F#9;
G03 I [#5 - #7];
IF [ABS [#12 - #7] LT 0.001] GOTO 30;     铣削到位，就跳出循环体2
#7 = #7 + #8;                             铣削回转半径每次改变 #8
IF [#7 GT #12] THEN #7 = #12;
END 2;
N30 G00 Z [#10 + #6 + 0.5];               向上提刀0.5mm
END 1;
Z [-#26 + 1.];                            移动到工件上方1mm
G52 X0 Y0 Z0;                             取消局部坐标系
N40 G#30;                                 恢复03组的G代码
M99;
```

说明：

① 关于图形描绘和程序编写相异的解释：图形所描绘的是G19的*YZ*平面，此时*X*轴垂直于纸面向外，而角度都是以该平面第一轴正方向（+*Y*轴）计算的；由于任意有效深度上，在*XY*平面的加工轨迹是圆，所以在 +*Y*轴上计算出来的回转半径同样适用起刀点在 +*X*轴上的回转半径；程序之所以这么编写，也因为起刀点设在 +*X*轴上有利于操作者的观察。若起刀点在+*Y*轴，程序中应做相应修改。

② 应把该工件最高点设为工件坐标系的Z0平面；若在 #3 角度对应的Z平面之上还有其他结构，应在加工完其他结构后再运行该程序。

③ 如需逆铣，只需把程序中的“G03”改为“G02”，其余不变。

另外：

① 该程序也可以用于圆柱顶部倒凹 R 角/孔口倒凹 R 角的精加工，在调用格式中需添加一个变量 #18，R __。R 为倒圆角面的圆心到工件中心的距离。其中，X、Y 为圆柱中心/孔心在工件坐标系中 $X$、$Y$ 轴的相对/绝对坐标值；Z 为倒圆角面的圆心在工件坐标系中 $Z$ 轴的相对/绝对坐标值。C 为自倒圆角面的圆心计算，加工的起始角度，在圆柱顶部倒凹 R 角时，≥ -180°；在孔口倒凹 R 角时，≤0°。I 为自倒圆角面的圆心计算，加工的终止角度，在圆柱顶部倒凹 R 角时，< -90°：若该角度位于内球面的顶点，则为平底立铣刀到达内球面底部时所对应的角度，为 ACOS [ [ # 2/2 + # 5 ]/# 1 ] - 180°；也即，若 #4 的取值区间为 [ACOS [ [#2/2 + #5]/#1] -180°, -90°]，则 #4 皆取 ACOS [ [#2/2 + #5]/#1] -180°；

在孔口倒凹 R 角时，> -90°：若该角度位于内球面的顶点，则为平底立铣刀到达内球面底部时所对应的角度，为 - ACOS [ [#2/2 + #5]/#1]；也即，若 #4 的取值区间为 [ -90°, - ACOS [ [#2/2 + #5]/#1]]，则 #4 皆取 - ACOS [ [#2/2 + #5]/#1]。

② 在圆柱顶部倒凹 R 角时，对原程序的部分程序段修改如下：

```
#7 = 毛坯圆柱半径 + #2/2 + 1.;
……
G00 X#7 Y0;
……
#12 = #18 - SQRT [#1 * #1 - #10 * #10] + #2/2;    任意深度上刀具中心的最小回转半径
WHILE [#7 GT #12] DO 2;                           未铣削到位时，执行循环体 2
#7 = #7 - #8;                                     铣削回转半径每次改变 #8
IF [#7 LE #12] THEN #7 = #12;
G01 X [#7 + #5] F#9;
G02 I- [#5 + #7];
END 2;
……
```

③ 在孔口倒凹 R 角时，对原程序的部分程序段修改如下：

```
#7 = 毛坯内孔半径 - #2/2 - 1.;
……
G00 X#7 Y0;
……
#12 = #18 + SQRT [#1 * #1 - #10 * #10] - #2/2;    任意深度上刀具中心的最小回转半径
WHILE [#7 LT #12] DO 2;                           未铣削到位时，执行循环体 2
#7 = #7 + #8;                                     铣削回转半径每次改变 #8
IF [#7 GE #12] THEN #7 = #12;
G01 X [#7 - #5] F#9;
G03 I [#5 - #7];
END 2;
……
```

粗加工之后，执行下面的精加工程序。

（2）球头铣刀自上而下等角度精加工　用球头铣刀精加工内半球面或其部分，进给方式有多种，但其中以等角度变化水平圆弧环绕加工的数学语句表达最明了，加工顺序分自下而上和自上而下两种，从刀具的接触面积和耐用度等多方面来看，后者更优一些。球头铣刀自上而下等角度精加工内球面如图 5-16 所示。

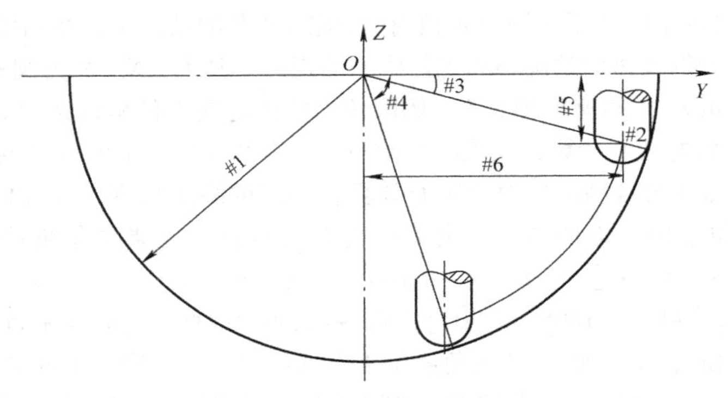


图 5-16　球头铣刀自上而下等角度精加工内球面

各变量赋值说明：

#1 = A，内半球面或其部分的半径 *r*，>0。

#2 = B，球头铣刀半径，>0。

#3 = C，自球心计算，内半球面或其部分加工的起始角度，≤0°。

#4 = I，自球心计算，内半球面或其部分加工的终止角度，≥ -90°。

#17 = Q，角度每次的变化量，>0。

#24 = X，球心在工件坐标系中 *X* 轴的相对/绝对坐标值。

#25 = Y，球心在工件坐标系中 *Y* 轴的相对/绝对坐标值。

#26 = Z，球心在工件坐标系中 *Z* 轴的相对/绝对坐标值。

调用格式：

G65 P1012 A__ B__ C__ I__ F__ Q__ X__ Y__ Z__;

宏程序如下：

```
O1012;
#30 = #4003;                    存储 03 组的 G 代码
IF [#30 EQ 90] GOTO 10;         宏程序内采用 G90 方式计算各坐标位置
#24 = #24 + #5001;              计算 G91 方式下内半球面或其部分球心的 X 轴绝对坐标值
#25 = #25 + #5002;              计算 G91 方式下内半球面或其部分球心的 Y 轴绝对坐标值
#26 = #26 + #5003;              计算 G91 方式下内半球面或其部分球心的 Z 轴绝对坐标值
N10 G90 G00 X#24 Y#25;          移动到内半球面或其部分的球心上方
Z1.;
G52 X#24 Y#25 Z [-#26 + 1.];    在球心处建立局部坐标系
#7 = #1 - #2;                   球心与刀心之间连线的距离
#5 = #7 * SIN [#3];             加工起点刀心的 Z 轴坐标值
#6 = #7 * COS [#3];             加工起点刀心/刀尖的回转半径
X [#6 - 1.];                    移动到 X 轴加工起点内 1mm 处
Z [#5 - #2];                    刀尖下降到加工起点 Z 平面
G01 X#6 F300;                   移动到 X 轴加工起点
N14 WHILE [#3 GE #4] DO 1;      当未铣削到位置时，执行循环体 1
#6 = #7 * COS [#3];             计算当前角度下刀心/刀尖的回转半径
```

```
#3 = #3 - #17;                          角度数据更新
IF [#3 LT #4] THEN #3 = #4;
#8 = #7 * COS [#3];                     计算下一角度下刀心/刀尖的回转半径
#10 = #7 * SIN [#3] - #2;               计算下一角度下刀尖的Z轴坐标值
N16 G17 G03 I - #6 F#9;                 G17平面内沿球面逆时针铣削当前角度的对应层
N18 IF [ABS [#4 - #3] LT 0.001] GOTO 30;
N20 G18 G03 X#8 Z#10 R#7 F300;          G18平面内圆弧过渡到下一铣削层
END 1;
N30 G00 Z [ - #26 + 1.];
G52 X0 Y0 Z0;                           取消局部坐标系
N40 G#30;                               恢复03组的G代码
M99;
```

说明:

① 关于图形描绘和程序编写相异的解释：同上例程序的注意①；若起刀点在 + $Y$ 轴，程序中除循环体前的定位点由“X”变为“Y”、N16的“I”变为“J”之外，N20应改为“**G19 G02 Y#8 Z#10 R#7 F300;**”。

② 应把该工件最高点设为工件坐标系的Z0平面；若在#3角度对应的 $Z$ 平面之上还有其他结构，应在加工完其他结构后再运行该程序。

③ 若令 #3 = 0°，#4 = -90°，即为内半球面加工。

④ 如需逆铣，只需把N16中的“G03”改为“G02”，其余不变。

⑤ N14程序段的语句中若为“#3 GT #4”，则无论有无N18程序段，最后的角度 #4所对应的Z平面都不会被加工到。

⑥ 该程序也可以用于圆柱顶部倒凹R角/孔口倒凹R角的精加工，在调用格式中需添加一个变量 #18，R __。R为倒圆角面的圆心到工件中心的距离。其中，X、Y为圆柱中心/孔心在工件坐标系中 $X$、$Y$ 轴的相对/绝对坐标值；Z为倒圆角面的圆心在工件坐标系中 $Z$ 轴的相对/绝对坐标值。C为自倒圆角面的圆心计算，加工的起始角度，在圆柱顶部倒凹R角时，≥ -180°；在孔口倒凹R角时，≤0°。I为自倒圆角面的圆心计算，加工的终止角度，在圆柱顶部倒凹R角时，≤ -90°；在孔口倒凹R角时，≥ -90°。

⑦ 在圆柱顶部倒凹R角时，对原程序的部分程序段修改如下:

```
#6 = #7 * COS [#3] + #18;               加工起点刀心/刀尖的回转半径
X [#6 + 1.];                            移动到X轴加工起点外1mm处
……
N14 WHILE [#3 LE #4] DO 1;              当未铣削到位置时，执行循环体1
#6 = #7 * COS [#3] + #18;               计算当前角度下刀心/刀尖的回转半径
#3 = #3 + #17;                          角度数据更新
IF [#3 GT #4] THEN #3 = #4;
#8 = #7 * COS [#3] + #18;               计算下一角度下刀心/刀尖的回转半径
……
N16 G17 G02 I - #6 F#9;                 G17平面内顺时针铣削当前角度的对应层
……
N20 G18 G02 X#8 Z#10 R#7 F300;          G18平面内圆弧过渡到下一铣削层
……
```

⑧ 在孔口倒凹 R 角时，对原程序的部分程序段修改如下：

```
#6 = #7 * COS [#3] + #18;           加工起点刀心/刀尖的回转半径
……
N14 WHILE [#3 GE #4] DO 1;          当未铣削到位置时，执行循环体 1
#6 = #7 * COS [#3] + #18;           计算当前角度下刀心/刀尖的回转半径
……
#8 = #7 * COS [#3] + #18;           计算下一角度下刀心/刀尖的回转半径
```

## 5.2.10 平行四边形周边外斜面加工（平底立铣刀）

如图 5-17a、b 所示，有一平行四边形工件，其左下角的点在工件坐标系中的坐标值为（$X$，$Y$），左右斜面的斜度相等，前后斜面的斜度相等，这两对斜度可以不相等。采用顺铣方式加工，下刀点在左下角的 $A$ 点，若铣削深度与刀具直径的比例值较小，刚性较好，可以从下向上逐层加工；若比例值较大，可以从上向下逐层加工。本例为从下向上加工。

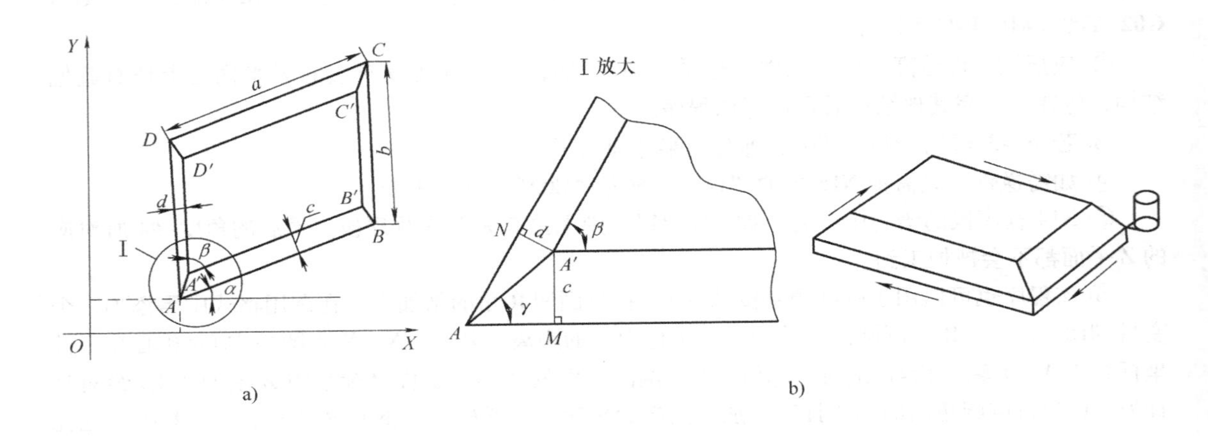


图 5-17　平行四边形周边外斜面加工示意图

如果把三维的看作是二维的，问题的解答就方便多了。

其实这道题在 $XY$ 平面的投影图和一道关于焊接的题类似：厚度相同，宽度分别为 $c$ 和 $d$ 的两块钢板需焊接在一起，焊接后所成角度为 $\beta$ 和 $180°-\beta$，问两块钢板分别应如何切割角度？

如图 5-17a、b 所示，在平行四边形 $ABCD$ 中，若 $\angle DAB=\angle BCD=\beta$，则 $\angle CBA=\angle ADC=180°-\beta$。设宽度为 $c$ 的钢板应切割的角度 $\angle A'AB=\gamma$，经过点 $A'$ 作 $AB$ 的垂线，垂足为 $M$，经过点 $A'$ 作 $AD$ 的垂线，垂足为 $N$，则在 $\triangle A'AM$ 和 $\triangle A'AN$ 中，有

$$\overline{A'M}/\sin\ \gamma=\overline{A'N}/\sin(\beta-\gamma)$$

即

$$c/\sin\ \gamma=d/\sin(\beta-\gamma)$$

根据和差角公式，解得

$$\gamma=\mathrm{arc}\ \tan[c\sin\ \beta/(d+c\cos\beta)]$$

同理，解得

$$\gamma'=\angle ABB'=\angle CDD'=\mathrm{arc}\ \tan[c\sin\ \beta/(d-c\cos\ \beta)]$$

那么另一块宽度为 $d$ 的钢板的切割角度分别为 $\beta-\gamma$ 和 $180^\circ-\beta-\gamma'$。

由于 $0^\circ<\beta<180^\circ$，所以 $\sin\beta>0$，而（$d+c\cos\beta$）或（$d-c\cos\beta$），其值大于、小于或等于0的情况都存在，所以根据分子分母所在的位置，通过反正切函数求得的角度值为 $0^\circ<\gamma<180^\circ$，恰好符合题意。由于在除法算式中分母不能为0，所以用反正切函数时要考虑到，当分母为0时，角度就是90°，即当（$d+c\cos\beta$）或（$d-c\cos\beta$）值为0时，相对应的角度为90°。

可即便求出了 $\gamma$，想计算 $A'A$ 上任意有效 $Z$ 坐标值所对应的 $X$ 坐标值仍然要用正切函数 $\tan\gamma$，而 $\gamma=90^\circ$ 仍然是道门槛，因 $\sin 90^\circ$ 有值，倒不如通过 $c/\sin\gamma$ 求出 $A'A$ 的长度，再用这段长度 $\overline{A'A}\times$#18×cos $\gamma$ 求得 $A'A$ 上任意有效 $Z$ 坐标值所对应的点到 $A$ 点的距离，$Y$ 轴距离为#3＊#18，根据实际情况判断正负符号。

由于刀具中心始终与任意深度对应的平行四边形的4条边的延长线相距一个刀具半径，所以刀具中心一定在任意深度对应的平行四边形顶角平分线的反向延长线上。即，在以 $A$ 点为旋转中心，旋转了 $-\alpha$ 的坐标系中，刀心到另一顶点的 $X$ 轴距离为0.5＊#7/TAN［#6/2］；或0.5＊#7/TAN［90－#6/2］，即0.5＊#7＊TAN［#6/2］，为程序中的#12、#15；$Y$ 轴则始终相差一个刀具半径，0.5＊#7。

在以 $A$ 点为旋转中心，旋转了 $-\alpha$ 的坐标系中，平行四边形 $ABCD$ 各顶点的坐标为 $A$（0，0）、$B$（$a$，0）、$C$（$a+b\cos\beta$，$b\sin\beta$）、$D$（$b\cos\beta$，$b\sin\beta$）。

各变量赋值说明：

#1＝A，平行四边形 $ABCD$ 中 $AB$、$CD$ 的边长 $a$。

#2＝B，平行四边形 $ABCD$ 中 $BC$、$DA$ 的边长 $b$。

#3＝C，$AB$ 和 $A'B'$、$CD$ 和 $C'D'$ 在 $XY$ 平面上的投影线之间的距离。

#4＝I，$BC$ 和 $B'C'$、$DA$ 和 $D'A'$ 在 $XY$ 平面上的投影线之间的距离。

#5＝J，平行四边形 $ABCD$ 中 $AB$ 和 $+X$ 轴之间的夹角 $\alpha$。

#6＝K，平行四边形 $ABCD$ 中∠$DAB$、∠$BCD$ 的角度 $\beta$，0°＜K＜180°。

#7＝D，平底立铣刀直径。

#8＝E，平行四边形 $A'B'C'D'$ 的 $Z$ 轴绝对/相对坐标值。

#17＝Q，等高铣削每次的递增量，＞0。

#24、#25＝X、Y，平行四边形 $ABCD$ 中 $A$ 点的绝对/相对坐标值。

#26＝Z，平行四边形 $ABCD$ 的 $Z$ 轴绝对/相对坐标值。

调用格式：

G65 P1060 A__B__C__I__J__K__D__E__Q__X__Y__Z__F__;

宏程序如下：

```
O1060;
N1 #30=#4003;                          存储03组的G代码
N2 IF [#30 EQ 90] GOTO 7;              在G90方式下转移到N7
N3 #24=#24+#5001;                      计算G91方式A点X轴的绝对坐标值
N4 #25=#25+#5002;                      计算G91方式下A点Y轴的绝对坐标值
N5 #8=#8+#5003;                        计算G91方式下A'点Z轴的绝对坐标值
N6 #26=#26+#8;                         计算G91方式下A点Z轴的绝对坐标值
N7 G00 G90 X#24 Y#25;
Z [#8+5.];
```

```
G52 X#24 Y#25;
IF [#5 EQ #0] THEN #5 =0;                    若旋转角度未赋值，值默认为0
G68 X0 Y0 R#5;
N10;
IF [ABS [#4 + #3 * COS [#6]] LT 0.001] GOTO 50;     如果分母为0，跳转
#10 = ATAN [#3 * SIN [#6]]/[#4 + #3 * COS [#6]];     计算∠A'AB
GOTO 60;
N50 #10 =90.;                                当分母为0时，∠A'AB =90°
N60 #11 =#3/SIN [#10];                       计算A'A的长度
#12 =0.5 * #7/TAN [#6/2];                    计算刀心到平行四边形顶点的X轴距离
N70;
IF [ABS [#4 - #3 * COS [#6]] LT 0.001] GOTO 80;   如果分母为0，跳转
#13 = ATAN [#3 * SIN [#6]]/[#4 - #3 * COS [#6]];   计算∠B'BA
GOTO 90;
N80 #13 =90.;                                当分母为0时，∠B'BA =90°
N90 #14 =#3/SIN [#13];                       计算B'B的长度
#15 =0.5 * #7 * TAN [#6/2];                  计算刀心到平行四边形顶点的X轴距离
N100;
N105 G00 X- [#12 +1.] Y- [#7/2 +1.];
Z#26;
#16 =#26;                                    把 #26赋值给深度自变量的初始值
WHILE [#16 LT #8] DO 1;                      在有效深度内，执行循环体1
#16 =#16 + #17;                              铣削深度每次改变 #17
IF [#16 GE #8] THEN #16 =#8;
#18 = [#16 - #26]/[#8 - #26];                Z#16深度上，与铣削深度的比例关系
G01 X [0 + #11 * COS [#10] * #18 - #12] Y [0 + #3 * #18 - #7/2] Z#16 F#9;   三轴联动
X [#2 * COS [#6] + #14 * COS [#13] * #18 - #15] Y [#2 * SIN [#6] - #3 * #18 + #7/2];
X [#1 + #2 * COS [#6] - #11 * COS [#10] * #18 + #12];
X [#1 - #14 * COS [#13] * #18 + #15] Y [0 + #3 * #18 - #7/2];
X [0 + #11 * COS [#10] * #18 - #12];
END 1;
G00 Z [#8 +5.];
G69;
G52 X0 Y0;
G#30;                                        恢复03组的G代码
M99;
```

说明：

① N10 ~ N70、N70 ~ N100，计算∠$A'AB$、∠$B'BA$，由于角度为90° 时正切函数无意义，所以采用了这种特殊的计算方法。

② 在WHILE循环中，下面有横线的依次为$A$、$D$、$C$、$B$、$A$的坐标，下面有点的依次是Z#16平面与$A'A$、$D'D$、$C'C$、$B'B$、$A'A$的交点的坐标，下面有锯齿线的是刀具中心相对于该交点

的坐标。

③ 在0° <$\beta$<180° 范围内，一般情况下，$\beta$或（180° $-\beta$）的取值不会过大或过小；若过大或过小，则刀具中心相对于Z#16平面与$A'A$、$B'B$、$C'C$、$D'D$的交点的$X$轴距离0.5 * #7/tan（β/2）或0.5 * #7 * tan（β/2）必然很大，**如果临近有凸台或工件，请注意，以免发生碰撞！**

④ 若需从上向下加工，需对程序做一下修改。

⑤ 若需粗精加工，可以调用两次该宏程序，粗加工时把 #7 设置得比实际值大一些，精加工时如实设置。

### 5.2.11 矩形周边外斜面加工（球头铣刀）

如图5-18所示，有一矩形工件，其坐标系零点设置在对称中心上，上表面为Z#7，左右斜面与垂直面的夹角为 #3，前后斜面与垂直面的夹角为 #4，在这里规定 #3 = #4。

如果 #3≠#4，虽然两组斜面的相交线在任意深度对应的$X$、$Y$坐标容易求出来，但由于刀具移动到的$Z$坐标和这两个角度相关，若 #3≠#4，在连续加工中，不便描述其轨迹。如果加工完一组相对的斜面后，再加工另一组相对的斜面；或加工完某一侧的斜面后，延长一段距离，再加工一相交的斜面，也可以编写出程序，只是有空行程。

下刀点可以选择在工件的任一角上，如铣削深度相对球头铣刀半径的比例较小，建议从下而上逐层铣削，进给以顺铣方式。

在使用球头铣刀的斜面加工中，确定球头铣刀刀尖在初始刀位点的$Z$坐标值需要烦琐的计算。

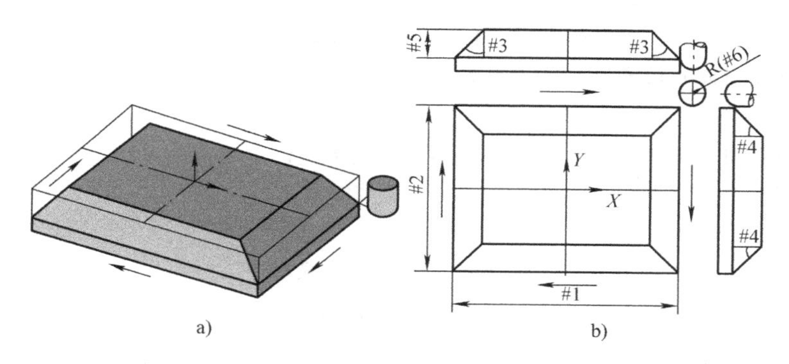


图5-18 矩形周边外斜面（球头铣刀）加工示意图

如图5-19所示，已知球头铣刀半径$r$，斜面与垂直面的夹角$\alpha$，斜面高度$h$，求初始加工时铣刀刀尖的$Z$坐标值$Z_A$，加工斜面时刀心（刀具）在$Z$轴的移动距离$KM$。

推导过程如下：

$$Z_A=\overline{CH}-h-r,\ \overline{CH}=\overline{CG}-\overline{HG},\ \overline{CG}=\overline{EB}$$

在△$ABE$中

$$\overline{EB}=r\sin\ \alpha,\ \overline{AE}=r\cos\alpha$$

在△$BGH$中

$$\overline{HG}=\overline{BG}/\tan\alpha$$

$$\overline{CE}=\overline{BG}=r-r\cos\ \alpha$$

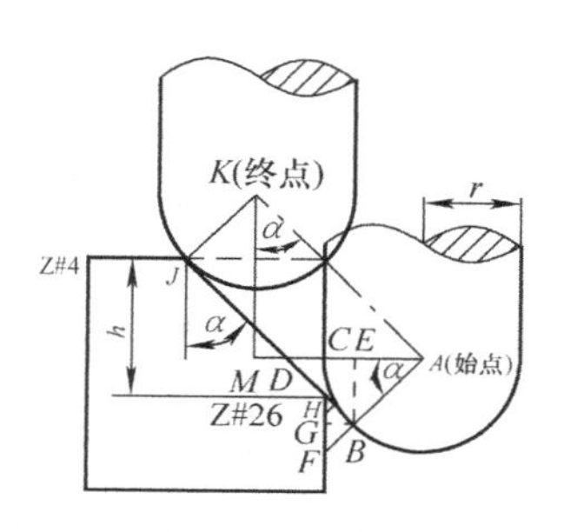


图5-19 球头铣刀加工斜面的数学计算

$$\overline{CH}=r\sin\alpha-(r-r\cos\alpha)/\tan\alpha$$

根据三角函数关系代换，化简得

$$\overline{CH}=r\tan(\alpha/2)$$

则自下而上初始加工时球头铣刀刀尖相对于斜面最高点 $J$ 的坐标值为

$$Z_A=r\tan(\alpha/2)-h-r$$

在△$AKM$ 中

$$\overline{KM}=\overline{AK}\cos\alpha$$

$$\overline{AK}=\overline{BJ}+\overline{BH},\ \overline{BJ}=h/\cos\alpha,\ \overline{BH}=\overline{BG}/\sin\alpha,\ \overline{CE}=\overline{BG}=r-r\cos\alpha$$

$$\overline{AK}=h/\cos\alpha+(r-r\cos\alpha)/\sin\alpha$$

故
$$\overline{KM}=\overline{AK}\cos\alpha=h+(r-r\cos\alpha)/\tan\alpha$$

根据三角函数关系代换，也可以表示为

$$\overline{KM}=h+r\cos\alpha\tan(\alpha/2)$$

各变量赋值说明：

#1 = A，矩形 $X$ 向的边长。

#2 = B，矩形 $Y$ 向的边长。

#3 = C，周边斜面与垂直面的夹角 $\alpha$。

#4 = I，斜面最高点 $J$ 的 $Z$ 轴绝对/相对坐标值。

#5 = J，球头铣刀半径值。

#17 = Q，等高铣削每次的递增量，>0。

#24、#25 = X、Y，矩形对称中心 $X$、$Y$ 的绝对/相对坐标值。

#26 = Z，斜面最低点 $H$ 的 $Z$ 轴绝对/相对坐标值。

调用格式：

G65 P1070 A__ B__ C__ I__ J__ Q__ X__ Y__ Z__ F__;

宏程序如下：

```
O1070;
N1 #30 = #4003;                          存储 03 组的 G 代码
N2 IF [#30 EQ 90] GOTO 7;                在 G90 方式下转移到 N7
N3 #24 = #24 + #5001;                    计算 G91 方式下矩形对称中心 X 轴的绝对坐标值
N4 #25 = #25 + #5002;                    计算 G91 方式下矩形对称中心 Y 轴的绝对坐标值
N5 #4 = #4 + #5003;                      计算 G91 方式下 J 点 Z 轴的绝对坐标值
N6 #26 = #26 + #4;                       计算 G91 方式下 H 点 Z 轴的绝对坐标值
N7 G00 G90 X#24 Y#25;
Z [#4 + 5.];                             距离斜面上 5mm
#6 = #5 * TAN [#3/2] - [#4 - #26] - #5;  Z_A = rtan(α/2) - h - r
#7 = #1/2 + #6;                          初始加工时，刀具中心到矩形中心的 X 向距离
#8 = #2/2 + #6;                          初始加工时，刀具中心到矩形中心的 Y 向距离
G52 X#24 Y#25 Z [#6 + 5.];               以初始加工时球头刀刀尖位置作为局部坐标系 Z0
G00 X [#7 + 1.] Y [#8 + 1.];             移动到下刀点，距离工件 1mm
Z0;                                      Z 轴移动到铣削初始值
#10 = #4 - #26 + #5 * COS [#3] * TAN [#3/2];  KM = h + rcosαtan(α/2)
```

```
#11 =0;                              以刀具中心在斜面加工时Z轴的移动量作为自变量，赋初始
                                     值为0
WHILE [#11 LT #10] DO 1;             未加工到斜面顶部时，执行循环体1
#11 =#11 +#17;                       深度每次改变 #17
IF [#11 GE #10] THEN #11 =#10;
#12 =#7 -#11 * TAN [#3];             Z#11 深度，刀具中心到矩形中心的X向距离
#13 =#8 -#11 * TAN [#3];             Z#11 深度，刀具中心到矩形中心的Y向距离
G01 X#12 Y#13 Z#11 F#9;              三轴联动铣削
Y -#13;
X -#12;
Y#13;
X#12;
END 1;
G00 Z [#10 +#5 +5.];                 刀尖脱离工件5mm
G52 X0 Y0 Z0;
G#30;
M99;
```

说明：

① 若是平行四边形周边斜面加工，周边斜面与垂直面的夹角 $\alpha$ 相等，也可以结合上述两个程序加工。

② 如需粗精加工，可以先用平底立铣刀加工平行四边形周边斜面的程序粗加工，再用这个程序精加工。

## 5.2.12 阿基米德螺线的铣削

在机械传动中，常常要用到凸轮装置。凸轮装置利用凸轮绕定轴的旋转运动推动从动杆做往复的直线运动。如果需要从动杆在一定的角度范围内做匀速运动，该凸轮的轮廓线就是阿基米德螺线。

夏天用的蚊香是生活中常见的阿基米德螺线的例子，车床卡盘里的端面螺纹、从轴线方向观察的锥螺纹，也是阿基米德螺线。

很多螺线方程，在直角坐标系下不便表达其方程，但在极坐标方式下就非常容易。阿基米德螺线的极坐标方程就像直角坐标系下直线的斜截式方程一样简单：

$$\rho = \rho_0 + a\theta$$

式中 $a$——阿基米德螺线系数（mm/°），表示每旋转1°时极径的增加或减小量；

$\theta$——极角（°），表示阿基米德螺线转过的角度；

$\rho_0$——当 $\theta = 0°$ 时的极径（mm）。

如图5-20所示，要铣削一凸轮槽，材料为铝。该工件在铣削加工前已经加工好两端面和孔 $\phi$12H7，设定底面 $A$ 和孔 $\phi$12H7 轴线为定位基准。要求 $A$ 面与铣床主轴轴线垂直，孔 $\phi$12H7 与铣床主轴轴线平行，从而保证凸轮槽轮廓面对 $A$ 面的垂直度以及加工时的尺寸与位置精度。由于该零件为小型凸轮，宜采用心轴定位、螺栓压紧即可。设定工件上表面与孔 $\phi$12H7 轴线的交点

为工件坐标系的原点。采用粗、精两把刀具加工。

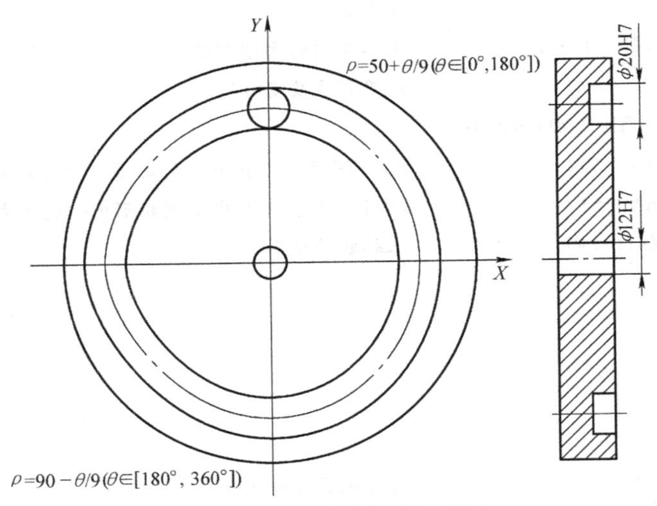


图 5-20　阿基米德螺线示意图

程序如下：

```
O1072;
T03 M06;                              选择ϕ18mm、切削刃过中心的平底立铣刀粗加工
G54 G17 G90 G40 G15;
G00 X50. Y0 M08 T04;                  移动到方程初始角度对应的X、Y位置，备刀
G43 H03 Z100. M03 S700;
Z1.;                                  接近工件
G16;                                  极坐标系有效
#1 =0;                                铣削深度的初始值
WHILE [#1 GT -7.8] DO 1;              槽底留0.2mm余量给精加工
#1 =#1 -2.;
IF [#1 LE -7.8] THEN #1 = -7.8;
G01 Z#1 F80;
#2 =0;                                第1段阿基米德螺线初始角度值
WHILE [#2 LE 180.] DO 2;
G01 X [50. +#2/9.] Y#2 F__;
#2 =#2 +0.5;
END 2;
#3 =180.;                             第2段阿基米德螺线初始角度值
WHILE [#3 LE 360.] DO 3;
G01 X [90. -#3/9.] Y#3;
#3 =#3 +0.5;
END 3;
END 1;
G00 Z1. M09;
G15 M05;
G91 G30 Z0;
```

```
T04 M06;                                选择φ20mm、切削刃过中心的平底立铣刀精加工
G54 G17 G90 G40 G15;
G00 X50. Y0 M08 T03;                    移动到方程初始角度对应的X、Y位置，备刀
G43 H04 Z100. M03 S1000;
Z1.;                                    接近工件
G16;                                    极坐标系有效
G01 Z-8. F80;                           铣削到位
#4=0;                                   第1段阿基米德螺线初始角度值
WHILE [#4 LE 180.] DO 1;
G01 X[50.+#4/9.] Y#4 F__;
#4=#4+0.2;
END 1;
#5=180.;                                第2段阿基米德螺线初始角度值
WHILE [#5 LE 360.] DO 2;
G01 X[90.-#5/9.] Y#5;
#5=#5+0.2;
END 2;
G00 Z1. M09;
G15 M05;
G91 G30 Z0;
M30;
```

说明：该例为“一体式”宏程序，非上文的调用式宏程序。调用式宏程序对局部变量赋值的自变量字母有限制；使用起来就像M系列钻孔循环指令一样套用即可，常用于批量规模化生产。一体式宏程序赋值灵活，从#1~#33中选择；常用于小量生产。

## 5.2.13 玫瑰线的铣削

玫瑰线的极坐标方程为

$$\rho = a\sin(n\theta) \text{ 或 } \rho = a\cos(n\theta)$$

根据三角函数的特性可知，玫瑰线是一种具有周期性且包络线为圆弧的曲线，曲线的几何结构取决于方程参数的取值，不同的参数决定了玫瑰线的大小、叶片的数目和周期的可变性。这里参数 $a$（包络半径）控制叶片的长短，参数 $n$（自然数，且>1）控制叶片的个数、叶片的大小及周期的长短。当 $n$ 为偶数时，有 $2n$ 瓣叶片；当 $n$ 为奇数时，有奇数瓣叶片；不可能有 $4n+2$ 瓣。

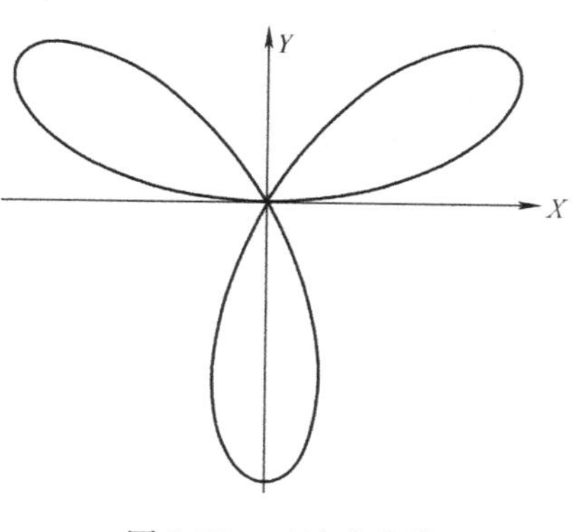

图5-21 三叶玫瑰线

如图5-21所示，某刀具中心的移动轨迹为一玫瑰线，方程为 $\rho=60\sin 3\theta$（$\theta\in[0°, 360°]$），试编写其宏程序。

各变量赋值说明：

#1=A，玫瑰线的包络半径 $a$。

#2=B，玫瑰线控制叶片个数的参数 $n$。

#3=C，加工起点 $Z$ 轴绝对/相对坐标值。

#4 = I，加工的起始角度，一般为0°。

#5 = J，加工的终止角度，一般为360°。

#6 = K，每次角度的递增量，>0。

#17 = Q，等高铣削每次的递增量，>0。

#24、#25 = X、Y，玫瑰线外包络圆圆心的*X*、*Y*轴绝对/相对坐标值。

#26 = Z，加工终点*Z*轴绝对/相对坐标值。

调用格式：

G65 P1066 A __ B __ C __ I __ J __ K __ Q __ X __ Y __ Z __ F __;

宏程序如下：

```
O1066;
N1 #30 = #4003;                      存储03组的G代码
N2 IF [#30 EQ 90] GOTO 7;            在G90方式下转移到N7
N3 #24 = #24 + #5001;                计算G91方式下玫瑰线包络圆圆心X轴绝对坐标值
N4 #25 = #25 + #5002;                计算G91方式下玫瑰线包络圆圆心Y轴绝对坐标值
N5 #3 = #3 + #5003;                  计算G91方式下加工起点Z轴的绝对坐标值
N6 #26 = #26 + #3;                   计算G91方式下加工终点Z轴的绝对坐标值
N7 G00 G90 X#24 Y#25;
Z [#3 + 2.];
G52 X#24 Y#25;
G16;
#31 = #3;
WHILE [#31 GT #26] DO 1;
#31 = #31 - #17;
IF [#31 LE #26] THEN #31 = #26;
G00 X [#1 * SIN [#2 * #4]] Y#4;
Z [#31 + #17 + 0.5];
G01 Z#31 F60;
WHILE [#4 LE #5] DO 2;
G01 X [#1 * SIN [#2 * #4]] Y#4 F#9;
IF [ABS [#5 - #4] LT 0.001] GOTO 50;
#4 = #4 + #6;
IF [#4 GT #5] THEN #4 = #5;
END 2;
N50 G00 Z [#3 + 2.];
END 1;
G15;
G52 X0 Y0;
G#30;
M99;
```

说明：从该例可以看出，只要知道了曲线的方程和其自变量的定义域，就可以铣削出其轨迹。感兴趣的读者可以铣削其他曲线的轨迹，例如各种摆线、渐开线等。

## 5.2.14 正弦曲线的铣削

如图5-22所示，在一木板上加工一正弦曲线，刀心的轨迹方程为$\begin{cases} y=60\sin0.05x \\ z=\sin0.05x-4 \end{cases}$，$x\in[0°, 7200°]$，试编写其宏程序。

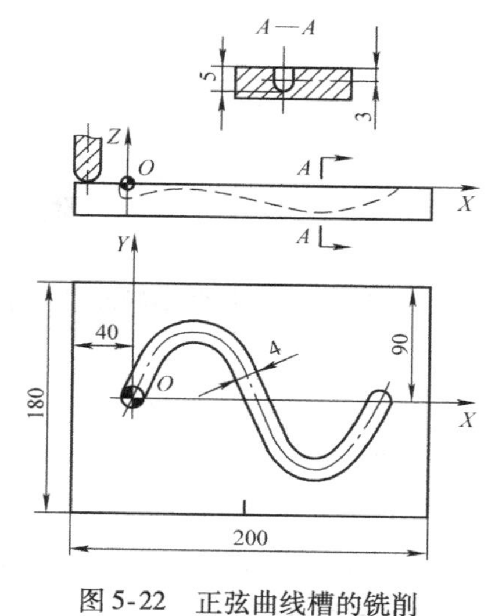


图5-22 正弦曲线槽的铣削

```
O1062;
T03 M06;                              选择ϕ4mm球头铣刀
G54 G17 G90 G40 G15;
G00 X0 Y0;                            移动到方程初始角度对应的X、Y位置
G43 H__ Z100. M03 S1000;
Z1.;                                  接近工件
G01 Z-1.5 F60;                        移动到方程初始角度对应的Z位置
#1=0;                                 把角度初始值赋值给变量#1
WHILE [#1 LE 7200.] DO 1;             在有效角度范围内，执行循环体1
G01 X [#1*PI/180.] Y [60.*SIN [0.05*#1]] Z [SIN [0.05*#1] -4.] F600;
#1=#1+0.5;                            #1每次增加0.5°
END 1;
G00 Z5.;                              抬刀到工件上方
M05;
G00 G91 G28 Z0;
G90 X__ Y__;                          移动到靠近操作者的位置
M30;
```

说明：

① 该程序中的部分也可以编写如下：

```
WHILE [#1 LT 7200.] DO 1;
#1=#1+0.5;
G1 X [#1*PI/180.] Y [60.*SIN [0.05*#1]] Z [SIN [0.05*#1] -4.] F600;
END 1;
```

程序达到的结果是相同的，因为在WHILE语句前，刀具已经移动到了方程初始角度对应的位置上；0.5能被自变量的变化量范围整除。

② 若是加工钢材，可以分层切削。

# 附　　录

## 附录 A　三角函数关系

### 1. 任意角度的三角函数转化锐角三角函数

| | $\pm\alpha$ | $90°\pm\alpha$ | $180°\pm\alpha$ | $270°\pm\alpha$ | $360°\pm\alpha$ |
|---|---|---|---|---|---|
| $\sin\alpha$ | $\pm\sin\alpha$ | $+\cos\alpha$ | $\mp\sin\alpha$ | $-\cos\alpha$ | $\pm\sin\alpha$ |
| $\cos\alpha$ | $+\cos\alpha$ | $\mp\sin\alpha$ | $-\cos\alpha$ | $\pm\sin\alpha$ | $+\cos\alpha$ |
| $\tan\alpha$ | $\pm\tan\alpha$ | $\mp\cot\alpha$ | $\pm\tan\alpha$ | $\mp\cot\alpha$ | $\pm\tan\alpha$ |
| $\cot\alpha$ | $\pm\cot\alpha$ | $\mp\tan\alpha$ | $\pm\cot\alpha$ | $\mp\tan\alpha$ | $\pm\cot\alpha$ |

### 2. 常用三角公式

(1) 倒数关系等

$\sin\alpha\csc\alpha=1$

$\cos\alpha\sec\alpha=1$

$\tan\alpha\cot\alpha=1$

$\sin^2\alpha+\cos^2\alpha=1$

$\tan^2\alpha+1=1/\cos^2\alpha$

$\cot^2\alpha+1=1/\sin^2\alpha$

(2) 和（差）角公式

$\sin(\alpha\pm\beta)=\sin\alpha\cos\beta\pm\cos\alpha\sin\beta$

$\cos(\alpha\pm\beta)=\cos\alpha\cos\beta\mp\sin\alpha\sin\beta$

$\tan(\alpha\pm\beta)=(\tan\alpha\pm\tan\beta)/(1\mp\tan\alpha\tan\beta)$

$\cot(\alpha\pm\beta)=(\cot\alpha\cot\beta\mp1)/(\cot\beta\pm\cot\alpha)$

(3) 倍角公式

$\sin2\alpha=2\sin\alpha\cos\alpha$

$\cos2\alpha=\cos^2\alpha-\sin^2\alpha=1-2\sin^2\alpha=2\cos^2\alpha-1$

$\tan2\alpha=2\tan\alpha/(1-\tan^2\alpha)$

$\cot2\alpha=(\cot^2\alpha-1)/2\cot\alpha$

(4) 半角公式

$\sin(\alpha/2)=\sqrt{(1-\cos\alpha)/2}=(\sqrt{1+\sin\alpha}-\sqrt{1-\sin\alpha})/2$

$\cos(\alpha/2)=\sqrt{(1+\cos\alpha)/2}=(\sqrt{1+\sin\alpha}+\sqrt{1-\sin\alpha})/2$

$\tan(\alpha/2)=\sin\alpha/(1+\cos\alpha)=(1-\cos\alpha)/\sin\alpha=\sqrt{(1-\cos\alpha)/(1+\cos\alpha)}$

$\cot(\alpha/2)=(1+\cos\alpha)/\sin\alpha=\sin\alpha/(1-\cos\alpha)=\sqrt{(1+\cos\alpha)/(1-\cos\alpha)}$

(5) 积化和差公式

$\sin\alpha\sin\beta=[\cos(\alpha-\beta)-\cos(\alpha+\beta)]/2$

$\sin\alpha\cos\beta=[\sin(\alpha+\beta)+\sin(\alpha-\beta)]/2$

$\cos\alpha\cos\beta=[\cos(\alpha+\beta)+\cos(\alpha-\beta)]/2$

$\cos\alpha\sin\beta=[\sin(\alpha+\beta)-\sin(\alpha-\beta)]/2$

$\tan\alpha\tan\beta=(\tan\alpha+\tan\beta)/(\cot\alpha+\cot\beta)$

$\cot\alpha\cot\beta=(\cot\alpha+\cot\beta)/(\tan\alpha+\tan\beta)$

（6）和差化积公式

$\sin\alpha+\sin\beta=2\sin[(\alpha+\beta)/2]\cos[(\alpha-\beta)/2]$

$\sin\alpha-\sin\beta=2\sin[(\alpha-\beta)/2]\cos[(\alpha+\beta)/2]$

$\cos\alpha+\cos\beta=2\cos[(\alpha+\beta)/2]\cos[(\alpha-\beta)/2]$

$\cos\alpha-\cos\beta=-2\sin[(\alpha+\beta)/2]\sin[(\alpha-\beta)/2]$

$\tan\alpha\pm\tan\beta=\sin(\alpha\pm\beta)/(\cos\alpha\cos\beta)$

$\cot\alpha\pm\cot\beta=\sin(\beta\pm\alpha)/(\sin\alpha\sin\beta)$

（7）万能公式

$\sin\alpha=2\tan(\alpha/2)/[1+\tan^2(\alpha/2)]$

$\cos\alpha=[1-\tan^2(\alpha/2)]/[1+\tan^2(\alpha/2)]$

$\tan\alpha=2\tan(\alpha/2)/[1-\tan^2(\alpha/2)]$

（8）其他常用公式

$\sin^2\alpha-\sin^2\beta=\cos^2\beta-\cos^2\alpha=\sin(\alpha+\beta)\cdot\sin(\alpha-\beta)$

$\cos^2\alpha-\sin^2\beta=\cos^2\beta-\sin^2\alpha=\cos(\alpha+\beta)\cdot\cos(\alpha-\beta)$

$\sin^2\alpha=(1-\cos 2\alpha)/2$

$\cos^2\alpha=(1+\cos 2\alpha)/2$

$\sin^3\alpha=(3\sin\alpha-\sin 3\alpha)/4$

$\cos^3\alpha=(3\cos\alpha+\cos 3\alpha)/4$

$a\sin x+b\cos x=\sqrt{a^2+b^2}\sin(x+\varphi)\ (\tan\varphi=b/a)$

（9）三角形元素间的关系　$a$、$b$、$c$ 是三角形的三边，$A$、$B$、$C$ 是三个角，$R$ 为外接圆半径，$r$ 为内切圆半径，$S$ 为三角形面积，半周长 $s=(a+b+c)/2$。

1）正弦定理。

$a/\sin A=b/\sin B=c/\sin C=2R$

2）余弦定理。

$a^2=b^2+c^2-2bc\cos A$

$b^2=a^2+c^2-2ac\cos B$

$c^2=a^2+b^2-2ab\cos C$

3）正切定理。

$(a+b)/(a-b)=\tan[(A+B)/2]/\tan[(A-B)/2]$

$(a-b)/(a+b)=\tan[(A-B)/2]\tan(C/2)$

$(b+c)/(b-c)=\tan[(B+C)/2]/\tan[(B-C)/2]$

$(b-c)/(b+c)=\tan[(B-C)/2]\tan(A/2)$

$(c+a)/(c-a)=\tan[(C+A)/2]/\tan[(C-A)/2]$

$(c-a)/(c+a)=\tan[(C-A)/2]\tan(B/2)$

4）半角公式。

$\sin(A/2)=\sqrt{(s-b)(s-c)/bc}$

$\sin(B/2)=\sqrt{(s-a)(s-c)/ac}$

$\sin(C/2)=\sqrt{(s-a)(s-b)/ab}$

$\cos(A/2)=\sqrt{s(s-a)/bc}$

$\cos(B/2)=\sqrt{s(s-b)/ac}$

$\cos(C/2)=\sqrt{s(s-c)/ab}$

$\tan(A/2)=r/(s-a)$

$\tan(B/2)=r/(s-b)$

$\tan(C/2)=r/(s-c)$

5）面积公式。

$S=ab\sin(C/2)=bc\sin(A/2)=ac\sin(B/2)$

$S=\sqrt{s(s-a)(s-b)(s-c)}=rs$

**3. 常用角度的三角函数值**

| 函数值 函数 / 角度值 | sin | cos | tan |
| --- | --- | --- | --- |
| 0° | 0 | 1 | 0 |
| 15° | $(\sqrt{6}-\sqrt{2})/4$ | $(\sqrt{6}+\sqrt{2})/4$ | $2-\sqrt{3}$ |
| 18° | $(\sqrt{5}-1)/4$ | $\sqrt{10+2\sqrt{5}}/4$ | $\sqrt{25-10\sqrt{5}}/5$ |
| 22.5° | $\sqrt{2-\sqrt{2}}/2$ | $\sqrt{2+\sqrt{2}}/2$ | $\sqrt{2}-1$ |
| 30° | 0.5 | $\sqrt{3}/2$ | $\sqrt{3}/3$ |
| 36° | $\sqrt{10-2\sqrt{5}}/4$ | $(1+\sqrt{5})/4$ | $\sqrt{5-2\sqrt{5}}$ |
| 45° | $\sqrt{2}/2$ | $\sqrt{2}/2$ | 1 |
| 54° | $(1+\sqrt{5})/4$ | $\sqrt{10-2\sqrt{5}}/4$ | $\sqrt{25+10\sqrt{5}}/5$ |
| 60° | $\sqrt{3}/2$ | 0.5 | $\sqrt{3}$ |
| 67.5° | $\sqrt{2+\sqrt{2}}/2$ | $\sqrt{2-\sqrt{2}}/2$ | $\sqrt{2}+1$ |
| 72° | $\sqrt{10+2\sqrt{5}}/4$ | $(\sqrt{5}-1)/4$ | $\sqrt{5+2\sqrt{5}}$ |
| 75° | $(\sqrt{6}-\sqrt{2})/4$ | $(\sqrt{6}+\sqrt{2})/4$ | $2+\sqrt{3}$ |
| 90° | 1 | 0 | — |

# 附录 B　数控操作面板常用术语英汉对照

EDIT　编辑

AUTO/MEM（Memory）　自动/存储运行

JOG　手动

Handle/MPG　手轮

MDI（Manual Data Input）　手动数据输入/录入

REF/ZRN（Zero Return）　回机械零点

INC　增量进给方式

Teach　示教方式

CNC：Computer Numerical Control　计算机数字控制

DNC：Direct Numerical Control　直接数字控制

Magazine　刀库

F：feed　进给量，进给值

Feedrate　进给倍率
feedrate override　进给倍率修调
T：tool　刀具
S：speed　速度，转速
spindle override　主轴倍率修调
sensor　传感器
original　起源
turret　转塔刀架
index　索引，表征
X、Y、Z、4th axis X、Y、Z、　第四轴
ATC：Auto Tool Changer　机械手
APC：Auto Pallet Changer　自动托台交换（卧式四轴回转工作台加工中心）
BG - EDIT　后台编辑（FANUC、MORI SEIKI 有此功能）
END - EDIT　后台编辑结束
pot up/down sensor alarm　刀套上/下传感报警器
spindle　主轴
CW/CCW　正/反转
status　状态
rapid　快速移动
rapid override　快速倍率修调
spindle orientation　主轴定向停止
coolant　切削液
lubricant　润滑油
coolant is not in auto model　切削液不在自动方式
lubricant level low　润滑油液位低
pressure　压力
air low/air too low　气压低
BT：Block Tool system　插入快换式系统
EOB：end of block　程序段结束/换行
POS：position　位置
Shift　上档
CAN：cancel　取消
Input　输入
System　系统
Message　（报警）信息
customer graph　用户图形界面
alter　替换
help　帮助
insert　插入
reset　复位
delete　删除
macro　宏
PROG：program　程序
quill out/in　顶尖前进/后退
tailstock/tail stock　尾座
chip conveyor　排屑器
chuck clamp/unclamp　卡盘夹紧/松开
execute　执行
ladder　梯形图
EXT：external　外部的（坐标系）（FANUC、MITSUBISHI、MORI SEIKI 有此功能，MORI SEIKI 上称为“通用”）
Parameter　参数
offset/setting　刀具偏置/设置
not ready　未准备好
alarm　报警
FOR.（forward）/Reverse（或 Back）正/反转
Left/Right　正/反转
dry run　空运行/试运行
machine lock　机械锁/机床锁
single block　单程序段运行
cancel Z　Z 轴取消，Z 轴锁
optional stop　（程序）计划/选择停止
block skip　程序段跳跃
O. T. release：Over Travel release　超程解除/超程释放
lathe　车
mill　铣
actual　实际的
trace　踪迹
cassette　盒子
dwell　暂停
frequency　频率
main　主程序
sub.　子程序
emergency stop　紧急停止
absolute/incremental dimension　绝对/相对坐标
polar　极坐标

polar coordinate　极坐标系
geometry　几何的，形状，外形
wear　磨损/磨耗
steady rest　中心架
bearing　轴承

# 附录C　非完全平方数二次根式的计算方法

在数控加工中，经常要对图样上的一些数据做处理，三角函数、极坐标、勾股定理等是经常用到的，很多时候，不可避免地要和二次根式打交道。在手头没有科学型计算器的情况下，有没有一种简便可行的方法能快速且准确地计算出能满足机床运行精度的数值呢？

笔者结合平方根式和完全平方公式，推导出一种简便的计算二次根式的方法，使用起来得心应手，奉献出来，以飨读者。

如果采用逆向思维，可以把二次根式看作是完全平方公式的逆运算，已知完全平方公式为：$(a\pm b)^2=a^2\pm 2ab+b^2$。如果 $a>>b>0$，且 $b$ 的值很小，则 $b^2$ 趋近于0，可以忽略，则公式蜕变为：$(a\pm b)^2\approx a^2\pm 2ab$，则 $\sqrt{a^2\pm 2ab}\approx a\pm b$。

例1：求 $\sqrt{2900}=?$

已知 $54^2=2916$，接近于被开方数2900。令 $a=54$，则 $2ab=(2900-2916)$，求得 $\sqrt{2900}\approx 54+(2900-2916)/(2\times 54)=53.85185185$，和 $\sqrt{2900}$ 的值53.85164807相差 $2.0378\times 10^{-4}$，满足机床分辨率要求。

例2：求 $\sqrt{3375}=?$

① 已知 $58^2=3364$，接近于被开方数3375。令 $a=58$，则 $2ab=(3375-3364)$，求得 $\sqrt{3375}\approx 58+(3375-3364)/(2\times 58)=58.09482759$，和 $\sqrt{3375}$ 的值58.09475019相差 $7.7393\times 10^{-5}$，满足机床分辨率要求。

② 若更进一步，已知 $58.1^2=3375.61$，更接近于被开方数3375。令 $a=58.1$，则 $2ab=(3375-3375.61)$，求得 $\sqrt{3375}\approx 58.1+(3375-3375.61)/(2\times 58.1)=58.09475043$，和 $\sqrt{3375}$ 的值58.09475019相差 $2.3718\times 10^{-7}$，满足机床分辨率要求。

例3：求 $\sqrt{4712}=?$

已知 $68^2=4624$，$69^2=4761$，显然 $69^2$ 更接近于被开方数4712。令 $a=69$，则 $2ab=(4712-4761)$，求得 $\sqrt{4712}\approx 69+(4712-4761)/(2\times 69)=68.64492754$，和 $\sqrt{4712}$ 的值68.64400921相差 $9.1833\times 10^{-4}$，满足机床分辨率要求。

例4：求 $\sqrt{3272}=?$

已知 $57^2=3249$，接近于被开方数3272。令 $a=57$，则 $2ab=(3272-3249)$，求得 $\sqrt{3272}\approx 57+(3272-3249)/(2\times 57)=57.20175439$，和 $\sqrt{3272}$ 的值57.20139858相差 $3.5580\times 10^{-4}$，满足机床分辨率要求。

为了更快地计算出大约数，对式中的除法可以快速估算商值，例如 $61\div 58.1=?$ 商为1后余数为2.9，如果把除数看成是58，则 $61\div 58.1\approx 1.05$，和真实值1.0499139相差很小；有时可以利用差值法快速计算大约数，例如 $230\div 49=?$ 若令除数为50，商为4.6，49和50相差1/49，把商值加上其1/49即可，为了快速计算，可以取1/50，所以大约数为4.692，和真实值4.6938776相差很小。

# 参 考 文 献

[1] 陈海舟. 数控铣削加工宏程序及应用实例 [M]. 2 版. 北京：机械工业出版社，2011.
[2] 耿国卿. 数控铣床及加工中心编程与应用 [M]. 北京：化学工业出版社，2009.
[3] 王爱玲. 数控编程技术 [M]. 北京：机械工业出版社，2008.
[4] 田春霞. 数控加工工艺 [M]. 北京：机械工业出版社，2007.